U0175175

本书为国家社会科学基金重大项目"中国特色网络内容治理体系及监管模式研究"（项目编号：18ZDA317）的阶段性成果。

中国特色网络内容治理体系与监管模式研究

Zhongguo Tese Wangluo Neirong Zhili Tixi Yu
Jianguan Moshi Yanjiu

谢新洲　朱垚颖　石　林　田　丽　宋　琢　　著
杜　燕　胡宏超　张静怡　韩天棋　彭昊程

人民出版社

目　录

前　言 ………………………………………………………………… 1

第一编　中国特色的网络内容概述

第一章　互联网对内容生产与传播的影响 ………………………… 5

　　第一节　用户主导:"无组织的组织力量" ……………………… 5

　　第二节　方式革新:网络内容的社会化生产 …………………… 8

　　第三节　场景拓展:内容泛在与虚实共生 ……………………… 9

　　第四节　价值凸显:内容成为商品和资源 ……………………… 10

第二章　网络内容的概念与特征 ………………………………… 12

　　第一节　网络内容的内涵与组成 ……………………………… 12

　　第二节　网络内容的基本特征 ………………………………… 14

　　第三节　网络内容的组织与呈现 ……………………………… 16

　　第四节　作为治理对象的网络内容 …………………………… 19

第三章　网络内容的发展及特色 ………………………………… 22

　　第一节　互联网成为新的舆论场 ……………………………… 22

　　第二节　网络内容产业化与平台化 …………………………… 30

　　第三节　网络文化兴起与繁荣 ………………………………… 33

　　第四节　中国网络内容发展特色 ……………………………… 35

第二编　理论与实践：网络内容治理中国特色

第四章　网络内容治理的概念辨析与现存难题 ……… 47
第一节　"治理"概念 ……………………………………… 47
第二节　概念发展：从网络内容管理到网络内容治理 …… 50
第三节　"网络内容治理"的定义 ………………………… 54
第四节　当前中国网络内容治理存在的难题 …………… 56
第五节　网络内容治理面临的新要求与新挑战 ………… 62

第五章　网络内容治理的中国特色 …………………… 68
第一节　坚持党的领导，坚守意识形态阵地 …………… 68
第二节　主体协作共治，方式刚柔相济 ………………… 74
第三节　中央统筹治理，地方属地管理 ………………… 78
第四节　依法治理网络内容，灵活行政与市场手段 …… 81
第五节　内容治理与平台治理双驱动 …………………… 85

第六章　网络内容治理的目标与方向 ………………… 89
第一节　总体目标与体系构建 …………………………… 89
第二节　政治目标：维护网络意识形态安全 …………… 92
第三节　经济目标：推动网络内容产业的高质量发展 … 93
第四节　文化目标：加强网络文化建设 ………………… 97
第五节　社会目标：促进社会秩序稳定 ………………… 99

第七章　网络内容治理的关键问题 …………………… 103
第一节　网络内容治理的三个原则：正能量、管得住、用得好 …… 103
第二节　内容治理需要重视的关系 ……………………… 109
第三节　平衡矛盾的路径：主体协同、软硬结合、分类并举、
　　　　良性循环 ………………………………………… 118

第三编　规划与体系：中国网络内容治理体系

第八章　构建网络内容治理体系的逻辑、结构、要素与意义 …… 127

　第一节　网络内容治理体系的关键逻辑 ……………………… 127

　第二节　构建网络内容治理体系的结构与要素 ……………… 133

　第三节　构建网络内容治理体系的必要性与意义 …………… 141

第九章　网络内容治理体系中的法律法规 …………………… 145

　第一节　网络内容治理法律法规体系的建立与发展 ………… 145

　第二节　进一步加强网络内容治理领域的法治建设 ………… 153

　第三节　网络内容治理法律法规体系的标准与准则 ………… 159

　第四节　完善补充网络内容治理法律法规 …………………… 164

第十章　网络内容治理体系中的管理与协作机制 …………… 169

　第一节　完善中国特色网络内容治理体制 …………………… 169

　第二节　推动构建网络内容治理与监管的行政机制 ………… 174

　第三节　推进实施网络内容治理主体协同机制 ……………… 179

　第四节　建立健全网络内容安全保障体系 …………………… 186

第十一章　网络内容治理体系中的技术治理 ………………… 193

　第一节　新技术为网络内容治理带来机遇和挑战 …………… 193

　第二节　网络内容技术治理的内涵与原则 …………………… 215

　第三节　强化网络内容技术治理的方向与路径 ……………… 226

第十二章　网络内容治理体系中的经济手段与行政手段 …… 247

　第一节　顺应经济规律的调控手段 …………………………… 247

　第二节　规范化行政行为的举措 ……………………………… 255

第十三章　不同网络内容平台的治理行动分析⋯⋯⋯⋯⋯⋯ 270

　　第一节　新闻平台:规范新闻内容 ⋯⋯⋯⋯⋯⋯⋯⋯⋯⋯ 270

　　第二节　短视频平台:加强正向引导 ⋯⋯⋯⋯⋯⋯⋯⋯⋯ 275

　　第三节　网络直播平台:整治网络乱象 ⋯⋯⋯⋯⋯⋯⋯⋯ 281

　　第四节　网络游戏平台:优先社会效益 ⋯⋯⋯⋯⋯⋯⋯⋯ 287

　　第五节　知识社区平台:关注议题设置 ⋯⋯⋯⋯⋯⋯⋯⋯ 291

　　第六节　网络教育平台:保护未成年人群体 ⋯⋯⋯⋯⋯⋯ 295

第十四章　网络内容治理体系中的内容生态建设⋯⋯⋯⋯⋯⋯ 300

　　第一节　生态学视角下网络内容的构成 ⋯⋯⋯⋯⋯⋯⋯⋯ 300

　　第二节　质量建设的前提:了解网络内容生态的评价维度 ⋯ 302

　　第三节　网络内容质量建设的发展策略 ⋯⋯⋯⋯⋯⋯⋯⋯ 318

第四编　监管与执行:中国网络内容监管模式

第十五章　网络内容监管的地位、特征与实践⋯⋯⋯⋯⋯⋯⋯ 329

　　第一节　网络内容监管与内容治理的关系 ⋯⋯⋯⋯⋯⋯⋯ 329

　　第二节　网络内容监管的特征 ⋯⋯⋯⋯⋯⋯⋯⋯⋯⋯⋯⋯ 332

　　第三节　中国网络内容监管的发展 ⋯⋯⋯⋯⋯⋯⋯⋯⋯⋯ 334

　　第四节　中国网络内容监管实践 ⋯⋯⋯⋯⋯⋯⋯⋯⋯⋯⋯ 338

第十六章　网络内容监管的方式与举措⋯⋯⋯⋯⋯⋯⋯⋯⋯⋯ 343

　　第一节　针对信息内容的直接监管 ⋯⋯⋯⋯⋯⋯⋯⋯⋯⋯ 343

　　第二节　针对网络内容主体的资质监管 ⋯⋯⋯⋯⋯⋯⋯⋯ 347

　　第三节　针对违法违规内容和主体的专项行动监管 ⋯⋯⋯ 353

　　第四节　针对多主体监管的协作监管机制 ⋯⋯⋯⋯⋯⋯⋯ 357

第十七章　内容监管中的平台角色与监管实践⋯⋯⋯⋯⋯⋯⋯ 361

　　第一节　内容监管中的平台角色 ⋯⋯⋯⋯⋯⋯⋯⋯⋯⋯⋯ 361

　　第二节　网络内容监管中的具体实践 ……………………… 365

　　第三节　平台内容监管的困境 …………………………… 372

第十八章　特殊网络内容的治理难题与现实解决……………… 377

　　第一节　网络内容来源合法性:个人隐私信息治理难题与现实

　　　　　　解决 ………………………………………………… 377

　　第二节　网络内容持有有据性:数据垄断治理难题与现实解决 … 382

　　第三节　网络内容服务合规性:内容算法治理难题与现实解决 … 386

　　第四节　网络内容归属争议:数字版权治理难题与现实解决 …… 389

　　第五节　网络内容继承争议:数字遗产治理难题与现实解决 …… 394

第十九章　中国网络内容治理的对策与展望…………………… 398

　　第一节　重视网络内容治理,在国家治理体系框架下展开治理 … 399

　　第二节　强调技术安全发展并重,提高技术治理的效率与智能化

　　　　　　水平 ………………………………………………… 400

　　第三节　促进主体合作,形成"政府、协会、企业、网民"互动协作

　　　　　　机制 ………………………………………………… 401

　　第四节　明确内容环节治理,针对"生产、审核、传播、评估"落实

　　　　　　举措 ………………………………………………… 402

　　第五节　加强治理环境建设,完善互联网内容治理法律体系 …… 403

附录　世界主要国家网络内容治理模式总结…………………… 405

　　第一节　政府主导型治理模式 …………………………… 406

　　第二节　行业协会调节型治理模式 ……………………… 410

　　第三节　参与者自律型治理模式 ………………………… 413

　　第四节　多方协调型治理模式 …………………………… 416

参考文献 ………………………………………………………… 420

后　记 …………………………………………………………… 447

前　言

　　自 1994 年中国接入互联网以来,随着信息技术的不断进步,以及商业化应用的持续创新,网络内容的内涵也越来越丰富。从门户网站到博客、微博等个人空间,从微博、微信再到抖音、快手,中国网络内容的构成日益完善,产生的社会影响力也不断增大。随着网络内容影响力的扩大,学界对其的讨论和关注也越来越多。目前来看,网络内容是一个不断发展的概念。随着互联网与经济社会的深度融合,其内涵愈加丰富,技术革新和商业化应用使得网络内容的呈现形式也更加多元化。探讨网络内容治理首先要明晰网络内容概念与特征,了解中国网络内容发展的独特之处。

　　复杂的网络生态、海量的网络内容、层出不穷的网络问题,亟待有效治理体系的建设与监管模式的提出。网络内容治理问题已经成为当下中国治理的重要问题,亦是社会治理的主要组成部分。在政府推进互联网内容治理的过程中,互联网内容治理的含义逐渐明确,战略高度不断提升。2000 年 4 月,国务院新闻办公室成立网络新闻宣传管理局,负责网络内容建设和管理工作的协调。2011 年 5 月,国家互联网信息办公室成立,针对网络信息内容领域开展治理。2014 年 2 月 27 日,中央网络安全和信息化领导小组成立,成为网络内容治理的中央直属核心机构。2017 年 10 月,党的十九大报告指出,"加强互联网内容建设,建立网络综合治理体系"这是防范化解网络安全风险的重要举措。2019 年 12 月 15 日发布的《网络信息内容生态治理规定》明确了网络信息内容治理的主体、价值观、治理对象和综合目标,成为目前互联网内容治理领域最全面详细的部门规定。2022年10月,习近平总书记在党的二十大报告中指出:"健全网络综合治理体系,推动形成良好网络生态。"从上述举措可以看出,党和政府高度重视网络内容治理工作,这是因为网络内容治理与网络生态、舆论引导、社会治理息息相关。

重视网络内容治理工作关乎网络安全,有利于保护网络信息环境安全。第一代互联网的网络安全核心是系统安全、数据安全、应用程序安全;第二代互联网的网络安全核心是使用安全;第三代互联网的网络安全核心变成了以信息秩序为起始的整个网络空间安全,而网络内容则是信息秩序的主要构成。一方面,从微观上来说网络平台的技术水平和网民的媒介素养高低影响着用户隐私内容和数据安全;另一方面,从宏观上来说网络平台中各种内容的质量和性质影响着整体网络信息环境的安全。

重视网络治理工作有利于引导网络舆论,是保障网络空间天朗气清的重要举措。网络内容的海量化、多元化促使我国网络舆论生态的不断扩大,随着网络信息的覆盖面越来越广,我国正在创造着世界上最为庞大的舆论生态市场,且还在继续膨胀。对网络内容进行治理,能够有效影响网络舆论生成和表达的质量和数量,减少负面网络内容,带来了舆情认知的方向转向,并大大增加正能量内容,推动网络内容生态建设。

重视网络内容治理工作是社会治理的重要组成部分,有利于提高社会治理水平。网络内容治理不仅仅是政府主体的治理行动,而且也是需要通过探索政府、市场以及社会等多元主体广泛参与的合作治理之路,推动协同治理。在网络内容治理的研究中,许多学者都提出了"协同治理"或"多元共治"的概念和思想,这些概念和思想的研究与实践同时也为社会治理提供经验与借鉴。政府需要与互联网中企业、平台、行业协会、网民等其他主体寻求合作,由政府单一治理转变为不同治理力量多元共治的管理模式。

　　国内对网络内容治理对社会的作用与影响的研究覆盖了从微观到宏观,从虚拟空间到现实空间的各个层面。加强网络内容治理对社会的作用与影响研究利于更好把握网络空间与现实空间的良性联动关系,从全面的视角看待和把握网络内容治理的研究。但是由于不同学科的学者局限于本学科知识结构,缺乏跨学科的视角也造成了在这方面的研究中存在着视角单一,全而不深等问题。

　　本书作为国家社会科学基金重大项目"中国特色网络内容治理体系及监管模式研究"(项目编号:18ZDA317)的研究成果,创新性地提出了"中国特色互联网内容治理体系"概念,并对治理体系与监管模式展开深入研究。本书的研究对象是"网络内容的治理与监管",研究靶向是"网络内容",落脚点在"治理与监管","中国特色"是定义域。

　　为何强调"中国特色"?这是因为我国在社会、政治、经济和技术等方面的发展状况,与西方国家有很大的不同。特别是网络整体环境下的"治理""监管"研究,无论是在目标、内容上,还是在研究对象以及概念的形成逻辑上,都有很大的差异性,因此,西方对于网络内容"审查""规制"等相关研究不能照搬到我国,必须要与国情相结合,形成中国特色的网络内容治理研究范式。从学术的角度讲,我国对网络内容治理的研究起步较晚,现有"政府—审查—企业""政府—规制—用户"的互动机制研究尚未完全摆脱对国外的依赖,主要体现为学理研究历史过短,基本概念体系尚不完备和统一,对西方理论依赖过强,缺乏独创理论和特色。多数著作还在基本概念、范畴的界定上徘徊,深入开掘不够,缺少细化研究。研究成果方面,目前从网络内容历史发展角度来研究其对治理影响的研究成果较少,而且也没有形成成熟的理论体系。因此,本书对网络内容治理的探讨,将使内容治理研究的相关理论得到进一步的丰富和完善。

　　为何重视"治理体系"?目前,网络治理的相关研究较多处于"谈问题""论政策""看趋势"阶段,缺少以体系化、系统化、结构化的视角看待网络内容治理工作。"网络内容治理体系"是多个治理系统、层次、流程的混合，是一个长期动态与发展演变的过程。探讨治理体系，需要高度关注治理体系中的顶层设计、中层路径与底层执行，并对治理体系中的法律法规、技术治理、行政手段、内容建设等多种方式方法进行总结，方能概括出中国治理体系建设特点，以体系化视角推动研究创新。

为何关注"监管模式"？这需从网络内容本身与网络内容平台两方面进行分析，这两者之间是互为表里、相互作用、二位一体的。内容是"表"，平台是"里"，内容治理与监管的前提是对内容平台的治理与监管，前者是后者的目的，后者是前者的抓手。治理强调对内容生态的把控以及对正面网络内容的引导，监管则更多强调对负面信息、网络安全的举措、手段与制度的监管。相较而言，网络内容治理侧重于战略规划和顶层设计，而网络内容监管作为网络内容治理体系的重要组成部分，是确保网络内容治理体系能够落地的执行方式与抓手。

开展中国特色网络内容治理体系与监管模式研究，能够应对网络内容治理发展过程中遇到的新情况、新问题。当前，我国社会正处于经济转型期和矛盾多发期，不同社会阶层在经济参与和政治参与的过程中，充分利用互联网表达意见、集聚群体，已经成为常态。但一些由不理性、不恰当的网络内容引发的舆情事件，其传播速度与深入程度都远超以往。网络内容产业在我国快速发展，以互联网企业为主导的内容平台建设呈现生态化运作，依托大数据、人工智能等新技术带来的多元内容形式与分发方式，吸引用户流量。然而各个平台封闭运营，恶性竞争，损害了网络内容的良性发展。这一环境下的网络内容治理难以及时跟进不断出现的新现象、新问题，政府主管部门在日常工作中采取的措施应对不及现实的发展需要。因此，本书将结合我国的社会现状，挖掘网络内容治理模式与监管体系的新办法，为我国网络内容治理与监管的改进提供理论支持和前瞻建议。

开展中国特色网络内容治理体系与监管模式研究，可以从产业发展和国家战略层面提供完善的网络内容政策规划。网络内容产业已成为我国经济发展中的重要一环,游戏、视频、短视频、文学、直播等内容带来庞大用户群体与增值收入。但网络内容整体产业布局趋向在某一平台集中化运作,以百度、阿里巴巴、腾讯等为主导的互联网企业往往把控内容分发路径与变现模式,容易导致网络内容产业陷入过度集中的恶性循环。同时,网络内容的快速递增和传播渠道的极度多元化,使政府对网络内容的管理模式不能再沿袭传统方式,过去行政指令的媒介管控模式以及公民参与模式,已经极不适应当今的变化。目前,我国政府部门在面对生态化的网络内容环境时,亟须建立一套明确、有效、成体系的管理方法。因此,本书一方面为我国网络内容产业发展的良性循环提供可行、系统的参考解决方案,另一方面为政府进一步发挥网络内容治理的作用,为管理决策提供支持,最终研究将从技术、制度、文化等多个层面构建一个完整的内容治理体系与监管模式。

开展中国特色网络内容治理体系与监管模式研究,将为我国网络内容生态建设提供新思路。新一代移动互联网技术的发展,让内容交互可以实现精准的即时匹配,新媒介形态的出现,将个体思想从无产出价值的单向消费行为中解放出来,改变了企业组织架构,从传统科层制组织向平台型组织转型,相关组织、用户、内容主要围绕网络平台不断集聚,形成生态化的运作模式。由此可以看到,网络内容治理的对象随着网络环境的不断发展,日趋多样化、复杂化,研究范围从个体逐渐扩张至整个网络内容生态,并呈现出动态变化特征,不断吸收、演化。在内外部环境的共同作用下,网络内容生态中的各个主体及其要素愈加丰富。因此,本书基于网络内容生态化的特征进行相关治理研究,结合社会环境变化与技术本身不同阶段的发展,对网络内容生态及整体生态进行考察,为我国网络内容治理及监管提供新思路,帮助我国网络内容生态建设走向新阶段。

为了更好地进行研究,本书分为四编,第一编为"中国特色的网络内容概述",关注互联网对内容生产与传播的影响,以及网络内容的概念、特征、发展与特色等,进一步厘清网络内容这一研究对象,为后续章节写作搭建基础。第二编为"理论与实践:网络内容治理中国特色",聚焦中国治理问题和本土情境,分析了中国网络内容治理的概念、中国特色、目标方向、关键问题等。第三编为"规划与体系:中国网络内容治理体系",在理论层面梳理了中国网络内容治理体系的关键逻辑、结构要素以及必要性与意义,并从法律法规、机制体制、技术治理、行政手段、生态建设等方面构建了治理体系。第四编为"监管与执行:中国网络内容监管模式",以监管与执行为切口,从网络内容监管的特征与实践、方式与举措、平台角色、典型案例分析、对策与展望等方面对中国网络内容的监管模式进行了介绍。

在研究方法上,本书融合传播学、社会学、管理学、情报学、计算科学、系统工程、统计学、Web 挖掘等领域的研究方法与实现技术,对中国网络内容治理的特色、体系与监管模式进行了多维、系统的分析。每一编基本采用总体论述、历史回顾、分论点深度剖析的写作思路,具体涉及的研究方法有文献分析、内容分析、深度访谈、问卷调查、系统工程及生态学、网络经济分析、政策文本内容分析、案例分析等。

其中,在深度访谈方面,本书编写组成员从 2018 年 1 月至今,采取线上线下相结合的方式,共访谈超 200 人次。访谈对象包括相关政府部门人员、媒体机构负责人及一线从业者、互联网平台负责人、网络内容审核人以及相关领域的专家学者,从网络内容监管手段、网络舆情监测与应对方式、网络内容建设与舆论引导、网络意识形态安全、网络平台参与内容治理、网络内容审核与质量把控等方面,获取了丰富而鲜活的经验资料。这些第一手资料在全书多个章节中均有所体现。例如,第四编在谈及网络内容监管时,通过对腾讯公司微信安全风控中心等一线工作人员的访谈,生动呈现了互联网企业如何与主管部门配合的方式方法。这些第一手、鲜活、翔实的访谈资料,成为支撑本书的关键材料。

在问卷调查方面,本书编写组成员分别于2020年7月和2021年3月开展了两批次覆盖全国范围的大规模问卷调查,共包含6套问卷,主题囊括新媒体社会影响力、网络内容治理和公众参与、智慧城市建设与用户数据治理、社交媒体使用与隐私保护、网络政治参与、短视频使用与算法抵抗等,共回收了1.8万份有效问卷,从用户认知和感受出发,多角度切入,为了解网络内容治理现状及效果,把握网络内容治理的行动主体关系、要素构成及方法途径提供了数据支撑。如第三编在谈及平台治理的相关内容时,就参考了感知对他人有害性—平台责任归因—支持政府对平台采取措施的中介模型。

在政策文本内容分析方面,本书将该方法同网络内容的技术治理进行结合,基于"风险议题—治理主体—政策工具"的三维分析框架,对当前有关"深度伪造"技术的治理政策文本展开内容分析,系统总结了"深度伪造"技术的多维度治理现状,并得出以下结论:其一,我国对于"深度伪造"技术的治理最为关注技术潜在的社会风险,治理主体以信息服务提供者为主,主要形式是政府以政策规定的方式划分信息服务提供者的责任与红线。其二,政策工具对不同风险议题的选择存在选择偏好。其三,我国有关"深度伪造"技术的治理政策以依法治网、负向激励和协同平衡为突出特点。

在案例分析方面,本书在对特殊网络内容的治理难题进行分析时,所举的2010年腾讯与奇虎360的"3Q大战"、2018年腾讯与字节跳动两家超级平台间的"头腾大战"等案例,既具有较高知名度和代表性,还有助于读者对平台数据垄断下的不良竞争问题进行深入了解,更可以通过点面结合的方式生动呈现由超级平台垄断带来的数据垄断治理难题。另外,通过对中央网信办于2020年在全国范围内开展的"自媒体"专项治理行动、国家互联网信息办公室等五个政府主管部门于2018年主导的短视频专项治理行动等治理实践的回顾,本书也较为全面地呈现了我国在网络内容治理方面已取得的成果。这对未来我国网络内容治理难题的解决以及网络内容专项治理活动的展开具有借鉴意义。

　　总的来说,网络内容治理一直以来就是学界和业界研究的热点问题之一。互联网的发展使得网络内容产业规模不断扩充,在我国社会政治、经济发展的大环境下,网络内容生态的良性发展为整个社会公共治理、政治状况、经济发展、信息安全等多方面带来变革,这些变革既有机遇,更有挑战。因此,对中国特色的网络内容治理体系与监管模式进行深入研究具有重要的学术价值和应用价值,本书高度关注网络内容治理研究领域,希望通过探讨中国特色网络内容治理体系与监管模式的特色、思路、方法、效果,为这一领域的理论研究与实践研究作出一些贡献。

第一编
中国特色的网络内容概述

　　互联网自 1994 年落地中国便得到快速发展,逐渐成为中国社会的重要组成部分,并以"互联网+"形态对中国经济、政治、社会、文化、生态等方面产生深远影响。截至 2022 年,中国数字经济规模达 50.2 万亿元,占国内生产总值比重提升至 41.5%[1];2022 年 12 月,中国网民规模达 10.67 亿,互联网普及率达 75.6%[2]。具有中国特色的、人口众多的、充满活力的网络社会不断发展,网络空间已成为人们重要的精神家园,网络内容在社会舆论、媒体生产、思想文化传承与建设、公共服务甚至基层治理、应急管理等方面发挥着越来越重要的作用。作为全书开篇,本编首先从网络内容及其中国特色切入,重点梳理内容生产与传播方式在互联网环境下的发展与变化,把握网络内容的源起、内涵和特征,剖析并呈现网络内容嵌入社会生活的发展进程及其在中国本土的发展特色,为更好理解中国语境下网络内容治理对象及治理的底层逻辑奠定基础。

　　第一章首先揭示了互联网对内容生产与传播的影响。有别于传统媒体时代单向度的信息内容生产与传播模式,在互联网上,每个普通用户都被赋予了相对平等的内容生产、传播、连接、组织等权限和能力,推动信息内容生产与传播模式从由媒体组织主导的单极化(中心化)模式向"人人参与""人人皆媒"的社会化(去中心化)模式转移。随着互联网技术,特别是移动互联网的快速发展、移动终端广泛普及,网络内容生产门槛显著降低,网络内容向越来越多的用户、终端扩散,带来网络内容场景拓展。以内容为介质,线上线下界限逐渐消弭。现实社会形态开始向数字化、媒介化转型,使得内容的价值进一步凸显出来。

---

　　[1]　国家互联网信息办公室:《数字中国发展报告(2022 年)》,2023 年 4 月。
　　[2]　中国互联网络信息中心:《第 51 次中国互联网络发展状况统计报告》,2023 年 3 月 2 日,https://www.cnnic.net.cn/NMediaFile/2023/0322/MAIN16794576367190GBA2HA1KQ.pdf。

　　在此背景下,第二章探讨了网络内容的概念与特征,明确了作为治理对象的网络内容的基本内涵与外延。网络内容经历了从"数据信息"到"文化产品"再到"生态要素"的内涵转变,呈现出数字化、多媒体化、强交互性、海量化、智能化等基本特征,其生产机制、呈现形式、组织方式和互动模式伴随着互联网技术革新及其商业化应用而持续发展演变。相应地,作为治理对象的网络内容,其内涵与外延的发展变化,推动了网络内容治理范围的"生态化"转向。

　　网络内容生态演进的背后,是网络内容向现实社会的嵌入性结果。第三章进一步呈现了作为社会资源和流通介质的网络内容的发展及其在中国语境下的本土化特色。网络内容嵌入现实社会,突出表现在互联网成为新的社会舆论场,网络内容产业化和平台化发展,网络内容兴起并走向繁荣等方面。具体到中国,凝聚社会共识的"网上网下同心圆"、独特而有影响力的网络文化景观、世界瞩目的网民力量、面向现代化的数字治理格局逐渐形成,这些都构成了理解中国语境下网络内容治理的底层逻辑。

第一章　互联网对内容生产与传播的影响

随着互联网技术与应用的快速发展,互联网广泛而深刻地向政治、经济、文化、民生等社会领域嵌入,成为经济社会发展的重要组成部分。互联网自身不断增强的社会影响力及其对其他领域的辐射带动力,使其逐渐超越传统意义上的"技术工具"而成为经济社会发展和治理的"基础环境"。在这一过程中,互联网对内容生产与传播模式的重构发挥了关键作用。一方面,互联网极大地降低了内容生产与传播的技术门槛,特别是伴随移动互联网和移动终端的普及,越来越多的用户参与到网络内容生产与传播中,用户生产内容成为网络内容生态的重要组成;另一方面,内容介质的扩散性、嵌入性及其影响力,推动了网络环境与现实环境的融合,网络内容生态成为现实社会发展与治理环境的重要组成。互联网不仅作为现实社会的镜像,更内生性地形成了独具特色的网络内容生态。互联网重构了传统社会的价值尺度,媒介化社会下的信息、数据成为社会资源流通与价值转化的重要介质,网络内容成为理念与诉求、资源与价值、行为与行动的重要载体。

第一节　用户主导:"无组织的组织力量"

互联网对社会生活的影响是深远的。互联网的连接性、去中心化、交互性等特性使得社会行动主体的连接能力、表达能力、行动能力、组织能力等得到空前释放,带来社会权力结构、组织形态、关系结构、行动模式等深刻变革。互联网时代的到来,对社会行为及行动的理解需要放在新的技术环境及其带来的新的社会环境下展开。

作为一个开放的、互动的多维空间,互联网从技术层面保障了不同节点之间平等的参与性——作为信息工具,互联网鼓励用户参与生产和传播内容;作为交互平台,互联网从分享经济到民主政治再到参与式文化,始终体现着平等参与的核心内涵;作为新的社会实践,互联网蕴含着平等、自由、个性、包容等具有时代意义的价值观念。互联网上创造的价值来自普通大众的社会实践。在互联网环境下,过去传统媒体时代精英阶层对信息和内容的把关、筛选、评价机制逐渐失效,来自民间的、朴素的、更多元的声音获得空前的表达和传播的机会。以互联网为中介,个体、社会组织、非正式组织等非政府主体愈发活跃地参与到公共事务中,其主体意识、行动能力和资源储备都得到一定增强,并能够通过网上集群与动员、舆论发酵、用户举报、自媒体内容生产等多种方式对社会进程产生一定的影响,形成一种“无组织的组织力量”①。

除了赋予更多元社会主体以话语权和行动力,使其真正成为具有影响力的社会主体外,互联网的虚拟空间还持续孵化出诸多新的主体形态,比如网络媒体、网上店铺、网上社群、虚拟社区、亚文化群体、游戏角色、虚拟偶像、AI 主播,等等。互联网通过数字化、网络化等手段,革新了传统社会的存在方式,拓展了“社会主体”的内涵与边界。互联网产品产物逐渐从虚拟走进现实、从技术物走向社会物,或本身成为一种具有内生性的能动体(如人工智能聊天机器人 Chat GPT),或与线下实体相结合成为一种新的社会存在(如数字人)。在由互联网编织的高度媒介化的社会环境下,社会主体结构及其权力结构正在发生着根本性变化。

“趣缘”逐渐替代“地缘”成为社会关系的主要连接点。基于地域、血缘等物理联系的社群被打破,传统社会组织的边界日益模糊,基于利益、价值观、文化等所集结的网上社群成为更为普遍的社会组织形式,形成一种与传统差序格局或

---

① [美]克莱·舍基:《人人时代:无组织的组织力量》,胡泳等译,浙江人民出版社 2015年版。

团体格局不同的、具有扁平化、去中心化、超越时空等特征的社会结构形态——以圈群为基础的"趣缘格局"。以"趣缘"为核心逻辑,以社交媒体、短视频为代表的互联网平台服务利用个性化推荐算法技术精准定位用户偏好,为用户快速找到"可能感兴趣的"人事物提供便利,从内容、活动、社交关系等维度为用户构建圈层,以密切用户与用户之间的连接,进而增强用户对平台的黏性。

高度碎片化且持续垂直纵深的互联网圈层打破了传统社会的层级结构,社会原有的联结性和整体性被细分圈层不断解构、拆分,对长期相对固化、稳定的社会秩序造成冲击,加剧了社会结构的不稳定性。意见的形成、话语的建构诉诸多元主体和多种渠道,在话语权的博弈间,社会冲突和矛盾将变得更加频繁。一方面,在"万物互联""万物皆媒"的互联网环境下,个人主义更加兴盛。人们不再受限于自己在现实世界所属的圈子、集体,而是作为独立自主的个体穿梭在网络的不同场域。人们在形成集体认同、参与网络行动时,更容易受到个人情感、信念和价值认同的驱动。以个性化诉求为转移,网络圈层不断垂直细分,小众诉求得到满足,却使得原本的社会共识受到拆解而难以维系,增加了舆论引导的难度。另一方面,小众诉求的另一面是排他性,圈层分化既意味着小众诉求得到体察和满足,也意味着圈层壁垒的增多和加固。在同一圈层内,长期沉浸式的用户体验和信息接收,加之圈层内部成员间的情绪感染,容易形成所谓"信息茧房"或"群体惯性",排斥外界信息,加深固有偏见。成员的思维观念和行为方式趋同,从而更容易受到动员,甚至陷入集体非理性或对抗性状态,诱发集体失范行为。

可见,多元化背后既有去中心化的理想图景,也隐藏着再中心化的风险。在看似开放、平等的技术架构下,资本、知识、技术、话语权等资源的实际分配是不平等的。资源更充足的一方成为优势方(如欧美发达国家、头部互联网平台),他们凭借具有决定性优势的资源基础,向外笼络更多资源、用户、合作伙伴,向内建立起日益完备的服务生态体系和规则体系,向上不断抬升用户或合作伙伴的迁移成本,向下持续深耕、延伸产业链价值,最终达成"赢者通吃"的局面。

第二节　方式革新：网络内容的社会化生产

以开放、互联为核心的互联网技术带来内容生产方式的深刻变革。在互联网环境下，内容生产的权限和能力不再由传统媒体垄断，每个普通用户都可以成为内容生产者，带来内容生产模式的社会化转型。首先，网络的交互性解构了传统媒体时代的单向传播格局，使"受众"成为更具主体意识的"用户"并贯穿于内容生产和传播的全过程。其次，内容生产的门槛在不断降低，内容的含义不再局限于"知识""作品"，而指向更广泛意义上的"表达"。最后，内容表达方式持续创新，网络内容传播从早期以文字为主的信息获取发展为多媒体的信息服务。特别地，网络技术的连接属性与我国紧密型的社会关系形态相契合，展现出向现实社会极强的嵌入性。内容的生产与传播从跨越地域、介质等物理边界到跨越场景、社群等社会边界，呈现出泛在化的发展趋向，即内容无处不在。

在互联网的技术赋能下，用户兼具内容生产者、传播者、消费者等多重身份。用户可以是参与网络内容生产与创作的博主、主播、UP 主，也可以是助推热点舆论事件发酵的围观者、扩散者、评论者，还可以是参与运转电子商务或内容付费活动的商家或消费者。用户在网络参与中的多重身份从源头上释放了网络内容的多元性。同时，用户成为内容分发及多级传播的关键节点，从由用户创造传播元并持续通过模仿、再造实现"病毒式"内容扩散的"模因传播"，到推荐算法机制下用户参与与反馈对内容产品传播路径和生命周期的直接显著影响，用户参与在内容分发与传播路径中被赋予较大权重。以往依附于组织单位的内容管理方式和文化娱乐方式被打破，人工智能、传感器、可穿戴设备等技术强化并拓展了个体的感知能力和方式。新媒体从"人的延伸"发展为"人的具身"。现实社会被建构成数字化形态，线上与线下的界限进一步弥合。互联网不再只是现实的"镜像"，人们开始追求在泛在化的内容生态中形塑个性化空间。"元宇宙"便在从内容多元向体验多元的发展趋势下成为社会热点。

第三节　场景拓展：内容泛在与虚实共生

互联网在改变人们原有的空间感知格局的同时，还建构出了新的虚拟空间，带来了世界观的信息化——把物质世界当成信息处理的机器、寻找感官体验背后的信息运算的法则、认为世界应该用数学甚至计算机语言加以描述。信息是互联网技术的关键要素。在信息处理、存储、通信技术的作用下，世间万物被转化为"信息"形式得以在互联网上展示、保存、流通。信息以通讯信号、表达符号、价值符号等多维样态成为互联网上的资源流通介质。一时间，海量信息涌入互联网，带来严重的信息泛滥。人们起初的信息获取需求进阶为信息筛选需求，希望借助技术的力量，筛选得到更有价值、更有意义、更满足个性化需求的信息。以大数据、算法为技术基础的智能化技术应运而生，其核心在于通过优化信息处理技术能力，将数据转化为智慧，将信息转化为知识，提升信息服务与个性化需求的匹配度。互联网在其中发挥着供需对接、信息中枢等基础性作用。

互联网以其多媒体特性，极大地拓展了内容的表现形式。互联网常常被视为现实生活的"镜像"，人们追求在网络世界重现现实甚至再造现实，充斥着"虚拟人物""虚拟事物"的网络游戏、网络文学和网络视听作品（如动画）等相继出现。元宇宙的兴起是互联网拟像化特性的最高阶产物，但这里的"模拟"已不再局限于形象再现、再造，而是行为乃至关系的再现、再造。随着网络信息海量激增、内容形态融合创新、移动终端广泛普及，多媒体内容逐渐突破了介质壁垒。在内容泛在的趋势下，网络社会成为一种源于现实而又超越现实、具有动态内生性的新型社会形态。在网络社会中，通过沉浸式的网络多媒体参与，用户能够捕捉到内容数据和行为数据，从而建构出包括用户画像、行为习惯、利益诉求、社会关系等在内的立体式档案，使得信息内容传播和服务的精准性、有效性得到有效提升。互联网上的任何事物都可以被量化、标准化为"数据"，从根本上变革了社会资源流通和价值转化的基本单位。

互联网由此形成了一种解构性力量。一方面,互联网在迭代式创新中不断突破着人类能力的边界和传统的生产生活方式。例如,随着大数据被引入媒体领域,算法新闻成为当前重要的新媒体产品,它凭借由数据驱动的算法匹配和推荐技术,打破了传统新闻行业的把关机制以及传统的新闻生产管理制度。另一方面,这一解构性不断改写着人们对世界的认知,同时也激励着人们居安思危,激发创新意识。例如,随着电子商务的蓬勃发展,零售业实体门店倍感危机,与互联网相结合的"新零售"应运而生;而同样随着电子商务发展建立起来的电子支付系统,则让中国快步迈向"无现金社会"。互联网对社会生产生活、社会秩序等形成了颠覆性影响,这种影响不仅带来了人们从思维方式到行为模式的根本性变化,更从源头上创新了人们的存在方式。在互联网时代,以数据和信息为核心资源,生产方式向社会化的共享协作方向发展,生产关系从单一走向多元,社会组织从集中走向分散,社会连接得到极大延伸。

第四节　价值凸显:内容成为商品和资源

在互联网环境下,内容的价值属性更加突出。最显著的便是"内容付费"这一概念的出现,意味着内容正式作为一种商品参与到价值交易和市场竞争中,互联网内容产业逐渐形成。有别于传统媒体时期,互联网上内容价值有了更多元的表现形式和转化方式。内容产品不再只局限于报纸、电视节目、影视作品等媒体产品,而是衍生出网络游戏、在线问答、网络直播、短视频等新兴产品形态;内容产品生产者不再由媒体组织垄断,自媒体、博主、播主甚至广大用户都可以生产内容产品并从中获得收益;内容获益方式也不再仅限于以广告而转移的"二次售卖"逻辑,内容本身(如付费视频节目、直播打赏、有偿问答等)以及内容服务(如在线咨询、内容推荐、测评/攻略分享等)拓展了内容价值链。

内容价值化除了意味着内容本身被赋予更高价值(即"内容有价值"),还包含在互联网海量信息环境下提取内容价值的意义(即"有价值的内容")。

一方面,知识传播成为互联网及新媒体发展的重要面向。新媒体的出现创新了知识传播的形式和方式,使得在线教育、移动微型学习、游戏学习等新形式成为可能,甚至改变着以学校课堂为主导的传统教育模式。知识通过更容易让学习者接受的图文、音像、游戏等多种新媒体形式,嵌入学习者的碎片化时间,融入学习者日常生活情境(比如在抖音等平台学习生活技能、在小红书等平台查找旅游攻略等),以更广泛的社会化方式生产和传播。另一方面,在互联网信息洪流下,信息整合的价值进一步凸显。面对海量、杂乱甚至良莠不齐的网络信息,内容整合、数据分析、价值提取变得尤为关键。话语权下移打破了传统媒体对于信息流规制的结构性优势,信息整合职能不再由传统媒体"独断",一个"大V"用户的转发或评论、一个知乎答主的回答、一个博主的"种草"或测评,往往能超越内容本身的影响力。在社交媒体编织的网络化社会关系结构下,人们的知识获取、意见生成、价值判断逐渐由主流媒体等权威机构转向互联网上广泛而鲜活的"他人"。

第二章　网络内容的概念与特征

顾名思义,网络内容是网络内容治理的显性对象。网络内容治理研究首先应解决治理对象的概念化问题,即"网络内容是什么""网络内容包含什么""什么属于网络内容",厘清网络内容的基本概念和组成要素,把握网络内容的基本特征和演变历程,以此锚定网络内容的内涵与外延,为后续围绕网络内容及网络内容治理的研究和讨论提供必要的概念基准。

第一节　网络内容的内涵与组成

网络内容是一个发展中的概念,其内涵和外延随着网络内容形态、产品和应用的更新迭代而不断丰富。总的来说,网络内容的概念内涵主要包括三个方面:一是作为数据信息的网络内容,即"互联网用户、互联网平台等互联网主体在自由意识的支配下(明知)或在其权限范围内(应知)利用特定技术方式,发布在互联网平台上,可被其他互联网主体受领的文字、图片、视频等数据信息"[1]或"互联网上的各种信息,包括网络媒体、网络内容提供商所发布的网信信息,以及网络用户借助各类网络应用中介上传的信息(Information)"[2];

---

[1]　谢新洲、李佳伦:《中国互联网内容管理宏观政策与基本制度发展简史》,《信息资源管理学报》2019年第3期。

[2]　周俊、毛湛文、任惟:《筑坝与通渠:中国互联网内容管理二十年(1994—2013)》,《新闻界》2014年第5期。

二是作为文化产品的网络内容,即也涉及"包括游戏、电子书刊等在内的数字化文化产品(Production)"①,随着互联网文化产品日益丰富,视频、短视频、直播、游戏等新兴文化产品进一步丰富了网络内容在这一面向上的概念内涵;三是作为生态要素的网络内容,即深入网络内容背后的社会文化属性,关注网络内容质量、态势或整体的网络内容环境。

从理论上来讲,互联网上生成或传递的所有文字、图片、音频、视频信息都是互联网内容。② 它有两个基本要件:一是某种介质符号;二是具有实质性意义,即介质符号能传达出人们能够理解的实质性意义。从概念内涵来看,网络内容可以被视为是由多种要素组合而成的。对网络内容本身而言,网络内容包含主题、意义、内涵、外延、意识形态、生产背景、创作初衷、利益诉求、价值、用途、符号、形式/形态、载体等要素,这些要素主要从网络内容"从无到有"的生产或创作阶段出现并附着在网络内容上,共同构成网络内容的"出厂信息"或"标签",贯穿于网络内容分发、传播、价值转化、留存或分解的全过程。对网络内容生产与传播的过程而言,网络内容则涉及内容生产者、传播者、消费者、经销者(平台)、内容产品、内容衍生品、商业价值、政治价值、文化价值、播出渠道、变现方式、保存手段等要素,这些要素则主要作用于网络内容"从有到优"的传播或扩散阶段,关系到网络内容后续的流通方向和生命周期。

就网络内容的外延而言,网络内容类型多样,按不同分类标准呈现出不同的类型样态。根据载体不同,网络内容可分为文本、超链接、图片、音频、视频、短视频、H5、VR/AR(虚拟现实/增强现实)等;根据主题不同,网络内容包括政治、经济、文化、社会民生、娱乐、教育、营销/广告等;根据生产形式不同,网络内容包括用户生产内容(User Generated Content,以下简称 UGC)、专业生产内容(Professional Generated Content,以下简称 PGC)、职业生产内容(Occupationally-generated Content,以下简称 OGC)、社群生产内容(Community Generated

---

① 周俊、毛湛文、任惟:《筑坝与通渠:中国互联网内容管理二十年(1994—2013)》,《新闻界》2014 年第 5 期。

② 唐绪军:《互联网内容建设的"四梁八柱"》,《新闻与写作》2018 年第 1 期。

Content,以下简称 CGC)等;从消费形式来看,有付费内容、免费内容、体验内容(先免费再付费)等;从产品形态来看,有网络文学、网络音频、网络电影、网剧、网络节目、自媒体节目、网络动画、网络游戏等;从结构化程度来看,有知识类课程等结构化、体系化程度较高的内容,也有网民留言、评论、点赞等碎片化内容。这些分类形式不一而足,由此也可以看到网络内容形态多样、庞杂纷繁。

第二节　网络内容的基本特征

基于网络内容的概念内涵与要素组成,结合其自身发展趋势及其与外部环境、要素的互动关系,网络内容的基本特征可被归纳为数字化、多媒体化、强交互性、海量化和智能化五个方面。

第一,数字化。计算机信息处理技术、数字技术等是网络内容生产和传播的基础性技术,数字化是内容得以上网和通过网络传播的前提。网络内容包含数字音乐、数字影视、网络游戏、数字出版、数字馆藏、数字创作、数字广告、互联网信息资讯、移动内容、内容软件、远程教育、数字图书馆等数字化产品和应用,用户需要借助数字化技术实现对数字内容产品的生产和消费。相应地,"网络内容产业"这个概念先天地带有"数字化"内涵,即利用信息资源进行创意、开发、制作、分销、消费的产业,是基于数字化和网络化的内容产业[1],即一种建立在数字技术和网络基础上的、业务模式不同于原有的传媒产品生产和传输方式的新产业形态[2]。

第二,多媒体化。伴随着数字技术与多媒体技术的快速发展,多种媒介形态在互联网上相互融合,原本壁垒分明的媒体部门及形态之间的区隔开始消弭,内容对载体的依赖性大大降低。从目前网络内容的呈现来看,其往往融合了文字、图片、音频、视频等多种媒介传播形式,在多种媒介平台上进行生产与

---

[1]　王明明:《信息经济学的发展历程与研究成果》,《中国信息界》2011 年第 10 期。
[2]　赵子忠:《内容产业论——数字新媒体的核心》,中国传媒大学出版社 2005 年版。

传播。多媒介形态之间的融合发展也成为网络内容发展的重要趋势。在网络内容融合化发展趋势中,不同媒介形式正在以各种方式相互渗透、整合、融合和汇聚,这已成为网络内容形态发展的主流①。

第三,强交互性。网络内容在生产和传播过程中呈现出了前所未有的互动性,个体集信息生产和接收功能于一身,传播过程非线性和多渠道,大大提高了信息传播的效率,形成了"强互动性"的内容,强互动性也成为网络内容和传统内容相区分的重要特性之一。信息内容的呈现形式也更加重视互动,例如当前各个内容领域开始进行交互式、可视化、虚拟式、沉浸式内容生产模式,无论是游戏内容中的沉浸式游戏内容、视频中的互动剧情,还是虚拟场景被运用于 VR 新闻报道等,都使得内容在形式上不断创新,和用户之间的互动距离不断缩短,互动的效率和频率也在进一步提升。

第四,海量化。网络内容具有海量化的特征,这是与交互性特征相承接的,海量用户在网络交互式参与中自下而上地向网络环境生产、输送内容,尤其是当前网络内容在新媒体发展、数字技术广泛应用、用户需求快速增长等背景下,不断实现大规模生产、流通和交换,内容数量极其丰富。截至 2022 年 12 月,我国网民规模达 10.67 亿,手机网民规模达 10.65 亿;2022 年,我国移动互联网接入流量达 2618 亿 GB。② 随着互联网技术应用的飞速普及、内容主体的纷繁复杂、内容产出的快速增长,人们进入了互联网内容海量丰富的信息时代。2022 年,我国数据产量达 8.1ZB。③

第五,智能化。人工智能技术的迅速发展,带来网络内容生产与传播的智能化转型。智能化的生产技术极大提高了内容生产的专业度、准确性和个性化程度等,内容生产者可以根据大数据分析结果"猜你喜欢""精准定制",甚至可以交由机器自动化地完成从效果反馈到内容优化和再生产的流程。内容

---

①　熊澄宇:《整合传媒:新媒体进行时》,《国际新闻界》2006 年第 7 期。
②　中国互联网络信息中心:第 51 次《中国互联网络发展状况统计报告》,2023 年 3 月 2 日,https://www.cnnic.net.cn/NMediaFile/2023/0322/MAIN16794576367190GBA2HA1KQ.pdf。
③　国家互联网信息办公室:《数字中国发展报告(2022 年)》,2023 年 4 月。

分发与传播同样呈现出智能化趋势。新的内容分发平台集社交、搜索、场景识别、个性化推送、智能化聚合于一体，可以根据内容与用户（或目标对象）的匹配程度，将内容产品精准而又符合用户使用习惯地推送到用户的信息流中。机器算法以及爬虫技术对新闻生产流程的介入不仅大大提高了新闻生产和分发的效率，也增强了新闻生产活动的针对性——针对不同的受众喜好，进行个性化的信息分发。以 Chat GPT 为代表的人工智能聊天机器人以其优越表现和巨大潜力，正在颠覆内容生产创作及相关领域，AIGC（人工智能生产内容）将带来新一轮的内容生产模式变革，重塑内容生产逻辑和价值体系。

第三节　网络内容的组织与呈现

人类的信息分发模式迄今为止大体经历了三个主要的发展类型：一是倚重人工编辑的媒体型分发；二是依托社交链传播的关系型分发；三是基于智能算法对于信息和人相匹配的算法型分发。技术驱动内容生产模式和分发模式发生变革。[①] 随着互联网与经济社会深度融合，网络内容演变速度加快，技术革新和商业化应用使得网络内容的生产机制、呈现形式、组织方式和互动模式也在不断演变。

第一，在生产机制上，网络内容生产经历了从专门机构生产、网民生产到多频道内容生产模式（MCN）的转变。网络内容的生产机制早期主要包括 PGC、UGC、OGC 等生产模式。PGC 模式主要是指由媒体、网站、平台所雇佣的专业从业者创造的内容，他们生产的内容代表的是这些媒体、网站、平台的立场。作为 Web2.0 的重要标志，用户生成内容（UGC）使得用户从被动的信息接收者转变为信息的生产者和供给者。从生产者、内容和互动性三个角度

---

① Valtýsson B.Regulation,Technology,and Civic Agency:The Case of Facebook.in *Technologies of Labour and the Politics of Contradiction*,Springer,2018:253-269.

将用户生成内容定义为:由业余用户创作,包括但不限于文字、图片、音频、视频、动画等一切信息形式,支持用户之间进行评论、转载、修改等互动行为的内容生产模式①。但是,UGC 也受到内容质量良莠不齐、平台营收瓶颈、版权等一系列问题的困扰,为了顺应新的市场需求,其生产模式也发生着持续演变,出现了新的生产模式——OGC(职业生产内容),OGC 模式具体指记者、编辑等以提供内容为职业的生产者所提供内容的生产模式②。

随着网络内容逐步走向专业化、垂直化,自媒体行业也进一步成熟,越来越多的头部内容生产者通过平台聚集在一起,形成了巨大的影响力,并产生了良好的经济效益。在此背景下,MCN 模式迅速发展起来,成为网络内容领域的新趋势。MCN 模式最初诞生于国外视频网站 YouTube 平台,是一种多频道网络的产品形态,将平台下不同类型和内容的优质 PGC 和 UGC 资源整合在一起,以平台化的运作模式为内容创作者提供运营、商务、营销等服务,提升内容生产者的变现能力。③ 2017 年至今,腾讯企鹅号、今日头条、网易号、抖音、快手等内容平台均推出了 MCN 相关计划。MCN 作为工业化、高效率、资本化的内容生产模式,对 PGC 实现了突破与变革,更有效地适应了新的网络内容环境和市场需求,尤其在孵化、塑造内容生产者上的运营模式及其信息价值、效率价值上具有突出优势。

第二,在呈现形式上,网络内容经历了从文本内容信息到多媒体内容信息的形式转变。早期网络内容主要是以文本内容为主,主要包括文本块和超链接等,如博客、微博等新媒体平台中用户发布的信息内容,或是媒体网站的新闻资讯、门户网站上的信息内容等都是典型的文本信息,文本信息超过超链接等形式进行内容跳转等。

但随着技术的日益发展、平台的不断扩展和内容载体的数字化进程,网络

---

① 金兼斌、林成龙:《用户生成内容持续性产出的动力机制》,《出版发行研究》2017 年第 9 期。

② 钱毓蓓:《MCN 模式的本土化发展之路》,《新闻研究导刊》2018 年第 13 期。

③ 黄平:《论 MCN 背景下传统媒体的融合之路》,《新闻研究导刊》2018 年第 14 期。

内容逐渐从文本内容信息向多媒体内容信息转变,多媒体内容主要包括图像、音像和视频等,其中短视频和网络直播作为新的信息产品,丰富了网络信息内容的呈现形式。截至 2022 年 12 月,在我国各类个人互联网应用中,即时通信(97.2%)、网络视频(含短视频,96.5%)、网络新闻(73.4%)、网络直播(70.3%)①等具有多媒体内容呈现形式的网络应用网民使用率均已超过七成。

第三,在组织方式上,网络内容的组织形式从线性组织到超文本组织。传统网络内容形态延续着数千年的纸质文本形态思路,仍然主要通过篇章目次、段落分割、页码编排等线性模式规范读者进行阅读和内容选择。但随着超链接和信息技术的不断发展,线性组织形式已经逐渐转向超文本形态,即内容的生成和阅读不再是线性关系,而是挣脱了层级制体系分类的束缚,有着更为多样化的内容集合和组织形态。

超文本的本质特征是非连续性或跳跃性,即通过超链接,可以将文本、图像、音像、网页等多种媒介形态及信息载体组织整合起来,成为一个开放的、多向度的文本集合。超链接就如同隐藏在阅读文本中的开关,控制着读者从一个文本单元到另一个文本单元,不断向前延展。② 文本之间的互动关系发生了本质变化,这也意味着:通过超文本技术组织起来的文本必然是立体多维系统,甚至可以创作出跨媒体类型的超文本作品,这类作品集文字、图像、声音、动画于一身,能够真正做到图文缝合、声像同步。③

从线性文本到超文本组织形态的改变,意味着网络内容从生产链条开始和传统内容生产有着截然不同的本质属性。用户需要逐渐摆脱线性、单向、固化的文本组织模式和思维方式,进入到立体多维的传播链条以及更为丰富多元的内容形态之中。

---

① 中国互联网络信息中心:第 51 次《中国互联网络发展状况统计报告》,2023 年 3 月 2 日,https://www.cnnic.net.cn/NMediaFile/2023/0322/MAIN16794576367190GBA2HA1KQ.pdf。
② 袁曦临:《超文本结构与超文本阅读》,《图书馆杂志》2015 年第 5 期。
③ 袁诠:《超文本文学链接方式及其影响》,《文学教育(下)》2007 年第 5 期。

第四,在互动模式上,网络内容中各个主体间关系从弱互动性到强互动。互动模式的演变分析需要和网络内容主体定位的转变结合到一起来展开讨论。早期网络内容生产者和消费者之间的身份定位泾渭分明,不同的消费者身份如订阅者、浏览者、评论者、分享者、收藏者等网络内容消费者也会存在行为差异与特征。

但到了强互动网络内容时代,用户反馈对内容生产的反作用愈发明显,网络内容生产者和消费者之间的关系从单向的"生产—传播—消费"转向到了"生产—传播—消费—反馈"的互动链条,链条本身从单向变成可循环互动。随着越来越多用户成为内容生产者,特别是自媒体兴起,网络内容生产与传播各相关主体之间的互动模式渗透进入内容建构与生产过程,传统的生产者和消费者的角色定位开始变得模糊。普通用户、政府、平台企业、传统媒体与新兴媒体等主体逐渐走向深度融合、跨界协作、多元互动的模式。

第四节 作为治理对象的网络内容

从治理的角度看,无论是理论研究还是对策研究,都需要明确治理对象(治理客体)的内涵和边界,避免出现概念泛化、问题失焦甚至偷换概念等问题。因此,对于网络内容治理研究,有必要首先明确"网络内容治理"中的"网络内容"到底包括什么,网络内容治理究竟是要治理什么。

从网络内容概念内涵的三个面向来看,网络内容治理的目标对象至少包括数据信息、文化(内容)产品、网络内容生态三个层次。这三个层次存在一种历时性的递进关系。在我国,对应网络内容应用场景的阶段性拓展,网络内容治理范围也在不断延伸,在治理重心上经历了"网络层—服务层—内容层—主体层—生态层"的发展过程,在治理对象和场景上则不断明晰,不断提升着对所处阶段网络内容主要应用场景的适应性。通过比对阶段性政策法规文本的相关概念含义变化(如表 2-1 所示),可以看出网络内容治理范围的延伸具体表现为:从"提供信息"延伸为"提供信息服务",关注以用户生产内容为代表的内容生产方式变革,治理场景从网络通信服务到网络应用服务再到网络公共服务的层次递进,将"网络信息内容生态治理"界定为政府、企业、社会、网民等多主体实践,同时既有"处置违法和不良信息"的被动约束,也有"弘扬正能量"的主动引导,其约束对象包括网络信息内容生产者、网络内容信息服务平台、网络内容信息服务使用者三个层次的行为等。①

表 2-1　基于阶段性政策法规文本对比的网络内容治理范围分析

关键概念	相关政策法规	分析文本	含义变化
网络信息服务	2000 年《互联网信息服务管理办法》	对"互联网信息服务"的界定	1. 删减了"上网用户",将"提供信息的服务活动"延伸为"提供信息服务的活动"; 2. 增加了对"提供由互联网用户向公众发布信息的服务"的明确界定
	2012 年《互联网信息服务管理办法》(修订草案征求意见稿)	对"互联网信息服务"的界定	
	2018 年《具有舆论属性或社会动员能力的互联网信息服务安全评估规定》	对"具有舆论属性或社会动员能力的互联网信息服务"所包括情形的界定	明确具有舆论属性或社会动员能力的互联网信息服务界定范围,包含公众账号、短视频、网络直播、小程序等新场景
	2019 年《最高人民法院最高人民检察院关于办理非法利用信息网络、帮助信息网络犯罪活动等刑事案件适用法律若干问题的解释》	对"网络服务提供者"的界定	涵盖从网络通信服务到网络应用服务再到网络公共服务的网络信息服务场景
网络新闻信息服务	2005 年《互联网新闻信息服务管理规定》	对"新闻信息服务"的界定	1. 明确将网站、论坛、博客、微博、公众账号、即时通信工具、网络直播等新媒体场景纳入监管范围; 2. 将许可事项修改为"提供互联网新闻信息服务",将三类互联网新闻单位的管理模式改为三类互联网新闻信息服务方式
	2017 年《互联网新闻信息服务管理规定》(新版)	对"新闻信息服务"的界定	

---

① 参见谢新洲、石林:《基于互联网技术的网络内容治理发展逻辑探究》,《北京大学学报(哲学社会科学版)》2020 年第 4 期。

续表

关键 概念	相关政策法规	分析文本	含义变化
网络信息内容生态	2020 年《网络信息内容生态治理规定》	对"网络信息内容生态治理"及其约束对象的界定	1.明确网络信息内容生态治理是政府、企业、社会、网民等的多主体实践； 2.既包括"处置违法和不良信息"的约束行为，也包括"弘扬正能量"的引导行为； 3.约束对象包括：网络信息内容生产者、网络内容信息服务平台、网络内容信息服务使用者

此外,近年来中央网信办还针对重点的网络内容应用场景,研究制定了包括即时通信工具公众信息服务、移动互联网应用程序信息服务、互联网直播服务、区块链信息服务等在内的规范性文件。可见,互联网技术既通过变革内容生产和传播方式创造出了网络内容治理所面临的场景及问题,也作为规制创新的判断依据和基础资源间接拓展了规制的效能边界。但需要注意的是,"网络信息内容生态治理"中"生态"概念的提出,意味着网络内容治理将面对的是无边界的、具有自组织性(动态内生)的治理对象,尽管体现了内容泛在下网络内容应用场景拓展以及对构建多元协同治理体系的重视和呼吁,但也在一定程度上反映出我国政策文本经常存在的模糊性和不确定性。这种模糊性和不确定性既可以理解为是监管者有意为其主导权保留足够的解释空间,也有可能导致治理对象的可控性和可治理性存疑,如果法律适用不当,则容易让规制构建及其执行行动出现一定程度的"失焦"问题。①

---

① 参见谢新洲、石林:《基于互联网技术的网络内容治理发展逻辑探究》,《北京大学学报(哲学社会科学版)》2020 年第 4 期。

第三章　网络内容的发展及特色

1994年，互联网落地中国。经过30年来的发展，在互联网技术持续赋能下，中国网络内容不断发展，内容生产与传播方式不断革新，涌现出了诸多新主体、新产品、新应用、新形态。从电子邮件、新闻组、论坛/BBS等基础功能到中文网络信息资源建设和拓展，从中文门户网站、搜索引擎的初创与探索到移动互联网技术赋能下基于中国语境的网络内容服务与应用创新，技术发展和网络基础设施建设(如"村村通")推动我国人口红利转化为网民规模及互联网市场红利。顶层设计与基层创新相配合，借鉴引入与自主创新相并行，推动中国网络内容本土化程度逐渐提升，体现了互联网与中国社会的深度互动和互嵌。具有中国特色的网络内容生态逐渐成形，成为中国社会生活的基础环境，成为治国理政的重要面向。

第一节　互联网成为新的舆论场

互联网重构了信息内容生产与传播模式，每个人都有权利和机会通过互联网发声、参与公共事务，每个用户既是受众也是内容生产者和传播者，去中心化的、双向交互的信息网络打破了由传统媒体主导的单向传播格局。随着互联网快速而广泛的普及，它已成为民众利益诉求、各种社会思潮的"集散地"，由此形成的网络舆情越来越成为反映民意与社情的"晴雨表"。作为新兴舆论场，互联网重塑了社会舆论的生成与传播机制，形成了具有互联网色彩的社会舆论形态和结构,使得舆论在高度媒介化、网络化的社会环境中更具影响力和作用力,甚至成为一种影响经济社会发展乃至国际竞争的关键社会资源。

一、作为舆论"集散地"和"放大器"的互联网

随着互联网的普及,互联网的传播能力、连接能力和组织能力不断拓展,将内容、用户及其信任、注意力等资源汇集起来,形成了新的社会舆论场。互联网搭建的公共空间为广大网民交换意见、发表言论、建言献策、情感交流和宣泄情绪提供渠道和工具,互联网被视为思想文化信息的集散地和社会舆论的放大器。

一方面,互联网成为重要的社会舆论源。社会舆论源头有人际传播、群体传播、组织传播和大众传播等多种模式,互联网将这些传播模式云集一身,将线上传播与线下传播、信号传播与实体传播交织一体,共同构成了社会舆论的来源。网络平台成为社会舆论的发酵器。网民拥有了搜寻、围观、分享、评论信息的权利和主动性,使得传统媒体,不再独占话语权。如今,众多社会热门舆论事件往往都是率先在网络平台信息场中成为焦点,逐渐吸引越来越多网民和社会公众的关注和参与,继而进一步发酵,成为社会性的舆论事件。[①]

另一方面,互联网成为凝聚社会共识的主战场和主渠道。相较于互联网的强势兴起,随着用户大规模向互联网和移动终端转移,传统媒体面临严重的"水土流失"现象,其凝聚社会共识的能力骤减。网民规模不断扩大,且呈现出精英化、年轻化趋势,在引领舆论风向、提供公共意见、影响主流价值、创造时代文化等方面作用突出,这意味着凝聚社会共识的主体和对象向互联网迁移。同时,互联网开放、参与、互动的传播特征为凝聚社会共识提供了更多可能。

特别是伴随互联网平台的兴起,传统媒体以及 Web1.0 技术特征主导下

---

① 参见谢新洲、宋琢:《平台化下网络舆论生态变化分析》,《新闻爱好者》2020 年第 5 期。

的信息环境被改变。以社交媒体平台为代表,平台不但能发挥媒体生产和传播内容的功能,组织起内容的社会化生产,而且拥有强大的技术、庞大的用户群和将不同群体相连接的能力,引发了各种社会资源在连接方式和分配方式上的结构性、制度性变革。[①] 平台的技术属性将大众传播与人际交流的特点结合起来,模糊了人际交流与公共表达的界限,公私领域在平台环境中日益交叠。平台逐渐成为意见和言论的"集散地",甚至成为一些重大公共事件的发源地和公共议题的辩论场,平台的公共性和政治性日益凸显。

可见,网络舆论场已成为社会舆论场的核心组成部分,越来越多地左右着舆论事件的产生和走向,网络舆情越来越成为反映民意与社情的"晴雨表"[②]。以微博为代表的网络舆论场通过搭建实时信息交流平台,将现实社会的各种组织结构与行为方式投射其中,实现了舆论传播者、行动发起者与响应者的汇聚,能够形成强大的社会动员能力,对现实社会产生不可忽视的影响。网络舆论的社会影响力有其两面性:一方面,网络舆论使得困难群体、小众诉求得到回应,让舆论监督更加有力,推动现实问题得到有效解决,有利于促进民主决策、科学决策;另一方面,网络舆论随意性、片面性强,容易受到裹挟、操纵,激化对立情绪,割裂社会共识,引发集体非理性行为,甚至形成所谓"舆论审判",影响司法独立和公正,引发司法信任危机,加剧社会矛盾。

二、互联网重塑舆论生成与传播机制

互联网推动公民话语权多维实现,让社会舆论主体趋于多元化。用户成为舆论场的"主力军"。用户既是舆论接收者,也是舆论生产者;既是舆论传播者,也是舆论围观者。每位用户都可以自主形成议题,发表观点和看法,表达情感、主张和诉求,自下而上地设置议程。公共事件所引发的舆论从酝酿、爆发、高潮至平息的过程,不再是由传统媒体单向垄断信息资源的过程,而是网状结构下的多元化、社会化生产的过程。在互联网上,专业媒体、政务新媒

---

① 谢新洲、宋琢:《平台化下网络舆论生态变化分析》,《新闻爱好者》2020 年第 5 期。
② 谢新洲:《网络舆情的形成、发展与预测研究　序》,《图书情报工作》2013 年第 15 期。

体、机构组织、自媒体、普通用户等都是公共新闻生产和公共意见表达的主体。PGC和UGC相融合的新闻生产模式既发挥了机构媒体的专业性优势,又通过"众包"的形式囊括了更多的新闻线索,在对热点公共事件的选取、描述和呈现中体现了社会化、公共性力量,在更广范围内掀起舆论热潮,进而影响议程设置和舆论走向。开放的网络环境降低了人们的参与门槛,只要遵从平台的内容规则,用户就可以获取平台提供的即时性信息交互服务,参与到公共信息和其他信息的传播、交流和互动中。民众发表意见、政治参与以及建立社会网络的积极性和主动性大大增强。①

随着数字技术、多媒体技术的发展,舆论的视觉化特征越来越显著。数字化技术的发展改变了信息的组织和传播形式。网络信息所具有的超文本特征使得信息的组织突破了传统的线性传播模式,使多媒体信息得以以非线性的超链接方式进行组织。平台化环境则进一步消弭了信息形式之间的界限,各种公开表达的信息符号,无论是结构化的数据指标,还是非结构化的网络文本,都可以显在或潜在地表达出态度和情感。移动互联网时代,随着网络直播、短视频的流行,内容生产和意见表达的习惯、语态等都相应更新,各种视觉符号成为舆论本体的重要组成。相比于文字,视频直播展现矛盾冲突更具直观性和煽动性,能够迅速在社交媒体上广泛传播,在网络舆论的诱发和传播中起到了关键性作用。先进的技术手段丰富了可供讨论的社会议题,从多个角度加深了公众对事务的认知,逐渐形成自己的观念和态度。②

在互联网传播环境下,舆论传播模式是一种交互性的、扁平的和复杂的开放模式。具体表现为:一是舆论传播具有交互性,多元的舆论主体、自下而上的舆论生成路径更能反映社情民意,也使得互联网超越作为现实社会"镜像"的定位,而更深刻地投射、放大现实社会中被淹没的"角落";二是舆论传播具有扁平结构,舆论主体间没有等级秩序和权力层级的制约,传受双方在互联网上地位平等且时常角色互换;三是舆论内容具有复杂性,表现为传播内容具有

---

① 参见谢新洲、宋琢:《平台化下网络舆论生态变化分析》,《新闻爱好者》2020年第5期。
② 参见谢新洲、宋琢:《平台化下网络舆论生态变化分析》,《新闻爱好者》2020年第5期。

复杂性、传播多方向性以及信息量的不对称性;四是舆论传播活动的开放性,即随时随地可以进行交流和信息传播,舆论信息流动趋于瞬时。按照此种模式,用户深度参与到舆论生成、传播、二次加工、发酵、转化、消亡等全过程,某种程度上自主决定了舆论的生成、演化和发展趋势。互联网正在改变旧的传播关系、形塑着新的传播关系,舆论传播模式也相应地被重塑。

互联网打破了信息传播的层级特质,社会网络成为舆论形成、传播和扩散的重要机制。社会网络强调人与人交往过程中的互动、联系以及因为互动和联系而产生的特定关系和网状结构。网络中的信息、资源、能量流动并交换的过程也是社会网络交互运行的过程。在以用户关系链接为核心的社交媒体平台上,传播的个人化和社会化特征明显,同时也容易导致传播的圈层化、社群化。

相较传统媒体平台而言,商业平台影响力更大,是当前网络舆论的主阵地。各商业公司作为平台的所有者,掌握了制定和执行内容规则的垄断权力,无形中也成为平台秩序的主导者和维护者,以私有企业的身份参与了公共传播。平台的权力主要表现在对信息可见性的控制上。平台确立标准,决定了当信息内容涉及某些关键词、议题或者表达某些倾向时不允许被发布,必须被强制移除或者限制阅读,发布了违规违法信息的用户则面临被封禁的风险。一些社交平台会为注册用户建立信用档案体系,根据用户在身份特征、内容贡献、社会关系、消费偏好、信用历史等方面的表现为其赋予信用分数,每一项的得分标准也由平台制定。信用分数的高低决定了平台对用户质量的判定,优质用户可以在发布内容时享有更高的权重,从而被分配到更多的流量,使传播范围更广。

而在舆论形成的重要环节,平台则通过意见聚合机制来影响观点的公开表达和讨论。新浪微博的"热评"机制就是一个典型的例子。在"热评"机制下,一则微博下的评论是按照点赞多少排列显示,点赞数多的评论更容易被看到,进而成为关键意见,对舆论走向产生重要影响,但同时也使其他更多元的意见被淹没,使舆论走向极化。此外,"热评"机制在某种程度上也使舆论效果的评判过多依赖于肉眼可见但水分较大的数据,舆论的操控被简化为对数据的操控。

依靠基础设施、算法和协议,平台成为个人用户、新闻媒体、广告主等不同主体之间的中介,重新定义和结构化了主体之间的关系。平台作为"数字中介",因为拥有垄断的分配权力而位于信息传播的中心,他们能够控制或限制网络舆论的生成和发酵,并且通过强制、建制和价值规范等手段使主体必须接受和遵循他的话语逻辑和传播逻辑,从而实现对舆论本体和舆论主体的操控。

"流量"成为广告主看重的资源。流量虽然仅可以用来衡量基础层次的传播效果,但已成为商业平台吸引广告主、将用户货币化,并从中获得利润的一项重要指标。商业平台的逐利导向驱使着他们利用算法规则的操作,将流量出售给广告主,因而对于言论的来源、形式和内容多以商业化的标准进行筛选和塑造,扶持那些商业价值更高的内容及内容生产者,为他们匹配更多、更精准的资源。这可能导致舆论本体被商业利益裹挟,商业逻辑主导内容生产的过程。这主要表现在信息的内容、倾向、质量等方面的实质价值可能不及贡献流量的流通和交换价值重要,反而忽略了信息本身需要被理解、回应和反馈的内容价值。①

三、互联网加深舆论固化与分化

从舆论生成来看,互联网虽然带来了话语权的重新分配,但由于用户个体的社会资源、社会地位、专业知识、表达能力的差异,不可避免会出现话语权分化、不平等的现象。从用户个体来看,一些表达能力、表现能力、意见输出能力、传播能力较强的网民脱颖而出成为"意见领袖",不仅能够影响网民关注的焦点,还能影响网民的态度和观点,甚至干涉网络舆情事件的走向。"意见领袖"一般在网络信息流中占据关键的节点位置,既能作为中介让其他网民接收到不同圈层的信息,也能影响信息流动的广度和方向。从组织机构来看,

---

① 参见谢新洲、宋琢:《平台化下网络舆论生态变化分析》,《新闻爱好者》2020 年第 5 期。

虽然社交媒体推动了传统媒体与自媒体之间的权力再分配,传统主流媒体、新兴媒体平台与自媒体之间时常开展线上的开放内容协作,但是主流媒体在网络上仍然显示出较强的内容优势,处于引用网络的中心位置。从互动的网络结构可以看出,在同一互动网络和资讯流通的网络中,自媒体仍与传统主流媒体存在较大的权力落差。

从舆论传播来看,算法推荐和社群传播则会导致意见固化。当前主要的舆论载体,如"微信""微博""今日头条"等平台的技术属性使这些平台的信息分发和社会网络构建方式会让网民更多地接触到跟自己观点和态度接近的信息。比如,"今日头条"之所以被认为会造成"茧房效应",就是因为其主要基于用户已有的阅读兴趣和倾向推送内容,导致用户越来越难以接受不同的观点,价值观在定型后就很难被撼动,逐渐被算法塑造。而在"微信""微博"上,信息嵌置于日常生活的情境,具备了社交属性,能激起彼此之间强烈的认同感和信任感。人与人之间联系的普遍性促使个体利用自身的社会关系网络向外传播信息。在扩散舆论议题的同时也扩散了舆论意见、观点与态度。群体内交往的频繁和群体身份的固化使得网络论坛、社区时代广场式的"一点上网,全网共享"的传播模式,向基于社交、圈层关系的多级扩散模式转变。一些观点、态度在网络社群里不断自我强化并逐渐形成普遍共识,限制了不同社会主体间有效良性的沟通,既造成用户自身观点的狭隘,也无法形成舆论合力。

传播的圈层化会导致网民的舆论分化,分化则体现在对热点议题的选取以及针对同一个议题的观点上。在对议题的选择上,网络的开放性、互动性、瞬时性使得各个领域的话题可以在同一空间共存,争夺不同群体的注意力。即使是不为主流所接受的小众爱好也能借助网络汇聚一批志同道合的追随者,在互动交往中强化共有的行为方式、思维方式以及群体身份,发展出只有群体成员才能理解的话语、符号和文化准则。网民有了更多的选择权和归属感,但也进一步促进了关注不同议题人群的分化和隔绝。比如,专注某些亚文化的粉丝社群在社交平台上自行营造一个沉浸式空间,与群体内其他成员专注于参与娱乐话题。而对粉丝流量的追逐也使得平台对这类话题予以大力推广，甚至使之充斥社交平台，使娱乐话题在某种程度上挤压了严肃议题的被关注空间。

　　然而即使是针对同一个公共议题或热点事件，网络舆论也会呈现出分裂、割裂的状态，甚至可能会出现有些群体因为舆论声量较大而淹没了其他群体的声音的情况。横向上的舆论分化体现在社交平台上持有相同意见的群体会联结起来，相互声援、相互支持，在交往互动中增强群体的凝聚力，确证已有的认识、态度和行为，形成了价值共同体和利益共同体，大有"抱团"的声势。纵向上的舆论分化则体现在一些群体由于受教育水平低、思考能力和表达能力弱而处于舆论场的边缘位置。

四、互联网舆论良莠不齐

　　互联网降低了人们参与社会舆论生成与传播的门槛，一时间多种声音、多元主体涌入其中，使得网络舆论场鱼龙混杂、网络舆论内容良莠不齐。一方面，在互联网传播环境下信息"把关人"相对较弱，加之互联网的开放性、匿名性，给低质量信息甚至是虚假信息、谣言、有害信息等提供了"温床"。大量低质量信息对真正有用、有价值的信息形成"淹没"之势，无形中消解了严肃议题和理性讨论。更有甚者，恶意炮制虚假信息、谣言，试图操纵舆论走向，有意煽动对立情绪，从中达取个人私利，严重扰乱了网络秩序和社会秩序，甚至对国家安全、政治安全构成威胁，比如"脸书"被指涉嫌影响美国大选，社交机器人、网络水军被广泛应用于国际网络舆论战中。

　　另一方面，在互联网海量信息洪流中，用户注意力成为"稀缺资源"。为了争夺用户注意力、引起更大的舆论反响，网络舆论往往呈现娱乐化、情绪化甚至极端化等特点，负面舆论占据多数，具有较强的煽动性。在表现形态上，舆论本体（信息）呈现出视觉化趋向，从文字、图片到网络直播、短视频，舆论生产者诉诸多维感官刺激，调用更具视觉化、拟像化手段，以提升传播信息的表现力和感染力，增强舆论的直观性和煽动性，延伸其二次传播、发酵的空间。

流量被视为衡量舆论价值和影响力的重要指标。这可能导致舆论本体被商业利益裹挟,商业逻辑主导内容生产。这主要表现在信息的内容、倾向、质量等方面的实质价值可能不及贡献流量的流通和交换价值重要,忽略了信息本身需要被理解、回应、反馈的内容价值。

尽管网络舆论的社会影响越来越大,但需要清醒地认识到的是,网上舆论的代表性始终是有限的,要警惕社会整体民意被网上舆论裹挟、整个社会被部分网民所"代表"。尽管互联网快速普及,但实际网民结构与整体国民结构仍有差距,网络民意并不能完全代表全体民意。同时,随着网络应用和服务逐渐覆盖和蔓延至社会的各个领域,网络在与现实社会交互、渗透、引发共振的过程中,使网民在现实和网络中的角色和身份渐趋融合,与非网民群体的认识和经验之间的沟壑则进一步扩大。更重要的是,"沉默的螺旋"并没有在网络空间消失,在网上活跃发声的用户同样无法代表"沉默的大多数",而网上大量存在的网络水军、网络推手、社交机器人等使得那些看似"一边倒"的舆论声势的真实性、客观性更加存疑。

第二节　网络内容产业化与平台化

如今,网络内容作为一种新型网络信息资源组织模式,结合各类互联网应用已创造出极为可观的产业价值。以用户生产内容为核心所塑造的互联网内容产业正高速成长,而社交媒体平台也作为内容产业中的主导参与者逐步改造内容生产的相关流程。

自 2018 年开始,网络直播、短视频等产业迅速崛起,这一方面挖掘了用户在互联网上的信息内容消费需求;另一方面也是互联网产业新商业模式的创新,将互联网在线形态和互动模式发挥到了最大化。移动互联网的完善、平价国产智能手机的兴起为网络直播、短视频等应用向农村、基层的下沉扩散提供了便利,一个全民直播和短视频的时代已然到来。直播与短视频的流行,重构了信息传播和网络社交模式。现实社会中缺乏媒介话语权的人可以借助全景化的视频信息和较强的互动性,向潜在观众尽情地呈现和表达自己。与传统媒体时代相比,全民参与时代的直播、短视频最显著的变化在于向移动化、个性化、私人化的转化,同时所处空间实现了由公共空间向私人领域的转向。在商业化力量的驱动下,短视频与其他领域、产业的融合加深。以短视频为核心,视频内容生态圈辐射直播、电商、游戏、文学、社交、影视、票务等多种服务,带动整个数字娱乐市场上下游产业的繁荣,加剧了以内容为基础的不同生态圈之间的竞争。

互联网企业出于拓展商业版图、维系持续竞争力的目的[1],以平台逻辑创新技术架构、调整商业策略,逐渐成为产业主导力量,这被学者们称为"平台化"(Platformalization)趋势。早期学者们更关注所谓的"平台式革命",关注平台技术创新对经济发展带来的积极作用。[2] 互联网平台诉诸"参与式文化"[3],让更多的主体以更自如的方式参与到内容(产品)的生产、消费和交易中——人们得以绕过公司、政府机构自主创办生意、买卖货物、交换信息并从中获利。用户间的连接性经由互联网环境得到增强,进而超越传统的社会组织和机构,释放出社会公众整体的集体性和协同性。[4] 在此过程中,由互联网企业主导的多边市场取代了双边市场,内容生产者或交易主体需要从内容生产到价格策略等方面适应平台制定的规则,而内容产品也由此变得"模块化",即根据数据化的用户反馈不断地被再生产、再加工。[5] 在数字广告和市场营销方面,互联网产业的各方主体(比如数据分析平台、资源管理平台、交易平台、广告主等)围绕头部社交媒体平台(如脸书、推特等)形成了合作伙伴

---

[1]　Gillespie T, The politics of "platforms", *New media & society*, 2010, 12(3):347-364.

[2]　Parker G G, Van Alstyne M W, Choudary S P, *Platform revolution: How networked markets are transforming the economy and how to make them work for you*, London: W.W.Norton & Company, 2016.

[3]　Jenkins H, Ford S, Green J, *Spreadable media*, NY: New York University Press, 2013.

[4]　Van Dijck J, Poell T, De Waal M, *The platform society: Public values in a connective world*, Oxford: Oxford University Press, 2018:2.

[5]　Nieborg D B, Poell T, "The platformization of cultural production: Theorizing the contingent cultural commodity", *New media & society*, 2018, 20(11):4275-4292.

关系网络,后者利用自身的技术接口优势和用户数据资源,占据了合作伙伴关系网络的核心。①

在中国,"平台化"实践主要由以"微信"为代表的社交媒体平台、以"抖音"和"快手"等为代表的内容生产与传播平台、以"淘宝"和"滴滴"等为代表的电子商务平台主导。其中,"微信"实现基础设施化是其作为通信工具的传播特性重构了社会关系和公共舆论形态②、作为社交平台的商业策略构建起平台生态③、作为治理主体的"政企合作"关系赋予其社会治理权限④等因素共同作用的结果。具体而言,"微信"以"小群组"传播模式重构了社会连接方式和公共舆论格局,并由此获得了参与网络内容治理、社会治理(或提供公共服务)的权限;同时,"微信"通过有选择性、阶段性地开放应用程序接口(Application Programming Interface,简称 APIs)形成了自主的平台生态,从商业层面对其"公共"地位予以维系。内容生产与传播平台化主要关注视频平台,在我国的网络内容监管体制下,"响应国家政策"是他们生存与发展的基本遵循⑤,即通过获得政策支持觅得更大的发展空间。电子商务(含共享经济)平台化则强调平台为搭建多边市场起到的"桥梁"作用,相关研究更关注微观行动主体(如外卖员⑥)在其中的参与、价值和相互作用,平台经济中的权力不平等关系被揭示出来。

---

① Vlist F N, Helmond A, "How partners mediate platform power: Mapping business and data partnerships in the social media ecosystem", *Big Data & Society*, 2021, 8(1): 25-48.

② Harwit E, "WeChat: Social and political development of China's dominant messaging app", *Chinese Journal of Communication*, 2017, 10(3): 312-327.

③ 毛天婵、闻宇:《十年开放?十年筑墙?——平台治理视角下腾讯平台开放史研究(2010—2020)》,《新闻记者》2021 年第 6 期。

④ Plantin J C, De Seta G, "WeChat as infrastructure: The techno-nationalist shaping of Chinese digital platforms", *Chinese Journal of Communication*, 2019, 12(3): 257-273.

⑤ Lin J, de Kloet J, "Platformization of the unlikely creative class: Kuaishou and Chinese digital cultural production", *Social Media+ Society*, 2019, 5(4): 2056305119883430.

⑥ Sun P. "Your order, their labor: An exploration of algorithms and laboring on food delivery platforms in China", *Chinese Journal of Communication*, 2019, 12(3): 308-323.

第三节　网络文化兴起与繁荣

如德国技术哲学家拉普所言：“实际上，技术是复杂的现象，它既是自然力的利用，同时又是一种社会文化过程。”①一种技术，当它在社会中普遍得到运用，并且这种应用成为人们日常生活的行为方式时，就会衍生为一种文化，网络即是如此。②随着网络空间集聚起越来越多的用户，用户在网络参与中通过内容生产和传播形成了集体性实践，并由此产生某种彼此认可继而连接彼此的集体记忆、共鸣共识、价值观念、习惯方式、规则规范、艺术甚至信仰，网络文化应运而生。网络文化既有对现实社会的映射，比如在由现实事件引发的网络讨论中由网民从中创作出具有传播效应和二次创作潜力的词汇、短语等（“网络梗”），也有从网络空间中孕育的文化，如游戏文化、弹幕文化、网络语言等，这些文化反过来又会对现实社会产生影响，比如《新华字典》第 12 版便增添了“粉丝”“截屏”“点赞”等新词以及“卖萌”“拼车”等新义新用法。

以网络流行语、表情包、网络事件、网络社群等为载体或表象，网络文化兴起，并逐渐产生了社会影响，获得了社会认同。如今，在互联网上创造或传播的文化符号、文化现象，成为现实社会文化和社会集体记忆的重要组成。相较于传统文化的严肃性、正统性，网络文化先天带有大众性、草根性、多样性、包容性等基因，与现实生活联系紧密，呈现形式灵活多样。需要说明的是，网络文化的大众性是相对的。一方面，自由、平等作为核心内涵，贯穿于网络文化发展的始终，构成网络文化的重要内核，是广大网民普遍认同的价值取向；另一方面，大众性并非普适性，它指向自下而上的文化生成与传播机制，小众诉求、亚文化在互联网上同样拥有栖身之地，极大地丰富了互联网上的文化景观。因此，作为一种参与式文化，网络文化往往具有不稳定性，表现为文化表象多样而复杂、文化内涵丰富而多变、文化价值多元而因人而异。

---

① 转引自王世明：《技术·网络文化·文化变迁》，《情报杂志》2004 年第 4 期。
② 冯永泰：《网络文化释义》，《西华大学学报（哲学社会科学版）》2005 年第 2 期。

　　网络文化是一种参与式文化,特别是随着博客、视频网站、社交媒体等带有社会化平台属性的网络服务和应用出现,网络文化的参与、分享、互动等特征愈发显著。①"参与式文化"(participatory culture)这一概念最早由美国传播学学者亨利·詹金斯(Henry Jenkins)于1992年在其《文本盗猎者:电视粉丝与参与式文化》②一书中提出,用于描述媒介文化中的互动现象——受众观看、阅读媒介产品是一个"社会性"过程,个人的理解阐释会通过和其他人的不断讨论而被塑造和巩固,这些讨论扩展了文本、超越了简单的阅读行为③。因此,受众在消费媒介产品过程中拥有强大的自主权,能够将自我的个体反应转化为社会互动,将观看的文化转化为参与式文化④。随着内容生产和网络参与门槛降低,进入Web 2.0时代,参与式文化得到了更广泛的讨论和诠释。在新的技术环境下,参与式文化被认为是以网络虚拟社区(或Web 2.0网络)为平台,以青少年(或全体网民)为主体,通过某种身份认同,以积极主动地创作媒介文本、传播媒介内容、加强网络交往为主要形式所创造出来的一种自由、平等、公开、包容、共享的新型媒介文化样式。⑤ 詹金斯在《面向参与式文化的挑战:21世纪的媒介教育》一书中进一步阐释了参与式文化的具体特征。(1)降低门槛:对于艺术表现和公民参与有相对较低的门槛;(2)鼓励创作分享:对于创意、创造和人与人之间的分享有着强力支持;(3)创造学习的氛围:新手可以通过某种非正式性的渠道向更有经验的人寻求帮助和指导;(4)成就感:使得成员相信自己的贡献是有用的;(5)社区感:能让成员感受到与他

---

　　① 谢新洲、赵珞琳:《网络参与式文化研究进展综述》,《新闻与写作》2017年第5期。

　　② Jenkins Henry. *Textual Poachers: Television Fans and Participatory Culture*, NY: Routledge, 1992.

　　③ Jenkins Henry. *Textual Poachers: Television Fans and Participatory Culture*, NY: Routledge, 1992, pp.24+45-46.

　　④ 岳改玲:《小议新媒介时代的参与式文化研究》,《理论界》2013年第1期。

　　⑤ 李德刚、何玉:《新媒介素养:参与式文化背景下媒介素养教育的转向》,《中国广播电视学刊》2007年第12期。周荣庭、管华骥:《参与式文化:一种全新的媒介文化样式》,《新闻爱好者》2010年第12期。

人之间存在社会联系,成员他们会在意其他人对自己的想法和评价。①

此外,互联网为各种亚文化发展提供的土壤和空间,丰富了社会的多元价值体系。网络亚文化群体的发展既是边缘群体试图拓展主流社会结构,又与商业相勾连,并逐渐以消费主义和身份认同相结合的形式潜移默化地嵌入网民的价值观体系中,成为多元社会价值观的一部分。网络亚文化群体的主要诉求是现实社会中的边缘或弱势群体想要获得身份认同,发泄情绪,进行一些想象中的反叛和抵抗。互联网为广泛多样的非主流身份个体增加了表达渠道,拓宽了交流实践的可能性,构建了多元互动的传播形态。

第四节　中国网络内容发展特色

经过近 30 年的发展,互联网已成为我国人民重要的精神文化家园,甚至伴随着社会的数字化、媒介化转型,日益成为人们参与社会生产生活的"操作系统"。网络内容作为连接线上线下环境的主要介质和价值载体,与政治、经济、文化、社会服务等社会领域相嵌相融,逐渐发展出与我国国情及社会文化特性相适应的本土特色。

一、形成"网上网下同心圆"

2016 年 4 月 19 日,习近平总书记在网络安全和信息化工作座谈会上提出"网上网下要形成同心圆"②。该论断是互联网新媒体环境下凝聚社会共识的重大理论创新,旨在建设网络良好生态,充分发挥网络引导舆论、反映民意的作用,从而调动各方面积极性,为实现中华民族伟大复兴的中国梦而团结奋斗。经过近几年的不断努力,"网上网下同心圆"逐渐成形并不断完善,其内涵和外延持续深化,理论与实践交相辉映,凸显其理论张力和现实指导意义。

---

① Jenkins Henry, *Confronting the Challenges of Participatory Culture: Media Education for the 21ˢᵗ Century*, Cambridge: The MIT Press, 2009: 7.

② 习近平:《论党的宣传思想工作》,中央文献出版社 2020 年版,第 195 页。

　　构建"网上网下同心圆"核心在于落实党管媒体原则。随着媒体融合持续向纵深发展，主流舆论阵地得到拓展和巩固，逐步建立起涵盖中央及地方主流媒体、政务新媒体、商业媒体、互联网平台、自媒体等多元传播主体的现代传播体系。舆论引导严守政治底线，舆论引导体系和制度建设不断深化，确保主流声音宣贯的准确性和一致性，并主动顺应网上传播规律，进一步强调主流声音宣贯的时效性和阐释性，有效巩固了主流意识形态。各级党政部门践行网上群众路线，高度重视网络舆情，拓展并畅通网络民意反馈渠道，主动倾听群众呼声，敢于直面批评质疑，积极回应现实关切，及时澄清谣言谬论，在对话中寻求共识，通过解决问题以聚拢人心，牢牢把握住了"同心圆"的"圆心"。

　　构建"网上网下同心圆"重点在于推进网络内容生态建设。在内容建设方面，主流媒体积极发挥主力军作用，逐渐形成以用户为导向的双向传播思维，持续推动内容生产和传播方式创新，并加强与互联网平台、自媒体等传播主体的合作，利用后者的技术优势、用户基础和创新活力，生产出一大批为人们喜闻乐见的主旋律内容产品。在内容治理方面，网络内容治理日趋制度化、体系化，逐步探索出"统一部署+属地管理""法律法规+专项行动"等具有中国特色的网络内容治理模式，并对新技术、新现象、新问题保持关注和研究，使得治理实践有依据、有抓手、有实效、有前瞻，有效维护了网络生态空间的清朗环境，着力保持着"同心圆"的"清心"。

　　构建"网上网下同心圆"关键在于抓住网络平台这一变量。随着网络综合治理主体体系和制度体系的建设和完善，互联网企业主体责任意识得到提升，平台自觉落实相关规定，与主管部门展开密切合作，积极投身于构建"网上网下同心圆"的实践中。平台积极响应内容建设号召，开辟正能量专区、板块，开发正能量内容产品或服务，并利用渠道优势助力主流声音传播。平台内部开展内容治理专项行动，利用其规则主导权和信息流规制能力，清理低俗有害信息、整治"流量至上"行为，对监管部门的治理行动形成有益补充。此外，行业自律逐渐加强，多个行业自律联盟相继成立，以行业准则和规范落实平台社会责任；社会监督作用进一步凸显，网络监督、举报渠道日趋通畅，督促平台履责。多元治理主体的主体地位及参与方式得到明确,有力凝聚了"同心圆"的"向心"。

构建"网上网下同心圆"目标在于保障人民群众根本利益。随着政府加快转变其职能、推进服务型政府建设,政府积极利用互联网、大数据、人工智能等新兴技术,并积极探索"政企合作"模式,持续优化政务、公共、便民服务。在常态化和突发性的服务及治理实践中,政府内部的信息通联机制和部门协作机制逐渐完善,信息和数据处理技术能力得到一定增强,使其舆情应对、信息治理、应急管理能力及水平显著提升,有效促进了"线上问题、线下解决"。数据成为关键的社会治理资源,用户作为数据的主要来源,其主体性得到增强。一方面,人们的网络素养稳步提升,其安全意识、法律意识、责任意识逐渐增强;另一方面,人们通过互联网能够切实享受服务、反映并解决问题,用户诉求和权益得到充分重视。人民群众敢于利用互联网反映问题,党政部门也敢于利用互联网回应并解决问题,切实体恤了"同心圆"的"民心"。

二、独特的网络文化景观

网络文化与传统文化相互融合,成为社会文化的重要组成部分。随着互联网的快速发展和普及,互联网与人们的经济生产和社会生活深度融合,网络文化也成为社会文化在网络空间的投射和延伸,是信息技术环境下对传统文化的发展。网络视频、网络音乐、短视频、网络漫画、表情包、网络流行语等多样态的网络文化产品不但反映现实社会,同时也反作用于现实社会。网络文化与传统文化不是此消彼长的关系,而是相互碰撞、融合。随着网络日益成为现实社会的一部分,网络文化也逐渐走向成熟,人们对网络文化的认知和态度也有所变化。很多传统文化在互联网上有了新形式,如抢红包,集"福"等,而这些新形式增加了传统文化的趣味性,焕发新的活力。网络上的文化氛围也反映了当前社会上的主流文化价值取向,图书馆、博物馆等文化资源的数字化、网络化,以及文化消费场景的创新与发展,促进了公共文化服务水平,营造了数字文化的新气象。

网络文化的兴起与发展,极大地丰富了内容产品的内容来源和表现形态,推动了网络内容产业和文化产业的发展。在"互联网+"与"大众创业,万众创新"等的时代号召下,网络文化领域焕发了新的生机和活力。互联网的诞生和发展鼓励了创新、颠覆、协作、反思等社会思潮,为网络文化的发展奠定了思想基础。互联网去中心化、交互、多媒体、数字化等技术特点也为文化经济模式提供了更多可能性。网络空间成为文化创新和文化创业的重要领域。网络影视剧、网络节目、网络游戏、网络文学等网络文化产业领域围绕着网络传播特征与用户的消费偏好,形成了新的生产方式与呈现形式。同时,优质文化IP 也为促进数字文化产业的革新提供了重要抓手。粉丝文化、网红文化、二次元等网络亚文化也催生了不同的文化运营模式,如,社群运营、MCN 模式、内容付费等。互联网的交互性、参与感,加速了粉丝文化的发展。数字原住民与数字移民结合各自群体的社会经济文化背景,形成了多样的粉丝文化。同时,数字化也推动现代文化产业体系的建设和发展,文化产业与新一代信息技术相融合,创新了数字文化产品内容和服务。

三、世界瞩目的网民力量

以中国为代表的发展中国家,网民数量一直保持高速增长的态势,对世界互联网发展作出了显著贡献。其中,2001 年到 2005 年,中国网民总量经过 5 年的发展进入亿级规模(2005 年 6 月达 10300 万[①]),过亿的网民数量可以视作中国互联网发展第一个十年最令人振奋的发展成果。直到 2006 年 12 月网民的人数达到了 1.37 亿[②]后,互联网普及率才超过了 10%,进入罗杰斯创新扩散理论中的"起飞阶段"[③]。从世界排名看,2002 年前,中国网民数量曾长期处于世界第三位,次于美国和日本。截至 2002 年 12 月 31 日,中国网民数

---

① 中国互联网络信息中心:第 16 次《中国互联网络发展状况调查统计报告》,2005 年 7 月 16 日,https://www.cnnic.net.cn/NMediaFile/old_attach/P020120612484931570013.pdf。

② 中国互联网络信息中心:第 19 次《中国互联网络发展状况调查统计报告》,2007 年 1 月 19 日,https://www.cnnic.net.cn/NMediaFile/2022/0830/MAIN1661849674865WR0NH7N05C.pdf。

③ 匡文波:《网络受众的定量研究》,《国际新闻界》2001 年第 6 期。

量达到 5910 万,总量超过日本,跃居世界第二位,仅次于美国。① 中国网民总量世界第二的地位一直保持到 2008 年。2008 年 7 月,中国互联网络中心 CNNIC 在北京发布第 22 次《中国互联网络发展状况调查统计报告》称,截至 2008 年 6 月底,我国网民数量达到了 2.53 亿②,首次大幅度超过美国,网民规模跃居世界第一位。

在互联网不断嵌入现实,与现实社会的缠绕联结日益加深的同时,网民的主体性逐渐凸显并增强,作为一种集体性身份在不同的领域以实际行动发挥现实影响。"网民"一词的含义也从一个和技术相关的中立指代逐渐扩展出了市场与政治层面的丰富的社会意涵。

从技术维度看,"网民"是一个中立的词汇,主要指民众中使用互联网的人群,即互联网用户,是一些具有特定身份标识的散落的个体。1998 年 7 月,全国科学技术名词审定委员会发布的第二批信息科技新词中,"网民"被界定为因特网用户。③ 中国互联网络中心 CNNIC 发布的第 20 次《中国互联网络发展状况调查统计报告》(统计截止时间为 2007 年 6 月)对于"网民"的定义由"平均每周使用互联网至少一小时的中国公民"变为"过去半年内使用过互联网的 6 周岁及以上中国公民",之后又将"中国公民"改为"中国居民"。虽然统计标准发生了变化,但是本义都是接触并使用新技术的中国公民,是对某种人口特征的客观描述。

从市场维度看,网民则是生产和消费的主体,规模化的网民行为拓展了互联网商业模式,是互联网经济的动力源泉,同时创造了巨大财富。2000 年之后,在中国互联网商业化浪潮的席卷之下,SP(应用服务)、网络游戏和网络广告成为主要收入来源。在 2008 年之后,中国网民数量持续攀升,逐渐超过英

---

① 中国互联网络信息中心:第 11 次《中国互联网络发展状况调查统计报告》,2003 年 1 月 16 日,https://www.cnnic.net.cn/NMediaFile/old_attach/P020120612484923865360.pdf。

② 中国互联网络信息中心:第 22 次《中国互联网络发展状况调查统计报告》,2008 年 7 月 19 日,https://www.cnnic.net.cn/NMediaFile/2022/0830/MAIN1661848787213RHRPZ27GU2.pdf。

③ 《全国科学技术名词审定委员会发布试用新词》,《科技术语研究》2000 年第 2 期。

语语言用户。电子商务、互联网金融、共享经济的崛起与中国庞大的人口基数和网民规模有着分不开的关系。

从政治维度看,"网民"一词从源头便与公民身份相联系,具有政治属性。网民"netizen"由"net"与"citizen"合成①,全国科学技术名词审定委员会在其发布的第二批信息科技新词中对"网民"一词注释如下:"如果把因特网作为一个虚拟的'社会',那么它的用户就相当于这个虚拟社会的'公民'。使用这个词意在强调责任和参与。"②伴随着网络媒体,尤其是社交媒体的发展,网民的表达工具和参与渠道日益丰富,动员能力逐步增强,通过网络舆论的力量影响和改变现实社会。在这些实践中,"网民"成为利用互联网积极参与公共事务和决策的"公民"群体,分享了"公民"在当代中国政治语境中的身份意识与价值诉求。而随着网络用户规模的不断扩大以及"网络问政"、电子政务的发展,"网民"已经逐步被吸纳进群众话语体系内,成为网络时代"群众"的表现形式。习近平总书记提出的"网络群众路线"③就为"网民"被赋予了"群众"的政治属性。继承了"公民""群众"等概念中的政治意涵,在个体的集体性实践中,"网民"成为中国政治中网络空间内的新身份群体。

四、信息成为国家治理的重要依据

习近平总书记在网络安全和信息化工作座谈会上指出,信息是国家治理的重要依据。④ 要以信息化推进国家治理体系和治理能力现代化,统筹发展电子政务,构建一体化在线服务平台,分级分类推进新型智慧城市建设,打通信息壁垒,构建全国信息资源共享体系,更好用信息化手段感知社会态势、畅通沟通渠道、辅助科学决策。党的十九届五中全会明确提出:"加强数字社

---

① 何君臣:《对科技新词译名现状的思考》,《科技术语研究》1998年第1期。
② 《全国科学技术名词审定委员会发布试用新词》,《科技术语研究》2000年第2期。
③ 习近平:《在网络安全和信息化工作座谈会上的讲话(2016年4月19日)》,习近平:《论党的宣传思想工作》,中央文献出版社2020年版,第195页。
④ 习近平:《在全国网络安全和信息化工作会议上的讲话(2018年4月20日)》,中共中央党史和文献研究院编:《习近平关于网络强国论述摘编》,中央文献出版社2021年版,第137页。

会、数字政府建设,提升公共服务、社会治理等数字化智能化水平。"①党的二十大报告提出要进一步健全网络综合治理体系,推动形成良好网络生态。②

随着我国信息技术的不断发展,互联网已经融入社会运行的肌理中,成为推动社会发展的重要力量。"互联网+"是信息技术发展的产物,"互联网+政务服务"是提高政府服务质量的创新举措,更是转变政府职能的重要手段。将互联网嵌入现代治理体系,打造社会运行的新型数字基础设施,能够有效地丰富政务服务渠道、提升国家治理效能、创新政府管理和社会治理模式。

除了继续推进"市长信箱""市长热线"等传统的电子政务形式,政府机构也着力在"微信""微博"等社交平台上开通官方账号,用新型的"政务新媒体"保持与公众的实时沟通互动,重视网络舆论监督的力量。2011年10月,国家互联网信息办公室举行"积极运用微博客服务社会经验交流会",鼓励党政机关和领导干部更加开放自信地用好微博。数据显示,截至2011年年底,我国政务微博客③总数达到50561个,其中党政机构微博客共32358个,认证的党政干部微博客共18203个。④ 2014年,全国政务微信总量突破4万个。⑤政务新媒体的重要性得到了官方的重视,旨在通过对网络空间的积极参与实现对网络空间的引导和社会秩序的整合,在社会治理创新、政府信息公开、新闻舆论引导、汇聚民情民智、消解群体隔阂、提升政府形象等方面发挥着重要作用。

以大数据、云计算、工业互联网、人工智能等新型信息技术为驱动的电子

---

① 《中共中央关于制定国民经济和社会发展第十四个五年规划和二〇三五年远景目标的建议》,中国政府网,2020年11月3日,https://www.gov.cn/zhengce/2020-11/03/content_5556991.htm? eqid=bafe265a0017d77d0000000664576e65。

② 习近平:《高举中国特色社会主义伟大旗帜　为全面建设社会主义现代化国家而团结奋斗——在中国共产党第二十次全国代表大会上的报告(2022年10月16日)》,中国政府网,2022年10月25日,https://www.gov.cn/xinwen/2022-10/25/content_5721685.html。

③ 注:统计范围为新浪网、腾讯网、人民网、新华网四家微博客网站。

④ 《截至2011年底我国政务微博客总数达到50561个》,中国政府网,2012年2月8日,https://www.gov.cn/jrzg/2012-02/08/content_2061596.html。

⑤ 《"互联网+"微信政务民生白皮书发布　政务微信总量突破4万》,中国网信网,2015年4月23日,http://www.cac.gov.cn/2015-04/23/c_1115061461_2.html。

政务、智慧政务有助于缓解地方政府公共服务能力供给不足的问题,推动社会管理手段、管理模式、管理理念创新,进一步实现政府决策科学化、社会治理精准化、公共服务高效化。从数字化到智能化再到智慧化,国家治理逐步从线下向线上线下相结合转变,从掌握少量"样本数据"向掌握海量"全体数据"转变。数字政府建设与发展迈上新台阶,信息化数字化应用建设提升了政府办事效率和公共服务质量,整合政务信息资源和公共需求,构建信息资源共享体系,实现跨层级、跨地域、跨系统、跨部门、跨业务的协同管理服务。城市规划、建设、管理、运营全生命周期智能化的智慧城市有利于社会危机和风险的统一治理和高效防治,提升"政府—社会"内外部网状化协同能力和问题解决能力。2020 年 5 月 31 日,国家政府服务平台上线运行一周年,联通了 32 个地区和 46 个国务院部门,陆续接入地方部门 360 多万项政务服务事项和 1000 多项高频热点办事服务,截至 2020 年 6 月平台实名注册人数和总计访问人数分别超过 1 亿人和 10 亿人,总浏览量超 50 亿人次。① 全国政务服务"一张网"有力推动了政府服务向基层、向偏远地区、向弱势群体延伸,切实满足百姓最迫切、最基本的需求,让互联网惠及亿万人家,紧密联结了党和群众、政府与民众。

---

① 中国互联网络信息中心:第 46 次《中国互联网络发展状况调查统计报告》,2020 年 9 月 29 日,https://www.cnnic.net.cn/NMediaFile/old_attach/P020210205509651950014.pdf。

第二编
理论与实践：网络内容治理中国特色

　　网络内容治理并不是一个空泛的概念,而是扎根于中国现代化进程中、极富中国特色的在地化实践。理念是行动的先导,正确的实践离不开科学理论的指导。治理理论、互联网治理理论、中国特色社会主义理论为网络内容治理提供了丰富的、可借鉴的理论资源。将这些理论与中国网络内容发展的现状相结合,有助于明确网络内容治理的概念与价值取向,辨析网络内容治理的中国特色,探寻网络内容治理的目标与方向,厘清网络内容治理的关键问题,识别网络内容治理的难点与困境。在此背景下,本编将针对上述问题,以理论化、体系化、系统化的视角高屋建瓴地剖析网络内容治理的核心与本质问题,为网络内容治理的实践规划做好理论上的铺垫。

　　第四章从"治理"概念谈起,溯源了"网络内容治理"的概念发展,探讨互联网内容治理的价值取向,为后文"网络内容治理中国特色"的探讨奠定基础。此外,在国家治理现代化的整体框架下,立足总体国家安全观,重新定位网络内容治理的目标体系与价值取向,为网络内容治理现代化提供指引。此外,该章还从治理主体、治理法律、治理技术、治理理念、治理评估体系五方面点明了网络内容治理的难点与困境,既剖析了当前网络内容治理还存在诸多弊病的根源,也为后续的路径设计、实践规划"切脉问诊"。

　　第五章总结了网络内容治理的中国特色:坚持党的领导,坚守意识形态阵地;主体协作共治,手段软硬兼施;中央集中治理,地方属地管理;依法治理网络内容,行政与市场手段并行;内容治理与平台治理双驱动。分析中国互联网内容治理的独特性,为后文的体系分析奠定基础。

　　第六章系统性地构建了网络内容治理的目标体系,并从政治、经济、文化、社会四个方面确定了网络内容治理目标,坚持联系的普遍性,建立了具有科学性、合理性、多层次、系统化的目标体系,并充分考虑总体目标与各目标子系统之间的相互关系,有助于推进我国网络内容治理体系建设。

　　第七章梳理了网络内容治理的关键问题,首先论述网络内容治理必须践行的三个原则,管得住、用得好、正能量,明确网络内容治理的根本归依。其次关注网络内容治理中需要关注的四组关系及其内在张力。最后提出平衡这四组关系、构建网络内容治理体系的四条路径。结合现实情况深入讨论了网络内容治理中的矛盾与难题。

　　剖析核心概念,厘清关键问题,能有效为构建中国特色网络内容治理体系与监管模式搭建基础。而这也是关注中国本土问题、探析本土学术概念、聚焦社会现象的重要一步。

第四章 网络内容治理的概念辨析
与现存难题

　　中国特色网络内容治理的核心研究对象是中国互联网内容治理,这是一个涉及传播学、法学、管理学等多个学科的研究问题。研究网络内容治理,需要首先溯源"治理"概念,简述治理相关的理论基础,阐释该理论在互联网背景下的适用性和包容性,并进一步辨析互联网内容治理在广义和狭义范围内的概念,梳理网络内容治理的发展阶段。在界定完网络内容治理的概念后,将在治理现代化的背景下,探讨互联网内容治理的价值取向,为后文"网络内容治理中国特色"的探讨奠定基础。

　　网络内容治理需要在国家治理现代化的整体框架下,立足国家安全观,重新定位其目标体系与价值取向,使其更符合科学化、系统化、有效性的现代化要求,为网络内容治理现代化提供指引。中国特色网络内容治理的目标体系坚持系统观念,以重管理、促发展、强服务为总体目标,以推进网络内容治理体系建设为总任务,形成涉及经济、政治、文化、社会、生态各领域多层次的目标体系。

第一节 "治理"概念

　　网络内容治理的核心概念就是"治理"。何为治理,治理相较于更为人熟悉的监管、管理等概念有何区别,治理的主客体、组织结构如何,治理的目标和手段有哪些,是本部分所关心的问题。想要深刻理解"治理",必须把握"治理"概念的源起、西方治理理论的发展以及治理理论在中国的发展和运用,才能在更宽广的背景和更深厚的学术根基中理解网络内容治理。

一、"治理"概念的源起

"治理"概念最早缘起公共管理学派,1995 年全球治理委员会在《我们的全球伙伴关系》报告中对"治理"进行了界定:"治理包括公共或私人机构管理公共事务诸多方式的总和,调和相互冲突或不同利益,采取联合行动的持续过程①。"这一概念基本奠定了现代公共管理学研究中对于"治理"概念的重要理论基础,一是治理概念和"管理"不同,规则核心也发生了转变;二是重视多个主体参与;三是强调治理具有共同目的;四是指出了治理举措包含制度化举措和非正式制度举措。

由此,越来越多的学者对治理概念进行讨论。英国学者史蒂芬·P.奥斯本(Stepen P.Osborne)指出"管理"强调集权主义、官僚主义,而"治理"则为多元主义,21 世纪初期是从管理模式向治理模式发展的阶段②。"治理"概念是新公共管理学说兴起后的重要概念,是指政府和社会关系从由传统的"行政"向新"管理"模式即"治理"的转变。

国内学者对于"治理"的概念界定通常将其与"管理"和"统治"等概念进行对比与区分。从政治学理论看,"统治"与"治理"主要有五个方面的区别:(1)权力主体不同,统治主体是单一的政府或其他国家公共权力,而治理的主体包括政府、企业组织、社会组织和居民自治组织等多元主体;(2)权力性质不同,统治是强制性的,治理虽可以是强制的,但更多是协商的;(3)权力来源不同,统治的权力来源是强制性的国家法律,治理的来源包括法律和其他非国家强制的契约;(4)权力运行的向度不同,统治权力运行是自上而下,治理权

---

① 全球治理委员会:《我们的全球伙伴关系》,牛津大学出版社 1995 年版,第 2—3 页。
② [英]史蒂芬·P.奥斯本:《新公共治理? 公共治理理论和实践方面的新观点》,包国宪等译,科学出版社 2017 年版,第 1 页。

力运行可以是自上而下的,但更多是平行的;(5)作用范围不同,统治所及的
范围边界是政府权力所及领域,而治理范围是公共领域。①

通过上述学者总结的"治理"概念可以看出,无论是"多元主义"的归纳,
或是"众多自组织网络关系"的总结,都在强调"治理"过程中不同主体之间的
互动关系。治理作为公共管理理论的重要概念,本身亦是偏工具类的政治行
为,政府始终是治理概念中的重要主体且常常占据核心地位,通常认为从管理
到治理转变具有从单一制政府到更多元政府管理方式的转变趋势。

二、"治理"概念在互联网环境中的适用性

经过数十年的发展,治理理论的内容不断充实丰富,延伸出许多细分支
流。"治理"概念及相关理论对多元主体参与的重视与去中心化的互联网技
术具有天然的适配性,在互联网领域具备了较强的解释力。比如,网络化治理
理论从网络的视角理解不同部门之间的互动关系,颠覆了以政府治理为主的
传统公共行政范式和以市场化治理为主的新公共管理范式②,适用于互联网
环境下不同主体的信息交换和资源流通模式。而多中心治理理论则提供了一
个理解主体竞合、安排权力秩序的新框架,适用于当前网络治理中数字平台权
力扩张、政府职能边界亟须缩放重塑的新格局。由于现代社会联系日益紧密,
互联网熔铸并重塑了多种场景呈现和资源配置,模糊了公私领域之间的边界,
承载了多元主体的协作与冲突。协同治理理论为涉及多主体参与的公共事务
提供了理论基础和实践参照。互联网治理不再能完全归于某一部门,协同治
理理论为分析公私多部门、多主体之间的利益协商、资源整合、结构调整、集体
行动提供了理论资源。

"互联网治理"一词,最早出现于联合国 2003 年在日内瓦举办的第一届
信息社会世界首脑会议上,会议提出要设立一个专门的互联网治理工作小组
(The working group on Internet governance)以解决全球互联网治理中存在的相

---

① 俞可平:《推进国家治理体系和治理能力现代化》,《前线》2014 年第 1 期。
② 何翔舟、金潇:《公共治理理论的发展及其中国定位》,《学术月刊》2014 年第 8 期。

关问题。这一小组最终成立于 2005 年突尼斯举办的第二届信息社会世界高峰论坛。

2003 年,国际社会已经提出"互联网治理"概念,2005 年正式出台了《突尼斯信息社会议程》,治理对象及目的是为解决域名限制、网络犯罪、垃圾邮件、信息使用自由、互联网恐怖主义、网络安全、个人数据和信息隐私、数字鸿沟等问题。① 这些治理的具体领域总体来看仍然多聚焦在域名分配、网络安全、网络犯罪等领域,但可以发现个人数据和信息隐私等与"网络内容"相关的部分也在治理范围之内。

第二节 概念发展:从网络内容管理到网络内容治理

"网络内容治理"概念的提出与互联网接入中国的实践并不是同时发生,在中国的背景下,尽管对互联网上的内容、技术和用户等进行统治与管理的政治价值观与行政习惯由来已久,比如 2000 年 4 月,国务院新闻办公室就成立了网络新闻宣传管理局,负责网络内容建设和管理工作的协调。但具体用词则经过了几重转变,从"控制""审查""监管""管理"最终演变为"治理"。2019 年 12 月 15 日发布的《网络信息内容生态治理规定》明确了网络信息内容治理的主体、价值观、治理对象和综合目标,成为目前网络内容治理领域最全面详细的部门规定。"网络内容治理"一词正式纳入官方话语体系,上升到政策法规的高度,其含义逐渐明确,战略重要性也不断凸显。这些用词的变化,也体现出意识形态层面学界、业界与互联网管理者关于互联网使用和监管理念的变迁。

国内的早期研究常以政府层面的管制和管理举措为分析对象。2012 年,曾茜在对 2002—2012 年 10 年间中国网络内容监管政策进行梳理时在"监管"

---

① World Summit on the Information Society:Tunis Agenda for the Information society,2015.11.18, http://www.itu.int/net/wsis/docs2/tunis/off/6rev1.html.

的框架下使用了"收缩与调度"监管概念,强调的是政治法规、意识形态部门监管和市场自律三种模式体现的国家权力意志。① 周俊、毛湛文、任惟在梳理1994—2013 年的中国网络内容相关政策时,用了"管理"一词,相比"监管"来说用词略微中性,但背后思路仍然认为"网络内容"存在着种种问题,而且需要政府管理者"发现问题并推出管理举措"②。

谢新洲、李佳伦梳理了从 1994 年到 2019 年上半年的网络内容管理政策,沿用了"管理"概念,分析对象主要是初期的互联网域名制度、互联网对外宣传制度和信息网络安全制度到后期的互联网新闻信息服务制度、网络视频节目管理制度、网络游戏管理制度,分析对象以政府相关部门出台的政策为主。③

国内的互联网审查研究还出现了一种技术取向,将互联网审查视为治理不良、有害内容的一种手段,聚焦内容过滤技术和内容分级机制的研究,以提升规制技术应对技术带来的内容芜杂问题。一方面,计算机科学和信息管理科学领域的学者从纯技术角度就如何更好地完善过滤技术或过滤系统提出具体的技术解决方案;④另一方面,人文社会科学领域的学者从技术规制视角介绍发达国家或地区在信息过滤和内容分级方面的经验,普遍认为我国应在内容治理中引进内容分级制度,建立信息过滤机制。杨君佐在系统梳理发达国家网络信息内容治理方式中特别强调"技术手段成为网络内容监管的杀手锏"⑤,且其核心是过滤与分级制度。

在 2002 年,张晶莹分析了互联网上信息污染产生的原因、信息污染分类

---

① 曾茜:《收缩与调适:中国的互联网内容监管政策变迁分析(2002—2012)》,《中国传媒大学第六届全国新闻学与传播学博士生学术研讨会论文集》,2012 年 12 月 14 日。

② 周俊、毛湛文、任惟:《筑坝与通渠:中国互联网内容管理二十年(1994—2013)》,《新闻界》2014 年第 5 期。

③ 谢新洲、李佳伦:《中国互联网内容管理宏观政策与基本制度发展简史》,《信息资源管理学报》2019 年第 3 期。

④ 李勇:《基于内容的智能网络多媒体信息过滤检索》,《情报理论与实践》2001 年第 2 期;彭昱忠、元昌安、王艳、覃晓:《基于内容理解的不良信息过滤技术研究》,《计算机应用研究》2009 年第 2 期。

⑤ 杨君佐:《发达国家网络信息内容治理模式》,《法学家》2009 年第 4 期。

和信息污染危害后,提出了互联网上信息治理对策为法律、技术、用户素质。①这是国内研究中首次出现需要对互联网上内容或信息进行"治理"。但在2002年后的很长一段时间内,研究者们仍然较多关注中国政府在网络内容监管上的"强制性角色"。

直到2010年前后,关于网络内容治理的相关研究数量增多,马骏等指出中国的互联网治理从"权威管理"正在转向"共同治理"②,权威管理模式指的是政府自上而下的管理,而共同治理强调政府、企业、社会组织和公民多方参与互动合作,以事中和事后监管为重点,以及发展与规范双目标并重。钟瑛、张恒山也在研究中指出中国互联网管理方式经历了从"传统政府主导型的权威管理方式"到"政府引导下建立起的共同责任治理"③的转变,最终治理思路指向构筑互联网共同责任治理体系。

2013年以来,尤其是2013年11月,党的十八届三中全会通过的《中共中央关于全面深化改革若干重大问题的决定》正式提出"推进国家治理体系和治理能力现代化"以来,对"网络内容治理"的研究数量增长速度变快。曹海涛在2013年以"从监管到治理"为标题对中国网络内容治理开展研究,并在2013年的互联网发展背景下指出,中国网络内容要从管理走向服从原则、平衡原则、创新原则下的网络内容治理机制。④ 田丽总结了党的十八大以来,我国在互联网内容治理方面治理主体和依据越来越规范、手段和措施越来越丰富等治理新趋势。⑤ 从法学学科视角切入网络内容治理,将其看作是互联网管理的重要组成部分,并将互联网内容治理定义为"国家对互联网信息质量的控制,具体表现在对互联网信息生产、传播、使用各环节的质量控制,以及对

---

① 张晶莹:《互联网上信息污染的治理》,《佳木斯大学社会科学学报》2002年第5期。
② 马骏、殷秦、李海英、朱阁:《中国的互联网治理》,中国发展出版社2011年版,第19页。
③ 钟瑛、张恒山:《论互联网的共同责任治理》,《华中科技大学学报(社会科学版)》2014年第6期。
④ 曹海涛:《从监管到治理——中国互联网内容治理研究》,武汉大学博士学位论文,2013年。
⑤ 田丽:《互联网内容治理新趋势》,《新闻爱好者》2018年第7期。

互联网中优质信息和劣质信息的定向扬抑"①,从这一分析视角出发,网络内容治理是对互联网上负面信息质量的管理方式之一。通过梳理网络内容治理的发展阶段发现,有学者发现在我国互联网内容治理的早期主要依托于多部门分头管理,其对象主要指向计算机、信息化系统等特定信息内容领域。直到 2000年起,我国网络内容治理体系开始诞生,将行业协会、网络企业和网民纳入网络内容治理的主体,以配合与调适的方法辅助于政府部门的网络内容监管。②

随着社会治理理论、中国特色国家治理理论在近几年的发展,并与网络内容这一具体领域结合的加深,也使得当前对国内网络内容治理的相关研究数量不断增加。中国对网络内容治理的概念也更加成熟,逐渐取代"网络内容管理"成为发展趋势。"网络内容治理"是对于互联网内容整体质量和发展状况的治理,具有以下特点:第一,基于治理概念,强调多元主体的协商互动和制度建设;第二,强调通过多种技术、手段等方式实现对内容生产、传播、使用各环节的整体质量提升;第三,强调治理过程中的科学性、体系性、制度性,从而更好地实现治理目标。

总体来看,互联网内容管理(监管、审查、控制等)沿袭了传统媒体时代对内容中心化的管理方式,强调权威主体利用强制性手段基于相关政策法规为维护网络内容生态的天朗气清对网络内容生产传播主体及内容信息本身的管控、干预和规范,多为针对负面清单内容的限制性管理措施,保证网络内容空间中不得存在违法不良信息及其生产传播主体。网络内容治理一方面适应了互联网技术环境的分布式和去中心化特征;另一方面迎合了公共管理领域的"治理"转向,吸纳了治理理论中多主体参与的精髓,主要强调多元主体的共同参与和手段的协同性、丰富性,指政府主管部门、网络内容平台、网络用户等多方利益攸关主体通过互动、协商和合作,共同建设网络内容生态、提升网络内容质量、促进网络空间健康发展。

---

① 何明升:《网络内容治理:基于负面清单的信息质量监管》,《新视野》2018 年第 4 期。

② 谢新洲、朱垚颖:《网络内容治理发展态势与应对策略研究》,《新闻与写作》2020 年第 4 期。

第三节 "网络内容治理"的定义

网络内容治理的定义可以分为狭义和广义。狭义的网络内容治理主要指划定不合格内容的边界和范围,实行限制性、禁止性措施。广义的网络内容治理囊括网络信息的生产、传播、使用等所有环节,是一个生产导向信息、保护优质信息、抑制劣质信息等多重目标的过程,近年来出现了生态学视角的转向。

一、狭义"网络内容治理"概念

网络内容治理并不是一个新近的概念。早在社交媒体尚未流行的门户网站、BBS、博客时代,以生产主体和方式多元化、内容形式数字化和多媒体化、信息传输方式网络化和个性化为特征的弥漫着海量内容的网络空间的管理问题就已经引发了学者、互联网从业者以及社会大众的广泛关注,甚至关乎网络空间的本质属性及存续问题。

伴随着互联网商业化进程加快和网络的普及,传统社会的各类主体纷纷进入了互联网。"数字乌托邦"的美好愿景迅速褪色。"赛博空间"依然是现实世界的一部分,泥沙俱下的网络内容或被迫或主动地受到现实力量的干预。①

"治理"概念及相关理论对多元主体参与的重视和去中心化的互联网技术具有天然的适配性,开始被频繁运用到互联网领域。

狭义的网络内容治理主要指在网络信息生产、传播、使用的各环节中对网络空间中不符合法律规范、道德伦理,损害他人和集体利益、扰乱社会秩序、威胁国家安全和政权稳定的内容进行监管,划定不合格内容的边界和范围,规定禁止生产、复制、传播的信息内容领域和类别,以禁止性标准和限制性措施为主,目的在于净化网络信息。网络内容监管要依托于某种制度化的执行主体,

---

① 刘晗:《域名系统、网络主权与互联网治理历史反思及其当代启示》,《中外法学》2016 年第 2 期。

由此来确定政府监管部门的职责、权力和义务,并依托各类网络主体之间协同执行运作。①

二、广义"网络内容治理"概念

广义的网络内容治理包括网络信息的生产、传播、使用等所有环节,是一个生产导向信息、保护优质信息、抑制劣质信息等多重目标的过程,从而保护网民的合法权益,促进网络安全与发展,也是社会治理在网络空间的投射和延伸。② 相较狭义的定义,广义的定义强调对由内容生产者、内容消费者、内容环境等多种信息要素在内的整体内容生态进行治理,包含了对优质内容的鼓励与推广,目的在于形成抑恶扬善、正能量充盈的内容生态。2019 年颁布的《网络信息内容生态治理规定》也确认了这种生态视角下的治理思路,重视信息人、信息和信息环境的有机结合和同步演进,尤其是"人"和"网"的交织互构、协调适应和共生共享。③

党的十八大以前,政策法规文本中鼓励性标准相对较少,且常常以"基本原则"这种较为宏观的表述为主,主要用于规范网络内容发展方向。例如,2002 年颁布的《互联网出版管理暂行规定》(现已失效)第二条提出互联网出版发展应"坚持为人民服务、为社会主义服务的方向,传播和积累一切有益于提高民族素质、推动经济发展、促进社会进步的思想道德、科学技术和文化知识,丰富人民的精神生活"④。2006 年,国务院颁布的《信息网络传播权保护条例》"鼓励有益于社会主义精神文明、物质文明建设的作品的创作和传播"。这些表述并未明确规定具体的内容要求。党的十八大以来,网络新媒体成为

① 何明升:《网络内容治理的概念建构和形态细分》,《浙江社会科学》2020 年第 9 期。
② 王建新:《综合治理:网络内容治理体系的现代化》,《电子政务》2021 年第 9 期;周毅:《试论网络信息内容治理主体构成及其行动转型》,《电子政务》2020 年第 12 期。
③ 何明升:《网络内容治理的概念建构和形态细分》,《浙江社会科学》2020 年第 9 期。
④ 国务院新闻办公室:《互联网出版管理暂行规定》,2004 年 7 月 31 日,http://www.scio.gov.cn/wlcb/zcfg/document/306985/306985.html.

凝聚社会共识的主阵地①,习近平总书记指出,"网上网下要形成同心圆"②,加强互联网上的正能量传播。与此同时,政府主管部门的网络内容治理方式逐渐向综合系统的生态治理转向,并出台了一系列保障措施。其中,加强互联网新闻信息服务资格管理,鼓励引导各种网络内容平台进行正能量传播是最为重要的措施之一③。在这一思路的指导下,网络内容政策标准中的鼓励性标准也尝试使用清单式呈现。2016年,国家新闻出版广电总局、工业和信息化部颁布的《网络出版服务管理规定》列举了八类国家支持、鼓励的优秀、重点网络出版物类型。2019年,国家互联网信息办公室颁布的《网络信息内容生态治理规定》明确列举了七类鼓励传播的信息类型,涵盖理论解读、政策宣传、发展成就展示、文化建设、舆论引导、国际传播等领域。

第四节　当前中国网络内容治理存在的难题

目前,互联网产业繁荣发展,网民数量规模扩大,各大应用层出不穷,大规模网民和应用的背后是海量、复杂的网络内容。"网络内容生产与分发的专业化、多元化、技术化、智能化带来海量信息流,给互联网内容治理带来前所未有的困难与挑战"④。

与治理面临的严峻挑战相比,目前中国网络内容治理体系仍然处于不断建成和完善的过程之中,体系建设较为滞后,无法有效回应互联网内容海量复杂生态环境、快速发展的技术发展趋势,也难以及时回应网络内容生态的发展变化。要解决体系建设带来的种种问题,要先从主体职责、法律保障、技术发展、治理理念、治理评估五个方面出发,聚焦中国网络内容治理体系中存在的问题。

---

① 谢新洲:《发挥新媒体凝聚社会共识的重要作用》,《人民日报》2016年8月29日。
② 习近平:《在网络安全和信息化工作座谈会上的讲话》,《人民日报》2016年4月26日。
③ 谢新洲:《秩序与平衡:网络综合治理体系的制度逻辑研究》,《新闻与写作》2020年第3期。
④ 谢新洲:《建设互联网内容治理体系,守住网上舆论阵地》,《光明日报》2019年2月26日。

一、治理主体尚未形成职责明确的分工模式

社会治理理论强调在中国特殊的政治文化环境中,党和政府、企业、协会、网民等多个社会主体都应该参与到具体治理领域当中,形成有效的治理主体互动模式,产生有效的治理效果。网络内容生态作为涉及多方利益主体的复杂系统工程,给网络内容治理提出复杂问题。在互联网内容领域,各个主体之间的互动性更为凸显,但各个体系之间的职责确定却并不分明。互联网内容涉及政府、商业互联网平台、大V、普通网民用户等多元主体利益交织的现实问题,互联网内容治理体系也包括政府、企业、平台、网民等多个主体。

在政府平台层面,目前,我国网络内容治理领导体制已基本形成,国务院授权国家互联网信息办公室负责互联网信息内容管理工作,中央、省、市三级网络内容管理体系基本建立。但网络内容治理中的其他主体和政府之间的协同模式尚未形成,难以为网络内容生态治理提供必要合力。如对于政府来说,既是法律政策、治理举措等的行动者,但同时也是作为内容的生产者,需要接受来自其他主体的有效治理。目前,治理体系仍然是以"政府治理企业"或"政府治理用户"这样自上而下的治理模式,尤其是政府和其他主体之间在互动上缺少平等对话、互动交流包括自下而上的合作型治理方式。而对地方政府来说,网信办仍然非常依赖中央网信办的协调者和核心治理者身份,受着属地管理的种种限制,治理对象是有限的。

在平台层面,目前,我国各大商业平台仍然以市场经济效率、商业流量利益等为主要的追逐目标,导致一些平台存在以流量至上为主的价值观念。这种对市场经济利益的追逐,甚至会有国外商业资本的渗透,造成大平台垄断行业、小平台发展困难的局面。

在网民用户层面,截至 2022 年 12 月,我国网民规模达 10.67 亿,较 2021年 12 月增长 3549 万,互联网普及率达 75.6%。网民群体作为互联网治理体系中数量最多、覆盖面最广的主体对象,在网络空间容易被一些有害网络内容影响,也容易被某些内容"煽动"出现群体极化。美国学者凯斯·R.桑斯坦

（Cass R.Simstein）在《网络共和国——网络社会中的民主问题》提出了"群体极化"概念："群体态度在一开始就已经有了某些倾向,在经过群体交流互动后群体态度朝之前的倾向继续发生移动,最终形成极端的态度。"[1]这一点在互联网信息环境加强了人们交互的背景下更为明显,"互联网上的交流讨论也会使原有的观点不断加强,朝着极端的方向逐渐转移"[2],由此造成了传播过程中的非理性现象,甚至可能从线上到线下发展,导致传播过程中的危机事件。

对于互联网内容生态系统来说,"整体观、互动观、平衡观"[3]是其重要的发展视角。目前来看,尽管我国科层制的网络内容治理体系基本形成,国家及各个地方的互联网信息办公室主要负责互联网信息内容管理职能,从"中央—省—市"的三级互联网内容治理的科层制也基本建成,但结合研究和实地调研来看,目前在治理主体上仍然是依托网信办系统组织机构进行运作,而在省级和中央的互动过程中,地方能动性表现不足。

二、网络内容治理的法律法规有待完善

网络内容治理体系要面临的一大治理难题就是网络内容这一治理对象的复杂性,尤其是网络内容在生产、分发、传播上十分错综复杂,网络内容本身的量级、类型、属性等也都存在着复杂性。面对海量、复杂的网络内容环境,目前中国在网络内容治理体系的建设工作中仍然有传统"管控"时代遗留下来的弊端,尤其是治理的法律制度有待进一步完善,监管标准也需要统一。

网络内容生产与分发变得更加多元、专业和智能的同时,既会带来丰富多元的网络信息,也会带来大量无效信息、重复信息甚至有害信息。尤其是在一些特殊时期,相关内容不断涌现,民众急切渴求信息,但面对错综复杂的网络

---

① ［美］凯斯·R.桑斯坦:《网络共和国——网络社会中的民主问题》,黄维明译,上海人民出版社2003年版,第51页。

② 王甜:《邻避事件的社交媒体动员策略与结构研究》,南京大学硕士学位论文,2018年。

③ 邵培仁:《论媒介生态的五大观念》,《新闻大学》2001年第4期;Davenport T.H.,Prusak L.Information Ecology:Mastering the Information and Knowledge Environment.Oxford:Oxford University,1997:52.

内容环境,有时很难对内容进行客观的分析和接受,甚至一些谣言信息甚嚣尘上,可能会转移政府决策者的注意力,给信息把关人和管理者带来严峻挑战。

面对海量复杂的网络内容和严峻的治理难题,当前网络内容治理在法律政策出台方面有待完善。目前,我国网络内容治理的法规,从总体看仍缺乏系统性、科学性、高位性,使得治理的实效大打折扣。以 2019 年 12 月国家互联网信息办公室发布的《网络信息内容生态治理规定》为例,该规定对我国网络内容治理具有重大意义,但仅为部门规章,缺少来自更高位阶的法律支撑,而且对于违法内容的界定和惩处缺乏量化标准。又以《网络安全法》为例,该法的出台对我国网络安全立法具有重大意义,但是,鉴于网络安全问题的复杂性,对网络安全具体制度的细化和落地,仍然需要进一步对规则进行法律解释。虽然《民法典》《刑法》等高位阶的法律已经对网络行为进行了一定程度的规制,但是,为了完善我国网络内容管理的顶层制度设计,亟待更多高位阶的法律回应网络相关问题的使用情形。

此外,尽管《网络安全法》等法律对部分网络内容进行了规制,但手段仍以软性治理为主,缺少对网络内容治理概念的明确界定和硬性规定,部分法规法条无法适应日新月异的网络内容发展速度。网络内容治理立法需要进一步具体、明晰,"在实施操作时越不容易产生歧义的规范,越符合现代法治精神的需要"①。目前,法律建设也应强调软硬治理手段的配合,出台更多可执行、可落地的细则要求,从而有效回应当前网络内容治理需求。

三、治理技术难以适应内容技术的快速发展

新媒介技术的快速发展以及技术资源配置的商业化逻辑,给网络内容治理提出严峻的技术挑战。大数据、云计算、人工智能、区块链等新技术推动了网络内容生态的深刻变革,技术驱动内容生产模式和分发模式发生变革。长期以来,我国网络内容产业技术资源主要被商业互联网公司所控制,一些网络公司

---

① 王四新:《互联网内容建设管理需协调的关系》,《青年记者》2018 年第 16 期。

在内容分发上奉行技术中心主义,通过算法技术、内容分发技术、内容审核机制、流量推荐机制塑造着网络内容生态,给公众带来"信息茧房"、观念窄化等问题。

腾讯、字节跳动、新浪微博等互联网企业作为信息平台的方式并不实际生产内容,但可以作为对平台方通过算法技术、内容分发技术、内容审核机制、流量推荐机制塑造网络内容生态。这一以技术驱动为核心的网络内容生产模式,也需要通过技术手段来改进网络内容治理体系及相关治理工作。

然而,政府管理模式和技术监管手段较为滞后,难以突破固有的技术困境。这种滞后性主要体现在技术治理能力较弱,对事前预警和事中处理技术等开发有待加强。面对迅速增长的海量信息和数据,现行的集中化管理手段和跟随型监管技术难以有效满足信息把关和处置需求,导致内容管理显得较为滞后和低效。

四、治理理念难以平衡网络内容"安全"与"发展"

"安全"与"发展"是互联网内容治理的两个基本价值向度,它们同等重要但不一定可以兼得,在不同的价值选择上,网络内容治理的负面清单、监管模式及相关制度安排都会有所不同。① 网络内容治理的核心需要处理好网络内容"安全"与"发展"两个价值取向。

当前,我国的网络内容治理,较为强调网络内容的安全属性。党的十九大报告指出,要加强互联网内容建设,建立网络综合治理体系是防范化解网络安全风险的重要举措。相关法律规则也较多从维护网络内容安全的角度来开展治理工作。以《网络安全法》为例,该法对网络安全制度提出了大致框架,是我国的网络安全立法发展中具有重要意义的一部法律。政府对各类平台的约谈处罚,包括中央网信办会定期开展网络生态治理专项行动、公安部等有关部门也会开展净网治网等专项行动,都是针对网络内容的安全隐患,解决治理中的"安全"难题作出的部署。

---

① 何明升:《网络内容治理:基于负面清单的信息质量监管》,《新视野》2018 年第 4 期。

大卫·利维·福尔(David Levi-Faur)指出"治理指向新的治理过程、新的治理规则、治理社会的新方式"①。现有的网络内容治理更多强调当网络内容面临失控风险时该如何应对,确保网络内容空间的安全。却忽视了网络内容治理新的治理规则——网络内容的发展属性。"安全"和"发展"是网络内容两大核心价值选择,网络内容治理不仅要强调对负面内容的净化处理,也需要关注正能量内容的生产与传播。网络内容治理及相关管理制度建设,既能规制网络内容的无序,更能推进网络内容的发展。

五、治理评估体系尚未建立,难以推进模式调整

当网络内容治理工作逐渐落地开展之后,如何对当前各主体的治理效果进行有效监测评估是后续治理模式完善、优化、调整的关键所在,也能为一些网络内容主体的后续行动提供启发。

在目前理论研究中,较多处于"谈问题""论政策""看趋势"的论述阶段,无法准确了解中国网络内容治理的实践、成效与发展趋势,整体较为空泛,缺乏照应社会环境下的网络内容发展及治理水平的效果评价体系。有一些研究已经关注到了治理效果评估研究,如"互联网内容治理评价体系"②从内容生产质量指标、内容管理水平指标两个维度出发对网络内容进行评估分析,但相关研究指标维度层次较低,无法客观反映治理评估全貌,也较难在工作实践中以量化的形式了解我国网络内容治理的整体状况、优势和短板。

网络内容治理的效果评估相对欠缺,难以形成利用治理实践动态调整与优化治理模式的良性循环是当前网络内容治理体系的不足之处。网络内容治理的工作重心和规制思路主要在面向前端的信息保护、内容审核、平台监管等方面,对面向后端的效果评估观照不足,缺乏照应社会环境下的网络内容发展及治理水平的效果评价体系,缺乏线上与线下相联动、解决问题与长期规划相

---

① David Levi-Faur.From"Big Government"to"Big Governance", Oxford Handbook of Governance.Oxford:Oxford University Press,2012:7.

② 冯哲:《互联网内容治理评价体系研究》,《信息通信技术与政策》2019 年第 10 期。

结合的动态效果监测,忽视了在复杂系统工程建设逻辑下,建立网络内容治理反馈机制所具有的重要指导意义。

第五节　网络内容治理面临的新要求与新挑战

新时代新征程,党和国家各项事业都将紧紧围绕推进中国式现代化全面展开。在此背景下,网络内容治理也面临着新要求与新挑战。

一、建设中国式现代化对网络内容治理的新要求

自 1994 年中国接入互联网以来,门户网站逐渐崛起,搜索引擎广泛应用,社交媒体快速普及,短视频、直播平台跨界融合,互联网日益成为内容信息的集散地及分发中心,为各类信息的聚合、传播、呈现提供了工具与载体。互联网不断地演变发展,经历了工具化、媒介化和平台化之后,正在加速迈向全面社会化,从一个外生变量转变为影响社会发展的内生力量,与现实世界高度互动、渗透、融合,构筑了人类生活的新疆域。网络空间中个人与组织的各种关于政治、经济、社会、文化的言论与活动都是以多元化的网络信息内容形式呈现的,这也形成了网络内容的广泛含义。因此,网络内容治理的成效对政治、经济、社会、文化、军事等各领域的影响日益凸显,网络内容治理也成为政府、业界、学术界关注的重点。

作为中国式现代化的重要组成,国家治理现代化的目标任务对网络内容治理提出了新的要求。党的十八届三中全会创造性地提出了"国家治理体系和治理能力现代化"的概念。党的二十大报告将"国家治理体系和治理能力现代化深入推进",设定为未来五年的主要目标任务之一。国家治理现代化强调国家治理制度、机制、执行手段和能力等的法治化、信息化、科学化、民主化、系统化和有效化。[1] 国家治理的现代化战略调整,对网络内容治理提出了

---

[1]　应松年:《加快法治建设促进国家治理体系和治理能力现代化》,《中国法学》2014 年第 6 期;胡鞍钢:《中国国家治理现代化的特征与方向》,《国家行政学院学报》2014 年第 3 期。

更高要求。一方面,需要在国家治理现代化的整体框架下探讨如何有效推进网络内容治理体系建设,将网络内容治理的成效服务于国家治理现代化,助力全面建设社会主义现代化国家新征程。另一方面,国家治理现代化的本质要求也需要重塑网络内容治理的顶层设计与价值逻辑,在中国式现代化理论体系的驱动下,重新定位网络内容治理的目标与价值取向,使其更加科学、民主、系统、有效。

作为中国式现代化的安全保障和基础支撑,国家安全体系和能力现代化的战略部署为网络内容治理提供了新的道路指引。党的二十大报告中设立专章论述了"推进国家安全体系和能力现代化",将国家安全提升到前所未有的高度。报告中指出:"必须坚定不移贯彻总体国家安全观,把维护国家安全贯穿党和国家工作各方面全过程,确保国家安全和社会稳定。"国家安全体系和能力现代化的提出,是党中央结合新时代、新形势关于国家安全工作的重要战略部署,网络内容治理需要贯彻总体国家安全观的重要思想,将网络内容治理能力建设与国家安全能力建设结合起来。一方面,网络内容治理水平事关国家安全体系和现代化的整体成效。网络内容治理是社会治理在网络空间的投射和延伸,完善社会治理体系是推进国家安全体系和能力现代化的任务之一。推进网络内容治理对于保障意识形态安全与网络社会稳定具有重要意义。另一方面,国家安全体系和能力现代化为网络内容治理提供了指导思想与价值遵循,网络内容治理在必须深刻把握国家安全体系和能力现代化的根本遵循、总体要求和重点任务的前提下,立足总体国家安全观,构建网络内容治理的目标体系与价值取向。

二、现代化进程中网络内容治理面临的新矛盾与冲突

中国式现代化建设要面临和解决许多新矛盾新问题,在现代化不断深入推进的过程中,网络内容行业在获得巨大发展机遇的同时也面临着严峻的挑战。正如乌尔里希·贝克等学者对西方现代性反思时所论述的那样,现代性以及由此引发的现代化进程既带来了生产力的指数级增长,但同时隐含的结

构性矛盾和缺陷,也带来了前所未有的时局之变、动荡之势、失序之乱。① 中国式现代化虽然与西方现代化有着结构性和本质性的差异②,但我国仍处于并将长期处于社会主义初级阶段,人民日益增长的美好生活需要和不平衡不充分的发展之间的矛盾仍然存在,现代化进程中所遇到的不平衡、不协调、不可持续等问题依然突出。而信息化作为现代化的重要实践道路,其发展过程也充斥着新的矛盾与冲突,由信息内容构筑的网络内容空间也出现了很多新现象、新问题和新关系。

推进网络内容治理体系建设,就是为了有效防控和化解现代化进程中出现的各种网络内容风险与冲突。中国式现代化进程中出现的矛盾和冲突,在网络内容空间有所反映甚至加强。在政治层面,网络内容的个性化、多元化、智能化发展对政治稳定与安全产生变数。一是过度个性化的表达在不理性的环境下容易造成网络社会失序;二是去中心化的生产与扩散模式可能削弱共性和必要的认同;三是智能化的内容分发方式容易将人困于"信息茧房",其背后算法价值观的隐蔽性为敌对势力意识形态渗透提供可能,加剧网络意识形态斗争的复杂性。在产业层面,网络内容产业现代化进程中产生了新的失衡与不足的问题。一是网络内容产业区域发展失衡,东高西低,南高北低;二是基础设施资源分布不均,数据要素资源市场化水平较低;三是网络内容产业结构不平衡,流量优先的逻辑制约产业高质量发展。在社会层面,网络内容空间中矛盾的多样性与多发性,对社会秩序与稳定造成影响。一是网络信息需求和供给之间的矛盾问题凸出;二是网络多元社会主体之间围绕权力分配、利益诉求、权益保障等博弈的张力更加凸显;三是网络谣言、虚假信息、网络暴力等网络乱象使得公共安全形势严峻。在思想文化层面,网络内容空间的开放性、多元性、全球性也加剧了不同文化、文明、价值观的冲突。一是现实社会中的文化冲突在网络空间得到了进一步投射和延伸;二是传统文化与网络文化

① 章国锋:《反思的现代化与风险社会——乌尔里希·贝克对西方现代化理论的研究》,《马克思主义与现实》2006 年第 1 期。

② 徐坤:《中国式现代化道路的科学内涵、基本特征与时代价值》,《求索》2022 年第 1 期。

之间的冲突与碰撞不断加剧；三是消极网络亚文化挤压正能量网络文化作品的市场，抢夺青少年网民的注意力。

推进网络内容治理体系建设，就是需要正确处理好现代化进程中网络内容领域出现的若干新关系。在制度层面，网络内容治理需要平衡好管理与执行之间的关系。当前，网络内容治理面临着集中规范管理与高效执行之间的矛盾。由于互联网信息海量、网络平台众多、线上线下关联紧密，过于集中的管理不利于法律法规的具体执行到位，权力集中降低了执行效率，带来网络内容管理边界的窄化与执行效率的降低，跟不上网络内容生产主体多元、信息传播速度快、网络平台多样的特点。在产业层面，网络内容治理面临产业现代化进程中的新关系和新问题。一是网络内容治理需要处理好产业创新与平台反垄断之间的关系，引导互联网企业以创新为核心的发展道路，充分给予企业发展的空间，同时要审慎监管，约束平台垄断对产业的负面影响。二是处理好网络内容规模化增长与高质量发展的关系，产业现代化不仅要求网络内容产业实现规模化增长，同时更要兼顾产业高质量发展。三是处理好数字劳动者与平台之间的关系，平台经济业态催生了数字零工，改变了传统的劳资关系，如何有效化解平台经济与数字零工之间的劳资矛盾是网络内容治理需要面对的重要问题。在文化层面，网络内容治理一是要处理好优秀传统文化与网络新兴文化的共生关系；二是要平衡好主流文化与网络亚文化的互动关系。

随着现代化进程的加速，传统网络内容治理的理念、目标、价值取向、方法等诸多方面还存在着不适应新形势、新要求的问题。这就需要基于国情出发，加强网络内容治理的顶层设计、目标任务、价值取向、统筹规划。化解现代化进程中遇到的网络风险和挑战，正确处理好现代化建设中网络空间出现的新关系，加速推进网络内容治理体系建设。

三、构建中国特色网络内容治理目标与任务体系的意义

目标与任务体系是构建网络内容治理体系的先决部分，为网络内容治理

提供明确的方向指引。结合国家治理体系和治理能力现代化的内涵①,本书将网络内容治理体系定义为党和国家实施网络内容治理目标的基本制度体系,将网络内容治理能力定义为实现网络内容治理目标的实际能力。从定义中可以看出,确立网络内容治理目标是构建网络内容治理体系的重要前提。党的二十大报告强调,"必须坚持系统观念"。坚持系统观念,是习近平新时代中国特色社会主义思想世界观和方法论的重要体现。因此,网络内容治理目标的确立也要从系统观念出发,坚持联系的普遍性,建立具有科学性、合理性、多层次、系统化的目标体系,并充分考虑总体目标与各目标子系统之间的相互关系,这对于推进我国网络内容治理体系建设具有重要意义。

正确的价值取向是实现网络内容治理目标的基础,对网络内容治理起到调节、规范与引导的作用。价值取向隶属于哲学认识论的范畴,指的是"一定主体基于自己的价值观,在面对或处理各种矛盾、冲突、关系时所持的基本价值立场、价值态度等"②。结合价值取向的原始定义,可以将网络内容治理的价值取向定义为,党和政府基于社会主义核心价值观,在面对或处理网络内容治理中出现的各种矛盾、冲突、关系时所持有的价值倾向。价值取向对公共政策具有决定性影响,充分反映了政策制定主体的利益偏好与价值追求。也有学者提出,价值取向是理性层面的行为取向,正是这种理性选择的特殊性让价值取向具有调节和控制主体行为的功能。因此,一方面,网络内容治理体系是价值体系的体现;另一方面,价值取向也成为如何推进网络内容治理体系建设的依凭。但是过分强调价值容易脱离现实,走向虚无,所以需要结合具体的现实需求和目标。网络内容治理的价值取向能否回应现代化进程中网络内容发展的现实需要成为关键。因此,正确的价值取向为实现网络内容治理目标体系提供基础指引,是推动网络内容治理体系建设的重要依据。

---

① 胡鞍钢:《中国国家治理现代化的特征与方向》,《国家行政学院学报》2014 年第 3 期。
② 于维力、张瑞:《论新时代中国国家治理现代化的价值取向》,《学术交流》2018 年第12 期。

　　构建中国特色的网络内容治理体系是一个系统性工程，首要任务就是要建立网络内容治理的目标体系与价值取向。而这个目标体系与价值取向的确立，需要适应新时代新征程的形势要求，在国家治理现代化整体框架下，立足总体国家安全观，坚持系统观念，充分体现科学化、民主化、系统性、有效性，正确处理网络内容治理中出现的各种矛盾、冲突和关系，为推进网络内容治理体系建设指引方向。

第五章　网络内容治理的中国特色

　　网络内容治理体系的建立、调整和完善过程,也是网络内容发展中价值矛盾冲突与平衡的动态过程。不同国家网络内容发展尤其自身的价值取向和标准不同,对应的网络内容治理模式也有所差异。深受自由主义思想的影响,美国网络内容治理主要表现为政府引导与行业自律并行的多元治理模式,重点在于对基础资源安全的把控。而欧盟因为不是单一的主权国家,在网络内容治理方面需要考虑统筹领导,平衡好各联盟国家的利益,使其达成统一协调的超国家层面的多层次治理模式,秉承"多利益攸关方"的治理理念。

　　经过了 20 余年的实践,在把握网络内容治理的基本特征和我国国情的基础上,在党和政府、行业、社会和公众的共同努力下,我国形成了具有中国特色的网络内容治理体系。以"坚持党的领导"为根本原则,把"以人民为中心"作为根本理念,以意识形态为主要阵地,以"党委领导,政府管理"为核心,形成中央统筹、地方政府管理的组织架构,以法律、行政、经济、技术等多元治理手段为抓手,以内容和平台为重点,构建了由党委领导,政府、企业、社会、网民在内的多元主体协同共治的治理体系。

第一节　坚持党的领导,坚守意识形态阵地

　　坚持党的领导既是我国网络内容事业取得突出成绩的法宝,也是我国网络内容治理取得阶段性成果的宝贵经验。在不断探索与实践中,我国逐渐形

成了由党委领导,政府管理的领导体制,将意识形态安全作为网络内容治理的核心问题。

一、根本原则:坚持党的领导

习近平总书记指出,"中国共产党领导是中国特色社会主义最本质的特征","确保党在新时代坚持和发展中国特色社会主义的历史进程中始终成为坚强领导核心"①。党的领导始终是党和国家各项事业兴旺发达的"定海神针"。把网信工作摆在党和国家事业全局中来谋划,切实加强党中央对网信工作的集中统一领导,也是网信事业发展的坚强政治保证。习近平总书记指出:"必须旗帜鲜明、毫不动摇坚持党管互联网,加强党中央对网信工作的集中统一领导,确保网信事业始终沿着正确方向前进。"②网络内容治理是网信工作的重要组成。坚持党的统一领导也是我国网络内容治理的本质特征。党中央对网络内容治理工作的集中统一领导是党的领导制度的最高原则。当前,为保证党对网络内容治理工作的集中统一领导,从体制机制上制定了重点方向。

一是"讲政治"。高度政治性是我国网络内容治理的特征体现。互联网管理的政治性极强,讲政治是对网信工作的第一位要求③。党的十八大以来,从"净网"到"清朗",我国网络内容治理工作取得了显著成效,归根于始终坚持以习近平同志为核心的党中央的坚强领导。结合我国实际国情和网络内容发展的现实问题,将增强"四个意识"、坚定"四个自信"、做到"两个维护"纳入治理工作的具体实践中,以习近平新时代中国特色社会主义思想为指导,以网络强国战略思想为重要引领,以保证我国网络内容的治理始终沿着正确的政治方向推进。

---

① 习近平:《在庆祝中国共产党成立100周年大会上的讲话》,《求是》2021年第14期。
② 《习近平关于网络强国论述摘编》,中央文献出版社2021年版,第10页。
③ 参见《坚持网信事业正确政治方向——五论贯彻习近平总书记全国网信工作会议重要讲话》,《人民日报》2018年4月26日。

二是"一盘棋"。党在领导网络内容治理工作中发挥着"把方向、谋大局、定政策、促改革"①的重要作用。以习近平同志为核心的党中央不断构建、优化与完善网络治理的顶层设计与统筹协调。为加强党对网信事业的集中统一领导,2018年3月,党中央将中央网络安全和信息化领导小组改为中央网络安全和信息化委员会,统领我国网信事业的整体布局,推进网络内容综合治理体系建设。在坚持和加强党的领导下,我国网络内容治理体系具有"集中力量办大事的显著优势,必须进一步坚持全国一盘棋"②。当前世界正经历百年未有之大变局,网络空间日益成为各类风险的传导器、放大器。我国网络内容治理被纳入网络综合治理体系建设中,也是国家治理的组成部分。坚持党的领导,调动各方积极力量,确保上下联动,促进网上网下互动,正向引导舆论,凝聚各方共识,不仅构建了网络良好秩序,也为我国各项事业的发展营造了清朗空间。

三是"统合力"。在推进网络综合治理体系建设的过程中,党中央充分发挥总揽全局、协调各方的核心作用。在党的集中统一领导下,中央与地方形成治理新格局。在党的科学领导之下,政府、企业、社会、网民等治理主体实现了更加良性的互动。我国网络内容治理工作在不断发展和完善的过程中,也面临了许多新问题、新挑战和新困境。例如,在治理过程中如何处理好安全与发展、自由与秩序、效率与公平之间的关系。坚持党的领导,使得治理工作能够站在全局高度,调和不同价值取向之间的矛盾,在动态发展中提高治理能力。

二、领导体制:党委领导,政府管理

从"九龙治水"到"全国一盘棋",当前我国已基本形成了网络内容治理领

---

① 张洋:《确保党始终成为中国特色社会主义事业坚强领导核心》,《人民日报》2022年8月16日。
② 郝永平、黄相怀:《集中力量办大事的显著优势成就"中国之治"》,《人民日报》2020年3月13日。

导体制,即在党的集中统一领导下,由国务院授权国家互联网信息办公室行使互联网信息内容管理职责,建立了中央、省、市、县四级网络内容治理的结构体系。领导体制的建立与完善是一个不断发展、改革、调整的过程。当前的领导体制和组织结构更加适合解决我国网络内容治理面临的现实问题与实际困境。

2000 年左右,我国网络内容治理开始从"多头管理"逐渐形成治理主导部门。20 世纪 90 年代后期,以计算机、信息化系统为代表的信息技术应用逐渐兴起,政府部门开始关注到技术应用中的信息内容管理问题。管理机制相对分割,中共中央对外宣传办公室、国务院新闻办公室、原电子工业部、原邮电部等不同政府部门结合自身的职责,对相关的信息内容进行管理。这一阶段,政府部门以"安全"为基准底线开展对信息内容的多头管理,缺乏统一思想、联动机制的情况时有发生,既出现职责交叉重复管理,又存在管理空白。随着门户网站等互联网内容服务的出现和普及,网络内容治理的领导体制逐渐发生变化,由"多头管理"转向由网络新闻宣传管理局为治理主管部门,其他部门协助治理的组织结构。

随着中华人民共和国国家互联网信息办公室的成立,以网信系统为治理核心的组织机构结构已初步形成。2011 年 5 月,国家互联网信息办公室成立,落实我国互联网信息传播的大政方针,推动互联网信息传播法制建设,统筹协调相关部门对网络内容的管理。各省、市、地区相继成立新的部门单位,形成了自上而下的网信系统治理网络,由这"一张网"推动网络内容以及其他互联网相关治理的工作部署与具体落实,成为我国网络内容治理的核心主管部门。2014 年,为落实党的十八届三中全会精神,解决现存管理体制存在的明显弊端,成立了中央网络安全和信息化领导小组。网络治理被提升到国家战略的高度,从中央层面对网络安全和信息化发展制定发展战略、宏观调控。

以"党委领导,政府管理"为核心的组织结构,是符合我国实际国情和互联网发展情况的现实选择。随着互联网对经济、社会、政治、文化等领域的持续嵌入,网络内容带来的波及效应以及问题与挑战也逐步放大,影响深远。2018年3月,在深化机构改革的过程中,中央网络安全和信息化领导小组改为中国共产党中央网络安全和信息化委员会。2018年2月24日发布的《国务院关于机构设置的通知》明确规定,国家互联网信息办公室与中央网络安全和信息化委员会办公室,是一个机构两块牌子,列入中共中央直属机构序列。由"中央—省—市—县"四级的网信部门来具体负责网络治理的具体落实工作。至此,我国网络内容治理的领导体制和组织结构已基本完善。

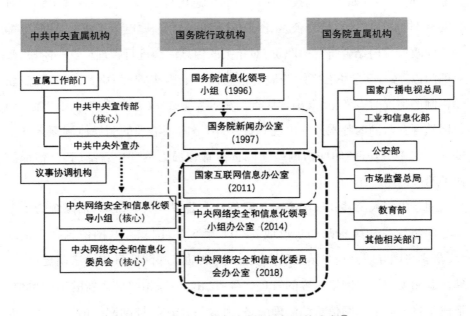

图5-1　互联网内容政府治理部门的演变①

三、核心问题:意识形态工作的主阵地

意识形态问题是网络内容治理的关键问题。互联网深度嵌入国家政治环境与民众社会生活,一方面,在互联网环境下,国家政治的安全与稳定呈现出

---

① 参见朱垚颖、张博诚:《演进与调节:互联网内容治理中的政府主体研究》,《人民论坛·学术前沿》2021年第5期。

新变化、新特点;另一方面,互联网也给政治与意识形态安全带来风险和挑战。2013 年 8 月 19 日,习近平总书记在全国宣传思想工作会议上指出:"在互联网这个战场上,我们能否顶得住、打得赢,直接关系我国意识形态安全和政权安全。"①意识形态工作是党的一项极端重要的工作②。

意识形态工作面临的内外环境更趋复杂,网络意识形态斗争形势严峻。在新时代背景下,互联网成为公民意见表达、观点交流、信息传播扩散的公共领域。各种价值观念和主张在网络空间交汇和碰撞。这种价值观念的多元性与价值取向的批判性,一方面促进了不同文化价值的沟通和交流,另一方面也为国外敌对和反动势力分裂与破坏我国政治安全提供了温床,西方敌对势力通过互联网对我国进行意识形态渗透,千方百计利用热点难点问题进行炒作,更有甚者利用资源和技术优势,罔顾事实,制造谣言,传播虚假信息,恶意煽动舆论,制造敌对情绪。网络空间成为各方势力博弈的重要战场。

牢牢掌握党对意识形态工作的领导权③,高度重视网络意识形态的阵地管理,是我国网络内容治理的重要法宝。意识形态工作关乎党和国家的前途命运,掌控网络意识形态主导权,就是守护国家的主权和政权④。贯彻落实党管宣传、党管意识形态、党管媒体原则,将党的领导落实到意识形态与新闻舆论工作的方方面面。坚持正确的政治方向,通过媒体融合战略,加速传统主流媒体转型,建设全媒体传播体系,构建了一批具有影响力、竞争力的新型主流媒体。准确把握舆论引导的时、度、效,夯实主流舆论阵地,激发社会正能量,极大地增强了主流媒体新闻舆论的传播力、引导力、影响力和公信力。

① 《习近平关于网络强国论述摘编》,中央文献出版社 2021 年版,第 51 页。
② 《习近平谈治国理政》第一卷,外文出版社 2018 年版,第 153 页。
③ 参见王晓晖:《牢牢掌握意识形态工作领导权(深入学习贯彻党的十九届六中全会精神)》,《人民日报》2021 年 12 月 8 日。
④ 参见中央网信办:《加强党的领导 切实维护网络意识形态安全》,央视新闻,2022 年 8 月 19 日,https://content-static.cctvnews.cctv.com/snow-book/index.html?item_id=8852182168957604622&toc_style_id=feeds_default。

第二节 主体协作共治,方式刚柔相济

我国网络内容治理经历了由多头管理向由政府主导的模式过渡,现已基本形成多元主体协同治理的模式,秉承以人民为中心的发展思想,通过刚柔相济的手段方式,推进网络内容治理体系建设,提高治理效率。

一、治理体系:多元价值主体协同治理

网络内容治理已经成为一个全球普遍性问题,网络内容治理的举措和模式也代表着解决互联网内容负面影响的不同价值理念。联合国全球治理委员会(Commission on Global Governance)指出:"治理是各种各样的个体、团体——公共的或个人的——处理其共同事物的总和。"①该治理概念重点强调多个不同主体对治理对象事物的处理和相应手段、举措。

当前,常见的全球网络内容治理模式主要集中在四种类型。一是政府主导型治理模式,政府主导网络内容的治理理念和方向目标,政府在治理权威上拥有不可替代、毋庸置疑的治理权威。目前,较具代表性的国家包括新加坡、越南等权威型政府。二是行业协会调节型治理模式,早期欧洲一些国家采用这种模式,如英国和法国,这种模式虽然充分尊重行业和网民的自主性,但是治理缺乏有效性,后期该模式常与政府调控搭配使用,演变为共同调控的治理模式。三是参与者自律型治理模式,目前通常认为美国互联网平台及企业较多在参与者自律型治理模式下展开对网络内容的治理,强调行业自律和市场调控,参与者自律型治理模式是较为容易随着治理对象和治理需求的转变而不断发展的,美国互联网管理理念就经历了由依法自律向公权干预转变、管理力度由"软"约束向"硬"监管升级。四是多方协调型治理模式,主要表现为治理参与主体的多元化,公共机构的重要性得到提升,自组织参与、自我管理等特征突出②。

---

① 蔡拓、曹亚斌:《新政治发展观与全球治理困境的超越》,《教学与研究》2012 年第 4 期。
② 参见谢新洲、宋琢:《构建网络内容治理主体协同机制的作用与优化路径》,《新闻与写作》2021 年第 1 期。

　　我国网络内容治理已经由政府主导模式逐渐转变为由党委领导,政府、企业、社会、网民在内的多元主体协同共治的治理模式,简称"协同治理模型",其中,党和政府是核心,互联网企业和平台是治理责任落实单位,社会组织作为第三方成为政府、企业与网民沟通和交流的纽带,网民群体参与到网络内容治理的各项环节中。我国网络内容治理模式的确定不是一蹴而就,而是在平衡不同价值主体矛盾冲突中逐渐形成的。其核心在于实现资源在网络内容生产、传播、消费环节的优化配置,促进网络内容生产关系适应生产力的发展。①

　　协同治理模式的主要优势在于,首先表现为促进资源在不同主体之间的流转。协同模式更为强调主体之间的互动,在媒体融合的战略部署下,围绕内容、技术、资金、人才、用户等媒介资源,主流媒体与商业平台形成了多向的沟通交流与合作,为夯实主流意识形态阵地,传播正能量发挥了重要作用。其次,协同模式有助于平衡不同主体的价值需求和多元目标的实施。党和政府站在全局和战略的高度,平衡不同利益主体的诉求,促进网络内容的发展既兼顾经济效益也重视社会效益,在安全与发展中保持动态平衡。最后,协同模式有助于提高治理效率。以往的治理模式具有分散化、区域化、碎片化等问题,各主体之间条块分明,相互割裂,成为"信息孤岛"。协同治理模式有助于对各类治理主体间信息资源配置的优化,能够充分发挥"集中力量办大事"的制度优势,整合资源,统筹协调,从系统性、全局性的视角解决问题,突破以往治理瓶颈,避免"头痛医头,脚痛医脚"的局面。因此,我国网络内容的主体协同治理模式是经过实践检验的、符合我国网络内容发展特征的必然选择。

二、治理思想:以人民为中心推进治理体系建设

　　"以人民为中心的发展思想"既是我国网络内容发展的核心价值取向,也是我国网络内容治理体系建设的根本出发点。习近平总书记在 2019 年

---

　　①　参见谢新洲、杜燕:《政治与经济:网络内容治理的价值矛盾》,《新闻与写作》2020 年第9 期。

中央政法工作会议上强调,"坚持以人民为中心的发展思想,加快推进社会治理现代化"①。网络内容是社会治理在网络空间的投射和延伸②,因此"以人民为中心"的价值取向也贯彻于网络内容治理过程中。"一切为了人民,一切依靠人民"。一方面,网络内容治理是为了增进民生福祉,满足人民对网络美好生活追求的需要;另一方面,网络内容的重要治理主体就是人民群众。

我国网络内容治理是为了维护广大人民的根本利益,保障用户权益。习近平总书记提出,"网络空间是亿万民众共同的精神家园"③。加强网络内容治理,营造天朗气清、生态良好的网络空间,是贯彻人民利益至上的重要政治举措。网络信息内容生态已经成为人们生活的新疆域,人们在这个空间领域获取信息、工作学习、对话交流、休闲娱乐、享受政治权益。网络内容生态环境的质量与人们的生活质量也密切相关。网络内容治理以建立健全网络综合治理体系、营造清朗的网络空间、建设良好的网络生态为目标。党的十八大以来,党和国家围绕新闻舆论和网络内容建设发布系列政令,始终坚持人民立场,以人民为中心,加强网络舆论引导,凝聚共识,传播网络正能量,培育积极向上的网络文化氛围。维护人民利益,出台相关政策法规并实施专项行动,坚决打击网络暴力、网络谣言、网络诈骗、流量造假、网络水军等问题,并整治网络直播、短视频等行业乱象。

我国网络内容治理始终坚持人民的主体地位,依靠人民推进治理现代化。在促进网络内容治理的进程中,党和国家坚持贯彻群众路线,正视网民的力量,汲取群众智慧;④构建网上网下同心圆,提高社会凝聚力,增强人民群众的主人翁意识,激发其责任感和使命感,使人民群众积极投入网络内容治理中来。通过拓展网民参与内容治理的渠道和方式,提高人民群众在治理中的知

---

① 习近平:《论坚持全面依法治国》,中央文献出版社 2020 年版,第 246 页。
② 参见谢新洲、杜燕:《政治与经济:网络内容治理的价值矛盾》,《新闻与写作》2020 年第 9 期。
③ 习近平:《在网络安全和信息化工作座谈会上的讲话》,人民出版社 2016 年版,第 8 页。
④ 参见谢新洲、赵琳:《深刻理解网络群众路线的内涵》,《青年记者》2016 年第 16 期。

情权、表达权、参与权和监督权。① 在厘清网络内容治理相关的法律法规时，积极向全社会收集意见和建议，让人民群众参与到法规制定的意见征求中，听取人民群众的利益诉求，拓宽多元化的投诉、举报渠道和方式，帮助网民更好地行使监督权。

三、手段方式：刚柔相济，提高治理效率

网络内容治理不仅需要依靠政府主管部门，也需要网络内容平台、行业协会、网络技术辅助企业平台以及网络用户等利益相关主体共同参与治理。不仅需要通过法律、行政法规、部门规章等"硬"法的规范，也需要通过行业协会等发布的倡议、公约、标准等强制性规范以及网民监督等多元化的手段方式，以提高网络内容治理效果和治理效率。

"硬"法与"软"法兼顾，构建网络内容治理的法律环境。网络内容治理法律法规体系中的"软"法即是在网络内容生态治理中存在和发挥作用的"软"法，网络内容的"软"法治理即是借助于"软"法工具对网络内容进行治理的过程。法律法规等"硬"法具有普遍适用、权威性和国家强制力保障实施的优势，但通常需要经历草拟、审议、公布、修改的时间消耗。而"软"法具有灵活性、针对性的特点，可以弥补"硬"法的滞后性，推动"管理"向治理转型，促进柔性、多元的治理模式的形成与稳固。

充分发挥网络内容行业协会和网络内容平台所制定的章程、倡议、协议等在网络内容治理中的重要作用。首先，网络内容治理具有系统性、复杂性和跨界的特点，在这种情况下，单一政府主体治理的治理成本较高、难度较大，反观网络内容"软"法治理，其多元主体协同有利于优化治理资源配置，降低治理成本。其次，"软"法治理多由网络内容平台所进行，有利于凝聚 MCN 机构、网络用户等治理主体，加强网络内容治理的多主体协同。最后，网络内容治理

---

① 参见马德坤、张正茂：《以人民为中心推进社会治理现代化》，中国社会科学网，2022 年 3 月 15 日，http://ex.cssn.cn/zx/bwyc/202203/t20220315_5398676.shtml。

法律法规体系中的"软"法在很大程度上是对"硬"法规制的细化和补充,在某些领域弥补了"硬"法规制的不足。例如,《抖音社区自律公约》所规定禁止发布的内容便是对当下网络内容治理"硬"法的继承、补充与细化。

各参与主体充分发挥其主体优势,以不同方式共同治理网络内容。2019年12月20日发布的《网络信息内容生态治理规定》明确主协同治理原则,要求采取措施鼓励多元主体的共同参与,政府部门、企业平台、社会组织、普通网民等都应根据各自的角色参与网络内容治理工作。在顶层设计,以及涉及原则问题、底线问题等严重影响社会秩序和人民生活的情况下,要发挥党和政府在治理中的主导作用。在日常管理与经营方面,企业平台通过正向的平台规则和市场手段压实治理主体责任。在行业规范方面,行业协会和联盟通过加强制定行业标准等更为"软"性手段达成行业治理共识。在社会监督方面,普通网民通过举报、网络意见表达等正向的反馈渠道敦促治理正向发展。

第三节　中央统筹治理,地方属地管理

中央统筹、属地管理是我国网络内容治理的突出特点。在党的集中统一领导下,我国网络内容治理实行属地管理制度,由中央统筹,各省市网信部门分级负责。不仅对互联网的提供者、经营者实施属地管理,还对用户的 IP 账号实施属地管理。虽然互联网的跨时空特征,对传统属地管理制度的实施形成了困难,但是在我国网络内容治理的实践过程中,通过确立网络主权,施行组织机构改革,以及创新和调整属地管理中地理要素的划分标准和范畴,为属地管理制度在网络内容领域的落地和实施提供了坚实的正当性、可行性和现实基础,也提高了网络内容治理的效率。

一、"中央地方"的治理策略

由中央统筹、地方落实属地管理责任是我国网络内容治理的突出特点。"中央地方"的治理模式是我国国家和社会治理中通常采用的主要模式之一,

在税收、土地、金融不同领域都能够见到这种模式的身影。我国网民规模大，网络信息内容丰富，生态环境复杂，互联网无空间限制的特点也一度让"中央地方"这种以行政区划的分层治理模式无的放矢。但是党和国家结合我国国情，在不断摸索中对"中央地方"治理模式进行的创新调整，为网络内容治理的管辖分工方式走通了道路。

我国网络内容治理在党中央集中统一领导下，基于传统属地管理原则，通过创建新的组织领导体系，结合实际发展，调整政策并推进改革，逐步形成了兼具灵活性和创新性的网络内容属地管理模式。由国家网信部门负责全国网信事业的发展和治理问题，地方网信部门依据职责负责本行政区域内的网信事业与监督管理工作。当前，我国网络内容的属地管理原则运行模式主要分为三种。一是传统属地管理原则在新闻出版领域的延伸，仅适用于网络出版领域；二是附加地域使用条件，设立"本行政区域"，对治理的对象和范畴更加明确具体；三是通过备案制度对网络服务提供商进行属地化管理，各级网信部门对备案企业与机构的市场准入与退出，管理和监督负有责任。① 通常情况下，属地管理原则并不是单独运行的，而是与网络实名制等一些其他制度配套实施。

除了对互联网信息服务提供商实施属地管理制度之外，为加强网络安全，净化网络空间，平台用户账号也需要显示 IP 归属地信息。2022 年 6 月 27 日，国家互联网信息办公室审议通过了《互联网用户账号信息管理规定》，该规定明确要求互联网信息服务提供者应在用户账号信息页面展示合理范围内的用户账号的 IP 地址归属地信息。② 包括"微博""微信公众号""抖音""小红书"等网络内容平台都实施公开用户 IP 地址归属地功能，用户无法自主关闭该功能。

---

① 参见李佳伦：《属地管理：作为一种网络内容治理制度的逻辑》，《法律适用》2020 年第 21 期。

② 《互联网用户账号信息管理规定》，2022 年 6 月 27 日国家互联网信息办公室发布。

二、属地管理的正当性与可行性

网络空间是人类生活的新疆域,网络主权是国家主权在网络空间的表现和延伸。随着网络空间与人民生活现实空间的高度融合,属地管理原则向网络空间渗透具有一定的合理性和可行性。

网络主权的确立使得互联网属地管理制度具有正当性、合法性和合理性。从法律层面定义属地管辖权,指的是国家对其领土内的一切事物具有最高权力。①《国家安全法》最早明确指出了国家对网络空间享有主权。2016 年 12月发布的《国家网络空间安全战略》将网络空间视为国家主权的新疆域。2017 年 6 月正式实施的《网络安全法》为网络主权的正式确立提供了法律依据。网络主权是国家主权在网络空间的延伸,国家对网络空间也享有属地管辖权,因此,属地管理原则在网络空间具有一定的适用性。

在网络安全日益重要的形势下,网络内容属地管理具有其现实基础和可行性。在互联网发展的早期阶段,"全球公域论"被广泛传播。尤其以美国为代表,将网络空间视为全球公域,即互联网不为任何国家所支配。网络空间被各国视为重要的战略资源,网络安全被提高到国家战略高度,国家主权导向被更多国家所采用。互联网基础设施、互联网信息服务提供商和网络用户等是实现属地管理的重要基础。网络的社会层是属地管理制度直接作用的领域。社会层包括互联网信息内容的服务提供商、用户等主体及其行为活动。各种网站的注册地,用户对信息内容的下载地,以及配套的网络实名制等都为属地管理提供了重要抓手。②

三、我国网络内容属地管理的创新性

网络内容治理的属地管理原则是结合我国国情与网络活动的现实问题,

---

① 参见王虎华、张磊:《国家主权与互联网国际行为准则的制定》,《河北法学》2015 年第12 期。

② 参见李佳伦:《属地管理:作为一种网络内容治理制度的逻辑》,《法律适用》2020 年第21 期。

对传统属地管理原则的创新调整。"条块结合,以块为主,分级管理"是我国大部分政府职能部门的行政管理体制,也就是属地管理体制。而网络传播消解了时间与空间的限制,互联网无远弗届,从表面来看似乎与属地管理无法相匹配。然而,我国网信部门创造性地将对网络虚拟空间的治理转移到物理层、逻辑层和社会层面的治理,网络虽然是虚拟化的,但是物理层面的网络基础设施,逻辑层面的市场应用属地,以及社会层面的网络使用主体、服务主体以及其行为活动,却是有迹可循,通过虚实转移,将属地管理的历史经验应用在网络内容治理领域。我国属地管理的特征是被监管行为与特定地理位置的勾连。结合互联网的特点,在我国网络内容属地管理制度的实施过程中,对属地地理位置这个关键要素的标准和范畴进行了进一步的拓展和重新划定。通过明确网络经营场所以及经营行为的属性来明确其物理空间位置。通过各种许可、牌照等市场准入和经营行为的门槛设定,在虚拟的网络行为与现实社会中通过制度的形式设立了连接点,使得属地管理制度依然可以在网络内容空间领域施行。

第四节 依法治理网络内容,灵活行政与市场手段

为有效平衡网络内容治理各主体之间的价值矛盾,实现资源在网络内容生产、传播、消费中的优化配置,使得网络内容生产关系能够适应网络内容生产力的发展,当前,我国网络内容治理手段主要可以划分为法律手段、行政手段和经济手段。

一、依法治理,营造清朗空间

依法治网是我国网络内容治理的基础性手段。2000 年,全国人大常委会发布的《关于维护互联网安全的决定》首次将互联网安全纳入依法保护的范畴。2000 年之后,我国网络内容治理逐渐走向依法治理的道路。除主管部门

之外,相关部委、监管单位、地方政府等围绕信息安全、新闻信息服务、网络视听内容、网络游戏等各领域都发布出台了系列部门规章、规范性文件和地方性法规。2012 年,面对网络黑客、网络谣言、网络诈骗等信息安全问题,国家将网络安全提升到前所未有的重视高度。2016 年 11 月,《网络安全法》出台,这是我国网络空间法治建设的里程碑事件,是我国第一部全面规范网络空间安全管理的基础性法律,也是网络内容治理的法律重器。[①] 2020 年 3 月,《网络信息内容生态治理规定》正式实施,明确了网络信息内容治理的根本宗旨、责任主体、治理对象、基本目标、行为规范与法律责任。

目前,我国网络内容治理已初步形成了包含不同层次的法律法规体系,以法律为主干,以行政法规、部门规范、地方性法规为重要构成。[②] 虽然相关政策法规众多,但是高阶法律较少,多以"决定""意见""行政措施"的方式呈现。网络内容治理的法治化还处于初级阶段,仍需不断加强依法治网工作。

二、行政手段创新,适应发展规律

行政执法是网络内容治理的重要方式,并随着网络内容的发展而呈现新的规律和特征。在网络内容发展的初期,多以行政手段为主,虽然在执行力方面具有较强的优势,但是也容易出现"一刀切""头痛医头,脚痛医脚"等问题。随着互联网对经济生产和社会生活的持续嵌入,我国网络内容治理的行政手段也在不断丰富,使其更加具有针对性、灵活性、可行性。网络内容治理的行政手段包括用户实名制、备案制度、属地管理、约谈制度、专项治理行动等。其行政处罚包括依法依约采取警示提醒、限期改正、限制账号功能、暂停使用、关闭账号、禁止重新注册等处置措施。约谈制度和专项治理行动是结合我国网络发展现实确立的具有实效性的治理行政手段。

---

① 参见谢新洲、李佳伦:《中国互联网内容管理宏观政策与基本制度发展简史》,《信息资源管理学报》2019 年第 3 期。

② Cui, D., and Wu, F, Moral goodness and social orderliness: An analysis of the official discourse about Internet governance in China, *Telecommunications Policy* 2016, 40(02): 265-276.

约谈是指国家和地方互联网信息办公室在互联网新闻信息服务单位发生严重违法违规情况时,通过约见其相关负责人,进行警示谈话、指出问题、责令整改纠正的行政手段。① 网络内容生态发展的不确定性导致问题具有多发性、特殊性、频发性。传统行政命令过于强硬,约谈制度更符合市场主导的网络内容行业。作为诉讼机制的前置机制和辅助,在充分尊重市场主体的自主权基础上,在政府与市场之间的关系中起到了调和和软化的作用。② 2022年上半年,网信主管部门累计依法约谈网站平台3491家,罚款处罚283家,暂停功能或更新419家,下架移动应用程序177款,会同电信主管部门取消违法网站许可或备案、关闭违法网站12292家。③

专项治理行动是打击网络乱象的重要手段。为了营造清朗的网络空间,中央网信办开展了"清朗"系列专项行动,针对"饭圈"乱象、互联网账户乱象、网络水军、网络暴力、网络直播、短视频乱象、未成年人网络环境等突出问题开展了30多项专项整治,清理违法和不良信息200多亿条,账号近14亿个。④ 仅2021年就处置账号13.4亿个,下架应用程序、小程序2160余款,关闭网站3200余家。⑤ 专项治理行动聚焦人民群众关切问题,坚持问题导向、效果导向,通过不断创新行政手段,推进网络内容治理,营造清朗的网络内容空间。

三、市场监管,提质增效

市场监管推进网络内容治理的提质增效。我国网络内容治理的经济手段主要表现为围绕网络主体在生产、传播与消费过程中呈现出的市场监管方式,

① 参见《国家网信办有关负责人就〈互联网新闻信息服务单位约谈工作规定〉答记者问》,中国网信网,2015年4月28日,http://www.cac.gov.cn/2015-04/28/c_1115115699.html。

② 参见李佳伦、谢新洲:《互联网内容治理中的约谈制度评价》,《新闻爱好者》2020年第12期。

③ 参见《中央网信办:上半年依法约谈网站平台3491家　罚款处罚283家》,人民网2022年8月19日,https://baijiahao.baidu.com/s? id=1741566490188391056&wfr=spider&for=pc。

④ 参见《中国这十年:从网络大国向网络强国阔步迈进》,人民网2022年8月19日,https://baijiahao.baidu.com/s? id=1741558719778687711&wfr=spider&for=pc。

⑤ 参见《2021年"清朗"系列专项行动处置账号13.4亿个》,央广网2022年3月18日,https://baijiahao.baidu.com/s? id=1727593051603978711&wfr=spider&for=pc。

包括网络接入管理、行业准入管理、内容生产用户资质管理等。

网络接入管理,即对如网站、网络平台等经营性或非经营性的提供互联网信息服务和增值电信业务的相关主体进行"入网"资格管理,是针对网络内容主体资质监管的第一道门槛,也是网络内容监管的前置审批性举措。目前,内容平台网络接入管理主要包含许可和报备制度。为适应网络内容的变化与内容产业的发展,政府部门对网络内容主体的监管除统一性和基础性的网络接入管理外,还需对其所属行业和内容的生产呈现形式等进行具有针对性的行业准入资质管理。政府在网络内容平台行业准入监管的过程中往往采取多部门复合式监管。

行业准入管理中以网络直播平台为例。首先,其作为提供互联网文化产品、服务和提供互联网视听节目服务活动的平台,根据《互联网文化管理暂行规定》和《互联网视听节目服务管理规定》,网络直播平台在取得"增值电信业务许可证"的前提下还需获得由文旅部门颁发的"网络文化经营许可证"以及广电部门颁发的"广播电视节目制作经营许可证"和"信息网络传播视听节目许可证"。其次,网络直播平台若签约网络主播或演职人员进行线下演出还需获得文旅部门颁发的"营业性演出许可证"。最后,网络直播平台所生产、传播的内容若涉及新闻、医疗等特殊领域还需向相关主管部门申请"新闻信息服务许可证""互联网医疗保健信息服务审核同意书"等相关行业准入资质。

政府针对网络内容生产主体资质的监管,不仅要对网络内容平台的接入和行业准入进行管理,更要对具有较大影响力的内容生产者进行管理,明确重点领域内容生产用户的许可范围与权限。网络内容平台所限定的机构用户资质通常包括:发布有关政治、经济、军事、外交等社会公共事务以及有关社会突发事件的报道、评论等新闻信息的内容生产传播主体,对于未取得互联网新闻信息服务许可的单位和用户,则不能发布、转载新闻信息,以保证平台中进行新闻信息采编发布、转载的机构用户具备且符合相应资质,否则平台将受到监管处罚。

第五节　内容治理与平台治理双驱动

我国网络内容治理的主要对象为信息内容,网络内容的健康发展不仅与经济市场效益相关,还事关国家政治与意识形态安全,是网络综合治理的关键环节。平台作为治理的主体单位,随着组织的扁平化,数据的市场化,交互与交易的中介化,成长为基础设施,对生产资料与资源的分配有着重要的话语权,超级平台的诞生与数据所有权问题,使得平台治理逐渐成为网络综合治理的重要内容。

一、治理主要对象:内容治理

网络内容的不断拓展,使得治理对象更为复杂,治理难度持续上升。根据《网络信息内容生态治理规定》,网络信息内容为主要治理对象。网络内容治理在内容治理对象方面,从最早的计算机、信息化系统等特定信息内容,向信息服务、视频网站、论坛贴吧、新闻网站、网络游戏、网络动漫、网络文学等领域扩散,并向电信服务、个人信息等内容领域渗透,其内容的丰富性、重要性和复杂性逐渐提升。随着信息技术的研发与应用的创新发展,"网络内容"的内涵和外延也在不断拓展,其治理对象不断更迭、治理难度不断升级。

内容治理是网络综合治理的关键,是党和政府新闻舆论工作的核心。网络内容治理是网络治理体系中的关键基础和建设前提。[①]《网络信息内容生态治理规定》明确提出,网络内容治理的目标是建立健全网络综合治理体系、营造清朗的网络空间、建设良好的网络生态。信息内容与数据是网络空间最为活跃的要素。网络内容治理为推进治理体系和治理能力现代化提供了重要的抓手。网络内容治理的重要性主要体现在,内容治理的成效与意识形态安全休戚相关。互联网已经成为新闻舆论与意识形态斗争的主战场,网络内容治理的效果不仅

---

① 参见谢新洲、朱垚颖:《网络综合治理体系中的内容治理研究:地位、理念与趋势》,《新闻与写作》2021 年第 8 期。

在经济层面影响着行业发展与模式创新,更与政治的稳定与安全密切相关。积极健康、充满正能量的网络舆论氛围,有助于构建网上网下同心圆,凝聚社会共识,并随着网络内容在经济、文化等各领域的嵌入而产生更为深刻的影响。

二、治理重要方面:平台治理

随着平台垄断、算法滥用、数据权属不清等问题的出现,网络内容治理的范围和边界扩大被发现,平台既成为治理主体也成为治理对象。2016 年 4 月 25 日,习近平总书记在网络安全和信息化工作座谈会上围绕网络平台在内容管理上的主体责任作出了明确要求。① 一方面,平台的主体性表现为平台在网络内容生产、传播与消费过程中所发挥的重要作用。互联网以平台的形式,为信息的发布、交互、交易和服务提供了基础设施,改变了内容的生产传播机制,成为网络内容生态中的重要组成部分。网络平台提供了很多内容生产的技术工具与功能服务,降低了内容生产的门槛,使得普通用户也可以成为内容生产者,实现一键发布。平台通过信息聚合、清洗、过滤等环节将信息实现多次加工,并通过多种算法规则和机制实现分发,精准到达消费端,并为用户反馈提供了各种渠道。另一方面,平台的主体性体现在改变了资源的整合与配置方式,成为各种利益主体资源交换与交易的枢纽。平台整合了用户和信息资源,并将其以"数据"形式作为要素纳入生产与流通环节。平台以"API"、合作者计划等形式为网络内容生态中的其他参与主体提供了技术、商业工具。数字营销商、网络广告商、企业品牌方、自媒体、数字技术方案提供商等各种参与主体在平台的规则下实现价值增值。

鉴于平台在内容生产与资源交换方面的重要作用,在治理过程中必须夯实其主体责任,强调政治领域的主体责任,这也同样适用于经济领域。例如,建立和完善平台社区规则,加强账号规范管理、健全内容的审核机制、引导信息内容的价值取向、加强未成年人保护,等等。同时,在经济领域,要确保公平

---

① 参见习近平:《在网络安全和信息化工作座谈会上的讲话》,《人民日报》2016 年 4 月 26 日。

有序的竞争环境,坚持依法合规经营,保护用户个人隐私,保障数据安全与知识产权,规范算法规则,维护网络安全等。

网络内容治理逐渐从内容本身的治理拓展为对数据资源、价值链、产业链、资源分配,经济效益与社会效益平衡等更多元复杂问题的治理。鉴于互联网平台基础设施的深化,平台不仅仅是治理的主体,同时也是治理对象的载体。一方面,平台垄断现象愈演愈烈,影响市场健康可持续发展。很多互联网平台公司利用资本的优势编织了复杂的产业网,利用各方面产业资源的优势去做相关投资和培育,这又会加强平台型企业的控制力和在产业领域的话语权,因此企业会配备战略性、防御性投资来维持自身地位。同时,投资并购成为超级内容平台进而影响创新的问题,由于平台掌握资源分配权,导致生产要素配置效率降低的问题等。

另一方面,平台过分追求经济利益导致忽视社会效益的事件时有发生。互联网企业有充分的技术手段来记录顾客的消费、使用习惯。通过调取本地信息,可以获得用户大致年龄、性别、消费记录等基础信息,从而用来对用户进行差别服务。例如,在用户权益方面,由算法驱动的平台出现"大数据杀熟""二选一"等问题严重损害了用户权益,违背了"以人民为中心的发展思想",需要对乱象加强治理。此外,平台掌握了流量分发的话语权与决定权,在算法驱动下,很容易造成"信息茧房"、观点极化等问题。在网络内容生态治理中,网络平台已经掌握了充分的资源与权力,但是需要加强对权力运行的制约和监督,才能有利于网络内容的健康可持续发展。

三、内容治理与平台治理的关系

内容治理是平台治理的重要基础和最终目的,两者互为表里,相互作用。一方面,针对网络内容进行治理,既是网络治理的目的,也为平台治理找到了具体抓手,实现了对内容平台的治理与监管[①]。通过对内容生产、发布、传播、

[①]　参见谢新洲、朱垚颖:《网络综合治理体系中的内容治理研究:地位、理念与趋势》,《新闻与写作》2021 年第 8 期。

交互、交易、服务等不同环节的治理,可以将平台治理的大问题逐一分解,进一步明确问题所在,提高治理效率。《网络信息内容生态治理规定》的出台,不仅为内容的生产进行了明确规范,还进一步夯实了平台在其中的主体义务与责任。例如,网络平台应当建立网络信息内容生态治理机制,包括其中的治理细则,"健全用户注册、账号管理、信息发布审核、跟帖评论审核、应急处置和网络谣言、黑色产业链信息处置等制度"。通过对内容生产流程与资源分配过程的底线规定,来明确平台治理应该达到的效果和目标。

另一方面,从组织架构、资源分配规则、生产资料所有制等更偏向市场导向的层面对平台进行治理,反过来维护了内容生产与消费主体,为促进网络内容本身的发展提供了健康的生态环境。例如,《互联网信息服务算法推荐管理规定》(以下简称《规定》)对算法推荐服务提供者的主体责任进行了明确规定。网络内容平台就是算法推荐服务提供者。《规定》对服务提供者服务内容的方向性指引、过程性落实、结果性反馈等方面作出了进一步的指示。例如,"应当坚持主流价值导向","建立健全算法机制机理审核""数据安全和个人信息保护"等。通过对平台主体的治理规定提高内容生产质量,优化内容分发机制,保障用户权益。

网络内容治理是一个系统性工程,涉及不同的参与主体,平台在其中发挥着越来越重要的作用。提高网络内容综合治理体系和治理能力现代化,离不开平台的参与。同时,以平台治理为重点突破口,也成为提高网络内容治理效率的重要抓手。

第六章　网络内容治理的目标与方向

目标与任务体系是构建网络内容治理体系的先决部分,为网络内容治理体系建设提供了明确的指引方向。可以将网络内容治理体系定义为党和国家实施网络内容治理目标的基本制度体系,将网络内容治理能力定义为实现网络内容治理目标的实际能力。从定义中可以看出,确立网络内容治理目标是构建网络内容治理体系的重要前提。而当前网络内容治理目标多围绕网络空间清朗展开,缺乏系统性。国家治理体系现代化是一个复杂巨系统,网络内容治理是这个复杂巨系统中的一个子系统。因此,网络内容治理目标的确立也要从系统观念出发,充分考虑总体目标与各目标子系统之间的相互关系。

第一节　总体目标与体系构建

在国家治理与安全现代化的语境下,构建网络内容治理的目标体系,需要准确把握网络内容发展的规律和趋势,充分考虑网络内容对社会各领域影响的复杂性和广泛性,深刻思考网络内容空间出现的新关系,坚持系统观念,兼顾矛盾的不同方面,形成多层次、科学化、系统化的目标体系,并加强总体目标与各目标子系统之间的有机统一。

一、总体目标与内涵

网络内容治理,总的来说就是要解决好网络内容快速发展带来的管理问题,维护国家主权与安全,引导网络内容产业在社会各领域的应用与发展,促进网络内容治理成效助力全面建设社会主义现代化国家新征程。可以从三个维度来理解网络内容治理的总目标:

一是重管理,破解网络内容快速发展过程中出现的管理难题、新题,维护国家安全。网络内容的快速发展虽然丰富了人们的精神世界,但是也产生了很多不平衡不充分的问题,乱象频发,政治安全风险加剧,公共利益受到侵害。因此,网络内容治理首先要解决好人民日益增长的网络美好生活需要和不平衡不充分的发展之间的矛盾,处理好发展中带来的新矛盾、新冲突和新问题,保障网络空间清朗,维护好国家安全与公共利益。

二是促发展,网络内容治理的目的就是促进网络内容建设,引导行业的健康有序发展。治理的内涵要比管理更加广泛,治理的目的更加规范、更好地促进发展。网络内容产业已经成为我国数字经济发展中的重要一环,短视频、直播、网络游戏、社交媒体、网络文学培育了庞大的用户群体,并以多元化的商业形式嵌入到社会各子系统。因此,需要引导网络内容产业的良性发展与循环,为社会各领域发展提供助力。

三是强服务,将网络内容治理的成效服务于社会现代化建设。当前,新一轮信息技术革命成果正深度嵌入社会各领域,信息化、数字化成为推进中国式现代化的重要驱动力,网络意识形态对意识形态安全产生重要影响,网络安全成为国家安全的重要保障。网络内容治理不仅仅关乎网络内容生态自身的可持续发展,同时也影响国家和社会各领域的发展利益。因此,网络内容治理的总体目标还包括提升网络内容治理效能,让其治理成效为现代化各项事业提供有力服务、支持和保障。

从国家战略层面,网络内容治理的总任务就是推进和服务于国家治理体系和治理能力现代化。任务是为了实现目标所要从事的必要工作。推进网络内容治理体系建设的进程,既是网络内容治理的目标,也是其工作方法和总体任务。构建中国特色网络内容治理体系,首先要切实立足中国国情,把握网络内容治理的基本特征,如文化承袭性、高度政治性、多元中心性和网络空间与现实社会的强关联性等,聚焦中国特色。国家治理的现代化表现为民主化、法治化、制度化和多元化。作为国家治理现代化的重要组成部分,网络内容治理体系建设,就是要将国家治理现代化的理念贯穿于网络内容治理全过程,推动从体制到理念的治理创新,实现系统治理、依法治理、综合治理。改进治理手段,从单一手段向多种手段综合运用转变。治理手段的有效性是实现治理现代化的重要体现,网络内容治理是一个复杂的系统工程,需要加强行政手段、经济手段、法治手段、技术手段等多种手段方式的并行或弹性使用,推动治理手段革新。

二、构建目标体系的要求与逻辑

中国特色网络内容治理的目标体系应坚持系统观念,全面考虑网络内容给社会各领域造成的影响,加强目标与目标之间的相互联系与有机统一(如图6-1)。从理论层面,网络内容治理的目标体系应结合中国的国情,运用马克思主义观点和方法来指导,坚持唯物史观,站在我国网络内容的历史发展与问题的现实需求的语境中,深刻思考网络内容空间生产力与生产关系、经济基础与上层建筑的新型关系,充分反映网络内容对经济、政治、文化、社会等领域的广泛影响,在不同领域、不同层次建立网络内容治理的目标体系,让不同领域的治理目标能够精准指引网络内容在该领域的管理与发展,并加强各目标之间的相互联系,使其成为有机统一的目标体系,合力推进网络内容治理现代化。

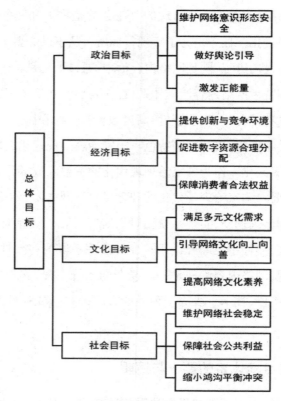

图6-1　网络内容治理的目标体系

第二节　政治目标：维护网络意识形态安全

网络内容治理的政治目标就是要维护网络意识形态安全，营造清朗的网络空间。习近平总书记多次强调，互联网关乎党的长期执政，"过不了互联网这一关，就过不了长期执政这一关"①。网络意识形态工作成为意识形态工作的重中之重。网络意识形态安全已然成为关乎国家政治安全、人民福祉、社会稳定的重要方面。树立网络意识形态安全的目标，为网络内容治理现代化进程提供政治保障。

---

① 习近平：《论党的宣传思想工作》，中央文献出版社2020年版，第354页。

为了维护网络意识形态安全,就要做好网络舆论引导工作,弘扬主旋律,激发社会正能量。2014 年,习近平总书记在中央网络安全和信息化领导小组第一次会议上强调指出:"做好网上舆论工作是一项长期任务,要创新改进网上宣传,运用网络传播规律,弘扬主旋律,激发正能量,大力培育和践行社会主义核心价值观,把握好网上舆论引导的时、度、效,使网络空间清朗起来。"①互联网成为信息的集散地与各种意见交换的空间场域,多元化的价值取向在网络空间不断碰撞、交锋,坚守并夯实主流舆论阵地,扩大主流思想的传播力、感染力和影响力,形成网上网下同心圆,巩固共同思想基础,是防止错误虚假有害信息蔓延,侵害人民思想的必然要求。

第三节　经济目标:推动网络内容产业的高质量发展

建设现代化的产业体系是党和国家推动社会主义现代化建设的重大战略部署。② 网络内容治理的一大经济目标就是实现网络内容产业的现代化与高质量发展。而网络内容产业的发展离不开技术创新、生产与消费的驱动。在创新方面,创新是产业发展的动能,网络内容治理在保障安全的同时,要为技术和商业模式创新提供良好的商业环境。在生产方面,数据成为新的生产要素参与分配,数据的开放、挖掘与保护将对产业发展产生重要影响。在消费方面,优化网络内容消费结构,提高网络内容消费水平,保障消费者的合法权益,是网络内容产业在消费层面的重要目标。

一、鼓励技术创新,优化创业环境

创新对于产业升级与经济转型具有重要作用。作为生产要素和生产条件的一种结合,创新对经济增长和经济周期波动具有重要影响,熊彼特更是提出

---

① 《习近平谈治国理政》第一卷,外文出版社 2018 年版,第 198 页。
② 参见薛丰:《建设现代化产业体系》,《经济日报》2021 年 11 月 3 日。

了创新是经济发展的本质的重要观点。数字技术掀起了新一轮产业革命,数字经济正是在加强创新基础设施建设、提高企业自主创新能力等方面助力现代化产业体系建设的实现①。在我国迈入全面建设社会主义现代化强国新阶段,加快实施创新驱动发展成为国家战略。作为数字经济的重要组成部分,网络内容产业的现代化也离不开创新驱动。加强网络内容治理有助于为技术与平台自主创新提供良好土壤。

首先,网络内容治理体系的建设就是从顶层设计和制度安排角度为网络内容产业的发展提供良好的创新创业环境,平衡好安全与发展、社会效益与经济效益的动态关系。网络内容治理体系中对经济方面的观照主要是通过相关产业政策和市场规则来反映。有研究表明,产业政策能够通过市场竞争机制促进一般鼓励行业中企业的技术创新。② 通过市场规则为新兴技术、业态营造一个更加包容的市场环境。其次,加强网络内容治理体系建设有助于统筹处理好守正与创新的关系,既遵循产业发展的一般规律,也结合网络内容产业的特点,引导网络内容组织机构加大技术创新投入,通过鼓励提倡企业自主创新举措,抵制重复建设、投机倒把、流量造假等无实质性价值增值的非理性经济活动,来规范网络内容产业发展。最后,网络内容治理的重点之一就是加强对平台垄断行为的治理。大型科技巨头通过资本扩张、数据规模效应和用户资源等容易形成市场垄断。③ 而垄断的其中一个重要弊端就是限制市场创新。④ 科技巨头通过资本运作收购竞争对手或互补企业,初创企业也以被"大厂"收购为最终目标⑤,两种行为都不利于行业创新和中小企业的健康发展。

---

① 参见钞小静、廉园梅、罗鎏锴:《数字经济推动现代化产业体系建设的理论逻辑及实现路径》,《治理现代化研究》2022 年第 4 期。

② 参见余明桂、范蕊、钟慧洁:《中国产业政策与企业技术创新》,《中国工业经济》2016 年第 12 期。

③ 参见庞金友:《当代欧美数字巨头权力崛起的逻辑与影响》,《人民论坛》2022 年第 15 期。

④ 参见孙一得、刘义圣:《平台型企业垄断问题的内理分析与治理进路》,《经济问题》2023 年第 1 期。

⑤ 参见杨东:《互联网平台企业的垄断会阻碍行业创新》,光明网,2021 年 1 月 25 日,https://m.gmw.cn/baijia/2021-01/25/34569505.html。

自主创新是实现企业竞争优势的有效途径。① 网络内容治理就是要在规范发展与鼓励创新上进行平衡,确保市场规则在一个合理空间内发展。

二、维护良性竞争,合理分配资源

网络内容治理体系的建立和完善要为多元产业主体的有效竞争提供健康的市场环境。公平有序的竞争环境是市场经济体制的核心。② 网络内容的市场集中度较高,资源主要聚集在头部平台。对头部网络内容平台而言,平台的组织形式以及数据生产要素的绝对把控,使其得以沉淀大量用户数据。在达成垄断地位后,互联网平台通过数据资源的规模效应来维持其垄断地位。③ 而这些数据背后所象征着的用户偏好、行为特征也为企业涉足其他领域的发展提供了可能。网络内容产业数据和用户资源是价值增值的重要市场要素,这种资源的过度集中不利于经济主体的健康发展。网络内容治理就是要平衡好各经济主体的利益,为多元主体提供公平竞争的机会和市场环境。

网络内容治理需要加强数据等资源的合理分配,提高资源优化配置和价值实效。在数字经济时代,数据成为新的生产要素,不仅改变了财富生产也改变了财富分配格局。④ 互联网行业出现巨头垄断挤压中小企业生存空间的现象,导致头部企业掌握大多数资源的分配权。数据是互联网企业的重要生产资料,边际成本递减具有天然的扩张属性,如不进行有效规制,必然走向垄断,进而引发行业资源集中与内部分化加剧。这种"赢者通吃""一家独大"的局面,使互联网巨头占据市场支配地位,与小微企业存在差距,分化不断扩大。⑤

---

① 参见黄德春、刘志彪:《环境规制与企业自主创新——基于波特假设的企业竞争优势构建》,《中国工业经济》2006 年第 3 期。

② 参见杨兴全、张可欣:《公平竞争审查制度能否促进企业创新? ——基于规制行政垄断的视角》,《财经研究》2023 年第 1 期。

③ 参见孙一得、刘义圣:《平台型企业垄断问题的内理分析与治理进路》,《经济问题》2023 年第 1 期。

④ 参见王宝珠、王朝科:《数据生产要素的政治经济学分析——兼论基于数据要素权利的共同富裕实现机制》,《南京大学学报(哲学·人文科学·社会科学)》2022 年第 5 期。

⑤ 参见张泉:《互联网经济对反垄断法的挑战及制度重构——基于互联网平台垄断法经济学模型》,《浙江学刊》2021 年第 2 期。

因此,网络内容治理的目标就是要维护市场的公平和公正,防止平台垄断对产业发展带来的负面影响,优化市场竞争格局。通过数据生产资料所有权的合理划定、分配和使用,促进资源的优化配置,推动产业高速发展。

三、提高消费水平,保护用户权益

随着信息化技术和移动通讯技术的不断发展,网络消费迎来新的风口。人们对网络消费的需求也发生了变化,为了满足人们具有多元化、变化性的需求特点,网络内容消费领域也在不断升级,拓展了更加多元的领域、消费场景和样态。但是与此同时,也产生了很多新的消费"陷阱",这种只追求短期利益的行为,损害了消费者的合法权益,劣币驱逐良币,也不利于产业的长期健康发展。

具有技术优势和数据优势的平台利用规模经济效应取得市场支配地位,形成了垄断,不仅会破坏市场竞争,损害竞争对手利益,还会损害用户权益。例如,"大数据杀熟"。互联网平台会利用从消费者处获得的信息对消费者进行消费习惯、经济情况、购买能力等数据画像,从而针对每个消费者进行不易察觉的个性化定价,因此会出现购买频率高或购买量大的用户反而支付更高价格的反差现象。经营者利用商品的信息差对消费者隐瞒商品弊端获得非法利益的现象在传统经济领域中可以利用消费者根据"优胜劣汰"选择商品进行消解,但在互联网平台企业中,首发创新优势的互联网产品通常"赢者通吃",具有很高的垄断地位,消费者别无选择,还会被平台利用消费者数据进行诱导消费和针对性定价,极大地损害了消费者本应在与平台的平等对抗关系中获得的消费者福利。除此之外,还包括网络直播间购物的商品质量、物流和支付方式选择等问题。为了提高用户的消费水平,保护用户的合法权益不被无良商家所侵害,需要从制度层面,通过网络内容治理体系的建立和完善来实现。

第四节　文化目标：加强网络文化建设

网络内容治理的文化目标就是要引导网络文化积极向善发展。主要分为三个层面：一是要促进多元化的网络文化发展，以满足人民群众多层次、多面向的精神文化需求；二是要培育积极向上的网络文化氛围，用先进的网络文化抵御消极的网络文化，促进人的全面发展；三是提高网民素养，促进网络文明建设。

一、满足人民多面向的精神文化需求

互联网的开放性、交互性等特征为人们表达观点、分享意见和自我展示提供了空间，也为不同文化主张的交流提供了空间和场域。在 Web 2.0 技术的推动下，网络文化的样态也更加多元，不再局限于草根文化、粉丝文化、鬼畜文化等网络亚文化群体与文化内容。在互联网技术与网络文化的推动下，网络用户的积极参与和互动作为实现自我赋权的过程，传统媒体时代单向的内容生产和传播模式被打破，形成了"传受一体""产销一体"的关系，推动着网络内容的发展，催生出如弹幕视频、表情包、恶搞视频等新兴内容形态。

网络内容治理体系的确立就是要鼓励更多元文化的形成与扩散，以满足人们不同的精神文化需求。网络内容治理的总体目标就是要解决人民日益增长的网络美好生活需要和不平衡不充分的发展之间的矛盾①。互联网的特点使其容易形成群体极化，大数据、算法等技术对内容生产、分发和消费的嵌入，也使得人们容易受到"信息茧房"的影响，接受的是具有个性的内容。在这种情况下，人们对文化的吸收都是"偏食"。网络内容治理的一大文化目标就是要为不同的文化群体提供发声的场所，让其可以自由、平等、公开地发表自己的观点和主张。保障网络文化的多样性，满足不同社会群体的文化需求。

---

① 参见谢新洲、杜燕：《政治与经济：网络内容治理的价值矛盾》，《新闻与写作》2020 年第9 期。

二、培育积极健康、向上向善的网络文化

加强网络内容建设,培育积极向上的网络文化氛围,已经成为网络内容治理重要的文化目标。互联网为文化活动的开展提供了多样化的表现形式,网络游戏、网络文学、网络视频等网络文娱活动满足了人们的精神文化需求;互联网为不同群体提供了对话的平台,各种话语、力量相互交织,构筑了多元化的文化景观。与此同时,文化的多元性与价值取向的偏向性,使得网络环境更为复杂。极端的粉丝文化、丧文化、恶搞等消极的网络业文化也逐渐滋生,这就需要主流文化和价值取向的正面引导。

社交媒体、新闻客户端、网络社区、网络论坛以及直播和短视频等网络内容平台已经成为人们获取信息、意见交换的重要渠道。互联网逐渐成为人们感知真实世界的重要窗口。在网络渠道获取的信息和观点将对人们的思维方式、价值观产生重要影响。消极萎靡的网络文化不利于人们身心的健康成长,尤其是青少年群体,在人生观、价值观和世界观形成的关键时期,网络空间中的文化价值取向以及主张对其成长至关重要。因此,网络内容治理的一个重要文化目标就是要唱响主旋律,弘扬正能量,鼓励向上向善的网络文化产品和新闻作品,净化人们的精神家园。

三、提高网络文化素养,促进网络文明建设

网络亚文化为网络内容生态带来不稳定因素。网民在网络空间的行为与活动与其主观意识、文化程度、修养素质、守法意识等密切相关,而以上因素又会对整个网络内容空间的文化氛围产生影响。随着网络文化的发展,网络亚文化、网络粉丝文化等在网络空间中的影响力日益扩大,然而由于网民网络素养的良莠不齐和网络文化的尚未成熟,用户有时无法在前台匿名的网络空间中保持自身理性和把控自身行为,往往容易出现群体极化或网络暴力等情况。《网络信息内容生态治理规定》对信息内容生产者的责任和义务进行了明确规定,网络内容治理可以通过规范亚文化群体行为,引导网络亚文化的健康发

展。网民既是网络内容的生产者，也是网络内容的消费者，是网络空间最活跃的主体。网民网络文化素养的提高，将有利于网络内容生产、流通、交换、分配和消费的全过程。文明上网、正向发言、理性评论、良性互动，从自身出发，维护网络内容生态的清朗十分重要。

加强和完善网络内容治理也是为了促进网络文明建设。网络空间成为人类生活的新疆域和亿万民众的精神家园，与现实社会相互融合，生成了复杂的网络生态系统，推动人类走向新的文明纪元。互联网给社会经济发展带来了各种新服务、新模式、新业态，改变了人们的生产与生活方式，极大地丰富了人们的精神文化生活。但是也衍生了网络谣言、网络暴力、网络诈骗等新问题和新挑战。而网络综合治理体系的建立，有助于网络文明建设发展。2022 年，国家网信办组织开展了 13 项"清朗"专项行动，累计清理违法和不良信息5430 余万条，处置账号 680 余万个，下架应用程序、小程序 2890 余款，关闭网站 7300 余家。[①] 网络内容治理体系构建的加速与完善，可以为网络文明建设提供制度和法律保障，确保网络生态的健康可持续发展。

第五节　社会目标：促进社会秩序稳定

网络内容治理的社会目标就是要保障社会公共利益，以及特定群体的合法权益，维护网络社会稳定。网络内容治理的社会目标可以从三个层面来阐释：一是在网络社会层面，网络内容治理要净化网络内容空间，营造良好的网络内容生态，维护网络社会稳定。二是在社会公共利益方面，网络内容治理要能够保障社会公共利益，促进社会公平正义。三是在社会群体利益方面，网络内容治理的目标是要防止社会分化，维护不同社会群体的利益，保障主体合法权益。

---

① 参见《2022 年"清朗"系列专项行动处置账号 680 余万个》，中国政府网，2023 年 3 月 28 日，http://www.gov.cn/xinwen/2023-03/28/content_5748890.html。

一、净化网络内容空间，营造良好网络生态

互联网作为一种新技术、新媒介对社会生态产生深刻影响，它以网络为组织形态，不仅丰富了信息呈现、生产与传播方式，还为个人与群体连接、沟通提供开放、共享的新路径。与此同时，网络化逻辑的扩散实质性地改变了原本社会生态中生产、经验、权力和文化形成的过程与导致的结果，在这一环境中孕育的互联网生态充分展示了互联网整合、重塑社会的过程。互联网生态的演进伴随着互联网技术推陈出新，在参与主体不断扩充的情况下，网络社会生态与现实社会生态紧密结合，彼此相互影响，形成了复杂格局的网络生态。

而网络空间中的一切行为与活动均以数据的形式存在，再通过协议转化为普通大众可以识别的文字与图片内容。网络信息内容的海量性、流动性和多样化也给网络内容治理带来挑战。海量的信息经过有序地组织与排列可以形成丰富的网络内容与网络服务。但是海量信息的无序组织、生产、流通将会对网络秩序带来极大冲击。互联网与传统大众媒体时代最大的不同在于信息量的几何级数增长，其结果在于单纯依靠人力无法对内容进行有效的监管，信息爆炸等现象使得信息的生产和流通可控性大大降低。这为一些低俗、暴力等不良信息的滋生蔓延提供了可能，这些信息在互联网中以"游击队"的形态生存和发展，似有一种"除不尽"的趋势，对绿色的网络空间形成了极大的威胁。

因此，网络内容空间的清朗与否将影响网络生态的和谐与稳定，继而影响社会秩序。反之，由于网络生态已经成为社会生态系统中的重要组成部分，并与现实社会互构，现实社会中存在的种种问题在网络空间也产生了新的形式和变化。因此，网络内容治理的重要社会目标就是要营造良好的网络生态，与现实社会和谐发展。

二、维护社会群体利益，保障主体合法权益

互联网对媒体格局产生了重大影响，而由于媒介接触环境、方式和习惯的不同，加剧了社会群体在代际、城乡以及不同阶层之间的差异性。例如，数字原

住民与数字移民在互联网认知以及使用行为方面的差异,可能导致"代沟"的加剧。而网络内容治理就是要尽可能缩小群体之间因为数字化导致的鸿沟,消弭不同社会群体之间的隔阂,促进网络和数字普惠。另外,虽然互联网消弭了时空的限制,扩大了传播范围,但是社交媒体的渗透,也推动了圈层文化的发展,异质性网络之间通过身份认同、表达形式以及互动方式,构筑了新的门槛,尤其是语言表达方式的不同,使得"圈外人"很难进入。这也对很多社会群体和小众网络文化的监督和治理提出了挑战。网络内容治理既要缩小不同社会群体之间的差距,也要警惕裹挟"圈层文化"外衣的违法犯罪群体在网络空间的不法活动。

互联网生态的参与主体包括网民、网络企业(如互联网内容制造商与互联网+商业模式中的企业)、自媒体与融媒体等多方主体。各参与主体的行为以及彼此之间关系的平衡将对网络生态的发展产生直接的影响。网络生态作为一个典型的复杂适应性系统,包含多主体间的相互作用,具备复杂适应性系统的一般特征。信息流转机制是互联网生态链中关键的运行机制。互联网生态链中参与信息流转的有网络信息人、网络信息处理系统和网络传输介质。互联网生态中的各方主体共同作用相互协调,从而影响了整个互联网生态环境的变化。保障不同主体在网络空间的有序生产和活动,以及彼此之间利益的平衡,也将成为网络内容治理的重要目标。

三、保证社会公共利益,促进社会公平正义

网络内容治理就是要保障公民的表达权、知情权、参与权与监督权。互联网是思想文化的集散地和社会舆论的放大器,为观点意见的自由表达提供了空间和场域。互联网开放性、交互性、个性化、匿名性等特点,赋予网民情绪及观点表达的自由,唤起了公民主体意识的觉醒。网民可以从网络上获取各种信息,并围绕社会热点、时事政治等各种话题充分表达自己的观点。知情权与表达权的确立为舆论监督提供制度保障。[①]

---

① 参见董天策:《知情权与表达权对舆论监督的意义》,《西南民族大学学报(人文社会科学版)》2008 年第 8 期。

　　网络内容治理为参与式民主提供有力保障,网络舆论成为促进社会公平正义、维护社会公共利益的重要力量。以互联网为代表的新媒体,使权力由集中走向分散,网络的兴起打破了精英阶层的垄断状态,而信息的分散化有利于实现整个社会的信息共享,使得公民的知情权、表达权和参与权得到了进一步的释放。网络舆论为了解社情民意、环境监测提供渠道。"网络问政"有利于公众意见的自由表达,推动社会问题的解决,政府部门能够增强对社会矛盾问题、网络负面情绪的重视,积极回应,促进公共政策的补充和完善[1],推动政治与社会进步。加强网络内容治理,能够积极引导舆论,营造良好的舆论环境,激发社会正能量,网民的社会关切与合理诉求也能够得到有效回应。

---

　　①　参见刘小年:《"孙志刚事件"背后的公共政策过程分析》,《理论探讨》2004 年第 3 期。

第七章　网络内容治理的关键问题

目前,网络内容面临着新的发展变化和难题,尤其是网络内容治理本身和治理需求、治理实际情况发展存在矛盾。因此,与时俱进讨论网络内容治理的概念及面临的突出矛盾就显得尤为重要。在讨论网络内容治理的执行和落地前,首先要对网络内容治理必须践行的原则进行分析,明确网络内容治理的根本归依。因为我国的网络生态环境和国外有着差异,治理原则也需要结合我国基本国情。其次,还要格外关注网络内容治理中的四组关系及其内在张力。最后提出平衡这四组关系、构建网络内容治理体系的四条路径。

第一节　网络内容治理的三个原则:正能量、管得住、用得好

习近平总书记在 2019 年 1 月 25 日就全媒体时代和媒体融合发展的讲话中强调,要推动媒体融合向纵深发展,加快构建融为一体、合而为一的全媒体传播格局。正能量是总要求,管得住是硬道理,用得好是真本事。①"正能量、管得住、用得好"的思路和原则贯穿了中国的网络内容治理实践,表现为党和政府一方面加强对互联网的规制,通过构建科层化的规制体系、完善法律法规、强化监督执法等方式解决网络空间中的失序问题;另一方面将信息科学技

---

① 参见习近平:《论党的宣传思想工作》,中央文献出版社 2020 年版,第 356 页。

术、多元多形态的网络内容嵌入社会治理,提升治理现代化水平,最终做大做强主流舆论,形成网上网下同心圆,使全体人民在理想信念、价值理念、道德观念上紧紧团结在一起,让正能量更强劲、主旋律更高昂。

一、正能量:实现网络空间清朗,打造网上网下同心圆

新中国成立以来,在中国共产党的坚强领导下,中华民族迎来了从站起来、富起来到强起来的伟大飞跃。特别是进入新时代以来,党和国家事业取得了历史性成就、发生了历史性变革。习近平总书记指出,实现"两个一百年"奋斗目标,需要全社会方方面面同心干,为了实现我们的目标,网上网下要形成同心圆①,只有加强互联网上的正能量传播,才能更好地凝聚社会共识、团结各族人民努力加油干。

近年来,在推动正能量传播方面,国家出台了很多政策措施,其中有三条措施殊为关键。一是推动传统媒体与新兴媒体融合发展,建设新兴主流媒体,在正能量传播中发挥引领带动作用。2014 年,中央出台了支持推动传统媒体和新兴媒体融合发展的意见,在政策、资金、技术、人才等方面推动传统媒体向新媒体转型发展。二是加强互联网新闻信息服务资格管理,鼓励引导各种网络信息服务平台传播正能量。三是建立白名单制度,规范网络信息内容传播秩序,提出具体转载要求,公布了可供网站转载新闻的新闻单位名单。这三条措施对正能量传播起到了明显的推动作用,网上主题宣传、政策宣传、成就宣传、典型宣传等时政信息显著增多,正能量信息的到达率、阅读率、点赞率明显上升,点击量过亿的现象级产品不断涌现。正能量传播阵地不断开拓并筑牢,传播效果在广度、深度和精度上取得了显著的成果。

实际上,正能量内容并不局限在时政新闻、社会新闻中,与主流意识形态相符的帖文、评论、点赞等信息都是正面的,网民自拍的生活短视频以及创作的优质音乐、电影、电视剧等文化艺术类内容体现了民众丰富多彩的生活、丰

---

① 参见习近平:《论党的宣传思想工作》,中央文献出版社 2020 年版,第 194—195 页。

硕饱满的精神文明和积极向上的时代风貌,也属于正能量内容。正能量传播需要走出自我限定的窠臼,在内容信息的创作、生产、分发上做更多调整与改变。比如平衡单向传播与双向互动的关系。用户已经不太喜欢传统的单向信息传播,而是更加注重参与和体验,喜欢互动式、沉浸式场景传播。微博、微信、抖音、快手等平台通过建立双向互动机制,形成平台与用户共创价值机制,增强了关系黏性,提升了用户参与感。再如,要平衡主流媒体与自媒体的关系。主流媒体在内容创作上拥有专业优势和权威优势,但随着视频拍摄技术与创作工具的普及,用户生产内容(UGC)变得更加容易和普遍,能够生产"优质内容"的自媒体开始兴起。自媒体创作的正能量作品有其独特的"近地"优势,贴合人民群众的文化需求和精神品位,符合互联网传播规律,可以适当纳入正能量传播体系。

网络内容治理的首要目标之一就是使互联网空间内容得以净化,弘扬主旋律、传播正能量。党的十九大报告指出了网络内容建设和网络综合治理体系建立的问题,强调加强互联网内容建设,建立网络综合治理体系,营造清朗的网络空间。实现这个目标需要凝聚全社会的思想认识和奋斗力量。如果互联网上没有主旋律,各唱各的调,各吹各的号,就不会有共同理想、共同目标、共同价值观。如果没有昂扬向上的精气神,萎靡不振、思想滑坡,就不会有奋勇向前、努力拼搏的斗争精神。每个网民都是现实社会的人,网络治理的本质是对网民的思想共识进行凝聚,对全社会的思想认识进行统一,全国各族人民心往一处想、劲往一处使的效果就能显现。

二、管得住:落实底线原则,牢牢把握意识形态工作领导权

在 2016 年 4 月 19 日网络安全和信息化工作座谈会上,习近平总书记指出:"网络空间是亿万民众共同的精神家园。网络空间天朗气清、生态良好,符合人民利益。网络空间乌烟瘴气、生态恶化,不符合人民利益。"①

---

① 习近平:《在网络安全和信息化工作座谈会上的讲话》,人民出版社 2016 年版,第 8 页。

当互联网内容出现负面信息时,可能会对整体舆论环境、网民态度和观念造成危害。因此网络内容治理的重要原则是建立网络内容的底线原则,确保政府能够管得住、管得好互联网内容。具体而言,可以从网络安全层面和舆论引导层面来做进一步的解读。

从网络安全层面来看,确保意识形态安全、构建网上网下同心圆是坚守整体内容环境的标准线,维护网络内容安全是守住互联网空间的文明底线,是防范敌对势力意识形态渗透的政治防线。网络内容的安全性问题,决定着政治安全、社会安全和国家安全。当前国际舆论态势复杂,国外少数反华势力利用互联网技术的隐匿性与无界性伺机进行意识形态渗透。中国互联网治理面临着极具挑战性的局面,网络内容能否"管得住"更是成为摆在治理者面前的一大难题。习近平总书记多次强调,过不了互联网这一关,就过不了长期执政这一关。而依法管网治网,"管得住"是硬道理。

从舆论引导层面来看,网络内容要"管得住",就要牢牢把握意识形态阵地,坚守网络舆论的主导权。网络内容治理必须坚持正确的意识形态导向和舆论导向。网络内容与新时代党和政府新闻舆论工作息息相关,网络内容治理体系在现实层面会深刻影响中国社会的政治、经济、文化、社会发展。中国互联网自 1994 年接入国际互联网已近 30 年,经过近 30 年的发展与变革,网络内容和内容生产机制已经深刻改变了人们的生产生活方式。尤其是新媒体已经取代了传统媒体的许多职能,成为党和政府舆论宣传工作的重要平台。网络内容治理与监管问题不仅仅是新技术带来的产业经济发展与商业模式创新问题,更是事关新时代党的新闻舆论工作重大理论与现实问题,互联网内容对于舆情事件、公民参与、网络问政、社会动员、社会稳定与综合治理、信息安全、国民素养、知识创新等都具有重要的影响。因此,中国网络内容治理体系研究的开展在意识形态宣传引导、服务国家新闻宣传导向、影响中国社会整体领域等方面具有重要意义,亦是国家治理体系和治理能力现代化工作落实中的重要推力。

三、用得好：以人民为中心，服务社会经济发展

根据 2023 年 3 月发布的第 51 次中国互联网络发展状况统计报告数据，截至 2022 年 12 月，我国网民规模达 10.67 亿，较 2021 年 12 月增长 3549 万，互联网普及率达 75.6%，较 2021 年 12 月提升 2.6 个百分点。[①] 互联网已经广泛融入了人民群众的日常生活，大部分民众都通过互联网来获取信息、了解政策、沟通交流、娱乐生活等。

从产品服务角度看，网络内容是网民网络消费的日常。网络内容深刻影响网民个体和社会面貌。网民在线时间不断增长，网民通过互联网看新闻、购物、支付、看视频、听音乐、读书、学习、找工作等。每个网民都是网络生态的一分子，每个发布的内容成为网络内容的组成部分。每个网络行为都成为影响网络生态的数据，网络生态的好坏与每个网民息息相关。

从社会发展的角度看，网络内容治理需要关注网民和用户的角色，以网民为中心，最终目的是创造更好的互联网生态环境，造福普通用户和受众。从网络内容治理的服务对象来说，治理的目的是创造更为健康繁荣的互联网内容生态、为网民提供优质的内容产品。网络内容治理既需要关注传统内容产品，也需要关注不断新兴起的内容产品，如短视频、网络直播、网络购物等，对这些应用进行有效监管和应对，从而保障用户在消费这些网络内容时接触到的是符合互联网传播规则和网络内容标准的内容，减少有害信息、虚假信息、网络诈骗、虚假营销等网络负面内容侵害普通用户的权利，尤其是避免用户遭遇到金融诈骗、网络犯罪等。从网民这一网络内容的参与主体来说，互联网是一个持续发展的开放环境，参与其中的用户主体种类众多、数量巨大、行为各异。网络治理的目标，是既要鼓励用户自由表达、各抒己见，进行内容的社会化、协同化生产，也要维系互联网运行的良好秩序和网络空间的天朗气清，过滤掉"泥沙"，让互联网成为人民福祉、公共利益、社会发展的助推器，从源头带活

[①]　中国互联网络信息中心（CNNIC）:《中国互联网第 51 次发展报告》，2023 年 3 月 2 日，https://www.cnnic.net.cn/n4/2023/0303/c88-10757.html。

互联网内容这一水池,集聚质量过关的互联网内容丰富用户的精神文明。

而从产业经济的角度看,网络内容建设的一大重要目标是构建良好健康的市场规则。规则的建立应该充分研究掌握互联网的发展规律,了解信息技术发展趋势,宽容新业态、新应用、新技术的发展,而不是简单理解、粗暴执行。一个对新兴技术、新兴业态更加包容的规则氛围,有利于推动互联网企业加大技术创新投入,提升我国网络信息核心技术水平,增强国家经济社会发展的科技底蕴,更好推动网络内容产业的发展。

在市场规则建立方面,首先要通过规则鼓励互联网内容平台进行技术创新。技术创新需要巨大投入,互联网企业处于科技创新第一线,对技术发展走向敏锐度高,也愿意投入资金和人才开展技术创新。长期的科研资金投入需要市场力量的支持,否则难以为继。因此,我国在规范新技术新应用发展秩序、出台相应规则的同时,也应该从国家科技发展大局出发,从企业科技创新的实际出发,在规范发展与鼓励创新上进行平衡,既不能管得过死,也不能放得过宽,确保市场规则合理有度。

其次,市场规则的建立还在于内容标准的建立与完善。当前网络内容标准并不明确。在互联网上,用户和行为主体的数量是巨大的、网络行为是高频的,如果能够给出公开的、明确的、具体的网络内容标准,则有利于网络主体对自己的行为作出明确的预期,提前对自己的行为及后果作出判断,这对于维护网络空间秩序大有裨益。

最后,市场规则的建立同样在于多方主体的共同参与,使互联网内容治理真正有效落地。综合各方治理力量,从管理力量、管理惯例出发,牵头部门主管、相关部门协同是现实可行的治理模式。此外,网络平台和企业拥有庞大的用户和直接掌握用户的网络行为,中心化的管理仍然需要借助网络平台具体实施,因此,网络平台参与协同管理、共建市场规则体系变得必要而且可行,但主管部门需要保持监督与检查的权力,以督促网络平台合法合规管理,尤其不能滥用技术优势与数据优势。

作为当前最具创新活力的领域,互联网成为事业发展的最大增量而不是最大变量,关键在于网络治理中充分结合我国经济社会发展实际,结合信息技术发展实际,建立市场有序规则,推动互联网内容产业良性发展。

第二节 内容治理需要重视的关系

内容治理需要从内容治理主体、内容治理价值取向、内容治理手段三个方面处理好三组关系。在治理主体方面,网络内容以其丰富的连接性、互动性和无界性脱离了单一部门的控制,多元治理主体既存在利益冲突,又必须通过协作达成 1+1>2 的效果。在治理价值取向方面,安全与发展是不容忽视、并向而行的两条价值观,内容治理必须平衡好这两者的关系。在治理手段方面,硬法约束和软法自治各有所长,一个有弹性的内容治理体系必须配置好两种不同的手段。

一、冲突与协作:内容治理主体的关系

在 2020 年 3 月 1 日开始实施的《网络信息内容生态治理规定》中界定,网络信息内容生态治理的主体指政府、企业、社会和网民等。网络信息内容的治理主体包括政府部门、互联网企业、社会组织和网民群体。多元的治理主体有不同的目标和需求,利益诉求也有所差别,因此会发生目标和诉求上的矛盾与冲突。但是,内容治理也不是单一主体可以独立完成的任务,涉及多元主体在特定背景下的协商与配合,主体之间可以通过协作进行目标调适,达成一致目的。

1. 冲突:多元主体的目标冲突

多元主体的目标冲突一方面表现在不同主体有不同的价值目标和利益诉求,在协调政治利益与经济利益、维护集体利益与个人利益、平衡公平与效率等方面存在巨大差异;另一方面,表现为同一主体在不同发展阶段、针对具体面向时,围绕目标展开的博弈。

在政府主体方面,对外,网络信息资源作为一种新型的数字化资产,已经

成为国家战略资源的重要组成部分,是国际竞争的新型物资储备;对内,网络内容空间是巩固主流意识形态的主阵地,是社情民意的晴雨表。网络充分赋予了企业经营的自由以及民众表达的自由,但是无节制的自由也会引发一系列社会问题。政府主体有维护国家政治安全及网络主权、争夺国际话语权、保障网民政治参与、维护网络社会秩序等职责。互联网企业有提高经济效益的基本需求,追求经济主体利益最大化。社会组织作为第三方参与到网络内容治理中,成为政府、企业与网民沟通和调节的纽带,通过行业自律、社会监督等方式实现行业健康、可持续发展。网民群体有表达意见、保障自身合法权益、参与政治经济生活、维护公平正义的需求。

坚决贯彻党的领导是确保网络意识形态安全的总原则。当前,我国网络内容治理取得积极成效,以政府为主导的系统治理、依法治理、综合治理、源头治理等统筹推进,同时不断压实网站平台信息内容主体责任,建立行业自律机制,网络空间持续净化。但商业平台的利益始终是指向自身的发展壮大,其行为本质是经济行为,以利益为驱动力,当以强势地位参与网络内容治理,甚至向传统行业及公共服务领域扩张时,则有可能损害公共安全。同时随着媒介技术的飞速发展,多节点、非线性、超链接的特征使管理趋于"去中心化"和"离散化",自上而下的层级化管理变得十分困难,主体之间相互依赖、联结的程度加深,利益关系变得错综复杂。某些治理主体在运用不同的手段、模式达到目标时,可能损害其他主体的利益、阻碍其他主体实现价值目标,造成内容治理中的冲突和对立。

同时,即使是同一主体,在针对具体面向时,也可能面临着不同价值目标之间的张力和博弈。例如,政府部门既有对主流意识形态及国家政治安全的价值主张,也有合理配置网络信息资源实现经济效益最优化的经济价值目标。根据国情发展的变化以及产业发展的不同阶段,政府需要平衡其政治需求与经济需求。再比如,对于网络平台来说,既需要严格控制网络上的违法违规或者敏感涉政内容,做好正能量内容引导,成为政府思想宣传工作的重要辅助,防止网络内容过度泛化、娱乐化;也要竭尽所能提供能够吸引用户消费的内容产品,获取流量,实现内容变现,以及全力维护用户的创作自由、激发创作积极性,不损害用户体验,使用户不会抛弃平台。

2. 协作:解决"许多手"的问题

现代社会各机构和部门之间的联系越来越紧密,但在分工不明确的情况下就会导致"许多手"情况的出现。公共管理理论认为,"许多手"的问题会导致政府管理的低效甚至失灵。"许多手"指不同的主体以不同的方式参与一个问题的解决并作出贡献,很难确定谁以何种方式对哪些行为和后果负责,并在此基础上相应地分配责任的情况。[1] 在网络内容治理中,政府、平台和用户交织在一起,角色边界模糊,无法将责任全部归于某一单独的行动体。在实际的治理中,也更偏向于政府、平台、用户等主体共同分担责任。在充分考虑到这些主体的知识、能力和资源,以及经济和社会效益的情况下,以协商解决问题的思路替代责任拆解、统一指派,实现单个主体无法达成的治理效果。同时鼓励更多的利益主体参与治理,提供协商和对话的空间,汇聚多方意见,调和利益冲突。不仅在价值上达成共识,也在行动中探索出利益平衡状态。

无论是将网络内容治理视作文化管理在新媒体时代的延续,还是将之视作社会治理的一部分,政府都是最强有力的行动主体。政府对内容治理的关键资源除了政策性引导和管理之外,还包括报道时政新闻、重大主题所必需的信息资源、物质资源和人力资源,以及作为一种社会资源无形的公信力。

与单纯媒介技术层面的新旧不同,中国语境下的传统媒体与政府行政有着高度同构性,承担着坚守意识形态阵地的功能,不仅具有了文化权威性,还有政治意义上的权威性。传统媒体一方面结合技术手段搭建媒体机构内容聚合平台,另一方面以用户生产内容为核心,建设基于媒体机构议程设置的互动平台,以优质内容提供者和议题建构者的身份参与互联网内容治理。

---

[1] Dennis F. Thompson, "Responsibility for Failures of Government: The Problem of Many Hands", *American Review of Public Administration*, 2014, 44(3):259-273.

　　拥有技术和资本优势的商业平台因"用户的信息交互、公共表达和社会化生产"①,具备了内容生产与传播的功能,在基础设施、传输机制和符号表征层面,制定了信息生产、过滤和分发的规则,能对网络内容进行精准深入地挖掘、监测与管理。商业平台通过独占和整合数据,强化用户黏性,在成为当前网络内容主要载体的同时,也时常因为技术资源上的垄断,获得了组织内容生产、分发内容流向、决定内容呈现方式的权力。

　　治理方式的选择主要受制于治理资源的存量与结构。② 由于不同治理主体掌握的资源并不均衡,各有优势,协作可以使得拥有不同优势的主体通过一些正式或者非正式的途径交换资源,实现资源的多向流动(如图 7-1 所示),满足利益诉求,降低各方成本,使体系趋于稳定。既确保政府主导的"安全"这一价值取向的落实,也符合网络化技术下的动员特征,实现互联网治理在形式和实质上的多样性和有效性。

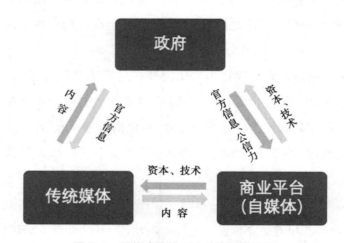

图 7-1　网络内容治理中的资源流动图

---

　　①　张志安、曾励:《媒体融合再观察:媒体平台化和平台媒体化》,《新闻与写作》2018 年第 8 期。

　　②　参见于洋、马婷婷:《政企发包:双重约束下的互联网治理模式——基于互联网信息内容治理的研究》,《公共管理学报》2018 年第 3 期。

二、安全与发展：内容治理的价值取向

从"管理"到"治理"，不仅要注重过程、规则、方式的改变，更应关注"治理"背后的价值向度选择。"安全"与"发展"是网络内容治理的两个基本价值向度，它们同等重要但不一定可以兼得。

1."安全"：防范化解网络安全风险

安全是网络内容治理中极为基础和重要的价值取向。互联网是思想文化信息的集散地和社会舆论的放大器，为观点意见的自由表达提供了空间和场域。与此同时，网络环境匿名性、网络内容碎片化、群体同质化等特点可能造成群体行为极化，使网络空间沦为娱乐性操控和个人情绪宣泄的场域，引发社会失序。

网络内容安全问题可以分为两类：一类是和公民人身财产安全、社会公共安全相关的诸如网络暴力、网络诈骗、谣言肆虐等违法犯罪事件；另一类则是和政权稳定、国家政治安全相关的意识形态类负面问题。互联网为参与式民主提供了有力途径，唤起公众政治参与的热情，也为特殊利益集团达到其政治目的提供便利。网络舆论一方面成为促进社会进步、政治文明建设的重要力量；另一方面舆论发展的不确定性也易导致社会问题，对网络政治生态造成不良影响。多元价值观念的激荡碰撞和批判意识的兴起使得网络意识形态环境更为复杂。大数据、人工智能、算法推荐等智能技术对意识形态主导权的操控和渗透也增加了政治安全风险，加剧了网络意识形态斗争的复杂性和艰巨性。在开放性、交互性、个性化、匿名性交织的技术环境下，网络内容关系到社会秩序、政权稳定和国家主权，指向一种意识形态安全与政权安全。

我国的网络内容治理，一直将防范化解网络安全风险、确保国家政治安全放在首位。2015年，在中央国安办的一份报告批示中，习近平总书记指出："网络意识形态安全风险问题值得高度重视。网络已是当前意识形态斗争的最前沿。掌控网络意识形态主导权，就是守护国家的主权和政权。""坚决打

赢网络意识形态斗争,切实维护以政权安全、制度安全为核心的国家政治安全。"①2018 年,在全国网络安全和信息化工作会议上的讲话中,习近平总书记指出:"在互联网这个战场上,我们能否顶得住、打得赢,直接关系国家政治安全。"②2019 年,在中央政治局第十二次集体学习时的讲话中,习近平总书记强调指出:"没有网络安全就没有国家安全;过不了互联网这一关,就过不了长期执政这一关。"③这一论述将网络意识形态安全上升到国家安全的战略高度。在"安全"的价值取向中,具备社会秩序的保障和供给能力的政府是主要的行动体,有权制定负面清单,列明不能生产、传播、使用的网络内容,并通过法规的制定和执行以及强有力的行政管理手段,对负面内容及其发布传播者的监管和惩治。

在我国,网信办、工信部、公安部等中央部委及地方机关共同负责违法网络信息的举报处理,事实上形成"安全"管理部门全程介入、多部门齐抓共管的局面。我国在网络内容治理上提倡"源头治理""关口提前",进一步强化了安全为大的监管理念。④

2."发展":技术创新与经济繁荣

"发展"则指向互联网技术驱动下的经济社会发展。网络内容的发展与创新,广泛深入地渗透到经济发展的各个领域。传统企业利用互联网发布、获取商贸信息,拓展营销渠道,促进品牌宣传与推广。一方面,国内外经贸、商情数据库以及信息中心逐渐兴起,利用互联网发布、整合、传播国内外经贸、商务信息;另一方面,中小企业利用互联网拓展营销渠道,变革传统营销模式。多元化电商平台的出现和发展,改变传统业务模式,促进产销一体化发展,加快流通组织结构变革,扩大商品流通范围,提高市场流通效率。

互联网技术在经济领域持续渗透,网络内容产业快速发展,带动内容消费

---

① 《习近平关于网络强国论述摘编》,中央文献出版社 2022 年版,第 54 页。
② 《习近平关于网络强国论述摘编》,中央文献出版社 2022 年版,第 56 页。
③ 习近平:《论党的宣传思想工作》,中央文献出版社 2020 年版,第 354 页。
④ 何明升:《网络内容治理:基于负面清单的信息质量监管》,《新视野》2018 年第 4 期。

迅速增长。网络视频、网络直播、网络游戏、网络音乐以及在线教育、在线办公等网络内容产业迎来发展新风口。以互联网、大数据、云计算、人工智能等为代表的信息技术,推动媒体持续向纵深发展,率先实现了对新闻信息生产的再造,从生产流程、生产方式、生产内容等各个方面重塑传媒产业,出现了如数据新闻、机器人写作、众筹新闻等多样化的生产方式。互联网与传统内容产业的深度融合,加速产业升级,实现虚拟经济与实体经济的有效嫁接。

网络内容具备信息数据和文化产品的双重属性。作为信息数据的网络内容,是产业经济升级的引擎动力,信息资源日益成为重要生产要素和社会财富,改变了原有的资源配置方式、企业经营方式与经济发展模式。信息流在消费、流通、生产等各环节的渗透,优化生产流程与管理,提高生产效率,迸发新的经济增长点,推动产业转型升级,调整经济结构,对传统产业、虚拟经济和融合产业的发展产生重要影响。作为文化产品的网络内容,在网民日常媒介消费中所占的比例越来越大,网络内容产业成为新的经济增长点,我国线上经济全球领先,需要宽松、稳定、良好、可预期的制度环境为网络内容产业的健康可持续发展提供有利的外部环境。

当前,我国经济已由高速增长阶段转向高质量发展阶段,要充分发挥信息化对经济社会发展的引领作用,以信息化培育新动能,用新动能推动新发展。规范并引领互联网在产业经济方面的深度嵌入、维护经济秩序、做大做强数字经济、拓展经济发展新空间,成为网络内容治理的主要功能与价值主张。

3."安全"与"发展"的矛盾

"安全"与"发展"两种价值取向并不是互补兼容的,两者存在着目标冲突和利益对立,是一部分现实社会中出现的矛盾和冲突在网络空间中的反映和折射。"安全"与"发展"的矛盾一方面表现为过度追求经济利益而影响网络政治安全与意识形态安全;另一方面则体现在为重点保障网络政治安全而阻碍了网络内容产业的发展。

一味地追求经济利益最大化,将扰乱正常传播秩序与社会秩序,从而影响网络政治安全与稳定。互联网商业平台追求经济利益最大化,过度强调企业经营自由和个人自由,甚至牺牲政治安全,会引起网络乱象。"网络水军""数据造假""网络诈骗""恶意营销"等网络黑产的出现,严重扰乱了市场秩序和传播秩序,激化了不同社会利益群体的冲突,损害了政治安全与稳定。此外,网络内容的娱乐化、商业化与消费主义盛行,减少了网民对公共议题的讨论,挤占了网民公共参与的空间,影响政治文明的繁荣。

而在内容治理过程中一味地采取过分保守的策略,为了绝对的稳定和治理效率,牺牲内容的多样性和丰富性,对各种内容不加分类甄别全部采取刚性强硬的管理标准和措施,严格限制信息流动,以规避风险。这种简单粗暴的治理方式挤压了用户自由表达和产业茁壮生长的空间,可能反而激发用户的对立情绪,窒碍技术创新和经济增长,对网络舆论生态和网络内容产业发展带来不良影响。

网络内容治理的核心难题是平衡好"安全"与"发展"两个价值取向。需要在宽松与紧缩的制度策略之间保持平衡,既不能为了发展网络内容产业而降低治理标准的门槛,也不能采取过于紧缩的制度,降低市场预期、抑制经济活性、阻碍网络内容产业的升级转型。

三、硬约束和软约束:内容治理手段配置

网络内容治理仅仅依靠政府主管部门是无法实现的,同时需要网络内容平台、行业协会机构、技术企业平台和网络用户等利益相关主体共同参与治理。《网络安全法》坚持共同治理原则,要求采取措施鼓励全社会共同参与。在此之下,仅仅依靠全国人大、政府主管部门等颁布的相关法律、行政法规、部门规章和规范性文件等"硬法"远远无法达到网络内容治理的需求与目的。科学完善的法治体系由"硬法"与"软法"共同构筑,任何一方的缺失都极有可能将法治建设推向片面法治的渊泽。在此之下,需要通过行业协会、网络内容平台等主体在国家"硬法"的指示、要求下出台相关的倡议、公约才能达到依法治网、多元治网、协同治网的效果。

"硬法"是指那些需要依赖国家强制力保障实施的法律规范。我国自接

入国际互联网以来就十分重视有关互联网领域的法律法规体系建设,1994 年由国务院发布的《计算机信息系统安全保护条例》是我国首部有关计算机信息安全的法律规范。经过近 30 年的不断发展、探索和完善,当下网络内容治理法律法规体系已初步形成了以《网络安全法》为主,以《互联网信息服务管理办法》《互联网新闻信息服务管理规定》《互联网信息内容管理行政执法程序规定》等为辅助的法律法规体系。[①]

早期颁布的网络内容治理法律法规主要是针对单个计算机或局域网制定法规,偏重于规制计算机信息网络国际联网、单机系统安全及计算机系统应用方面的安全防范。随着互联网的社会应用方式日渐丰富,我国网络内容治理法律法规体系在 21 世纪第一个十年逐步向各行业和领域渗透,并逐渐走向成熟,呈现出"体系化建设"这一关键变化。

"软法"则指那些效力结构未必完整、无须依靠国家强制保障实施,但能够产生社会实效的法律规范。[②] 在互联网行业层面中,由网络内容平台和网络内容行业协会制定的章程、规定、原则、倡议、协议等文件在网络内容治理中发挥着重要的作用。

我国网络内容治理的独特之处是常常会运用"治网行动""净网行动"和对企业进行约谈等治理。无论是治网行动,或是约谈,这类手段的本质是在常规化的治理举措之外,针对互联网内容治理中急迫重要的特殊事件与问题及时应对的治理举措,但却发展为当前中国政府作为治理主体行之有效的治理手段。

"硬法"和"软法"在结合的过程中,体现出中国网络内容治理的一些特殊性举措和手段。一方面各类治网行动自起始年份起,成为每年固定月份在全国范围内开展的行动;另一方面,治网行动依靠各省主管部门的积极参与,使

---

① 黄先蓉、程梦瑶:《我国网络内容政策法规的文本分析》,《图书情报工作》2019 年第 21 期。

② 罗豪才、宋功德:《认真对待软法——公域软法的一般理论及其中国实践》,《中国法学》2006 年第 2 期。

得其不仅在全国范围内得以有效落实,而且在各省范围内配合形成全面的行动铺开,网信办等主管部门会对治理效果较好的省进行典范树立和信息公布,其他地区争相学习。

2015年4月28日,国家互联网信息办公室发布《互联网新闻信息服务单位约谈工作规定》(由于该规定共10条内容,又被称为"约谈十条"),指出约谈是指国家互联网信息办公室、地方互联网信息办公室在互联网新闻信息服务单位发生严重违法违规情形时,约见其相关负责人,进行警示谈话、指出问题、责令整改纠正的行政行为。

这些都是极具中国特色的短期治理手段。这些手段虽然能取得一定效果,但是依赖政府主体自上而下的行政指令,过度关注一段时间内的短期效果,目前,我国对常规化、长效化、制度化的互联网内容治理相对不足,尚未建立起完善、科学、可行的长期效果评估体系并开展定期监测评估。短期效果与长期效益需要兼顾,否则可能导致对内容生态的实际改善作用有限,并因为缺乏一以贯之的标准而出现治理效果周期性的反复。

第三节 平衡矛盾的路径:主体协同、软硬结合、分类并举、良性循环

内容治理不仅要解决四组关系,还要找出相对应的解决路径。第一,通过构建以政府为主导的主体协同机制,可以调和多元主体的冲突,达成包容性一致性利益、协作解决治理资源分配不均的结构性难题。第二,"硬法"治理与"软法"规范相结合则有助于拓宽治理手段的丰富性和治理机制的弹性空间,增强机制的整体耐受性。第三,基于内容分类的差异化治理能够有效解决"一刀切"的弊病,充分考虑网络内容的多元性,在固牢政治底线的同时鼓励内容产业发展。第四,提出增加评估环节,实时跟进内容治理的绩效,对症下药更新治理模式。

一、构建以政府为主导的主体协同机制

在政府主导下,从顶层设计到落实开展的全过程,吸纳主流媒体、平台企业、自媒体、网民、社会组织等多个主体,形成参与、互动、协商、协作的治理模式,加强不同部门间的相互渗透与影响。

首先,在决策制定与执行的过程中,政府内部应增强联动,突破科层管理的桎梏,改善并协调好中央—地方、地方—地方多区域、多部门之间的关系,建立跨层级、跨区域的协作联动机制。加强网信办作为中枢部门的统筹协调能力,纵向打通由上至下的行政系统通路,横向串联起同级别的关联职能部门,在联席会议制度、重大事件快速响应制度、定期交流制度、常态化考核监督的基础上打造沟通顺畅、资源共享、配合密切、调度高效的多维立体治理网络。

其次,在政府与平台的关系中,政府不必扮演全知全能的角色,转为对平台运行的架构和标准进行设计与监督,细节则由平台自行落实,激励平台实现自我治理。在具体的执行过程中,则是要以内容、技术、资本为纽带,实现政府与商业平台之间的优势互补。从内容治理的角度看,被动的监管只是表象,实质上还是需要向网络内容生态环境中注入正向内容。商业平台在内容生产方面的优势是掌握了更先进的传播技术,能对不同的信息进行编辑,并通过分发机制影响其在平台上的可见性。为了节约治理成本,政府可以将自己掌握的资源提供给商业平台,为其设置议程,商业平台及平台上的自媒体生产者返还给政府的是内容生产能力和已有的平台影响力。与政府的合作还能为商业平台获得外部合法性,被社会中其他组织和机构承认,这种认可是一种非常重要的政治激励,更是一种无形的社会资本。

最后,在政府、企业、公众和社会组织构成的关系网络中,政府发挥的作用主要是从管理型向服务型转变,担当宏观管理的调控者,积极回应并调节各主体关系,制定合理的协商规则,为主体权益提供保障,激发社会治理内生动力。由国家互联网信息办公室发布的《网络信息内容生态治理规定》中就明确了网络信息内容生产者、网络信息内容服务平台、网络信息内容服务使用者、网

络行业组织等多个主体的责任,将它们置于整体网络信息内容生态中,以科学的眼光加以规范。下一步应当在实践中检验《网络信息内容生态治理规定》中条款的执行性和可操作性,将对违法信息的评判规则不断具体化,为不同主体设定匹配的权责结构。

二、"硬法"治理与"软法"规范相结合

《网络信息内容生态治理规定》鼓励网络行业组织发挥服务指导和桥梁纽带的作用。在行业协会作为治理主体的模式中,治理手段会采取更为缓和、软性的方式。未来若想进一步发挥行业协会在整体治理主体中的作用,可有意识地完善软法自治,将软性手段和硬性手段相结合,针对不同类型、等级的网络内容治理需求,采取不同的治理手段。

例如,在重大事件议题宣发中,可以加强行业协会的作用,要求成员们基于自身的账号定位和所处的平台特质,有意识地进行宣传传播,发出舆论声量,实现内容引导。又如在出现负面信息内容时,在网信部门和平台的监管治理之外,也可通过行业协会将其除名或是进行严肃教育。在各地较多进行的周期性内容治理专项行动中,也可要求行业协会发挥其自律性和组织性进行配合,若协会成员出现相应问题时,可以加强行业协会的内部教育和案例推广,避免后续出现类似问题。此外,政府部门也需要意识到,网络内容本身也是体现民情民意、舆论走向的重要载体,部分针对网络舆论的分析研判也可依托行业协会中的高校研究者来完成,协会可组织媒体、高校、自媒体为代表的研讨会,实现协会内部从网络内容的实践和生产到网络内容的研究和分析的"产学"转换。上述模式一方面发挥了行业协会软性手段的优势,实现了组织内部的协调与沟通作用;另一方面又具有一定的强制性和约束性,要求成员们不仅能享受行业协会带来的服务和利益,也要履行其在内容生产和传播方面的义务和责任。

然而,软法规范也面临着不具备行政效力、威慑力较低的问题,针对这一情况,行业协会可以与政府主体合作建立有权威性的自律监督机构,赋予

软法规范有"弹性"的强制性、提升成员对协会规范的认同感。此外,由于软法规范没有经历过严格的法律论证和制定程序,难免存在疏漏或者利益偏向性问题,应当通过硬法规定软法的制定主体、权限范围、立法原则、制定程度等规避"利益俘获"风险,以硬法为先决性标准对软法进行合法性审议、监督与"矫正"。①

三、基于内容分类的差异化治理

在内容治理的标准上,需要建立多维度标准,强调安全和发展并重。目前,网络内容治理标准固化,以内容是否违法违规为标准,对网络内容"红线"关键词信息进行识别标记并处理,体现"安全"的价值取向。未来网络治理需要建立"底线、红线、高线"等不同标准,既要强调对负面内容的净化、删除,也需要关注正能量内容的生产与传播,通过宣传引导、培训教育、出台发展规划、激励优秀内容等手段,对优秀网络内容进行技术上的推送、分发支持,在"发展"价值偏向下增加正能量网络内容的传播,推进网络内容治理工作的安全与发展并重,形成抑恶扬善、正能量充盈的内容生态。

同时为了降低商业平台内容治理的成本、提升治理效率、尽可能释放网络内容产业的经济活性,在具体的内容审核过程中,网络平台可以基于内容类型采取不同的审核措施。对于从新闻媒体等权威机构转载的信息内容,在确定转载对方资质情况下可以不经审核流程直接发布,这里的权威机构一般根据监管部门提供的机构白名单确定,例如,资质证照齐全的新闻媒体机构等。重点内容从严审核。对于涉政、涉军、新闻信息等国家重点监管的内容,机器审核识别归类后必须全部通过人工审核流程,经过人工多重审核无误的可以进入分发环节。较低风险内容从宽审核。对于文体类等低安全风险内容主要交由机器审核,一般情况通过机器审核即可直接分发。

---

① 魏小雨:《互联网平台信息管理主体责任的生态化治理模式》,《电子政务》2021 年第10 期。

四、增加评估环节,更新治理模式

网络内容治理不是一往无前的赛跑,其符合一般复杂性事物发展规律,具备螺旋式上升的系统性特征。考虑到互联网的交互性特点,治理者必须格外关注通过反馈机制促进持续改进,确保网络内容治理处于动态变化过程,在持续改进中不断靠近理想的内容质量目标。

然而,当前的互联网内容治理实践尚未完善对治理效果的评估测量。如何真正实现治理手段的张弛有度,明确影响治理效果的主要因素,需要对互联网内容治理进行评估、评价,从评价体系层面提炼对互联网治理情况的反馈和建议。

网络内容治理需要加强对网络内容发展及治理水平的效果评价。效果评估环节不仅仅需要政府、平台进行整体性的监督测量,从各类内容出现的频率及质量评估内容的治理效果,也需要重视网民群体的反馈意见,根据反馈和效果及时调整、改进治理模式,使其适应瞬息万变的网络内容生态,更好地服务人民。网民用户在网络传播过程中,有权决定自己接收什么样的信息以及对信息作出什么样的评价。而网络内容治理效果评价要把用户的实际内容感受、对内容质量评价等囊括到指标体系中,尤其重视用户对违规内容的态度。

第三编

规划与体系:中国网络内容治理体系

　　构建中国网络内容治理体系对于促进网络治理的健康发展、维护社会稳定、保障用户权益、推动文化创新和促进数字经济的发展等方面都具有重要的意义。这一体系旨在确保网络空间的健康与有序发展，同时促进信息社会的进步与繁荣。在此背景下，本编将主要阐述中国网络内容治理体系的构建与规划，以及其中涉及的关键要素和重要意义。

　　第八章在理论层面总述了中国网络内容治理体系的关键逻辑、结构要素以及必要性与意义。网络内容治理体系的构建不仅仅是关注单一的内容、技术或环境因素，更需要以系统性的视角进行思考。以网络内容治理的要求为出发点，挖掘指导重点。通过对治理体系的多层次构建，从顶层、中层和底层等多个维度探讨其中涉及的要素。不仅有助于构建一个多中心协同、多主体责任、多手段同步、多方式驱动的网络内容治理体系，还能够确保治理目标的实现。

　　第九章聚焦于网络内容治理体系中的法律法规。历经发展，中国法治治理体系逐渐健全，网络内容治理体系也在这一过程中逐渐完善和成熟。通过审视中国法治治理体系的建立与发展历程，可以看到法律法规体系"高低并重""软硬兼济"的特征以及阶段性转变。然而，法治体系的建立仍需不断完善，特别是在制度体系、技术标准、权责平衡和执行监督等方面，以适应不断变化的网络环境。

　　第十章探讨了网络内容治理体系中的核心机制，即管理与协作。在网络内容治理领域，管理与协作机制的建立经历了从"管理"向"治理"的演变，形成了以政府统筹领导、多主体协同参与的特色。政府在协调领导方面发挥了重要作用，与企业、用户、行业协会形成合力。未来，如何完善中国特色网络内容治理体制、推动管理与协作机制的行政化、多主体协同机制的实施，以及建设网络内容安全保障体系，还需进一步努力。

第十一章重点关注新技术为网络内容治理带来的机遇和挑战，同时强调了技术治理的内涵与原则。技术发展是网络内容治理体系的重要支撑。互联网技术架构为内容的生产、传播和实现价值提供了基础。一方面，从信息技术的角度，不断创新的技术手段在治理网络内容问题上大有可为；另一方面，也要强调网络内容技术治理的方向与路径，确保技术手段能够在治理过程中发挥有效作用。

第十二章从行政视角介绍了网络内容治理体系中的治理手段，即底层执行举措，主要分为经济调控手段和规范行政行为，包括属地管理、专项治理行动、行政处罚、约谈、监督举报与处理等。

第十三章则延续第十二章中谈到的治理行动，对不同平台的治理行动进行分类分析。该章选择了新闻平台、短视频平台、网络直播平台、网络游戏平台、知识社区平台和网络教育平台六大领域，将各类平台的典型网络内容治理行动进行梳理，重在分析不同特质、类型的网络内容治理的侧重点与效果。

第十四章剖析了网络内容治理体系中的内容生态建设问题，从生态学视角分析互联网内容的构成，探讨网络内容质量建设的前提与策略，并从生产层、平台层和用户层提出措施建议，积极促进网络内容的正向发展。

在中国网络内容治理体系的构建过程中，逻辑清晰的架构、完善的法律法规、健全的管理与协作机制、创新的技术治理、落地的行政手段和内容生态的积极引导，将共同塑造一个适应时代需求、能够保障网络空间秩序和健康发展的治理体系。这一体系将为网络内容的治理提供有力的支持，为构建更加和谐、安全、繁荣的网络环境创造有利条件。

第八章 构建网络内容治理体系的逻辑、结构、要素与意义

　　面对中国特色的网络内容与治理取向,为了实现网络内容治理"正能量、管得住、用得好"的关键目标,应从网络内容管理体系的角度展开思考,有利于形成统一的战略部署,平衡多元主体以及价值取向之间的冲突矛盾。构建中国网络内容治理体系是网络综合治理的重要组成部分,对于促进网络治理的健康发展、维护社会稳定、保障用户权益、推动文化创新和促进数字经济的发展等方面都具有重要的意义。这一体系的建立将为构建一个积极向上、和谐有序的网络环境提供坚实支持,推动网络治理取得更加显著的成果。探索构建网络内容管理体系,应以满足其要求为出发点,深入挖掘指导重点,在理论层面从顶层、中层、底层等多结构维度探讨构建网络内容治理体系涉及的多个要素,构建网络内容治理体系的必要性与意义,基于宏观视角分析呈现一个多中心协同、多主体责任、多手段同步、多方式驱动的网络内容治理体系。

第一节 网络内容治理体系的关键逻辑

　　构建网络内容治理体系需遵循基本原则和要求。详细来说,网络内容治理体系的构建应秉持系统治理、依法治理、多方协作、源流兼顾、标本兼治。这些要求和重点,构成了网络内容治理体系的核心要点,也是其基础逻辑所在。

一、坚持系统治理

党的十八届三中全会决定指出,要形成系统完备、科学规范、运行有效的制度体系,使各方面制度更加成熟更加定型;党的十九届四中全会也强调了要加强系统治理。这充分表明,推进网络内容治理工作是一个系统性工程。

网络内容治理体系的建构应遵循系统治理的核心理念。构建网络内容治理体系,本质上是将网络内容视为一个整体,通过点面结合、有机联动的方式,不仅要针对具体问题采取相应措施,还要对网络内容生态环境进行布局规划和综合治理。这种系统性的网络内容治理也可以从信息生态系统理论的角度进行分析,即通过类似认识环境生态系统的方式来看待互联网内容环境,关注网络内容生态中主体与内容的循环、流转和演变关系,对网络内容生态进行整体把控。

系统性是确保网络内容治理体系有效运行的基本保障。坚守系统治理的原则,一方面需要对网络内容进行综合性的整体掌控,包括在中央政府层面制定整体性的治理措施,制订涵盖短期、中期和长期的互联网内容治理发展计划和目标等。① 另一方面,要求所有治理理念与措施需协调统一,不是东拼西凑,更不能自相矛盾。在网络内容治理体系中的各主体、各环节、各要素需紧密结合,形成有机互动,从而构成一个环环相扣的系统体系,全方位推动网络内容生态和谐发展。

二、坚持依法治理

法律是所有治理行为的基本规范。党的十八大以来,以习近平同志为核心的党中央高度重视互联网依法治理问题,提出了一系列明确要求。2014 年2 月 27 日,在中央网络安全和信息化领导小组第一次会议上的讲话中,习近平总书记指出:"要抓紧制定立法规划,完善互联网信息内容管理、关键

---

① 参见谢新洲、朱垚颖:《网络综合治理体系中的内容治理研究:地位、理念与趋势》,《新闻与写作》2021 年第 8 期。

信息基础设施保护等法律法规,依法治理网络空间,维护公民合法权益。"①
2016 年 4 月 19 日,习近平总书记在网络安全和信息化工作座谈会上的讲话
中明确指出:"互联网不是法外之地"②。2018 年 4 月 20 日,习近平总书记在
全国网络安全和信息化工作会议上的讲话中再次强调:"推动依法管网、依法
办网、依法上网,确保互联网在法治轨道上健康运行。"③依法治理是建立网络
内容治理体系的重要组成部分,同时也是加强网络内容生态文明建设的重要
手段。

第一,依法治理体现在立法层面。目前,关于网络内容治理,中国已先后
出台了多项法律法规,包括《互联网信息服务管理办法》《互联网新闻信息服
务管理规定》《互联网视听节目服务管理规定》《互联网文化管理暂行规定》
《网络出版服务管理规定》《互联网信息内容管理行政执法程序规定》《网络信
息内容生态治理规定》等,在法律规范领域,已初步建立了覆盖多个领域的法
律法规体系。未来,需要持续改进顶层规划,进一步完善网络内容法律制度体
系。同时,为了避免在具体执法时出现模糊不清、缺乏参照的情况,法律法规
中的陈述与界定应清晰准确,在立法层面不断提高解释性。

第二,依法治理体现在司法层面。这意味着应依法审理网络内容违规案
件,对违规行为者进行惩罚,维护社会公平正义。司法机关应对涉及网络内容
的刑事案件和民事纠纷进行公正、客观的裁决,确保违法行为得到妥善处理和
合理判决。此外,司法机关还应加强对网络内容法律适用的研究和指导,提高
法官和执法人员的专业素养,增强网络内容案件的审判能力。

第三,依法治理体现在执法层面。将法律规范落实到执行层面,是坚持依
法治理网络内容的关键所在。一方面,执法部门和人员应秉持着"依法依规、
有力有效、宽严相济、精准执法"的基本要求,提高依法治理网络内容的质量、
效率与公信力。另一方面,执法方式要服务于统一目标,即完善网络内容服

---

① 《习近平关于网络强国论述摘编》,中央文献出版社 2021 年版,第 34 页。
② 《习近平关于网络强国论述摘编》,中央文献出版社 2021 年版,第 71 页。
③ 《习近平关于网络强国论述摘编》,中央文献出版社 2021 年版,第 45 页。

务,构建良好的网络内容生态,营造和谐健康的网络空间。

第四,依法治理体现在理念层面。在网络内容主体之间建立普及依法治理的理念,是网络内容依法治理的根本任务。这要求在构建日益完善的法律规范体系与加强严格精准执法的基础上,充分宣传依法治理观念,利用网络普法宣传,全面提升网络内容主体的法治素养和法治意识,让依法治理成为全民共识,也成为治理体系的基石。

三、坚持多方协作

坚持多方协作的要求建立于"协同治理"理念基础上。理论上,"协同有助于整个系统的稳定和有序,能从质和量两方面放大系统的功效,创造演绎出局部所没有的新功能,实现力量增值"[1]。也就是说,在某一系统内,通过各个要素或更大范围内不同子系统之间的自我协调与配合,可以创造出"1+1>2"的效果。协同治理,则是意味着针对某一治理议题,不同主体在发挥各自功能的同时,利用协作机制实现治理效果最大化。

日益复杂的网络内容生态具有高度不确定性和风险性。从治理实践上来看,传统的一元式治理已难以应对种类多样、规模超大的网络内容,从公共事务治理延伸而来的协同治理理论更加适用。[2] 在协同治理理论框架下,构建网络内容治理体系,应注重相关利益主体的合作,包括政府、企业、协会、网民等。

事实证明,坚持多方协作是网络内容治理体系科学有效的重要前提。2016 年 4 月 19 日,习近平总书记在网络安全和信息化工作座谈会上的讲话中指出:"网上信息管理,网站应负主体责任,政府行政管理部门要加强监管。主管部门、企业要建立密切协作协调的关系,避免过去经常出现的'一放就

---

[1] 陆世宏:《协同治理与和谐社会的构建》,《广西民族大学学报(哲学社会科学版)》2006年第6期。

[2] 参见徐琳、袁光:《网络信息协同治理:内涵、特征及实践路径》,《当代经济管理》2022年第2期。

乱、一管就死'现象,走出一条齐抓共管、良性互动的新路。"①2016 年 10 月 9 日,习近平总书记在主持中共中央政治局第三十六次集体学习时强调:"随着互联网特别是移动互联网发展,社会治理模式正在从单向管理转向双向互动,从线下转向线上线下融合,从单纯的政府监管向更加注重社会协同治理转变",同时提出要"实现跨层级、跨地域、跨系统、跨部门、跨业务的协同管理和服务。"②坚持多方协作治理网络内容,是上述指导思想的具体落实,符合中国网络内容治理的发展现状。

四、坚持源流兼顾

构建网络内容治理体系,要求坚持源流兼顾,既在关注网络内容生产与发布源头的同时,也要持续关注内容的传播与流动情况。既要从根本上控制网络内容质量,也要以动态视角跟踪网络内容。

对网络内容的源头进行治理,是预防性治理的一种体现。从内容生产传播角度出发,如果可以在生产端对网络内容进行把控,可以有效减少低质量网络内容的扩散,切实提高治理效率。然而,源头治理并不能对网络内容进行全面覆盖,尤其是面对网络内容大量存在和隐蔽性的基本特点,仍有很多内容逃过源头治理环节流散于互联网空间,因此,网络内容治理也应表现在传播与流动过程中。此外,部分网络内容的源头环节并无问题,但由于在传播过程中被曲解或变造而失实,从而对互联网空间产生负面影响,对这些没有源头问题的网络内容进行流程治理则尤为重要。也就是说,源流兼顾的网络内容治理体系,不仅能够根本性地识别、分析和解决问题,还能够适应网络内容迅速发展和不断更新的趋势。③ 在内容生产与传播各个环节中

---

① 《习近平关于网络强国论述摘编》,中央文献出版社 2021 年版,第 5 页。
② 《习近平在中共中央政治局第三十六次集体学习时强调　加快推进网络信息技术自主创新　朝着建设网络强国目标不懈努力》,《人民日报》2016 年 10 月 10 日。
③ 参见谢新洲、朱垚颖:《网络综合治理体系中的内容治理研究:地位、理念与趋势》,《新闻与写作》2021 年第 8 期。

密切关注网络内容,尽可能降低网络内容在演化中因内涵与外延变质而危害网络生态,爆发次生危机。

五、坚持标本兼治

目前,网络内容治理需要特别关注的问题是治理方法的弊端——聚焦于表面问题,即在问题出现后才采取治理措施,导致治理效果更多是表象的改善。由此,面向问题,构建网络内容治理体系应注重标本兼治。

首先,标本兼治意味着应建立一种一般性标准的治理价值观。不可否认的是,当前的网络内容环境出现了许多畸形现象,如过度娱乐化、内容低俗化,以及粉丝盲目鼓吹、网络水军操纵、网络炒作和舆论误导等情况。这些不良趋势很容易混淆公众的理性判断和真实认知。[①] 面对这种混乱无序的价值观,单单只是删堵内容传播,或是从舆情危机角度出发仅看疏导效果,显然不能改变问题本质上的发生机制。要认识到,网络内容是网络空间的重要组成部分,也是现代化社会信息、经济、文化等多维度交叉汇集地,因此,培养和实践社会主义核心价值观是构建网络内容治理体系的根本所在,并基于此,构建善治和德治的治理价值观,从而从根本上解决内容混乱现象的深层矛盾。[②]

其次,标本兼治意味着应面向内容主体维护网络秩序。网络内容治理,不仅仅是关注网络内容本身,最终的关注点应该是人。"每一项网络活动均要落实于独立、鲜活的个人,社会的德性共识、个人的道德自律,才是决定网络秩序好坏与否的本源内因。"[③]因此,对于涉及网络内容生产、发布、传播等多个环节的各方参与者,需要建立内容利益相关者必须遵守的行为准则和内容规范。这些规范应逐步内化并演变,成为整个网络内容生态的价值准则。这一

---

① 参见罗楚湘:《网络空间的表达自由及其限制——兼论政府对互联网内容的管理》,《法学评论》2012 年第 4 期。

② 参见谢新洲、朱垚颖:《网络综合治理体系中的内容治理研究:地位、理念与趋势》,《新闻与写作》2021 年第 8 期。

③ 尹建国:《我国网络信息的政府治理机制研究》,《中国法学》2015 年第 1 期。

切都应建立在以人为中心的基本共识基础上,实现维护共同秩序与网络内容的治理。

最后,标本兼治意味着治理手段与治理思想的统一。网络内容治理体系建设,不仅强调在结果导向上以最快的速度减少低质量内容传播等不良现象,更强调在以长期目标为方向,维护网络内容生态,促进网络内容健康发展。前者以治理手段为工具,侧重治标;后者以治理思想为指导,侧重治本。坚持标本兼治,不仅是构建网络内容治理体系的要求,也是其建立的宗旨。

第二节 构建网络内容治理体系的结构与要素

构建网络内容治理体系是一项复杂的系统工程,要求多个领域和层面的协同合作,方能实现良好的治理效果。而且,需要以我国网络内容生态发展现实以及相关理论为基础。

一、理论基础

2013 年 11 月,党的十八届三中全会提出"推进国家治理体系和治理能力现代化"的命题,这一提法预示着中国特色国家治理理论作为中国特色社会主义制度的重要方法论之一正式登场。随后,习近平总书记在省部级主要领导干部学习贯彻十八届三中全会精神全面深化改革专题研讨班上的讲话中进一步指出:"我国今天的国家治理体系,是在我国历史传承、文化传统、经济社会发展的基础上长期发展、渐进改进、内生性演化的结果。"①党的十八届三中全会通过的《中共中央关于全面深化改革若干重大问题的决定》全文共提及"治理"24 次,涵盖治理体系的构建和层次结构、治理方法和途径,以及组织人员等多个方面。国家治国方略和政策议程的转变为国内学者探索中国特色国

① 《习近平关于全面深化改革论述摘编》,中央文献出版社 2014 年版,第 21 页。

家治理理论指明了方向,"国家治理"成为统摄性表述,也是社会学、政治学、法学、哲学等诸多领域学者关注和探讨的核心问题。

中国特色国家治理理论是党的十八大以来,党和政府结合我国实际需求逐渐提出和成型的治理理论。这一理论回应了中国特色的实际治理需求,也是中国治理改革的重要理论基础。中国特色国家治理理论是中国特色理论体系的重要组成部分,是与党和政府战略、政策等相关度极高的理论。国内的国家治理理论在吸收西方理论精髓的基础上,服务于中国特色社会主义制度的完善,结合中国的国家阶级属性、政治制度和发展阶段,不涉及基本政治框架的变动,对西方理论进行扬弃、吸纳和创新,发展出了回应现实需要、解决社会问题的中国特色国家治理理论。

针对网络内容治理,面对网络内容生态的不断演变,以习近平同志为核心的党中央认为,网络和信息安全牵涉国家安全和社会稳定,是党和国家所面临的"新的综合性挑战",传统的政府主管的网络内容治理体系存在"多头管理、职能交叉、权责不一、效率不高"①等问题。在全面深化改革的背景下,党中央提出要构建系统完备、科学规范、运行有效的制度体系,加强系统治理、依法治理、综合治理、源头治理。②

中国特色国家治理体系的制度设计,在治理主体方面强调国家发挥主导作用的重要性,即主权国家的执政者及其国家机关协同经济组织、政治组织、社会组织和公民一起,共同管理社会公共事务,推动经济和社会其他领域发展③,反映了协同治理理论与整体性治理理论的应用。在"如何治理"问题上,"综合治理"是基本答案,④因此,构建网络内容治理体系是实现网络内容综合治理的必经之路。基于国家治理理论,体系构建一方面要"从方式上体现顶层设计与分层对接相统一";另一方面,要"在类别上体现政府治理、市场治

---

① 《习近平谈治国理政》第一卷,外文出版社 2018 年版,第 84 页。
② 参见王建新:《综合治理:网络内容治理体系的现代化》,《电子政务》2021 年第 9 期。
③ 翁士洪、周一帆:《多层次治理中的中国国家治理理论》,《甘肃行政学院学报》2017 年第 6 期。
④ 参见王建新:《综合治理:网络内容治理体系的现代化》,《电子政务》2021 年第 9 期。

理、社会治理相统一"①。此外,还有学者提出我国"网络内容监管依托于法律法规结构明确权责"以及"行政体制结构发挥作用"②。

综上所述,在国家治理、协同治理、整体性治理等理论基础及既有研究结果之上,构建中国特色的网络内容治理体系具有三层结构。其中,顶层设计是制定网络内容治理体系的重要基础,需要政府制定相关的指导方略、法律法规,同时形成相应的治理机制,使各方能够有序参与治理工作。在中层路径上,需要政府采取经济、行政、内容建设等路径手段,来承接顶层设计并引导网络内容治理工作的落地。而具体的底层执行举措则是治理工作的重要保障,需要政府、企业、社会组织等各方面共同努力,推动各项治理措施的落实。

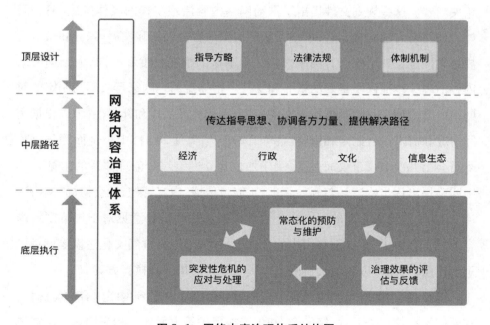

图8-1　网络内容治理体系结构图

---

① 马忠、安着吉:《本土化视野下构建中国特色国家治理理论的深层思考》,《西安交通大学学报(社会科学版)》2020年第2期。

② 李小宇:《中国互联网内容监管机制研究》,武汉大学博士学位论文,2014年。

二、顶层设计

网络内容治理的顶层设计是构建网络内容治理体系的基础和前提,需要建立科学、有效的指导方略、法律法规和体制机制,形成多方共同参与合作的格局。这样才能保障网络内容治理工作的顺利开展,有效规范网络内容的发布和传播,推动网络空间的健康、有序发展。

第一,指导方略是网络内容治理的方向指引。党的十九大报告提出了"加强互联网内容建设,建立网络综合治理体系,营造清朗网络空间"的重要战略安排,意味着中国的网络内容治理进入了新的阶段。《中国互联网发展报告》《"十三五"国家信息化规划》等关键规划文件也涵盖了网络内容治理的相关内容。这些规划文件提出了推动网络内容治理工作的具体措施和目标,如加强网络内容安全监管,推动互联网信息内容的创新和发展等。同时,这些规划文件也反映了政府对网络内容治理工作的重视程度和方向,为推动网络内容治理工作提供了重要的指导和支持。指导意见是国家行政部门制定的对网络内容治理工作的具体指导文件,具有一定的灵活性和针对性,可以根据实际情况和需求进行制定和调整。例如,2019 年 7 月 24 日,中央全面深化改革委员会第九次会议审议通过了《关于加快建立网络综合治理体系的意见》,其中明确提出逐步构建涵盖领导管理、正能量传播、内容管控、社会协同、网络法治、技术治网等各方面的网络综合治理体系。这些指导意见对于规范网络内容的发布和传播、保护网络用户的合法权益、加强网络空间文化建设等发挥了重要作用,为网络内容治理实践工作提供了具体指导和执行方案。

第二,法律法规是网络内容治理的重要依据。考虑到网络内容的特殊性,政府应该在信息公开、网络安全、知识产权保护等方面建立相应的法律法规体系,明确网络内容治理的准则和要求,有助于规范网络内容的发布和传播。同时,应强化对违法违规行为的打击和处罚,以建立起有效的威慑机制。此外,还需要不断地完善和更新法律法规,以适应网络内容治理快速演变的需求。自 1994 年正式接入互联网以来,我国在互联网领域的法律制度建设也逐步启动。随着互联网的飞速发展,网络内容治理体系中的法律框架也逐步完善,确立了依法治网的基本理念,并陆续推出与网络内容发展变化相适应的法律法规,特别是在网络安全保护、网络信息服务和网络内容生态等领域有所集中。通过法律法规的建立与实施,网络内容治理有了明确的制度保障,也有了强力的规范路径。首先,关于安全方面的法律法规的诞生与中国全面接入互联网的时间基本同步,早期监管重点针对计算机信息系统与网络系统基本框架(如域名);随着互联网规模扩大与功能丰富,法律法规日益完善,并逐渐全方位覆盖网络安全与数据安全。其次,在网络信息服务领域,我国陆续在信息服务、出版服务、新闻服务等领域颁布实施了多项法律法规。随着网络信息发布主体的自由度增加、网络信息内容的动态性不断显现、网络文化体系的开放性不断提升,网络信息服务的管理难度也逐渐加大。最后,《网络信息内容生态治理规定》的发布成为一项开创性举措,其将"内容生态"作为互联网治理和立法的目标,明确了多元主体参与治理的方式,规定了内容生产者、内容服务平台、内容使用者以及行业组织的权利和义务,这在中国网络内容治理体系的构建以及整个法治领域都是重要的突破。

第三,确立网络内容治理体系的组织机制和协调机制。政府在网络内容治理中担当着重要的主导角色。首先,政府应当建立网络内容治理机构,制定网络内容治理规划和方案,比如成立网络安全领导小组、制定网络安全法等相关法律法规,以此规范网络内容的发布和传播行为。同时,政府负责统筹协调各方面力量,形成网络治理的合力,超越主体各自的单一目标,在更高层面上实现多元协同的创造性结果。在协同治理机制中,政府无疑是网络内容治理体系中的核心主体,具有国家权力和至高权威,也是网络内容治理传统责任主体;从纵向结构来看,政府也处于最高层,对其他主体具有指导作用。其次,企业与行业协会对网络内容治理承担着部分责任,这种责任来源于其作为互联网行业的一部分,因此,对网络内容的发展具有一定的影响力和软权力。最后,用户作为网络内容的生产者、发布者与传播者,是与网络内容直接连接的主体,是网络内容治理中庞大的社会参与力量。总的来讲,在网络内容治理体系中,政府部门要和社会其他部门双向渗透、相互影响,由单向的监督、控制、引导逐渐演进为双向的吸纳、协商、合作,①借助多元参与的集体共建,描绘出网络内容生态治理的"一中心、多主体、立体化、协同化"的"同心圆"格局。②

三、中层路径

在构建网络内容治理体系中,中层路径是连接顶层设计和底层执行的桥梁,既承担传达指导思想、协调各方力量的任务,又能够为实际问题的处理和解决提供路径。这些中层路径不仅可以引导网络内容的健康发展,还可以促进网络生态的持续发展,实现网络治理的长期目标。

第一,在经济方面,可以利用市场机制和经济手段来规范和引导网络内容。在网络内容治理中,经过不断完善,经济手段从最初的"单一手段"逐渐向"多元化手段"发展。在激励方面,政府及相关机构制定相关的优惠政策,例如税收减免、补贴等,来鼓励网络企业开展有益于网络内容治理的业务。在惩罚方面,相关机构依照法律法规对违规的网络企业和个人进行处罚,如罚款、停业整顿、吊销经营许可证等,起到警示作用。此外,通过引入市场机制,鼓励和支持符合规范和标准的网络企业和个人,推动网络内容产业的健康发展。

第二,在行政方面,由政府和相关管理部门出台一系列政策和规定,对网络空间的秩序进行规范。这些政策和规定可以包括内容审核标准、网络服务提供者的管理规范、信息公示制度等。通过行政手段的管理和监督,可以有效地维护网络空间的秩序和安全,促进网络治理的实现。随着科技的进步和广泛应用,网络内容的形式和传播途径呈现出越来越多样化的趋势。为了更好地实施行政执法,相关部门采用了多种执法手段,包括监管检查、巡查、数据分

---

① 参见谢新洲、宋琢:《构建网络内容治理主体协同机制的作用与优化路径》,《新闻与写作》2021 年第 1 期。

② 谢新洲、朱垚颖:《网络综合治理体系中的内容治理研究:地位、理念与趋势》,《新闻与写作》2021 年第 8 期。

析等。此外,各相关部门之间在行政执法上的协同配合尤为重要。近年来,为了更好地处理网络内容问题,各部门之间建立了信息共享和合作机制。

第三,在文化方面,可以引导网络内容的价值导向。作为信息传播的载体,在网络空间中传递的信息往往具有多元性和复杂性。其中,一些不良信息会对社会产生负面影响。文化手段可以通过传递正面、健康、积极的文化价值观,引导人们关注文化、推崇文化、传承文化,通过提升网络传播的信息正能量,促进社会文化水平的提高。此外,还可以通过引导人们自觉遵守社会公德、职业道德和行业规范,从而强化网络内容的自律性和自我约束。这不仅可以避免不良信息的传播,还可以保障公共利益和社会稳定。

第四,在信息生态方面,内容建设也是网络内容治理中重要的一部分。在国家互联网信息办公室于 2019 年 12 月 15 日公布的《网络信息内容生态治理规定》中,"网络信息内容生态治理"被定义为:"政府、企业、社会、网民等主体,以培育和践行社会主义核心价值观为根本,以网络信息内容为主要治理对象,以建立健全网络综合治理体系、营造清朗的网络空间、建设良好的网络生态为目标,开展的弘扬正能量、处置违法和不良信息等相关活动。"通过引导网络创作者创作优质内容、引导广大网民正确使用网络等手段,构建良好的网络生态和网络环境。此外,内容建设可以通过对网络内容的引导和培育,提高网络内容的质量和影响力,实现网络治理的长期目标。

四、底层执行

网络内容治理体系的底层结构是一系列的执行举措,通过具体的措施与方法,可以有效地推动网络内容治理体系的实施和落实,也可以帮助相关部门和机构更加有针对性地推进网络内容治理,达到治理效果。从治理内容性质上来看,可以将网络内容治理的执行举措大致分为三类。

第一,常态化的预防与维护举措。随着网络内容生产与传播的泛在化与日常化,常态化治理对网络内容治理的重要性日益凸显,其中涉及了多种治理方法的实施,比如法律法规的完善、技术的更新与维护、举报系统的持续运营等。常态化治理的基本目的在于将治理观念生活化、治理行为常态化、治理效果平均化，从预防层面维护网络内容生态的和谐发展。常态化预防与维护的治理举措，有助于降低治理成本，避免重大内容风险。风险规模越大，潜在危害也越大；相应地，治理的成本与难度也会随之增加。因此，通过常态化预防与维护，尽可能在风险早期甚至是风险潜伏期发现问题并及时处理，避免风险演化和爆发突发性危机。如此，既能降低治理成本，也可实现资源优化。

第二，突发性危机的应对与处理举措。在网络空间中，突发性事件总是不可避免的。由此，针对突发性事件或集中爆发性问题，因事件或问题的显著性与危害性，也需要实施更有目的性、针对性的治理举措。一方面，突发性危机应对与处理的基本原则应是就事论事，即强调针对问题、针对措施。以突发性公共事件引发的网络舆情危机为例，先是进行舆情疏导；而对于已形成规模的舆情，当务之急是及时澄清事实，正面引导。不论采用何种治理方法，要求效果立竿见影，在现象层面率先处理危机。另一方面，也要通过现象治理挖掘问题本质，进而从根本上避免类似危机的出现。

第三，治理效果的评估与反馈举措。为了检验治理效果、衡量治理水平、考察治理手段，应通过效果评估对治理效果进行评估与反思。网络内容治理评估体系首先应由负责网络工作的相关政府部门负责制定、修改和主导实施相关制度性文件并组织、委托或聘用第三方机构（如高校、科研机构等）建构和完善网络内容治理评价指标体系。同时，政府主管部门应运用治理评估体系所得出的结果指导、监督和推动网络企业平台等落实主体责任，以确保网络内容治理评估体系得以贯彻和执行并取得实效。[①] 通过设定指标、确立标准等方法，考察内容主体的实践手段、程序是否规范，可以推动网络内容治理实践的标准化。

---

① 参见谢新洲:《加强网络内容建设　营造风清气正的网络空间》,《光明日报》2019 年 2 月 26 日。

第三节 构建网络内容治理体系的
必要性与意义

多理念指导、多环节运作、多主体合作,构建网络内容治理体系十分紧迫,是加强网络内容建设、维护网络内容生态的必要条件。从理论到实践,从微观到宏观,从基础到应用,从局部到整体,构建网络内容治理体系具有多方面的突出意义。

一、组成网络综合治理体系的关键部分

构建网络综合治理体系是党中央作出的重要战略部署。党的十九大报告中正式提出了网络综合治理体系的建设问题:"加强互联网内容建设,建立网络综合治理体系,营造清朗的网络空间。"[1]2018 年 4 月 20 日,习近平总书记在全国网络安全和信息化工作会议上强调:"必须提高网络综合治理能力,形成党委领导、政府管理、企业履责、社会监督、网民自律等多主体参与,经济、法律、技术等多种手段相结合的综合治网格局。"[2]2019 年 7 月 24 日,中央全面深化改革委员会第九次会议审议通过《关于加快建立网络综合治理体系的意见》并指出:"加强互联网内容建设,建立网络综合治理体系,营造清朗的网络空间,是党的十九大作出的战略部署。要坚持系统性谋划、综合性治理、体系化推进,逐步建立起涵盖领导管理、正能量传播、内容管控、社会协同、网络法治、技术治网等各方面的网络综合治理体系,全方位提升网络综合治理能力。"[3]2019 年 10 月 31 日,党的十九届四中全会再次

---

① 习近平:《决胜全面建成小康社会 夺取新时代中国特色社会主义伟大胜利——在中国共产党第十九次全国代表大会上的报告》,人民出版社 2017 年版,第 42 页。
② 《习近平关于网络强国论述摘编》,中央文献出版社 2021 年版,第 56—57 页。
③ 《习近平主持召开中央全面深化改革委员会第九次会议强调 紧密结合"不忘初心、牢记使命"主题教育 推动改革补短板强弱项激活力抓落实》,《人民日报》2019 年 7 月 25 日。

强调,"要建立健全网络综合治理体系"①。

可以观察到,网络内容治理是网络综合治理体系的重要组成部分,是其关键基石和建设前提之一。构建网络内容治理体系与构建网络综合治理体系的整体目标相一致,都旨在保障网络安全和营造健康的网络生态。"网络内容是网络繁荣发展的根本,也是网络综合治理体系中各个平台之间循环流通的基础要素。"②在基础实质层面,网络内容治理体系是网络综合体系的支撑框架,保障了网络综合治理体系的有效运作。

二、连接互联网用户与平台的重要抓手

网络内容生产与传播的主体是广大的互联网用户,很大部分生产与传播载体是互联网平台,因此,典型的网络内容是用户与平台的共同产物。作为一种生产组织形式,网络内容的生产和分发能够紧密连接分散的个体与内容平台,甚至能够形成有组织的内容创作,这体现了网络内容的独特性。在网络治理层面,网络内容与网络平台相辅相成、相互影响、相互交织。对网络内容进行治理,不仅是网络治理的目标,也为网络治理提供了具体的切入点,实现了对内容平台的有效管理和监管。

源于用户与平台对网络内容的共同作用,从网络内容治理角度而言,构建网络内容治理体系,将连接用户与平台作为互联网治理的切入点与着力点。一方面,治理网络内容,其生产传播主体与载体自然纳入治理对象之中,也就是说,在网络内容治理体系中,要以动态视角看待用户与平台在网络内容生产传播中的角色,约束用户与平台从而减少低质量网络内容。另一方面,治理网络内容需要多方协作,用户与平台也是网络内容治理体系中的重要治理主体,因此,用户与平台的连接与合作,是构建网络内容治理体系必不可少的一部分。

---

① 《中共中央关于坚持和完善中国特色社会主义制度 推进国家治理体系和治理能力现代化若干重大问题的决定》,《人民日报》2019 年 11 月 6 日。

② 谢新洲、朱垚颖:《网络综合治理体系中的内容治理研究:地位、理念与趋势》,《新闻与写作》2021 年第 8 期。

三、实现内容治理资源优化的有效路径

自从互联网普及以来，网络内容治理始终是我国互联网发展的重点工作之一。如今，面对海量的网络内容，如何提升治理效率与效果，是网络内容治理工作面临的一项难题。若想压低网络内容治理成本，首要任务则是优化内容治理资源。

网络内容治理资源，主要指针对网络内容进行治理时所运用的各种手段、方法与条件，包括法律、技术、文化、经济等多个领域。网络内容治理是一项涉及多领域、多主体的社会治理工程，因此，需要法律、技术、文化、经济等多方面的力量支持，也需要权衡各领域的优势与弊端，争取找到治理资源利用的最优解，从而最大化发挥治理效能。

构建网络内容治理体系是优化内容治理资源的有效路径。一方面，构建网络内容治理体系，意味着以整合框架将所有治理资源纳入同一个系统中，通过统一调配，避免了资源缺乏整合导致的浪费。另一方面，网络内容治理体系以系统化思维使资源与资源联动，既在纵向维度上确定治理资源的上下游关系，比如法律法规是一切治理手段与方法的基本准则，又在横向维度上通过连接拓展资源的应用范围，从而实现资源的最大利用率。

四、避免内容治理片面失衡的系统把控

此前，网络内容治理常常面临着"出现问题后再治理"的局面。由于网络内容本身是一个极度丰富多元、包罗万象的治理对象，且随着技术的快速发展，网络内容也随之发生变化，不同类型、主题、风格的内容背后，更是不同价值观念、文化内涵与喜爱偏好的碰撞交流。在这样一种互动共生环境中，构建网络内容治理体系，意味着对网络内容进行系统治理，有助于避免片面治理或失衡治理现象。

一方面，构建网络内容治理体系有利于平衡各类互联网内容的生存与发展，令其在各自的平台和群体内正向地蓬勃发展。比如，有时人们对网络内容

治理会产生一种误区,即治理的出发点只关注政治、舆论、意识形态等重点领域,然而,在实际情况中,涉及经济发展、市场稳定、文化进步等方面的内容也应被纳入治理范畴,以进行系统化的治理。另一方面,构建网络内容治理体系有利于平衡各个网络内容参与主体在网络内容使用与影响上的权力与义务,从而推动网络内容治理与中国互联网整体发展环境相协调。中国的互联网环境中存在主流媒体与商业互联网的平台共存状态,还存在内容生产个人化和组织化与内容资源商业化的内容共存状态。这种具有中国特色的多元共存的互联网内容生态,决定了内容的治理模式需要对不同平台与主体的权利和职责进行明确与平衡。①

五、推动网络生态健康发展的基本前提

2019 年 12 月 15 日,国家互联网信息办公室审议通过《网络信息内容生态治理规定》,其中明确了"网络信息内容生态治理,是指政府、企业、社会、网民等主体,以培育和践行社会主义核心价值观为根本,以网络信息内容为主要治理对象,以建立健全网络综合治理体系、营造清朗的网络空间、建设良好的网络生态为目标,开展的弘扬正能量、处置违法和不良信息等相关活动"。作为网络综合治理体系的组成部分,网络内容治理体系也是推动网络生态健康发展的基础前提。

---

① 参见谢新洲、朱垚颖:《网络综合治理体系中的内容治理研究:地位、理念与趋势》,《新闻与写作》2021 年第 8 期。

第九章　网络内容治理体系中的法律法规

我国在网络内容治理体系的建设过程中，经历了从随机性方式到系统性的法治方式的转变，我国网络内容治理的法律制度体系也随之不断完善和成熟。在法治化过程中，我国逐步形成了"高低并重""软硬兼济"的法律法规体系特征，建立了高线与底线标准相互协调、软法与硬法相互配合的网络内容治理体系，经历了由奠基阶段、针对性规范阶段、成熟阶段向高质量发展阶段的转变。同时，我国网络内容法律法规体系也不是无往不利，而是在摸索中迎接问题与挑战。在制度体系、技术标准、权责平衡、执行监督等层面仍有求精空间。

第一节　网络内容治理法律法规体系的建立与发展

网络内容治理法律法规体系的发展完善与网络内容治理制度的演变息息相关，从1994年接入互联网至今，我国网络内容治理法律法规体系经历了奠基阶段、针对性规范阶段、成熟阶段和高质量发展阶段的演进历程。

一、奠基阶段（1994—2000年）

在早期阶段，网络内容发展也正在起步，计算机和互联网使用尚未大规模推广，我国早期网络内容治理法律法规也主要关注单个计算机和局域网，内容侧重于对计算机国际联网、单机系统安全、系统应用等进行规制和安全防范。1994 年,我国首部计算机安全领域的法律法规——《计算机信息系统安全保护条例》发布,其中第七条对组织和个人合理使用计算机提出了明确要求,指出不得利用计算机信息系统从事危害国家利益、集体利益和公民合法利益的活动。

我国最早的网络内容管理相关法律是 1996 年 2 月由国务院颁布的《中华人民共和国计算机信息网络国际联网管理暂行规定》(以下简称《暂行规定》),其中第十三条对网络内容使用进行了规范,要求从事国际联网业务的单位和个人严格执行安全保密制度,"不得利用国际互联网从事危害国家安全、泄露国家秘密等违法犯罪活动,不得制作、查阅、复制和传播妨碍社会治安的信息和淫秽色情等信息。"1996 年 4 月,原邮电部出台《中国公用计算机互联网国际联网管理办法》,其中有关网络内容的规定进一步具体化,在《暂行规定》的基础上要求主体加强信息安全教育,对所提供的信息负责;要求发现违法犯罪行为和有害信息后应及时向主管机关报告。

1997 年,公安部发布《计算机信息网络国际联网安全保护管理办法》,进一步细化网络内容规范的相关规定,提出了"九不准原则",为未来的网络内容治理法律法规的制定提供基础:

第五条　任何单位和个人不得利用国际联网制作、复制、查阅和传播下列信息:

(一)煽动抗拒、破坏宪法和法律、行政法规实施的;

(二)煽动颠覆国家政权、推翻社会主义制度的;

(三)煽动分裂国家、破坏国家统一的;

(四)煽动民族仇恨、民族歧视,破坏民族团结的;

(五)捏造或者歪曲事实,散布谣言,扰乱社会秩序的;

(六)宣扬封建迷信、淫秽、色情、赌博、暴力、凶杀、恐怖,教唆犯罪的;

(七)公然侮辱他人或者捏造事实诽谤他人的;

（八）损害国家机关信誉的；

（九）其他违反宪法和法律、行政法规的。

2000 年，国务院颁布《互联网信息服务管理办法》，为我国网络内容治理法律法规体系的发展奠定了重要基础①，其中第十五条在《计算机信息网络国际联网安全保护管理办法》的基础上更为细化、明确地规范了网络内容信息的"九不准原则"，也在此后被相关法律法规引用和借鉴，例如《互联网站从事登载新闻业务管理暂行规定》《互联网电子公告服务管理规定》等。

第十五条　互联网信息服务提供者不得制作、复制、发布、传播含有下列内容的信息：

（一）反对宪法所确定的基本原则的；

（二）危害国家安全，泄露国家秘密，颠覆国家政权，破坏国家统一的；

（三）损害国家荣誉和利益的；

（四）煽动民族仇恨、民族歧视，破坏民族团结的；

（五）破坏国家宗教政策，宣扬邪教和封建迷信的；

（六）散布谣言，扰乱社会秩序，破坏社会稳定的；

（七）散布淫秽、色情、赌博、暴力、凶杀、恐怖或者教唆犯罪的；

（八）侮辱或者诽谤他人，侵害他人合法权益的；

（九）含有法律、行政法规禁止的其他内容的。

本阶段的法律法规体系主要适应互联网初期进入我国的现实情况，用于对计算机和互联网使用的规范化管理。从内容特征来看，本阶段法律法规体系更多倾向于对"底线标准"的规约，以迅速明确计算机和互联网使用的行为准则。总之，该阶段法律法规体系的建立为我国计算机和互联网使用的规范化奠定了基础，也为我国网络内容治理法律法规体系提供了基本框架。

---

① 参见李小宇：《中国互联网内容监管机制研究》，武汉大学博士学位论文，2014 年。

二、针对性规范阶段(2001—2010 年)

随着我国互联网应用的丰富和行业发展,我国网络内容治理的法律法规也逐渐向不同行业领域延伸。在初始阶段法律法规的基础上,各政府主管部门、行业协会、地方政府等治理主体先后出台了具有针对各个领域、行业、地域的多个部门规章、规范性文件和地方性法规,进一步完善且细化了互联网内容法律法规体系。

2000 年 9 月,国务院颁布《互联网上网服务营业场所管理条例》,其中第十四条第九款在原有基础上增添了新内容,要求不得利用互联网上网服务营业场所制作、下载、复制、查阅、发布、传播或者以其他方式使用含有"危害社会公德或者民族优秀文化传统的"规定,由原先的"九不准"发展为网络内容规范的"十不准"原则。这一部分内容也被后续制定的相关法律法规借鉴,例如在 2009 年原国家广播电影电视总局颁布的《广电总局关于加强互联网视听节目内容管理的通知》不但完全引用了"十不准"规定,更在其基础上延伸、细化出针对网络视听节目领域的二十一项违规内容。值得注意的是,2005 年9 月由国务院新闻办公室和原信息产业部联合颁布的《互联网新闻信息服务管理规定》并未采纳《互联网上网服务营业场所管理条例》所规范的"十不准"原则,而是在《互联网信息服务管理办法》的"九不准"基础上增加了"(九)煽动非法集会、结社、游行、示威、聚众扰乱社会秩序的;(十)以非法民间组织名义活动的"两条规定,形成了"十一不准"的新规范。

随着电子商务的兴起和发展,各类问题逐渐显现,相应规范也日渐完善。为了保障电子商务交易的安全性,国家出台了若干相关政策。例如,2005 年1 月国务院办公厅发布的《关于加快电子商务发展的若干意见》指出"推动电子商务法律法规建设。认真贯彻实施《中华人民共和国电子签名法》,抓紧研究电子交易、信用管理、安全认证、在线支付、税收、市场准入、隐私权保护、信息资源管理等方面的法律法规问题,尽快提出制订相关法律法规的意见;根据电子商务健康有序发展的要求,抓紧研究并及时修订相关法律法规;加快制订在网上开展相关业务的管理办法;推动网络仲裁、网络公证等法律服务与保障体系建设;打击电子商务领域的非法经营以及危害国家安全、损害人民群众切身利益的违法犯罪活动,保障电子商务的正常秩序。"

最后,针对网络游戏的规范不断发展和更新。我国文化部门、广电部门、出版部门等多个部门纷纷在2001—2010年对网络游戏领域出台规范。2003年,原国家新闻出版总署联合多个部门和单位发布了《关于开展对"私服"、"外挂"专项治理的通知》。2004年原国家广播电影电视总局出台《关于禁止播出电脑网络游戏类节目的通知》明确建立未成年人保护制度要求。同年5月,原文化部发布《关于加强网络游戏产品内容审查工作的通知》,提出建立网络文化经营许可申请、审核、进口等制度。2005年6月,原文化部联合中央文明办、原信息产业部发布《关于净化网络游戏工作的通知》,要求统一思想,净化网络游戏市场。2009年11月,原文化部发布《关于改进和加强网络游戏内容管理工作的通知》提出建立网络游戏经营单位自我约束机制、游戏内容监管制度和社会监督与行业自律等。2010年,原文化部出台了《网络游戏管理暂行办法》加大对网络游戏行业和领域的规范,重点强调对未成年人的保护。

总体来看,这一阶段法律法规体系在上一阶段法律法规框架的基础上不断丰富和完善,呈现出分领域、细致化的特点。从法律内容上看,这一阶段法律法规体系进一步契合了互联网治理的现实需求,一方面对原有规定进行拓展和补充,另一方面对互联网治理中的新兴领域和问题予以关切,不仅包括电子商务、网络游戏,还有视听节目等。可见,这一阶段我国内容治理法律法规体系已经从初级阶段逐步走向完善。

三、成熟阶段(2011—2018年)

这一阶段,我国内容治理法律法规体系逐渐走向成熟,呈现出"体系化建设"这一关键变化。2011年2月,原文化部出台了《互联网文化管理暂行规定》对网络文化内容信息本身和网络文化经营性与非经营性主体的资质和行为作出了明确规定。在这一阶段,互联网内容安全成为国家重点关注和治理的领域,用户隐私保护、信息安全、表达权等受到进一步保护,打击网络犯罪等方面的规定进一步加强。2012 年,全国人大常委会发布了《全国人民代表大会常务委员会关于加强网络信息保护的决定》。2013 年,国务院先后发布了《国务院关于修改〈计算机软件保护条例〉的决定》和《国务院关于修改〈信息网络传播权保护条例〉的决定》。与此同时,网络安全上升至国家战略层面,政治安全、主权安全成为网络安全的重要内容。2015 年,新修订的《国家安全法》实施,其中首次明确提出了"网络空间主权"的概念,这是国家主权理论在网络空间领域的延伸适用。2017 年出台的《互联网域名管理办法》提出的"中文域名"技术研究为中国互联网的中文域名技术研发带来了新的机遇和挑战。①

我国网络内容治理法律法规体系化建设走向成熟的关键标志是 2016 年11 月《网络安全法》的出台。作为我国网络安全管理的第一部基础性法律,《网络安全法》标志着我国网络空间法治建设进入成熟阶段,成为依法治网的法律重器,也是我国互联网健康运行和发展的重要保障。②《网络安全法》的颁布不仅为我国内容治理工作的法治化进程提供了必要保障,同时也明确了网络内容安全与发展并重的基本原则,为网络内容治理的科学全面发展奠定了法律基础。《网络安全法》出台后,我国网络内容治理法律法规体系已初步形成了以《网络安全法》为主,以《网络表演经营活动管理办法》《互联网信息服务管理办法》《互联网新闻信息服务管理规定》《互联网信息内容管理行政执法程序规定》《微博客信息服务管理规定》《互联网论坛社区服务管理规定》等为辅助且有针对性的法律法规体系。

综上可见,体系化程度的加深是这一阶段网络内容治理法律法规体系的

---

① 参见谢新洲、李佳伦:《中国互联网内容管理宏观政策与基本制度发展简史》,《信息资源管理学报》2019 年第 3 期。

② 参见谢新洲、李佳伦:《中国互联网内容管理宏观政策与基本制度发展简史》,《信息资源管理学报》2019 年第 3 期。

突出特征,经历了从奠基阶段的框架制定到针对性规范阶段的制度完善,相应法律法规在内容完备的基础上,步入了深度系统化的进程。从内容上看,我国在这一阶段形成了以《网络安全法》为核心的法律法规体系,同时辐射各类网络内容及平台。从理念上看,网络内容法律法规从管理型、规约型逐渐转向治理型、引导型,安全问题得到更为充分的关注,法律法规体系不断助力网络内容积极健康发展。

四、高质量发展阶段(2019年至今)

2019年12月,国家互联网信息办公室出台的《网络信息内容生态治理规定》(以下简称《规定》),成为网络内容治理工作遵循的重要规范。《规定》创新性地将"内容生态"作为互联网治理和立法的目标,明确了多元主体参与的治理形式,规约了内容生产者、内容服务平台、内容使用者以及行业组织的权利和义务,开启了我国网络内容治理体系的高质量发展阶段。

这一阶段,网络生态治理的内容更具操作性和指导性,成为实际治理工作的重要制度遵循。在《规定》第六条中,加入了不得制作、复制、发布含有"歪曲、丑化、亵渎、否定英雄烈士事迹和精神,以侮辱、诽谤或者其他方式侵害英雄烈士的姓名、肖像、名誉、荣誉的"内容,在原"九不准"的基础上发展成为禁止性违法信息"十一条"标准。《规定》中的"十一条"标准对当前网络空间的主要问题进行了精准凝练和准确概括,同时对《网络安全法》中有关网络内容的相关要求进行了充分回应与落实,使相关规定更具可操作性,有效作用于网络内容治理工作。此外,《规定》还明确了九类不良信息:

第七条　网络信息内容生产者应当采取措施,防范和抵制制作、复制、发布含有下列内容的不良信息:

(一)使用夸张标题,内容与标题严重不符的;

(二)炒作绯闻、丑闻、劣迹等的;

(三)不当评述自然灾害、重大事故等灾难的;

（四）带有性暗示、性挑逗等易使人产生性联想的；

（五）展现血腥、惊悚、残忍等致人身心不适的；

（六）煽动人群歧视、地域歧视等的；

（七）宣扬低俗、庸俗、媚俗内容的；

（八）可能引发未成年人模仿不安全行为和违反社会公德行为、诱导未成年人不良嗜好等的；

（九）其他对网络生态造成不良影响的内容。

与此同时，网络内容治理法律法规体系进一步完善，《密码法》《数据安全法》《个人信息保护法》相继出台，我国网络内容的依法治理从早期关注内容生产和使用行为的规范化，逐渐进入更加注重安全和保护的高质量发展阶段。在此阶段，各类部门规章也得到进一步细化，相关法律规定紧随互联网内容发展过程中的前沿问题与重大关切，不断实现各领域内容治理的广泛覆盖。2020年以来，《网络安全审查办法》《互联网信息服务算法推荐管理规定》《互联网用户账号信息管理规定》等相继推出，2023年10月，《未成年人网络保护条例》公布，于2024年1月1日起施行。其中，《互联网信息服务算法推荐管理规定》第六条提出："算法推荐服务提供者应当坚持主流价值导向，优化算法推荐服务机制，积极传播正能量，促进算法应用向上向善。"同时从算法安全、信息安全管理、用户标签管理、推荐服务版面页面生态等方面对服务提供者的行为进行规范，促进算法使用与主流价值导向相符合。

这一阶段法律法规体系体现了网络内容治理的创新发展方向，提出了以"内容生态"为核心的创新概念，同时也反映了我国网络内容治理更加综合、深入的发展趋势。在内容设置方面，这一阶段法律法规体系更加聚焦实践性和可操作性，进一步明确和细化网络内容负面清单。在治理理念方面，这一阶段更加突出安全与发展并重的高质量发展理念，进一步将信息安全、数据安全、算法伦理等问题摆在突出位置，保障网络内容的安全发展方向。

第二节　进一步加强网络内容治理领域的
法治建设

　　尽管我国网络内容治理理念在很大程度上完成了法治化进程,网络内容治理法律法规体系日渐完善,新领域、新业态的相关立法与司法活动得到具体化和精准化的推进。但是,我国网络内容依法治理也存在着一定的不足,尚未形成科学系统的内容治理法律法规体系,内容治理技术仍需更为系统的法律规范进行指导,内容治理主体存在着法律权责不平衡的问题,执法相关工作的监督机制亟待进一步加强。

一、科学系统的法律法规体系有待形成

　　目前,内容治理法律法规体系已初步形成,但在某些领域仍然存在系统性欠缺的问题,与此同时,对于一些新兴领域的敏感度和关注度不高,在某些领域存在内容遗漏,此外,当前法律法规体系在宏观层面建立了较为有利的指导框架,但在具体操作中仍然存在不够细致、实践性欠缺的问题。总体来看,当前法律体系仍需在系统性、前瞻性、操作性方面加以提升。

　　当前法律法规体系的系统性问题主要体现在以下几个方面:一是缺少基于网络内容治理的具有统领性的高位阶法律。虽然在《民法》《刑法》《消费者权益保护法》等高位阶法律中已对网络内容的名誉侵权、诈骗、非法出售或者获取个人信息、虚假广告、侵犯消费者权利等都作出了有针对性的规定且《网络安全法》《电子商务法》《密码法》等法律文件也对网络内容进行了一定程度的规制,但对于纷繁复杂的网络内容而言,还缺少能够将网络违法和不良信息界定且明确其惩处手段标准的相关统领性高位阶法律。二是上位阶法律法规与下位阶法规存在承接不适的问题,例如《互联网信息服务管理办法》第十五条第七款中提到了散布色情、凶杀、恐怖等禁止性内容,而这些内容并未在其下位阶的《互联网文化管理暂行规定》中得到充分体现,反而出现了内容遗

漏,从而导致上下位阶法律难以协调一致。① 三是网络内容治理法律法规的制定存在"碎片化立法"的问题。目前,我国网络内容治理法律法规的制定在很大程度上依赖于部门基于自身权责范围所制定的部门规章和规范性文件,在缺少具有统领性的高位阶法律的指引下,各部门的立法工作存在着碎片化的情况。四是网络内容治理的软法体系有待健全。如"战略纲要""自律公约""倡议书"等均属于"软法"的范畴,在治理中与硬法相互协同,发挥着重要作用。然而,目前网络内容治理法律法规体系对软法的整合性有待提升,并未将其充分纳入我国网络内容治理法律法规体系。现有网络内容相关法律中,软法与硬法的界定标准不够明确,网络内容的审查主体和标准程序等缺乏一致性的规范,从而导致硬法与软法之间的不协调问题,硬法对互联网软法的引导、统筹等作用未能得到充分发挥。②

从前瞻性上来看,目前出台的网络内容治理相关法律法规均只是基于现有的网络内容形态和内容主体进行规范,并未对即将产生或正在形成的内容主体和形态作出界定和规范。例如,2017 年开始施行的《互联网新闻信息服务管理规定》第五条指出互联网新闻信息服务为"通过互联网站、应用程序、论坛、博客、微博客、公众账号、即时通信工具、网络直播等形式向社会公众提供互联网新闻信息服务",彼时尚未涉及有关区块链、人工智能、虚拟现实等技术可能催生的新型内容形态。而后,新兴领域相关规定逐步推出,包括《区块链信息服务管理规定》(2019)、《互联网信息服务算法推荐管理规定》(2022)、《互联网信息服务深度合成管理规定》(2022)等,形成了对新技术所代表的全新内容形式的合理规范。然而,技术的飞速发展不断为规则制定提出更多挑战,在以 ChatGPT 为引领的全新机器对话与写作时代,势必催生出更为复杂、多元的网络媒介和网络新闻内容形态,甚至将颠覆现有的网络内容平台形式、

---

① 参见陈荣昌:《网络信息内容治理法治化路径探析》,《云南行政学院学报》2020 年第 5 期。
② 参见陈荣昌:《互联网软法治理的生成逻辑、问题与路径》,《湖南行政学院学报》2020 年第 5 期。

网络内容传播结构和整个网络内容生态,同时也可能衍生更多有关技术伦理、学术伦理、版权纠纷等问题。当下,网络内容治理立法前瞻性的缺乏有可能会无法应对未来所发生的诸多问题,进一步拉开网络内容法律法规适用与网络内容现实发展的差距,造成"法律漏洞"。

从操作性上来看,现有法律法规对不良内容的违法边界和规制仍有待明确。一方面,在我国现行法律法规中,有关违法和违反道德的内容划分还不够明确,例如:《互联网文化管理暂行规定》第十六条第九款要求互联网文化单位不得提供载有危害社会公德或者民族优秀文化传统的内容的文化产品。道德与法律在某些层面具有相似性,都是调节和约束人类社会的规则,但道德相比于法律条文更加宽泛,且伴随着社会发展而具有变动性,同时也缺乏强制约束力,因此二者需要严格区分,不可混淆。如果将公序良俗和社会公德设为言论自由的法律边界,那么对言论自由的法律规制将在实际上失去限制,公民的言论自由也将无以为继。① 另一方面,我国网络内容治理相关法律法规的立法用语过于宽泛。例如,在《网络安全法》《网络信息内容生态治理规定》等多部网络内容治理法律法规中均指出不得传播"暴力"信息内容,但并未明确指出暴力信息内容的边界。事实上,网络空间中涉及"暴力"的内容十分多元,既包括对网络内容生态和社会造成不良影响的血腥暴力内容,又包括如动作电影、"暴力美学"等在内的艺术作品,相关法律法规若不将立法用语具体化便有可能会导致网络内容执法的"一刀切"或疏漏问题。

二、内容治理技术标准有待建立

当前,我国网络内容执法技术落后于新兴互联网技术的发展。互联网技术颠覆了传统媒体时代信息内容的生产、传播、组织形式,赋予了网络内容数字化、多媒体化、超文本化、交互性、海量化等特征。在此之下,网络内容治理的执法工作不仅需要颠覆传统的内容把关流程,更需要将技术执法作为网络

---

① 参见陈道英:《我国互联网非法有害信息的法律治理体系及其完善》,《东南学术》2020年第1期。

内容执法的重要措施。然而,网络内容执法的实践面临着较为凸显的技术滞后问题,网络内容执法技术虽是中立的,但如何使用技术却可能是有偏向的,且目前尚未出台具体的针对技术执法的相关标准,有可能会导致"执法偏见"等不良后果。

内容治理技术发展标准和技术执法标准对于网络内容治理都不可忽视,对于内容治理工作的法治化、标准化、智能化具有重要意义。成熟的技术发展和执法标准体系对于内容治理技术研发、应用和融合发展都具有重要意义。目前,我国互联网技术发展已经初步建立新一代信息技术的多项标准体系,针对大数据、云计算、信息安全、软件等领域设定了各项指标和模型参考,同时出台了多个相关领域的发展规划和行动指南,从标准制定和实施贯彻等方面对新一代信息技术发展进行规范和引导,例如《信息技术 云计算 云服务质量评价指标》《信息技术 大数据 数据分类指南》《信息安全技术 应用软件安全编程指南》等。但是针对内容治理技术的相关法律法规仍有待建立,一方面可以激励内容治理技术的创新,缓解内容治理工作的压力,改善治理技术落后于内容发展技术的现状;另一方面可以促进治理效率的提升,推动技术治理进入标准化、法治化的发展轨道。当前,一些国家就技术内容治理的全面推广开展了相关实践,例如,英国通信管理局与主要网络服务提供者签订协议,从 2013 年起对新用户默认安装色情内容过滤系统,同时,通信管理局对服务提供者提出了相应服务规范,要求过滤服务覆盖所有家庭设备和网络,并保证所有网络服务使用的标准 HTTP 协议和端口都在过滤范围之内。①

三、内容治理法律权责有待平衡

网络内容治理主体和对象十分多元,治理主体包括政府主管部门、行业协会、网络内容平台、网络用户等;治理对象涵盖网络内容平台、网络用户和网络内容信息本身。因此,平衡各方主体的权利与责任对于网络内容治理法律法

---

① 参见何波:《英国互联网内容监管研究及对我国的启示》,《世界电信》2016 年第 4 期。

规体系的建设而言十分重要,既要压实各方治理主体的责任,又要保护各方主体相应的权利以推动网络内容治理的良性循环。然而,目前网络内容治理法律法规体系的权责关系有待平衡和明确,网络内容平台所承担的"责"大于"权"。现行的相关法律法规中只规定了网络内容平台所承担治理义务和法律责任,并未明确其在网络内容治理中所享有的权利,这在一定程度上会加大网络内容平台的治理压力,降低其在网络内容治理中的积极性。尽管当前网络内容审核的相关法律和规定对平台责任进行了强调,但在内容审核过程中仍然可见平台失职所造成的不良影响。究其原因,平台内容审核工作存在着平台利益与社会利益之间的价值矛盾,特别是对待一些兼具娱乐性和感染性的传播内容,平台往往更加关注其商业价值,而忽视其负面影响,由此造成了审核工作中的责任缺失。我国网络内容审核尚且缺乏能够缓解与平衡这种价值冲突的有力制度,使得平台在商业利益与社会效益的中间地带游走,在流量和公义之间摇摆不定。

各类互联网及社交媒体平台不仅是网络内容传播的媒介与载体,也是内容生产、分发和传播的技术供应方和深度参与者。因此,平台具备干预平台信息流动的技术能力和内容管理的实际权力。[①] 然而现行相关法律法规体系对于网络内容平台自身在内容治理过程中何时应享受责任豁免也尚未明确。这导致了网络内容平台在治理过程中容易出现"一刀切"的情况,影响用户的合法权益与网络内容体验;另外,网络内容平台的治理程序缺乏明确规定,这就意味着网络内容平台即使按照政府主管部门的要求进行网络监管也应承担一定的法律责任,进一步提高了平台治理的成本和压力。这些情况一方面来自平台自身资源投入的不均衡性以及商业价值的冲突,另外一方面也来自相对宽泛的平台权责规制以及亟待进一步完善的权责履行制度。目前,相关规定对平台处理方式等内容的指导相对模糊,对具体内容与平台措施间的对应性说明还不够明确。这一问题导致了平台在内容审核工作中面临不确定性,加

---

① 参见陈璐颖:《互联网内容治理中的平台责任研究》,《出版发行研究》2020 年第 6 期。

之平台自身内容运行规则与管理制度的不合理性,更有可能导致平台处理行为的过激或缺位,或引发用户与平台间的矛盾,或导致不良信息的进一步传播与扩散。

四、执法社会监督有待加强

内容治理法律法规体系需要考虑整体的系统性,兼顾细节的可操作性,保障主体权责的平衡性,同时也需要考虑对内容治理工作流程的规约和指导,特别是对监管工作的指导,以保障执法的公正高效。目前,内容治理的相关法律规章明确了一些工作的执行规范,同时强调了有关部门对相关工作的监督管理,充分发挥了行政强制力量对监管工作的作用,然而尚未形成系统完善的制度公开和社会监督机制的相关规定,这也在一定程度上造成了责任主体在内容治理工作中的随意性和不透明现象,进而产生了执行标准不统一,执行效果欠佳,公众满意度降低等问题,进而给内容治理工作造成了更多压力。在此过程中,服务提供者与用户之间缺乏更为有效的沟通渠道,使二者之间的矛盾缺乏出口,一些用户转而更加依赖公开内容的发表进行权利申诉,进而加剧了平台内容治理的难度。当前,关于平台建立公开机制、反馈机制的相关规范还有待完善,服务方自主建立的相关机制存在着执行标准不统一、执行流程不规范、执行积极性不高的问题,有待相关法律法规的进一步规范。

建立完善的制度公开机制是内容治理工作顺利推进的重要前提,也是有效发挥社会监督力量的重要保障。目前,内容治理工作缺乏明确的公开机制和制度要求,一方面使治理工作在一些环节存在模糊性,缺乏相应的外部监督力量,容易出现执行标准降低、工作松懈等情况;另一方面,公开机制的缺位使用户缺乏对内容治理工作的理解和认识,不利于用户自身内容素养的培育和提升,也有可能导致某些用户对执法工作的质疑情绪,不利于内容治理的持续高质量发展。此外,内容治理公开机制的缺失也是主体责任落实不到位的重要原因。内容服务提供者利用技术优势对用户行为加以裁决,同时将相关决策、操作流程进行暗箱化的处理,从而构建了权力不对等的私人秩序。① 基于这一不对等秩序以及部分用户对服务提供者管控行为的默许,一些互联网平台不断依据商业化需求与自身经营理念落实内容治理工作的相关要求,可能导致对用户意见的忽视甚至对用户权益的损害。

第三节　网络内容治理法律法规体系的标准与准则

2014 年 10 月,党的十八届四中全会通过的《中共中央关于全面推进依法治国若干重大问题的决定》中指出:"加强互联网领域立法,完善网络信息服务、网络安全保护、网络社会管理等方面的法律法规,依法规范网络行为。"② 通过梳理网络内容治理的相关法律法规发现,我国网络内容法律治理遵循着"高低并重""软硬兼济"的治理标准与准则。

一、法治治理的"高低并重"

当下,我国网络内容治理包括正面清单模式和负面清单模式两种③。正面清单模式主要为网络内容设定"高线标准",规定可以生产、复制、传播的信息内容领域和类别来引导网络内容的生产与传播;负面清单模式则是为网络内容设定"底线标准",规定禁止生产、复制、传播的信息内容领域和类别,对违法不良信息加以规制。

1. 网络内容治理中的"高线标准"

内容治理高线标准在网络内容治理法律法规中一般表现为对鼓励性内容和行为的分类与列举。党的十八大以前,法律法规文本中常常以"基本原则"

① 参见谢新洲、宋琢:《用户视角下的平台责任与政府控制——一个有调节的中介模型》,《新闻与写作》2021 年第 12 期。

② 《十八大以来重要文献选编》中,中央文献出版社 2016 年版,第 163 页。

③ 参见何明升:《网络内容治理:基于负面清单的信息质量监管》,《新视野》2018 年第 4 期。

这种较为宏观的表述为主，主要用于规范网络内容发展方向。例如，2002 年颁布的《互联网出版管理暂行规定》第二条提出互联网出版发展应"坚持为人民服务、为社会主义服务的方向，传播和积累一切有益于提高民族素质、推动经济发展、促进社会进步的思想道德、科学技术和文化知识，丰富人民的精神生活"。2006 年颁布的《信息网络传播权保护条例》第一条提出，"鼓励有益于社会主义精神文明、物质文明建设的作品的创作和传播"。这些表述并未明确规定具体的内容要求。党的十八大以来，网络新媒体成为凝聚社会共识的主阵地[1]，习近平总书记指出"网上网下要形成同心圆"[2]，加强互联网上的正能量传播。其中，加强互联网新闻信息服务资格管理，鼓励引导各种网络内容平台进行正能量传播是最为重要的措施之一[3]。在这一思路的指导下，网络内容法律法规中的"高线"鼓励性标准也开始尝试以内容清单呈现。例如，2016 年颁布的《网络出版服务管理规定》列举了八类国家支持、鼓励的优秀、重点网络出版物类型。2019 年颁布的《网络信息内容生态治理规定》明确了列举了七类鼓励传播的信息类型，涵盖理论解读、政策宣传、发展成就展示、文化建设、舆论引导、国际传播等领域。

总体来看，"高线标准"作为网络内容治理中的鼓励性内容，发挥指导和建议作用，反映了网络内容的优秀标准和发展方向，是网络内容创作过程中应追求和参考的目标。与此同时，"高线标准"也经历了从宏观概念向具体建议的发展过程，随着正面清单的丰富和细化，"高线标准"的指导性和实践性也不断增强，在网络内容治理和网络空间正能量建设中发挥越来越重要的作用。

2. 网络内容治理中的"底线标准"

相较于"高线标准"，网络内容的"底线标准"更强调对违法不良内容加以规制，划定不合格内容的边界和范围，在实践中更易实施。1996 年，国务院颁

---

① 参见谢新洲：《发挥新媒体凝聚社会共识的重要作用》，《人民日报》2016 年 8 月 29 日。
② 习近平：《在网络安全和信息化工作座谈会上的讲话》，新华网，2016 年 4 月 25 日，http://www.xinhuanet.com//politics/2016-04/25/c_1118731175.html。
③ 参见谢新洲：《秩序与平衡：网络综合治理体系的制度逻辑研究》，《新闻与写作》2020 年第 3 期。

布的《中华人民共和国计算机信息网络国际联网管理暂行规定》第十三条提道："不得制作、查阅、复制和传播妨碍社会治安的信息和淫秽色情等信息。"1997 年,公安部颁布的《计算机信息网络国际联网安全保护管理办法》第一次详细地列举了政府主管部门对网络内容质量的标准清单,首次提出了不得利用互联网制作、复制、查阅和传播的九条禁止内容。该规定后来被一系列网络内容治理法律法规所继承,有超过五分之一的网络内容治理政策对其进行了引用,发展成为互联网信息服务管理的"九不准"原则,并被写入《中华人民共和国网络安全法》。2019 年实施生效的《网络信息内容生态治理规定》加入了对涉英烈内容的规定,在"九不准"的基础上发展成为禁止性违法信息"十一条"标准。

可见,网络内容治理中的"底线标准"以负面清单的形式呈现,是网络内容创作中需要严格防范和避免的内容范围,在网络内容治理中被明确禁止。"底线标准"为网络内容的创作、发布和使用等主体提供了最基本的行为准则,同时也为网络内容审核工作的把关提供了基础原则,使相关工作能够在合理合法的框架内有序开展,有益于保障网络内容生态的基本质量和网络空间的基础秩序。

3. 规则与引导并重的法治准则

总体来看,我国针对网络内容信息本身的法律法规标准呈现出引导和规制兼顾的特征,显现出"高线标准"和"底线标准"并重的发展趋势,体现了我国网络内容治理思路和方式的生态化转向。在此过程中,"高线"与"底线"两种标准形式相互配合,协同推进,形成了高低兼顾的严谨制度逻辑,体现了安全与发展并重的价值取向。其中,"底线标准"作为基本保障,为网络信息设定了必要的准入门槛,明确了内容治理的红线,也为相关规定的执行者提出了相对直观的工作要求,有效减少了违法及不良内容的传播。"高线标准"作为发展要求,为优质内容生产设定了框架与方向,明确了网络信息向上向善的价值取向,为执行者提供了具体化的内容创作和管理指引。在此语境下,"高线标准"和"底线标准"共同作用,要求网络内容治理既加强禁止内容的规制,又强化对于优质内容的激励,鼓励优秀网络内容的生产,推动网络正能量的传播,建立健康向上的网络内容生态。

二、法治治理的"软硬兼济"

网络内容治理是多主体共同参与,合力治理的过程,需要政府、网络内容平台、行业协会机构、技术企业、用户等主体的共同努力与配合。

1. 网络内容治理的"硬法"

从概念上来看,"硬法"指的是依靠国家强制力来实施的法律法规,"硬法"与"软法"共同构成法律的两种表现形式。由立法机关制定,通过刑罚和赔偿措施保障实施[①]。网络内容治理法律法规体系中的硬法是网络内容治理活动开展的核心原则,近年来,我国出台了《网络安全法》《数据安全法》《个人信息保护法》等内容治理法律法规,逐步建立了较为完善的内容治理"硬法"体系。从作用方式来看,此类"硬法"主要用于为相关主体设置一套明确的行为模式,例如《个人信息保护法》规定了个人信息处理者的义务,包括确保个人信息处理符合规定、防止未经授权的访问以及个人信息泄露、篡改和丢失。因此,通过"硬法"的设置,网络内容治理相关主体的"为"与"不为"也能够得到清晰的规约。但是,这种规约往往是相对抽象的,无法兼顾具体的行为情景和主体行为选择的差异,因此对于一些具体层面的执行问题缺乏具体的指导。在此背景下,网络内容治理需要"软法"作为协助,"通过描述背景,宣示立场,确立指导思想,规定目标,明确方针、路线,确认原则,规定配套措施等各种方式"[②]为主体提供更加具体的行为导向,引导其作出有益于网络内容健康发展的行为选择。

2. 网络内容治理的"软法"

区别于具有强制性的"硬法","软法"在法律效力结构上未必完整,同时

---

① 参见姜明安:《软法的兴起与软法之治》,《中国法学》2006 年第 2 期。

② 罗豪才、宋功德:《认真对待软法——公域软法的一般理论及其中国实践》,《中国法学》2006 年第 2 期。

不要求强制力量保障实施,但是对于社会发展具有积极的引导和规范作用。①在网络内容治理法律法规体系中,"软法"也是其中的重要组成部分,"软法"工具在网络内容治理中发挥着重要作用。在我国,互联网领域的软法主要有三种类型:第一种是由国家及国际组织签署和制定的协议、条约等,作为国际共同遵循的互联网使用规则和共识,发挥全球或区域影响力,例如《国际互联网 IP 协议》《中俄国际互联网互联协议》等;第二种是由国家有关部门出台的关于互联网发展的战略、纲要、规划等政策文件,例如《国家网络空间安全战略》《国家信息化发展战略纲要》等;第三种是互联网行业协会及平台制定的章程、公约、倡议等,例如中国互联网协会的《中国互联网行业自律公约》《中国互联网协会抵制网络谣言倡议书》,新浪微博平台的《微博社区管理规定》等。②

3. 软硬兼济推动下的多元内容治理

"软法"与"硬法"共同组成了我国软硬兼济的内容治理法律法规体系,在有效推进治理工作以及促进多主体协同治理方面发挥了重要作用。

从"软法"方面来看,由网络内容行业协会组织和网络内容平台所制定的章程、规定、原则、倡议、协议等文件在网络内容治理中发挥着重要的作用。首先,网络内容治理在工作的实践中存在着跨界性、复杂性等特征,政府主体如果凭借单一力量开展治理工作,将面临较大的人力、财力成本,因此需要在工作过程中积极发挥统筹协调作用,协调各方资源,而软法治理则有利于通过突出多元主体的协同与合作实现这一治理要求,优化治理过程中的资源配置,降低网络内容的治理成本。其次,软法治理多由网络内容平台所进行,有利于凝聚 MCN 机构、网络用户等治理主体,加强网络内容治理的多主体协同。最后,网络内容治理法律法规体系中的软法在很大程度上是对"硬法"规制的细化

---

① 参见罗豪才、宋功德:《认真对待软法——公域软法的一般理论及其中国实践》,《中国法学》2006 年第 2 期。

② 参见陈荣昌:《互联网软法治理的生成逻辑、问题与路径》,《湖南行政学院学报》2020 年第 5 期。

和补充,在某些领域弥补了"硬法"规制的不足。例如,《抖音社区自律公约》所规定禁止发布的 22 条内容便是对当下网络内容治理硬法的继承、补充与细化。

从"硬法"方面来看,相关法律法规为多主体协同治理提供了明确的要求和方向,明确了网络内容治理的多方责任,充分发挥了强制约束力。《网络安全法》坚持共同治理原则,要求采取措施鼓励全社会共同参与,政府部门、网络建设者、网络运营者、网络服务提供者、网络行业相关组织、高等院校、职业学校、社会公众等都应根据各自的角色参与网络安全治理工作。① 与此同时,"硬法"为"软法"创制提供了基本的范围框架,为"软法"的细化制定提供了空间,增强了"软法"内容治理的灵活性和实用性,从而使内容治理工作无论是在宏观布局还是具体领域中都能够有据可循,有法可依,推进了内容治理工作法治化水平的提升。

第四节　完善补充网络内容治理法律法规

网络内容法律法规体系的完善是建立网络内容治理体系的重要前提,当前法律法规仍然存在一些问题,需要从高位法的完善、新兴领域立法工作的推进以及激励性法律法规的设置方面对已有网络内容治理法律法规的建设和发展提出相应建议。

一、制定完善内容治理的高位阶法律

目前,我国内容治理法律法规仍然存在着系统性不强的问题,需要进一步完善专门性高位阶法律的制定,从而在网络内容治理方面增强高层级法律对于低层级法律的统领性,形成多维度、多层次的网络内容治理法律法规体系。当前,我国已经颁布了《网络安全法》。该法在网络安全领域具备了基础性法

---

① 参见谢永江:《〈网络安全法〉解读》,中国网信网,2016 年 11 月 7 日,http://www.cac.gov.cn/2016-11/07/c_1119866583.html。

律,其中已对网络内容相关问题有所涉及。但是,网络内容治理是一个系统性问题,涉及内容生产、技术标准、数据保护、主体责任等各个方面,因此需要更具专门性和统领性的法律作为相关治理立法工作的框架基础,推动网络内容法律法规体系的形成。在高位阶法律的制定完善中,需要明确以下几方面的认识。

第一,要树立系统意识,全面认识内容治理对立法工作的要求。内容治理工作是一项系统性工程,"系统治理"是支撑网络内容治理的核心理念。① 内容治理立法需要符合内容治理工作的特征与规律,因此必须全面认识内容治理的系统性。从媒介生态以及信息生态的角度来看,网络内容不是文字、图片、画面等孤立要素的简单组合,而是一个存在着内部循环、流转和演变的整体,信息的产生、传播、扩散有其内在规律特征,因此在立法工作中也要考虑到这一整体性,建立涵盖网络内容全流程的制度体系。与此同时,立法工作不仅需要考虑网络内容本身,还需要兼顾内容传播的影响以及这种影响与经济、文化、政治、社会之间的关系。这也要求立法工作不仅要针对具有政治危害性以及破坏社会稳定的网络内容加以规约,更要考虑到网络内容可能造成的对产业发展、文化进步、市场稳定等方面的危害,从而形成系统性的制度体系,推动系统治理的进程。

第二,要明确工作重点,为内容治理立法工作指明方向。高位阶法律作为内容治理领域的统领性法律,需要对内容治理工作的重点方面予以强调,为相关细分领域的立法工作提供方向指引。这要求法律制定过程中充分了解当前内容治理工作中面临的主要问题,包括数据隐私、知识产权、网络谣言、网络暴力、技术应用等问题都需要得到关注。与此同时,立法工作要延续高低并重的治理准则,对网络内容发展的引导和激励作出相关指引,做到软硬兼济、标本兼治。

第三,要强化观念引领,推动形成网络内容法治理念。高位阶法律的设立

---

① 参见谢新洲、朱垚颖:《网络综合治理体系中的内容治理研究:地位、理念与趋势》,《新闻与写作》2021 年第 8 期。

不仅是对网络内容治理领域高位法空缺的补充,更是对相关工作权威性、重要性的集中体现。在此过程中,不仅需要细致全面的制度规范,更需要法治理念的建立和深化,进而,各类利益相关主体在网络内容问题面前都能够依法治理、循规解决。未来,随着网络内容治理法治制度的完善,平台和网民群体等多个利益相关主体将逐渐建立起对内容治理的信赖,更加明确自身在互联网内容生产、使用、传播等行为的边界,更加主动积极地参与到互联网内容治理工作中来。

二、加快推进新兴内容领域立法工作

网络内容具有动态演进性,不仅随着互联网技术的进步逐渐呈现丰富多样的表现形式,也会受到文化环境、产业趋势、社会发展等各类因素的影响。因此,网络内容治理的相关立法工作也要考虑到这一动态特征,增强立法工作的前瞻性,适应新兴内容领域的治理需求。

强化前瞻性研究,为立法工作提供理论支持。内容治理领域发展变化迅速,立法者需要对新技术、新的应用场景、新的流行文化、新的社会问题等予以充分关注,并对可能产生的网络内容治理问题进行科学研判和预测,从而在制度层面做好应对举措。例如人工智能、大数据、云计算等技术的发展为网络内容推荐、机器人写作、AI报道等提供了技术支持,同时也存在着问题隐患,可能导致版权纠纷、内容同质化加剧、虚假信息进一步滋生等问题。为此,必须加强对相关问题的分析与研判,即使对新兴领域加以引导和规制,使得各类技术、应用等助力内容生态的良性发展,同时也为相关负面问题的解决做好准备。目前,我国《互联网信息服务算法推荐管理规定》已经开始施行,成为算法相关前瞻性治理的重要表现,未来,相关立法工作需要持续更新完善,提高对各个新兴领域的覆盖力。

推动机制建设,增强立法工作对新兴领域的创新引领。在网络内容治理工作中,创新型要素发挥着重要作用,内容创新促进网络内容生态的良好发展,内容生产技术创新不断催生新的内容形态和表现形式,内容治理技术创新成为治理工作高质量发展的重要驱动。在此过程中,创新机制发挥了关键性作用,用户、企业、平台等力量的有效调动能够更好地激发内容治理的创新活力,推进内容治理工作动态适应内容创新和变化的需求。为此,立法工作需要发挥对创新机制的引导作用,推动相关产业、技术、内容创新,并通过版权保护等方式保障创新者权益,激发创新积极性。

增强国际交流,吸收内容治理立法的先进做法和经验。网络内容治理是全球互联网治理的重要命题,在相关立法工作中,需要深入结合本国互联网内容特色与社会发展状况,同时也要加强国际交流,推进各国成熟做法和经验的互通与共享,共建健康发展的全球网络空间。例如,欧盟于 2020 年提出制定《数字服务法案》的构想,明确了数字服务提供者的法律责任,为用户权益保护提供重要保障;美国建立了以《通信法案》为基础的通信领域法律框架,为通信产业的监管、审查等工作提供法律支持;德国《网络执法法》规定了社交媒体平台对违规内容的处理流程与时限,并对相关工作的公开机制予以说明。相关经验体现了各国在内容治理的法律框架、实践规约、责任划分等层面的思路和方法,也为我国内容治理立法提供了有益借鉴。

三、建立内容治理的激励性法律规范

治理理念的发展是政府职能转变和治理能力现代化的重要体现,网络内容由多主体参与共建,因此在网络内容治理工作中,不仅需要政府的主导和管理,更需要用户、平台、行业组织等主体的协作参与。目前,我国提出了多元协同治理理念,但在实际执行过程中仍然存在着各主体积极性不足,政府主导性为主的情况,协同治理作用未能得到充分激发。为此,内容治理立法需要增强激励性作用,通过多种方式调动不同主体的参与积极性,为协同治理提供有力的法律支撑。

明确责任划分,做到内容治理工作的"赏罚分明"。明确主体责任划分是鼓励多主体参与,提升多主体治理积极性的重要前提。长期以来,责任划分问题成为网络内容治理工作的难题之一,也是立法工作需要着重解决的问题之一。为此,立法工作不仅需要对参与监管的行政主体进行明确的责任界定,也要明确用户、企业等主体的责任标准,对其自我审核工作及相应处罚标准等予以明确规定。与此同时,通过多样化的手段疏导和解决企业担责顾虑,设立和完善责任险制度等风险保障机制,为平台和用户提供更多保障,促进多主体责任分担的合理化。

建立信用评价制度,引领主体自律。社会信用体系是社会主义市场经济体制和社会治理体系的重要组成部分,国务院在 2014 年发布的《社会信用体系建设规划纲要》中明确指出了全面推动社会信用体系建设的目标,并指出要将建立守信激励和失信惩戒机制作为重点。网络内容治理是社会治理的重要方面,不仅关系到社会文化建设,也关系到互联网产业的健康发展和互联网市场的平稳运行,因此建立相应的网络内容评价机制至关重要,并逐步完善网络内容信用法律法规体系和信用标准体系,激励相关主体自律开展网络内容相关活动,推动网络空间信用环境的形成。

增强激励意识,关注各主体权益。我国内容治理工作一直遵循“软硬兼济”的标准,通过硬性规定与柔性治理相结合的方式开展网络内容治理工作。在此过程中,政府往往扮演较为强硬的规制角色,而缺乏对主体利益的观照,导致用户、企业等主体在治理工作中参与度不高、责任意识不强、主动性不足。在立法层面,往往存在“过度强调政府对互联网的管理,而对于互联网产业发展、公民个人权利保护则重视不够”[1]的问题。为此,立法工作需要更多考虑法律法规对相关主体的激励作用:对用户相关的隐私保护、信息公开机制等法律法规进行完善,增强相关工作的透明度,保护用户权益。对企业相关的产业发展、技术标准、数据使用等问题予以明确规制,帮助企业划定合理合法的行为边界,激发企业自主研发、自主管理的积极性,发挥法律法规的激励效用。

---

[1] 张志安、吴涛:《国家治理视角下的互联网治理》,《新疆师范大学学报(哲学社会科学版)》2015 年第 5 期。

第十章　网络内容治理体系中的
管理与协作机制

　　管理与协作机制是网络内容治理工作的机构组成与运行方式，是网络内容治理工作有效开展的机制保障。我国在网络内容治理过程中形成了中国特色的网络内容管理与协作机制，经历了由"管理"向"治理"的转变，形成了以网信办为领导，专管机构为核心的层级行政体系。在此过程中，政府充分发挥统筹领导作用，与企业、用户、行业协会形成治理合力，推动了多主体协同治理体系的建立和运转。在内部结构和内外协同机制基本形成的基础上，我国网络内容治理坚持了发展与安全并重的思路，高度重视网络内容安全工作，网络内容安全保障体系正在形成。

第一节　完善中国特色网络内容治理体制

　　中国特色网络内容治理体制是指适应于我国网络内容特征及问题治理的政治架构和组织形式。我国自 1994 年接入互联网以来，管理方式和理念不断演进，相应的治理体制也随之变化，从统管、兼管到专管，网络内容治理体制成为我国社会治理体系的重要组成部分，网络内容治理体制的完善和发展也成为互联网治理工作的重点领域。从我国网络内容治理工作的现实需求来看，中国特色网络内容治理体制具有其必要性，但也存在着一些不足，需要从完备性、协同性、畅通性等方面加以完善。

一、中国特色内容治理体制的必要性

中国特色网络内容治理体制是中国特色网络内容治理体系的重要组成部分，是网络内容治理工作顶层设计、统筹协调、执行落实的重要保障。从概念上看，"中国特色"这一特征主要反映了体制与现实需求之间的契合度。在我国，网络内容与社会发展深度融合，深刻影响着社会舆论变化，因此，网络内容治理也是我国社会治理的重要方面。与此同时，网络内容的产业化和平台化趋势日渐显著，各类互联网平台和企业成为网络内容治理的关键领域，内容生产形式日渐创新多元，网络内容治理难度不断加剧。在此背景下，我国亟须建立能够协调网上网下，弘扬正能量的网络内容，并且促进网络文化长远健康发展的内容治理体制，高效应对网络内容治理乃至社会治理所面临的问题与挑战。

中国特色网络内容治理体制的必要性是由我国社会发展的现实状况所决定的。从政治制度来看，在我国，中国共产党作为执政党，对于我国社会发展和互联网发展有着深刻认识和把握，对于人民在网络空间的利益有着高度关切，因此对网络内容治理有着重要的领导作用。从我国网络空间的特点来看，我国网民规模庞大，商业化互联网平台发展迅速，网络内容体量大，复杂性强，具有较大治理难度。为此，必须建立适应于我国网络内容现状的治理体系，保证网络内容治理工作的一致性和协调性，避免分散性的管理和决策，提高治理效率。从网络与信息化事业发展全局来看，网络内容是网信建设的重要部分，网络内容的良好发展不仅需要有效的内容治理，更需要先进网络信息技术的支持和网络安全的保障，因此必须在国家网络与信息化建设工作的框架下开展。

从网络内容的特征与规律来看，我国网络内容治理不仅关系到信息传播的有效性、安全性等问题，更关系到网络文化的健康发展以及意识形态建设等关键问题，因此网络内容治理必须以坚持党的领导为根本原则，同时以政府管理为核心，形成中央—地方—基层的层级行政管理体系，确保内容治理工作的高效落实。此外,网络内容不仅要"正能量",更需要符合"用得好""管得住"的要求,因此我国亟须探索一条中国特色的网络内容"治理"道路,建立能够实现有效管理和综合治理的政治体制,进而调动多方网络内容建设的积极性,实现以网络内容治理推进社会治理,促进产业高质量发展的长远目标。

二、中国特色网络内容治理体制的发展与现状

自 1994 年接入互联网以来,我国的互联网管理方式不断演进,相应的政府主体机构也经历了逐步变迁的过程。内容治理工作的重要性在网络治理的庞大工作体系中逐渐凸显,政府主体也由统管、兼管等方式逐渐走向专门化。

2000 年以前是由信息化部门统筹网络通信管理的时期,着重解决互联网在通信领域的应用问题。1996 年 1 月,国务院信息化工作领导小组成立,组织领导我国互联网管理工作;1996 年 2 月,《计算机信息网络国际联网管理暂行规定》发布,提出了国家对国际联网实行统筹规划、统一标准、分级管理、促进发展的原则,规范了个人、法人和其他主体进行国际互联网接入和经营的相关行为。1998 年 3 月,第九届全国人民代表大会第一次会议决定,在原邮电部和电子工业部基础上组建信息产业部,成为我国互联网管理早期专门负责信息产业管理的部门,同时负责相关政策法规的制定,该部门后于 2008 年并入工业和信息化部。与此同时,原文化部、教育部、中共中央对外宣传办公室、国务院信息化工作领导小组、国务院新闻办公室等也分管了互联网各领域的具体工作,同时设立了国务院新闻办公室第五局、中共中央对外宣传办公室网络局、文化部文化市场司网络文化处等互联网内容管理的专门部门。

21 世纪以来,我国进入了由宣传部门主导网络传播工作的时期。伴随着互联网内容产业迅速发展,各类门户网站、社交网站相继创立,国内网民数量迅速增加,网络内容繁荣发展。2000 年 4 月,国务院新闻办公室成立网络新闻宣传管理局,统筹协调全国互联网新闻宣传工作,机构管理职能进一步细化。随后,各地政府逐步设立网络管理部门,对网络新闻、网络视听节目、网络出版等互联网内容进行管理,标志着我国网络新闻传播在管理机制上的进一

步完善。这一时期,我国尚未建立全国范围内的政府网络内容管理机构体系,但在机构设置方面已经具有了明显的体制化趋势,网络新闻宣传管理局长期承担着网络内容管理的主要任务,网络内容管理体制已经初具专门化和稳定性特征。

2011 年以来,我国进入国家网信办主导的网络内容治理时期。随着移动互联网技术的发展,智能手机等移动设备开始出现和普及,互联网与社会日常生活的融合越发紧密,网络内容产品更加丰富,内容也更加庞大和复杂,为治理工作带来更多挑战。2011 年 5 月,我国国家互联网信息办公室成立,同时也标志着互联网信息管理专职部门的诞生。各级地方政府随之建立地方互联网内容治理专职部门,由此形成了自上而下的政府互联网内容管理机构体系。此外,国家网信办的成立并未增加设立新机构,而是在国务院新闻办公室加挂国家互联网信息办公室牌子,因此其职能行使方式也延续了国务院新闻办公室统筹多部门联合治理的工作模式。

2014 年 4 月 27 日,中央网络安全和信息化领导小组(以下简称"领导小组")成立,在中央直属层面确定了网络内容治理的政府主体。该阶段,我国接入互联网已 20 周年,互联网应用、算法技术、电子商务日新月异,直播、短视频等内容形式逐渐占据主流,互联网内容的多元化、分众化趋势日渐明显,网络内容治理也逐渐走向多主体综合治理的新阶段。2014 年 8 月,国务院授权重新组建国家互联网信息办公室(重组后简称"国家网信办"),负责全国互联网信息内容管理工作,增加了互联网内容的监督管理执法权。2018 年,中共中央印发《深化党和国家机构改革方案》,将领导小组改为中央网络安全和信息化委员会,负责推进网络安全和信息化领域的顶层设计布局与协调统筹工作。与此同时,国家互联网信息办公室与中央网络安全和信息化委员会办公室为一个机构两块牌子,列入中共中央直属机构序列。

通过以上对于我国网络与信息化工作行政体制的梳理,可见我国网络内容工作经历了由"管理"向"治理"的转变,相应行政体制呈现了专门化历程,党的领导核心地位也在体制变化中越发凸显。目前,我国网络内容治理以中央网络安全和信息化委员会为领导核心,国家网信办(中央网络安全和信息化委员会办公室)为办事机构,并且以专管机构为主体形成了多部门联合协调的多元行政机制,在纵向上,形成了"中央—省—市"网信系统的层级行政体系,从而形成了内容治理体制的基础。

三、中国特色网络内容治理体制的问题与对策

当前,我国已初步建立了符合当前网络内容治理要求的有效行政体制,形成了以国家网信办为中心的多部门联合治理体系。这一行政体制保障了党对内容治理工作的直接有力领导,确保了内容治理工作的正确发展方向。但是,当前行政体制仍有待完善,在体系完备性、内部协同性、内外畅通性等方面仍有待进一步深入探索,从而实现治理体系和能力的现代化提升。

在治理体制的完备性方面,当前基层网络治理仍缺乏专门机构设置,网络治理工作存在体制支持不足的问题,缺乏权威性和约束力。目前,我国互联网信息办公室在县一级尚未完全形成独立的组织架构,多数区县的网信办下设于县(区)委宣传部,以科室的架构承担一部分职责。此外,越来越多的县(区)加入县级融媒体中心建设,并逐步组建网评员工作队伍,以及以基层媒体从业人员为主体的乡镇(街办)农村、基层宣传员队伍。需要注意的是,县级融媒体中心在自上而下的媒体融合实践中建立,因此在治理实践中也需要依托上级全媒体平台。这也导致基层治理过程中容易受到层级制的约束,与基层工作的灵活性要求之间存在偏差,同时也不利于基层治理工作的探索和创新[1]。为此,我国内容治理体制需要进一步探索基层工作组织化建设的可能性,提高相关工作的自主性和创新性。

在内部协同性方面,当前各部门间的联动与协调性仍有待增强,以达到体制与机制的有效契合。"协同"的治理思路长期贯穿于我国网络内容治理工作当中,这一思路从我国网络内容治理体制的变化中也有所体现,即越发强调

---

[1]　参见邓又溪、朱春阳:《县级融媒体中心参与基层社会治理的路径创新研究》,《新闻界》2022 年第 7 期。

政府内部的协同性。当前以中央网络安全和信息化委员会为核心,国家网信办为办事部门的体制结构旨在加强网络内容治理的顶层设计和协调统筹环节,更好地协同调动各部门参与网络内容治理工作的效率和积极性。但在实际工作中,部门间形成有效的联动机制并发挥应有的治理能力仍然面临诸多挑战,亟须打破数据壁垒、提高数据共享能力,不断优化政府"内部行政协同体系",最终实现多部门联动、多维度治理、多手段协同的综合治理体系。①

在内外畅通性方面,当前行政体制在自下而上的协同工作中缺乏有效互动,已有体制对于多元治理主体的调动统筹能力有待进一步提升。当前体制在"内部行政协同体系"方面已有基础,与此同时,还需要着力"外部行政协同体系"的建设,需要政府、平台、行业协会、用户等多元力量的共同参与。在体制建设层面,主要体现为增强当前行政体制与横向主体的互动能力。当前,网络内容治理体制将治理重点放在自上至下的引导和建设工作当中,其他主体对政府网络内容的监督有待加强,行政体制不仅需要加强其完备性和内部协同性的探索,更需要加强对其他主体的关注,构建与企业、行业、网民的合作对话机制,形成更加开放的工作理念和治理思路。②

第二节　推动构建网络内容治理与监管的
行政机制

网络内容治理与监管的行政机制指的是网络内容治理行政体制的结构关系和运行方式,包括各部门间的层级关系、协调统筹形式等。从我国内容治理与监管行政机制的内部关系与具体运行方式上看,当前行政机制主要面临三

---

①　参见谢新洲、石林:《基于互联网技术的网络内容治理发展逻辑探究》,《北京大学学报(哲学社会科学版)》2020年第4期。

②　参见谢新洲、朱垚颖:《网络内容治理发展态势与应对策略研究》,《新闻与写作》2020年第4期。

个方面问题:一是开放性不足;二是职责交叉问题;三是信息互通性不足。针对这些问题,需要从加强社会监督,推进协调机制、信息互通机制建设等方面入手进行完善。

一、内容治理与监管行政机制

在我国,内容治理与监管行政机制的主要特征表现在两个方面:在结构关系方面主要表现为多层级管理体系和多部门联合体系,在运行方式方面则主要表现为软硬结合的治理与监管方式。前者在组织机构层面形成了上下畅通的沟通和传达体系,推进相应政策的执行;后者在现实层面保障了政府行政职能的落实,确保了内容治理工作的全面推进和有效完成。

从纵向结构关系来看,我国形成了中央、地方、基层三个层级的管理体系,构建了政策传达、工作部署的上下联通机制。三个层级各有其特征、职责与工作目标,共同形成国家网络内容治理的有机联动系统。

中央治理层以中央网络安全和信息化委员会为核心,担任当前全国网络内容治理工作的主要领导力量。中央政府通过对地方政府内容工作的指导部署,协调统筹全国内容治理工作自上而下传达开展。从权力行使来看,中央政府在治理层次中具有突出的权威性,把握内容治理工作的目标和方向,主导内容治理规章制度的出台和修订,明确内容治理工作的执行思路和策略制定,是国家内容治理工作的中枢与核心。与此同时,中央治理层拥有对地方政府治理层组织人事管理和绩效考核的权限,以确保中央治理层始终是互联网内容治理体系的核心关键,决定着治理任务的分级分发和治理效率。从科层关系来看,中央治理层形成了细致化的分工体系,建立了以各项细分治理工作为主导的多行政部门权职系统。

地方治理层包括省级和地市级治理层,是保障治理政策上传下达的重要环节,也是内容治理工作执行开展的主体力量。各省和地方网信办、网络管理机构和部门是地方治理层的主要行政主体,根据中央治理理念和相关政策开展各类专项治理行动、行政约谈、宣传教育等手段开展互联网内容治理,维护良好的地方网络内容生态。地方政府治理层工作的有效落实确保了国家治理目标和治理方案在全国各省市地区的顺利推行,从而推进全国范围内的互联网内容治理体系的有效运转。与此同时,地方政府治理层凭借贴近基层的优势深入感知社情民情,对于网络空间中的民意和舆情的反映更为迅速,能够及时发现相应问题并予以反馈。因此,地方政府层在治理举措的纠偏和整合管理中效率更高、渠道更为直接,这也为一些创新举措在各省市的率先试行开展提供了条件。如网民实名制最早在 2011 年 12 月的《北京市微博客发展管理若干规定》中提出,随后"后台实名,前台自愿"的管理规范才在全国其他地区落地。

目前,我国基层治理层尚未形成独立的组织架构和行政系统,但仍然具备网络内容管理的职能。县级融媒体中心成为基层网络内容治理的重要组织,通过组建基层宣传员队伍、接入上级全媒体平台等方式开展治理工作。除了组织架构之外,基层治理层在职能与工作侧重层面也与地方治理层有所区别:前者更多承担直接的治理职能,依据规章制度对网络内容进行管理,对违法和不良行为进行处置;后者则更多承担教育引导职责,依据中央有关内容治理工作的价值导向开展相关宣传活动,传达相关政策法规,普及网络文明建设、谨防网络诈骗和谣言等相关知识。具体来看,基层政府依托宣讲员队伍、网评员队伍,推动中央与基层在政策内容、群众声音的有效沟通,推动网上网下、中央与基层"同心圆"的形成,为网络内容治理工作开通和营造顺畅的传达渠道与社会氛围。

从横向结构关系来看,我国形成了多部门联合式的网络内容治理和监管格局。国家网信办作为主要管理机构,也是各部门工作的统筹机构,协调和指导各部门共同开展网络内容治理和监管。具体而言,国家网信办与公安部、工业和信息化部、文化和旅游部等建立了联席会议制度,协调相关工作的部署和落实。其中,各部门也有着较为明确的分工。

从运行方式来看,我国网络内容治理工作呈现"软硬兼济"的特征,行政主体将限制性手段和引导性机制相结合,共同作用于内容治理工作的落实。

其中,限制性手段主要指运用行政立法、执法权力对内容生产、服务提供和内容使用主体的行为进行规约,对违法及不良行为的具体表现加以界定,从而促进互联网内容相关行为在合理的框架内开展。具体来看,中央政府制定了各类政策法规,例如《互联网服务信息管理规定》《互联网用户账号信息管理规定》等,此类规章明确了相关行为规范,包括资质要求、业务范围、禁止内容、处理办法等。对于违规行为,政府将依据有关法律法规予以处理,法律法规无相关规定的则由省级以上网信部门给予警告、通报批评并责令限期整改,同时可处相应罚款,违反治安管理规定或构成犯罪的则移交公安机关、司法机关处理。

引导性机制主要指通过制定发展规划、意见,出台执行办法等,引导和鼓励相关主体积极开展参与有益于网络内容建设的活动,实现高质量的网络内容发展水平和网络内容生态。例如中央网信办发布的《2022 年提升全民数字素养与技能工作要点》,对我国数字生活水平的提升提出了目标规划,从优质数字资源供给、提升劳动者数字工作能力、促进终身数字学习、提高数字创新创业创造能力等方面对数字化建设提出了更高要求,体现了网络内容治理与社会治理相协调的工作导向,引导网络内容治理工作和提升人民生活水平与促进社会经济发展相结合。与此同时,地方政府也出台了各类发展办法,实行开展先导性工作,提升网络内容治理水平。例如,山东省发布的《公共数据开放办法》,其中鼓励、支持公民、法人和其他组织利用开放的公共数据开展科学研究、咨询服务、应用开发、创新创业等活动,致力于推进网络内容的高效整合利用和数据资源价值的深入开发,引导和呼吁相应主体积极开展创新性活动。

二、当前内容治理与监管行政机制的主要问题

我国内容治理与监管行政机制在实践过程中仍存在着协同性不足、治理效果有限的问题,究其原因,主要表现在机制开放性不足、职责分工不够明确、数据共享机制不健全等方面。

第一，我国内容治理与监管行政机制存在着开放性不足的问题，从而导致治理工作的单一化，协同治理体系未能有效运行。当前，我国内容治理与监管主要以政府为主导，缺乏多元化和综合性的治理模式，已有的多元协同治理体系也是在政府的统筹下开展行动，导致非政府主体的参与缺乏积极性与自主性。在此背景下，目前的行政机制主要形成政府内部的层级联通，形成相对封闭的信息交流与工作部署机制，由此可能导致政府职能过于集中，从而引起内容治理和管理工作的僵化和机械化，忽视各类网络主体的多元需求和差异性，也难以推进内容治理的全方位、深层次和长效性。

第二，各部门间存在职责交叉问题，职责界定不清可能影响内容治理和监管工作质量。我国网络内容治理和监管行政机制具有多部门联合的特征，这一工作方式能够发挥部门间的协调性，同时简化内容治理工作行政体制，提高治理效率。但是，部门间常常存在职责重叠问题，从而导致内容治理的延误和不力。

第三，部门间存在信息互通性不足，造成工作重复、效率低下等问题，部门间协调性难以提升。在内容治理和监管工作中，不同部门所掌握的数据来源不同，且受到相关保密要求的限制，致使一些关键数据难以实现跨部门共享。与此同时，部门间缺乏数据互通机制，使得重要信息难以及时传递，从而影响治理效果。另外，各部门间尚未形成数据分析等技术合作机制，导致一些重要数据缺乏足够技术手段支持，难以实现预期的内容治理目标。

三、内容治理与监管行政机制建设的发展方向

网络内容治理与监管行政机制面临着多种问题和挑战，需要通过加强各部门之间的合作与协同性，构建多元化、协同化和综合性的治理模式，加强信息公开和监管的透明度，引导公众自觉遵守网络行为规范，以及适度减少强制性监管的过度使用等方式来解决问题。

第一，加强社会力量对行政机制的监督作用，加强内容治理与监管工作的信息透明度与公开性。社会监督力量是政府权力合理和有效行使的重要保

证,对于推进内容治理和监管工作质量的提升具有重要作用。一方面,政府需要建立更为完善的信息公开机制,落实信息公开工作在内容治理和监管中的有效推行。另一方面,政府需要加强宣传教育工作,提高个人及社会组织在内容治理工作中的参与度和责任感,增强其主体性及主动性,着眼内容治理工作全局,形成可持续的工作模式和方法,不仅考虑当前工作的完成和问题的解决,更要考虑内容治理的长远规划和发展目标。

第二,继续推进统一协调机制建设,增进部门间分工的明确性与协同性。坚持以中央网络安全和信息化委员会为核心的网络内容治理与监管工作领导机制,健全中央至基层的网信工作机构设置,进一步完善各级协调小组与负责人机制,提高多层级治理体系的横向协调能力。同时,加快制定统一的工作标准及流程,建立起具有实践指导价值的网信工作执行标准,推进各部门工作的标准化,增强部门间工作的配合度。另外,需要建立有效的多部门联合应急机制,针对突发性网络事件及时作出反应,提升紧急事件的处理效率。

第三,建立和健全跨部门的信息互通机制。整合各部门网络内容治理与监管工作资源,搭建共享数据库与信息沟通平台,实现网络内容治理与监管信息资源的有效利用。建立部门间信息沟通机制,完善相关联席会议、信息报告、问题研讨、联合行动计划等工作的细致化推进,增进部门间的沟通与交流,促进部门间的工作经验分享。此外,需要积极利用技术手段,创新数据管理和共享方式,将云计算、大数据等应用到信息共享平台的建设中,通过云平台等实现信息实时更新与交流,同时完善相关数据及信息安全保障技术,确保信息共享的有效性、安全性。

第三节 推进实施网络内容治理主体协同机制

协同治理是国家治理体系和治理能力现代化的发展要求,也是政府治理理念转型升级的重要体现。网络内容治理涉及多环节、多主体,需要各方面社会力量的协同参与,调动平台、用户、行业组织等多方面力量,促进网络内容治理的效能提升。在此过程中,政府作为协同治理的组织者,不断促进压实企业主体责任,调动用户参与积极性,发挥行业协会和社会组织的桥梁作用,统筹各方默契配合,共同推进网络内容治理工作的顺利开展,构建现代化的网络内容治理体系。

一、主体协同机制的意义与重要性

协同治理理念最初源自于自协同理论,具有治理主体的多元化、公共机构重要性上升、自组织协同、自我管理等特征。有限政府理论是现代国家治理的重要理念,社会化力量成为政府补充参与社会治理,企业、个人和社会组织都在治理过程中扮演相应的角色。因此,从理论基础来看,协同治理是一种基于高度成熟的理想的社会治理状态;从实践层面来看,政府与非政府主体需要进行有效互动,实现治理工作的有效落实。在我国网络内容治理中,政府对协同治理的需求尤为强烈。2019年,《关于加快建立网络综合治理体系的意见》审议通过,要求推动网络治理从多头管理向协同治理转变。在此过程中,政府扮演协同治理的统筹者,企业、个人和社会组织共同参与内容治理工作,形成协同治理格局,提高网络综合治理效能。

主体协同机制在网络内容治理中具有重要作用,这种重要性首先体现在对资源流动的促进方面。长期以来,政府担任内容治理过程中的权威性和主导性力量,这种治理方式在发展过程中可能存在成本增加,过度依赖国家权威资源等问题,不利于治理工作的持续性发展。因此,在治理中逐渐凸显社会公众以及市场主体等力量,发挥各主体的资源优势,能够实现多种资源的相互流动,降低治理成本,稳定治理体系。

与此同时,主体协同机制能够推进各主体利益的调和与平衡。随着互联网产业的发展,网络内容日益丰富多元,成为商业平台实现自身利益的重要来源。与此同时,政府对网络内容的规制在一定程度上约束着网络内容的迅速扩张,与市场规则主导的网络内容发展方式之间存在着矛盾冲突。在此背景下,一些商业主体试图运用"平台自治"的话语解决当前的内容治理矛盾,但这一过程也导致了平台对于公权力的占有,可能衍生出用户隐私、公共安全等问题。主体协同机制旨在将平台等主体纳入总体内容治理规划的顶层设计之中,通过协商、对话等方式,找到安全与发展价值取向的平衡点,使得非政府主体在合理范围内使用和运行自身的治理职能,实现互联网治理在形式、手段上的多样性和有效性。

此外,主体协同机制也有助于解决内容治理过程中的责任划分与认定问题。在网络内容治理中,政府、平台和用户行为相互交织和联系,可能出现角色边界的模糊,导致责任划分难以明确归因到某个主体。具体来看,政府的政策制定不仅需要代表作为消费者的公众的利益,也要考虑市场化环境下商业主体的诉求;公众作为内容产品的创造者和消费者,一方面通过监督、举报等方式参与到政府的治理工作当中,另一方面又受到平台规则的规约和限定;平台作为私有企业,需要在政府制定的规则框架下运行,但也需要考虑到用户黏性等利益问题,因此常常需要在商业利益与社会效益之间进行考量。基于这一现状,主体协同机制意在跳脱出单一责任归因的框架,建立政府、平台、用户的共同责任概念,通过合作协商的方式共同承担责任、解决问题。

二、多元主体的角色与作用

在协同治理体系中,政府、企业、用户、行业协会作为治理工作的参与者,形成相互联系、相互补充、相互配合的多元主体结构,在实践中以不同的角色定位发挥作用。

政府作为协同治理的统筹者,通过规则制定、监督执行、加强宣传等各类手段增强企业、用户、行业组织等主体参与网络内容治理的积极性和主动性。首先,政府给予了多元主体相应的治理权限和途径,使得各方力量有的放矢地投入治理工作当中,因此,政府统筹有利于充分发挥当前内容治理主体的作用,实现治理效益的最大化。其次,政府的适度干预能够平衡市场利益与社会公益之间的价值失衡,推动内容平台加强对自身行为的规约,促进平台治理手段的规范化和治理技术的更新升级。此外,政府发挥统筹作用的协同治理模式是适应当前社会结构的网络内容治理方式,也是政府职能转变在互联网领域的重要体现,有利于推进我国互联网治理的现代化转型。

企业作为商业主体,是当前网络平台信息传播的直接主导者,在网络内容治理中承担着主体责任。随着互联网技术的发展以及平台化理念的不断深入,网络平台功能也经历着综合性转型,这也为网络平台的内容治理工作提出了更高的要求。企业是内容生产与内容治理技术创新的先驱者,掌握直接的平台数据使用、计算等权限,是审核技术等创新开发的主要力量。互联网企业能够及时获取用户需求,对平台趋势和技术创新风口进行精准判断,对平台内容的潜在风险和质量问题等能够进行直接的认识,进而明确内容治理技术需要着重解决的问题。此外,企业也是网络内容发展的重要推动者,通过平台内容生产激励机制、版权保护机制等鼓励、支持和保护优秀内容生产,引导优质创新内容的发展。

用户既是网络内容的生产与传播者,也是网络内容的接收与反馈者,在网络内容治理中主要发挥着对政府监管的补充作用。在协同治理中,用户一方面可以在事前以自律或建设性的方式参与治理,如自行对自己生产的内容进行规约或通过正当渠道就政府、企业等现行的治理方案或措施提出对策建议或新的看法与观点;另一方面,也可以在事后通过反馈的方式参与治理,如对内容进行评价、投诉、举报等。将用户纳入网络内容治理体系中,使其成为网络内容治理的参与者,既在一定程度上降低了政府治理的成本,亦体现了公众在公共领域自由表达观点及参与政治的民主化进程。

行业协会作为非营利性的社会组织,是维护互联网行业市场秩序的重要组织形式,发挥着沟通企业与政府、企业与社会的重要中介作用,也是政府治理的协助者。在我国,行业协会遵循着与政府之间自上而下的监管与规约模式,其存在需要官方的批准。随着市场化进程的日益深化,以及 2015 年中央两部委联合下发的《行业协会商会与行政机关脱钩总体方案》的出台,行业协会与国家组织之间的界限虽逐渐分明,但其对政府主体依然有一定程度的行政依赖性。在治理工作中,行业协会通过规定入会行规,举办论坛、研讨会等教育活动及合作,提供咨询服务等手段进行软治理。这种治理方式与政府行政手段的硬治理有效结合,从而扩大治理的覆盖面和影响力。

如表 10-1 所示,我国自 2001 年开始探索行业协会参与互联网治理的模式,成立于 2001 年的中国互联网协会至今仍发挥着重要影响力,并于 2002 年发布了我国互联网行业的第一部自律公约《中国互联网行业自律公约》,为我国建立互联网行业的自律机制提供了有效保障。2011 年开始,伴随着我国社交媒体的发展,更多行业协会加入互联网内容治理工作中,并逐渐走上了细分化道路,如在视听节目方面协助政府部门开展治理工作的中国网络视听节目服务协会(2011),针对网络营销进行监管的中国互联网上网服务行业协会(2012),在互联网金融方面承担治理工作的中国互联网金融协会(2015),在网络游戏领域组成的中国网络游戏自律联盟(2017)等。2014 年以来,中国互联网的治理进入以中央网信办主导的新阶段,互联网治理体系建设更加得到重视,互联网行业协会逐渐走向高质量发展阶段,网络安全等问题得到进一步重视,中国网络空间安全协会(2016)、中国网络社会组织联合会(2018)相继成立。与此同时,我国在国际互联网治理工作中不断迈进,国际组织世界互联网大会于 2022 年成立,总部设于北京,这标志着我国积极推进全球互联网治理进入新阶段,推动国际社会顺应数字化趋势,共同迎接机遇与挑战,推动构建网络空间命运共同体。

表 10-1 中国互联网领域较为有代表性的行业协会列表

名称	成立时间	代表性文件或活动	主管单位或部门
中国互联网协会	2001 年	《中国互联网行业自律公约》《中国互联网发展报告》	工业和信息化部
中国青少年新媒体协会	2004 年	"中国青年好网民"优秀故事征集活动	共青团中央
中国网络视听节目服务协会	2011 年	《中国网络视听发展研究报告》	国家广播电视总局
中国互联网上网服务行业协会	2012 年	《中国互联网上网服务行业发展报告》	文化和旅游部、中央网信办

名称	成立时间	代表性文件或活动	主管单位或部门
中国电子信息行业联合会	2014 年	《中国电子信息行业联合会章程》	工业和信息化部
中国互联网金融协会	2015 年	《关于促进互联网金融健康发展的指导意见》	中国人民银行牵头
中国网络空间安全协会	2016 年	《网络空间安全行业自律公约》《维护网络信息安全倡议书》	国家互联网信息办公室
中国网络社会组织联合会	2018 年	"中国网络诚信大会"	国家互联网信息办公室

由此可见,协同治理体系由政府作为统筹和主导者,企业作为直接践行者和创新驱动者,用户作为监督者,行业协会作为各主体间的沟通者以及政府治理的协助者。各主体既各司其职,又相互联系,共同推进网络内容治理工作的有效落实和高质量发展。

三、构建多元协同治理体系

构建多元协同治理体系需要发挥政府的统筹作用,以增强各主体间的协同性。目前阶段,我国社会体系尚未形成足以允许社会组织全面承接政府职能的条件,这也源自我国社会体系自身发展过程中的特殊性。我国社会体系根植于强政治性主导的国家,政府的权力让渡是社会体系得以发展的直接原因,因此社会组织等对政府的依赖性较强,其存在合理性和权限范围也来自政府的许可,因而尚不具备独立参与公共事务的稳定职能。[①] 与此同时,政府的统筹协调也是平衡网络内容治理中安全与发展问题的重要途径。我国网络内容治理由政府主导,由政府、平台和用户等多主体协作执行,涉及安全和发展两个价值取向。因此,网络内容治理既需要保障安全,做好内容审核等后置工作,又需要追求发展,做好优质内容引导、用户素养培育等前置工作。由此可

---

① 参见薛澜、李宇环:《走向国家治理现代化的政府职能转变:系统思维与改革取向》,《政治学研究》2014 年第 5 期。

见,内容治理工作需要多主体的协同参与,同时也需要监督和统筹力量的介入,保障各方责任的落实。基于这一现实背景,由政府进行统筹协调的协同治理是适应当前阶段我国网络内容治理的有效途径。具体来看,政府需要从以下几方面入手,调动各主体参与治理的积极性,推进协同治理体系建设。

第一,强化企业责任,落实平台治理。互联网企业是网络内容服务的提供者,内容平台的创建者,平台秩序的管理者。当前,我国大多数网络内容平台都由互联网企业运营,企业在平台内容治理中具有数据、技术等方面的便利性和优势,是内容治理中不可或缺的主体。政府在统筹企业参与内容治理的过程中逐渐明确了平台在内容治理中承担主体责任,同时通过各类行政法规指导和规约平台设立社区公约,建立辟谣机制,开发青少年模式,开展适老化改造,引导平台发展与社会发展相统一,推动平台利益与社会效益的平衡发展,促进平台内容治理的完善和成熟。

第二,培育引导网民群体,调动群众力量。网民是我国网络空间中最为庞大的群体,数据显示,截至 2022 年 12 月,我国网民数量已达 10.67 亿。[①] 与此同时,随着互联网用户内容创作的流行,网民也日益成为网络内容的主要来源,兼具内容创作者和使用者的双重身份。政府在内容治理过程中对网民群体起到重要的思想引领作用,通过思想理论宣传和教育等方式促进用户参与理论学习,通过政府议程、政策议程与公众议程形成互动,积极回应公众关切,塑造用户的主流意识形态。与此同时,政府积极培育和提升用户网络素养,推动网络安全知识普及,加强网络文明宣传,增强网民自我管理意识和安全意识,推进良好网络氛围的形成。政府部门积极探索通过网络走群众路线,积极建立畅通的民意反馈渠道,各地网信部门积极收集群众举报,即时核实查处不良行为,设立线上投诉机制,在网络上收集群众声音,了解基层诉求。

第三,鼓励行业组织,开展社会活动。行业组织在互联网治理中承担着桥梁纽带作用,能够沟通政府、企业、网民等主体,为网络内容治理营造和谐社会

---

① 中国互联网络信息中心:《第 51 次中国互联网络发展状况统计报告》,2023 年 3 月 2日,https://www.cnnic.net.cn/NMediaFile/2023/0322/MAINI6794576367190GBA2HAIKQ.PDF。

环境和积极向上的社会氛围。同时,我国社会组织的管理权限和职能相对有限,需要政府的指导和支持以充分发挥其参与共治共管的积极性和创造性。长期以来,政府指导中国互联网发展基金会等公益组织开展各类互联网法律法规宣传、中外网络媒体论坛、互联网优秀作品展示等活动,呼吁企业积极承担社会责任,深入推进网络文明培育,深化各主体间的交流与合作。

第四节　建立健全网络内容安全保障体系

网络内容安全是信息安全的重要组成部分,保障网络安全需要通过多样化的手段,防止网络色情、犯罪、恐怖等不良信息以及其他可能危害用户个人权益和网络安全信息的传播和扩散。从狭义上来看,网络内容安全保障体系主要表现为技术体系,即通过技术手段进行风险感知和防控,包括机器识别、过滤技术等。从广义上看,网络内容安全保障体系覆盖制度、产业、技术等不同维度,是贯穿网络内容治理全过程的综合性保障体系。长期以来,我国高度重视网络内容安全工作,在战略与法治、产业与技术层面推进网络内容安全保障体系建设,积极应对内容安全问题和挑战。

一、作为总体保障的网络内容安全体系

网络内容治理体系是中国特色社会治理体系的重要组成部分,遵循着安全与发展并重的治理逻辑。因此,网络内容安全与网络内容建设始终是网络内容治理的一体两面,共同构成中国特色网络内容治理体系,代表着安全与发展两个维度。在实际工作中,网络内容安全体系是确保网络内容治理体制与机制安全运行的基础,是网络内容治理体系的总体保障。从具体的网络内容治理工作本身来看,网络安全保障体系所要解决的是网络内容治理中的"底线"问题,对网络空间中危害政治经济安全的内容、潜藏的意识形态风险、可能造成公民权益损害的内容等进行防范和治理,从而保障网络内容所需的技术、平台、机制等都能够顺利运行,网络空间的活动能够在安全、健康的环境中

有序开展,网络内容使用者的基本权益能够得到保障。由此,网络内容才有其存在和发展的基础。

从网络内容与社会的外部联系来看,网络内容不是一个孤立的概念,网络内容本身的潜在风险可能演化为社会安全、国家安全风险,从而造成网络空间以外的现实影响,甚至破坏社会和谐与稳定。具体来看,网络内容是当前安全风险存在的重要领域,这与互联网在关键领域的作用日益提升有着密切关系,也是意识形态竞争、国际竞争向互联网领域转移的结果。例如,在网络监听、网络窃密等危害国家安全的行为中,不法分子可能将网络内容作为其攻击入口,利用陌生电子邮件、网址链接等对目标网络进行攻击。随着网络空间意识形态竞争的加剧,网络内容中的风险更加隐匿化和潜在化,例如,社交媒体等热门网络平台可能成为不法分子挑拨观点对立、激化社会情绪的重要空间,网络评论区、热门账号等都有可能受到不良势力的操控,进而对平台用户产生潜移默化的影响。可见,网络内容风险不断升级,网络内容安全体系的建设是网络内容治理的迫切需求。

二、网络内容安全体系的基本现状

21 世纪以来,国际组织及世界各国都在着手建立网络及信息安全体系,形成了相关政策及法律框架、信息安全标准,相关产业、技术不断成熟和发展。目前,联合国层面形成了以 2003 年通过的《日内瓦原则宣言》(以下简称《宣言》)和《日内瓦行动计划》(以下简称《计划》)为基本框架的全球信息安全基本共识和指导意见。《宣言》第五条针对信息通信技术安全性问题,呼吁建立全球性的网络安全文化,避免利用信息技术实现有悖国际稳定和安全宗旨的行为,防止利用信息资源从事犯罪和恐怖主义活动,同时重视对垃圾信息的处理。总体来看,《宣言》对不良和极端网络内容的危害性给出了明确提示,将网络内容纳入网络安全保障的框架之中。与此同时,《计划》提出了有关网络与信息安全的发展建议,包括加强立法、制定指导方针,保护隐私,共享相关技术成果等,同时鼓励政府与私营部门的合作。可见,《计划》所提出的具体行动和措施建议覆盖了制度、技术、产业、国际合作等多个领域,也为网络内容安全体系的建立提供了框架参考。

从国际方面来看,各国出台了网络内容安全相关的各类政策,推进安全保障体系的搭建和运行。美国网络安全建设起步较早,并且已经建立较为系统的信息安全政策体系。1987 年,美国颁布《关于通信和自动化信息系统安全的国家政策》《计算机安全法》,信息安全政策建设开始起步。2003 年,美国《网络空间安全国家战略》颁布,专门性网络信息安全政策体系逐步建立。2011 年开始,美国网络信息安全工作拓展至国际领域,陆续颁布了《网络空间国际战略》《网络空间行动战略》等。此外,欧盟自 1999 年来持续实施"五年网络安全计划",严厉打击网络犯罪,清理网络非法内容,出台了《关于网络和信息安全领域通用方法和特殊行动的决议》(2002)、《关于建立欧洲信息社会安全战略的决议》(2007)等政策文件,并于 2018 年颁布了《通用数据保护条例》,严格保护个人数据安全和隐私。俄罗斯、日本、韩国、印度等国也针对网络与信息安全出台了各类战略与行动计划,可见网络内容安全问题已成为国际社会共识,具有重要战略意义。

长期以来,我国高度重视网络内容安全工作,在战略与法治层面,产业与技术层面不断完善和推进网络内容安全保障体系的建设,为网络空间安全提供制度保障和技术支持。2016 年,国家互联网信息办公室发布的《国家网络空间安全战略》,指出了网络空间安全的目标、原则和任务,明确了网络空间安全的重要战略地位。与此同时,我国形成了较为完善的网络内容安全相关法律法规体系,1994 年以来相继出台了《计算机信息系统安全保护条例》《计算机信息网络国际联网管理暂行规定》《电信条例》《互联网信息服务管理办法》等,网络安全问题的重要性也日渐提升。2016 年,《网络安全法》的出台,标志着我国网络安全领域基础法的诞生和网络安全工作法治化新阶段的开启。此后,《数据安全法》《个人信息保护法》《关键信息基础设施安全保护条例》等细分领域的相关法律陆续出台,为网络内容安全保障工作提供制度支持。

　　党的十八大以来，我国网络内容安全保障相关的技术和产业蓬勃发展，为网络内容安全提供更为先进的手段支持。目前，我国建立了网络安全技术体系，技术创新不断取得突破，在 5G 网络建设、算力技术设施、人工智能、云计算、大数据等新兴技术领域成果显著。例如，我国科研机构推出的"盘古""紫东太初"等超大规模训练模型，为人工智能技术提供有力支持，①为内容治理技术的创新升级提供更多可能性。在网络安全产业方面，我国网络安全产业体量不断扩大，2021 年产业规模已达 2002.5 亿元，②相关技术产品体系不断演进，技术产品布局不断优化。

三、当前面临的问题和挑战

　　随着互联网技术的发展，网络内容生产与分发也越来越专业化、多元化、智能化，海量信息流为内容治理带来挑战，不良信息滋生传播，造成网络内容安全隐患。与此同时，互联网与现实生活的融合度不断提升，从日常生活、娱乐消费到通信、交通、国防等各类重大基础设施，都进入了信息化转型阶段。因此，网络内容安全不仅关乎内容本身的优劣，更关系到公众利益与国家安全的方方面面。总体来看，我国网络内容安全面临以下几方面的问题与挑战。

　　第一，不良网络内容存在政治渗透风险。随着全球化趋势的发展，互联网成为各国意识形态竞争的阵地，网络主权问题的重要性日益凸显。美国等一些国家利用网络霸权干涉他国内政，开展意识形态攻击，危害社会稳定与政治安全，在多个国家煽动反政府游行、投票等活动，借用"民主""自由""人权"等口号掀起他国社会混乱，为扶持亲西方势力上台创造有利舆论环境，从而实现自身政治企图。与此同时，社交媒体也成为美国开展政治渗透的重要入口。2010 年，美国安全公司"安全提供者"（Provide Security）的托马斯·瑞恩在脸

---

① 参见中国互联网协会：《中国互联网发展报告（2022）正式发布》，2022 年 9 月 14 日，https://www.isc.org.cn/article/13848794657714176.html。
② 参见苏晓：《网络安全产业发展进入快车道》，新华网，2022 年 2 月 15 日，http://www.xinhuanet.com/techpro/20220215/bbe81ec4910a424896a0725a6f2123b5/c.html。

书等社交媒体上虚构了名为"罗宾·赛奇"的用户账号,自称任职于海军网络战司令部。通过这一虚假身份,瑞恩成功深入美国情报和安全部门,甚至收到了美国航空航天局研究中心的专家邀请参与查阅技术文件。由此可见,社交媒体平台中可能潜藏着巨大安全风险,这也反映了信息化时代网络内容安全问题的隐匿性和复杂性,为政治安全带来挑战。

第二,网络内容可能潜藏经济社会安全隐患。2021年8月,国务院发布《关键信息基础设施安全保护条例》中关于关键信息基础设施包括公共通信和信息服务、能源、交通、水利、金融、公共服务、电子政务、国防科技工业等重要行业和领域的重要网络设施和信息系统等,是我国经济社会运行的重要保障,也是网络安全的关键所在,因此也成为网络攻击的重点目标。具体到网络内容领域,网络黑客通过各类邮件、链接等内容入侵重要基础数据系统,进而造成经济损失和安全隐患。

第三,网络内容可能成为文化渗透的重点领域。随着社交媒体的发展,互联网越发成为信息传播、公共讨论和观点交流的重要空间,网络信息和观点丰富多样,同时也鱼龙混杂,存在着不良信息滋生和扩散的隐患。近年来,网络文化产品日益丰富,各类内容产品在全球化背景下实现跨国传播,同时也成为一些国家进行文化输出和意识形态渗透的重要渠道。当前,美国等西方国家利用其互联网技术垄断地位,在世界范围内传播亲西方价值。自2008年起,美国国务院人权和劳工局已经投入数亿美元用以推进"网络人权"①,借用互联网媒介操纵新闻信息,传播所谓的"中国威胁论",企图否定社会主义制度,引发社会思想的混乱,我国面临的意识形态和文化挑战不容忽视。

第四,非法极端网络内容危害社会安全与稳定。随着互联网技术的发展,违法犯罪、恐怖主义、极端主义等非法活动也在网络空间滋生,网络内容成为不法分子用以传递违法犯罪信息、开展不法活动的重要渠道,由此造成计算机病毒、网络诈骗、信息窃取等恶性事件,甚至威胁公众人身安全、社会稳定和国

---

① 参见李士珍、曹渊清、杨丽君:《警惕西方对我国的文化渗透》,求是网,2018年3月8日,http://www.qstheory.cn/dukan/hqwg/2018-03/08/c_1122505254.html。

家安全。当前,网络内容形式不断丰富,也为违法犯罪提供了隐匿性的行为手段,一些不法分子将非法链接植入视频弹幕、社交媒体评论当中,以实施非法引流、网络诈骗等。非法和极端网络内容具有严重的危害性和复杂性,为我国网络内容安全带来诸多挑战。

四、推进网络内容安全保障体系建设

网络内容安全是网络安全和国家安全的重要命题,关系到网络空间及互联网产业的健康发展,以及互联网社会治理职能的良好运行,同时也关系到政治安全、经济安全、文化科技安全等各个领域。为此,我国亟须建立和完善网络内容安全保障体系,不仅要从内容治理本身入手,推进网络内容生态建设,更要从顶层设计着手,为网络内容安全建立制度、话语、技术手段等多维度的保障体系。

从制度层面来看,需要建立多维度的网络内容安全制度,完善从法律制度到执行标准的制度体系。在法律制度层面,当前以《网络安全法》为核心的网络安全法律法规初步奠定了我国网络内容安全的制度框架,但在一些新兴及细分领域仍然存在法律解释空间。为此,需要加强法律解释对当前网络内容安全问题的适应度,加快对算法伦理、个人隐私、网络用户权利保障等方面的解释进程。在执行标准层面,需要进一步加强网络内容安全执行标准的实践性、可操作性和全面性。具体来看,推进内容审核、技术开发等统一标准的颁布,加强对网络内容安全问题的细化分类,建立相关案例库及行动预案,为网络内容安全工作提供有效参考。

从技术层面来看,需要强化网络内容安全相关的技术体系。针对网络空间的内容风险,一方面需要加强内容治理与发展技术,避免不良网络内容的传播和扩散,支持和激励优质内容生产。为此,需要鼓励企业主体的技术创新积极性,运用大数据、人工智能、云计算等技术推进内容治理手段的智能化、多样化,适应当前网络内容复杂化,内容安全问题隐匿化的现状。另一方面需要强化网络技术攻防体系,提升对网络入侵等网络攻击的防御和反制能力。为此,需要加强网络和信息化技术建设,包括重大基础设施的安全保障系统、关键基础信息保护技术及风险评估、网络风险监测预警系统等。

从内容层面来看,需要建设中国特色的网络空间话语体系,应对网络意识形态竞争、政治渗透等安全问题。推进网络意识形态工作,加强网络内容建设和治理,建设健康文明的网络生态,在网络意识形态主战场上把握主动权,提升国际网络传播过程中的话语权和影响力。2014年成立中央网络安全和信息化领导小组以来,我国逐步明确了党对网信工作的集中统一领导,建立了中央、省、市三级工作体系,已在组织架构层面具备了网络内容和意识形态工作的管理体系。2018年,中央网络安全和信息化委员会在深化改革背景下逐渐推进内容治理工作走向新阶段,在此基础上,需要积极推进新型主流媒体建设,更新和出台相关发展规划和指导意见,不断增强主流媒体的网络传播以及国际传播影响力,加快构建国际化的网络舆论阵地。与此同时,需要继续鼓励、支持和引导优质网络内容产品,推动优秀网络文化产品的海外传播。

第十一章　网络内容治理体系中的
技术治理

　　互联网是内容的载体,网络空间为内容生产、传播、加工及由此产生影响、实现价值提供了技术架构,连接了多边市场并制定了活动规则。从这个意义上说,技术发展通过变革内容生产和传播的方式,构成了网络内容生态发展的底层逻辑。技术成为网络内容治理的关键变量——新技术为网络内容治理带来了新手段,同时也留下了风险和挑战。在处理好秩序与平衡、发展与管理关系的网络综合治理理念指引下,网络内容技术治理的"一体两面"由此展开,即一方面要把握好新技术带来的治理工具和手段创新,利用信息技术治理网络内容;另一方面要加强网络内容治理技术建设、管理好配置好网络内容治理技术资源。

第一节　新技术为网络内容治理带来机遇和挑战

　　随着互联网技术和通信技术的发展,5G、沉浸式虚拟技术、人工智能、大数据算法、区块链等新兴技术日新月异,颠覆着网络内容的生产传播机制和内容形态,同时也为网络内容治理带来空前挑战。

一、新技术对网络内容生产和传播方式的变革

　　5G、人工智能、算法技术、沉浸式虚拟技术等新技术快速发展,从源头、手

段、载体、过程、表现形式、作用边界等方面深刻变革了网络内容的生产和传播方式,带来网络内容治理底层逻辑的更新。

1.5G 技术带来全场景传播

5G 技术,即第五代移动通信技术(5ᵗʰ Generation Mobile Networks)是最新一代蜂窝移动通信技术,也是继 4G(LTE-A、WiMax)、3G(UMTS、LTE)和 2G(GSM)系统之后的延伸。5G 的性能目标是高数据速率、减少延迟、节省能源、降低成本、提高系统容量和大规模设备连接。[1] 5G 技术因其高速率、高带宽容量和低延迟的技术特性为物联网和万物互联社会的实现带来技术支持。在网络内容层面,5G 技术将为网络内容的生产传播和呈现形式带来变革。短期来看,5G 技术将颠覆现有的网络视频呈现形式,使其具有"大内容"、互动化和沉浸式的变化。长期来看,在未来万物互联的时代下,万物皆媒将得到实现,网络内容将无处不在、无时不有地出现在人们生活的每个场景之中。

(1)内容终端的变革

一直以来,通信技术的发展是推动内容终端变革的关键力量。以当下应用最为广泛的手机为例,1G 技术的出现使大众移动语音电话通信成为可能,2G 技术的到来催生出以文字为主的手机短信内容,3G 时代下微博等移动社交网络已崭露头角,4G 的成熟让移动互联网全面普及,使短视频等碎片化内容成为最流行的内容形态。5G 被誉为具有革命性意义的信息通信技术,其具有高速率、高容量(高带宽)、低延迟和低能耗等革命性技术特征,也为网络内容终端带来显著的影响。

第一,内容终端与云端的连接越发紧密。在 5G 技术尚未普及时,内容终端在存储视频、图片等网络内容时十分依赖于终端自身的硬件存储容量,一定程度上影响了用户的使用体验。一方面,网络图片、网络视频等内容的自动缓存占据了内容终端相当一部分的硬件存储空间,使用户不得不在一定时间内

---

[1] 苏涛、彭兰:《热点与趋势:技术逻辑导向下的媒介生态变革——2019 年新媒体研究述评》,《国际新闻界》2020 年第 1 期。

手动清除终端中的缓存内容,以腾出一定的存储空间,极为不便。另一方面,随着用户对存储需求的不断加大,厂商也纷纷推出 128GB、256GB、512GB 的移动终端,使其价格不断增高,"万元机"层出不穷。同时,由于当下的内容终端多为移动终端,其处理器的计算能力存在一定的局限,在运行网络游戏等 APP 时时常出现卡顿的情况。而 5G 技术的出现和普及恰好可以解决上述问题,5G 技术高速率、高容量、低延迟的技术特征将使内容终端与云端的连接更为紧密。首先,未来移动内容终端有可能无须再配备原先昂贵的存储硬件,转而将用户所缓存和下载的网络内容自动地上传至云存储空间之中,可以以极快的速度直接将存储在云端的内容呈现在终端屏幕上,使内容终端不再受存储硬件的局限。其次,5G 时代云计算和移动边缘计算(Mobile Edge Computing,MEC)将得到实现。届时,网络内容终端将不再需要配备较为强大的处理器,只需依托云计算平台和附近的 5G 无线基站即可运行较为复杂的软件。

第二,内容终端将实现泛在连接。5G 技术具有高容量、低能耗、低延时的技术优势,5G 网络将实现每平方公里至少能承载 100 万台终端设备[①],这就意味着未来的每一个设备都有被 5G 技术赋能成为内容终端的可能。从现有的智能手机、平板电脑、智能电视到汽车、卫浴产品,甚至是户外路灯等一切设备都具备生产、传播网络内容的可能,而且设备之间都可能通过 5G 网络实现互联互通。比如,用户可以通过智能手机远程操控家庭摄像头、智能音箱等,以智能音箱为代表的智能家居助手可以根据用户指令调控家中其他设备,公路信号灯的实时状况如今也逐渐被网络地图应用所捕获,等等。未来的网络内容终端将无处不在,无时不有,永远保持连接状态,实现网络内容的全场景传播。

第三,5G 技术间接为内容终端的呈现屏幕带来影响。通信网络技术的升级,往往是通过手机反映出来的,而手机的升级又往往是通过屏幕的变化反映[②]。5G

①　匡文波:《5G:颠覆新闻内容生产形态的革命》,《新闻与写作》2019 年第 9 期。
②　王建宙:《5G 终端将发生三大显著变化!》,2018 年 5 月 4 日,https://www.sohu.com/a/230482034_354877。

技术的诸多技术特征和优势使网络内容,尤其是网络视频内容的质量得到提升。在5G技术的加持下,4K、8K等高清视频、互动视频、中长视频不再受4G时代较低速率和较高延迟的限制,实现高质量、高容量视频的即时传播。在此基础上,用户对观看高质量、高容量视频的需求将会提高,对内容终端屏幕质量的要求也会得到进一步提高。可以说,5G技术将间接提升内容终端的屏幕显示质量。目前,这种趋势已得到显现,随着用户与消费者对视频观看体验的提升,越来越多的厂商提高了内容终端的屏幕显示质量,摒弃LCD显示屏而采用质量更高、造价更贵的OLED显示屏。而更清晰的屏幕意味着对网络内容治理的要求进一步提高,比如不良内容可以突破技术局限呈现精确化与放大化趋势,对此需要更加精准与更大覆盖面的监测和过滤技术。此外,5G技术使网络内容的传播场景与呈现形态更为多元,用户对于内容终端的屏幕显示需求也更为丰富。为满足不同场景下网络内容传播的不同需求,终端的屏幕将得到革命性的变革,告别以往的"直板"式的屏幕结构,转而向可折叠屏幕、柔性屏幕、透明屏幕的方向发展。

第四,内容终端音画呈现将由"平面"转向"立体"。当下,无论是传统媒体还是所谓的新媒体,由于通信网络技术速率和容量等限制,其介质主要传递的是平面式的内容信息,人们主要依靠视觉和听觉来从报纸、电视、PC、智能手机等媒介中获取信息。而当5G技术全面深入网络内容的生产和传播之中后,"立体式"传递三维内容信息的媒介将有可能成为现实,人们不再仅凭视觉和听觉获取内容,5G技术通过与VR、AR、3D视频等技术的深入融合使人类的触觉,甚至是嗅觉和味觉都有可能实现对网络内容的感知、认知,带给人们一种身临其境的互动化沉浸式网络内容体验。

(2)中长视频回归与互动视频普及

网络中长视频内容并非是刚刚出现或即将出现的新内容形态。2006年,优酷、土豆等网络视频网站的相继成立和崛起就已将网络长视频送入网民的视野中,但当时其主要服务于具有宽带接口的PC终端。然而,随着4G技术的全面普及和移动互联网的全面爆发,中长视频内容因具有较高的质量和较大的内存而无法被 4G 网络即时传输和流畅播放,逐渐从网络视频的主流形态中淡出。

　　4G 时代下移动互联网的发展使碎片化内容成为网络内容变化的趋势,然而受制于 4G 网络在速率和带宽等方面的低下(较 5G 而言),移动网络内容无法以篇幅较长、容量较大的形式出现,短视频内容成为了 4G 时代网络视频的"主流",截至 2021 年 6 月,我国短视频用户规模高达 8.8 亿,占总体网民的 87.8%①。尼尔·波兹曼指出"媒介的变化带来了人们思想结构或者认知能力的变化"②,碎片化的短视频内容不能将完整的、叙事复杂的内容信息呈现,也无法如文章、长视频等内容对社会事件与问题进行深入、系统的分析阐述,因而可能造成网络用户知识结构的零散与思维方式的非逻辑等不良结果。5G 技术的高带宽、高速率特性恰好可以解决这些问题,为中长内容的回归提供技术支持,使长视频内容同短视频内容一样可以在极短的时间内实现上传、观看、下载与传播,UGC、PGC 等内容也可能以中长内容的形态出现,为网络用户的表达带来更为宽广的舞台。首先,5G 技术的传输速率可以将延迟缩短到 10 毫秒至 1 毫秒之内,实现零延时用户体验,一部电影式 120 分钟左右的中长视频内容在 4G 网络中下载需要上十分钟的时间,而在 5G 技术下的下载时间仅需以秒计算。其次,在内容的质量上,实际应用中 4G 网络下播放 1080p、4K 等高清视频往往因网速不佳而出现卡顿的情况,而 5G+4K\8K 的技术使高清、超清视频的流畅移动播放成为可能。此外,5G 推动下物联网的发展将使人与物、物与物连接起来实现万物互联,网络内容终端也会朝着泛在化的趋势发展,人们生活在"无处不媒体"的全场景内容传播之中。届时,碎片化的短视频内容与中长视频内容将形成互补,碎片化短视频内容便于人们获取新闻、娱乐等日常信息或处理琐碎操作,中长视频内容将服务人们的学习、思考、决策。

---

　　① 中国互联网络信息中心:第 48 次《中国互联网发展状况统计报告》,2021 年 8 月 27 日,http://www.cnnic.net.cn/hlwfzyj/hlwxzbg/hlwtjbg/202109/P020210915523670981527.pdf。
　　② [美]尼尔·波兹曼:《娱乐至死》,章艳译,中信出版社 2015 年版,第 30 页。

目前,中长视频内容回归的趋势日益明显,许多网络视频平台已开始作出战略布局。以"字节跳动"旗下的"西瓜视频"平台为例,该平台计划将中长视频定义为 1 分钟至 30 分钟内由 PGC 生产的以横屏形式呈现的网络视频内容,并计划投入 20 亿元(不含商单、直播和电商收入)吸引和扶持优质中长视频创作人员。① 中长视频比短视频时间更长,包含内容更多元、更丰富,因此,对内容的把关也更复杂。

5G 技术的高带宽、高速率与低延时为中长视频内容的回归带来技术支撑,但这里说的中长视频内容不仅仅是如传统媒体时代一样固化和单一的视频内容,而是具有互动化、新媒体化等新特征。5G 技术将会为互动视频提供发展空间。伴随着互动性极强的视频形态,网络内容面临着生产者与消费者共创、游戏与叙事融合的生产传播新变化,相关治理不仅要注意可能藏在支线剧情中的隐蔽内容,也要及时挖掘游戏治理与电影、电视剧等传统中长视频治理的交叉性。

互动视频是一种颠覆传统单向观剧模式的多向、多支线、可互动、可选择的新兴视频形态,它打破了视频内容和现实观众间的"第四面墙"②。如 2018 年 12 月于 Netflix 平台上映的《黑镜:潘达斯奈基》,以交互式影像的形式推出,观众可以在观看过程中自主选择剧情走向,从 300 多分钟素材中"导"出属于自己的 90 分钟电影。张德威③将互动视频归纳为多线剧情分支式、多视角切换式和画面信息探索式三种类型:一是多线剧情分支式指创作者在创作视频时设计出不止一条剧情线,观众可通过交互式的方法在多支线框架内选择剧情走向不同的结局;二是多视角切换式指观众可以根据剧情中角色的不

---

① 《西瓜视频任利锋:"中视频"不容错过,西瓜将拿 20 亿元补贴创作人》,今日头条,2020 年 10 月 20 日,https://new.qq.com/rain/a/20201020A04S3900。

② 注:"第四面墙"(FourthWall)是一个戏剧术语,指在传统三壁镜框式舞台中,横隔在舞台和观众之间的一面虚构的"墙",这面"墙"隔开了"台上"和"台下"。一旦台上演员和观众产生交流,这面"墙"就被打破了。

③ 张德威:《5G 技术背景下互动视频的创新路径初探》,载 Remix 教育:《科教望潮·2020 Remix 教育大会论文集》,北京小猬信息科技有限公司 2020 年版,第 5 页。

同而选择以不同角色的视角以及第三人称视角来观看互动视频；三是画面信息探索指互动视频内容在进行到某一特定剧情或画面时会向观众自动弹出网络链接或虚拟按钮，类似于游戏，以便观众在剧情中探索剧情线索。在互动视频中的实际呈现中，以上三种类型通常以交织复合的形式出现，极大地提高了观众的交互体验感和自主选择感。

互动视频的概念由来已久，早在 1967 年世界上第一部互动电影《自动电影：一个男人与他的房子》就是根据多数观众的投票选择来确定剧情的发展[1]，但其始终受制于通信技术速率、容量等方面的限制，无法在内容生产和用户体验上走向成熟，而 5G 的到来在技术上使互动视频的发展与其在移动端的普及应用成为可能。一方面，在互动视频的呈现方面，以往的互动视频由于通信技术速率和容量的限制只能传输简单的互动操作和剧情选项，当高速率、低延迟和高容量的 5G 来临后，互动视频的"玩法"将更加多样，用户不仅可以选择自己喜欢的剧情支线和人物视角，还可以选择或操控人物角色的动作、语言，游戏与视频的边界将被打破。另一方面，在内容创作方面，传统的互动视频与普通视频的创作方式较为类似，只是依靠编剧和创作团队对多支线剧情、多人物视角的前期设定和拍摄，而在 5G 时代下观众与主创团队的距离被进一步拉近，编剧实时依靠观众期望更改或创作剧情将成为可能，互动视频的观众与创作者的边界将越发模糊，实现观众即作者的情形。

（3）万物互联下的全场景传播

如果说，4G 时代下移动社交媒体的兴起实现了人与人之间时时刻刻的连接，那么 5G 技术的到来则将实现人与人、人与物、物与物的全面连接。5G 下的网络连接不再是如以往选择性的连接（有的连接有的不连接）、分离式的连

---

[1]　刘艳：《互动视频的传播效果研究——基于针对大学生的对比实验分析》，《新闻研究导刊》2020 年第 17 期。

接(各个网络之间互不联通)和粗线条式的连接(指仅仅进行了基础性的连接,远未达到细密的、无所不在的连接),而是无处不在、无时不有的万物互联。在万物互联的格局下,网络内容媒介将得到扩展和延伸,使信息内容传播媒体由"从人到人"的传播平面扩展至"人与万物"的广阔空间,物联媒体"MOT"(Media of Things)①的普及将会使我们进入万物皆媒的时代,各种物品都可以被赋予内容,都可以被开发成为生产和传播内容的能力与渠道②,网络内容将实现全场景的生产与传播。

网络内容实现全场景生产。在万物互联和万物皆媒的 5G 时代,每一个设备都可以被赋予采集数据和生产网络内容的能力,这将进一步影响网络内容生产方式的变革。一方面,在 5G 技术高传输速率与高带宽容量的赋能下,所有终端设备将作为"传感器"具有了数据采集、上传的能力,以此可以为现有的人工智能等 MGC(机器生产内容)提供海量数据,使网络内容更为多元,适应全部场景。另一方面,随着云计算和 MEC(移动边缘计算)技术的日益成熟,人们日常生活中无处不在的 5G 基站将具有生产网络信息的能力。值得注意的是,这里所说的 MEC 生产网络信息并非传统意义上的内容生产,而是通过数据运算并传播至人们身边的终端设备来生产网络内容,如智能汽车、智能家居等。万物互联下的网络内容媒介并非仅仅是传统意义的新闻、娱乐等信息的业务功能型载体,更是具有传播数据能力并通过连接终端提供服务等多种类融合的服务型载体。③ 此外,万物互联之下内容生产的场景边界将被打破,5G 的高带宽容量、高速率和低延迟使身处不同地域、场景的内容创作者可以借助云平台来进行实时同步的合作,网络视频的活力将得到进一步爆发。

---

① 匡文波、张一虹:《5G 时代传媒发展的机遇与挑战》,《网络传播》2019 年第 12 期。
② 常玲玲:《浅析 5G 给传媒业带来的机遇与挑战》,《新闻世界》2020 年第 1 期。
③ 胡正荣:《技术、传播、价值:从 5G 等技术到来看社会重构与价值重塑》,《人民论坛》2019 年第 11 期。

网络内容全场景精准传播。5G 技术所带来的最大变革莫过于为物联网提供强大的通信技术支撑,2019 年 3 月,时任工信部部长苗圩在博鳌亚洲论坛 2019 年年会一场有关 5G 的分论坛上表示,5G 技术的应用有可能为"二八分布",即 20%是用于人和人的通讯,80%用于物和物的通讯。[①] 物联网的发展将智能音箱、智能汽车、可穿戴式设备、公共基础设施、智能手机等各个设备相连接,全面覆盖人们日常生活的所有场景,且每个设备均具有一定的内容传播功能。在此之下,无数传感器可能会将人们的衣食住行,甚至是思考全部记录下来并上传至云计算和 MEC 平台,平台将基于海量数据对人们进行更为精准且覆盖全面的推送。5G 技术下的万物皆媒会以"润物细无声"的全场景方式将网络内容精准地推送至用户眼中。

2. 虚拟现实技术拓展网络内容边界

虚拟现实(Virtual Reality,简称 VR)技术是带来沉浸式网络内容的关键技术,与一般的媒介终端不同,VR 技术具有传递人们情感和增强人们临场感的能力。VR 技术是一个综合了数字图像处理、计算机图形学、多媒体技术、模式识别、网络技术、人工智能、模拟环境技术、传感器技术及高分辨显示等技术,融视觉、听觉、触觉、力觉,甚至是嗅觉和味觉等多种感知为一体,生成逼真三维虚拟环境的信息集成技术系统。[②]

VR 技术的大范围应用存在一定的技术前提。VR 技术所需运算的数据量十分庞大和复杂,对设备的计算能力要求极高,也因传感器、显示器等不同设备的互联互通需要无线通信技术具有较高容量;同时,由于 VR 技术所呈现的沉浸式内容极为丰富,包含视觉信息、体感信息等信息皆囊括其中,这就使得其对无线通信技术的传输速率有极高要求。而随着 5G 技术的成熟与普及,VR 技术正逐步实现构建沉浸式内容传播,并"焕发生机"。第一,5G 具有 10Gbps 的上行吞吐量,将端到端的网络延迟从 60—80ms 降至 10ms 以内,使

---

① 《苗圩:预计今年发放 5G 牌照 5G 全球标准中国专利占三成》,央视网,2019 年 3 月 29 日,http://news.cctv.com/2019/03/29/ARTIWwvLvSEhJEBmnCfyw7FW190329.shtml。

② 方楠:《VR 视频"沉浸式传播"的视觉体验与文化隐喻》,《传媒》2016 年第 10 期。

得未来 8K 分辨率的超仿真场景的实时传输成为可能。[①] 第二,5G 技术的高传输速率和容量将终端与云端的距离拉近,甚至模糊了其边界。5G 下的 VR 技术无须有线连接某一台计算设备,转而通过与云计算端的连接或 MEC 得到实时运算即时传输。第三,5G 技术的高带宽容量可以容纳数以万计的终端,在此之下 VR 的多设备互联互通将得到实现。

正如麦克卢汉所言:"一切媒介作为人的延伸,都能提供转换事物的新视野和新知觉。"[②]沉浸式内容将以往网络内容的边界充分打破,不再局限于以往文字、图片、视频、音频形态,通过 VR 传感器等设备将媒介延伸至人们的触觉、嗅觉、味觉,使人们身临其境,在网络内容传递信息之外,更传递着人们的感知与情感。在沉浸式网络内容下,"人机合一"和"人媒合一"极有可能成为现实,传统"在场"与"缺席"将化为一体,人们在网络空间中物理肉身的缺席并不意味着主体的"缺席",身体依然可以"在场"[③]。

3. 人工智能技术带来自动化内容生产

人工智能(Artificial Intelligence,简称 AI)的到来将为网络内容带来革命性影响。人工智能技术将丰富网络内容的生产形式,突破现有 UGC、PGC、OGC 的内容生产格局,使网络内容生产的自动化和智能化成为可能。

随着人工智能技术的不断发展与其在网络内容生产过程中的深入应用,AIGC(人工智能生产内容)、MGC(机器生产内容)、ACC(算法生成内容)等 AI 内容生产方式相继成为了与 UGC、PGC 和 MCN 同样被广泛运用在网络内容生产中的重要方式。以 Chat GPT 为代表的 AI 内容生产极大地提升了网络内容生产的素材采集能力、内容创作能力和内容修改能力。本质上来讲,目前的 AI 内容生产实现了网络内容生产的自动化。

---

① 刘德寰、王袁欣:《内部改革与跨界协作并重:5G 视域下 VR 出版媒体融合发展策略》,《编辑之友》2020 年第 12 期。

② [加]麦克卢汉:《理解媒介:论人的延伸》,何道宽译,译林出版社 2019 年版,第 84 页。

③ 喻国明、王佳鑫、马子越:《5G 时代虚拟现实技术对传播与社会场景的全新构建——从场景效应、场景升维到场景的三维扩容》,《媒体融合新观察》2019 年第 5 期。

第一,自动化素材采集。"无米难为炊",收集素材和资料是生产内容的"米"。传统媒体时代,记者在撰写新闻内容时多以采访、观察记录等方式进行内容素材的采集。到了新媒体时代,网络内容素材采集的方式更为多元,网络爬虫、现有素材拼接(如恶搞剪辑)等收集内容素材的方式受到普遍应用。而人工智能的出现使网络内容的素材采集实现了线上抓取与线下记录的自动化结合。一方面,在5G时代下的每个终端都将配备传感器设备覆盖人们实际生活的全场景,以实现万物互联。而终端传感器设备与人工智能结合便会将其所记录的每一个细节编码成数据,自动上传至内容创作端,为其提供线下素材。另一方面,目前的人工智能已具备NLP(Natural Language Processing,自然语言处理)、AI Crawler(人工智能爬虫)、人脸识别、图像识别等功能,其可根据一定的目标与需求来在线上自动抓取网络内容生产所需的素材,极大地提高了素材资料收集的效率。

第二,自动化内容创作。目前,人工智能自动化内容创作技术日益成熟,已在特定领域如新闻撰写、图像生成、视频拼接、音频拼接等领域得到较为广泛的应用。自动化的内容创作使内容生产的效率得到难以想象的提升。Chat GPT运用人工智能技术,能够快速、自主地回答用户提出的问题或完成用户指派的任务,其技术能力已从反馈"答案"文本进化到智能化图表加工处理,并以技术开源方式不断通过新场景、新任务、新反馈而持续地自我学习、优化,成为具有划时代意义的内容生产工具。再以新华社旗下MAGIC内容生产为例,新华社在2018年俄罗斯世界杯的报道中通过MAGIC平台生产的世界杯短视频达到28919条,占主要视频网站世界杯中文短视频总产量的69%。其中最快的一条短视频《进球了! 秘鲁VS丹麦》,在丹麦队进球后16秒内,就自动合成并发布在视频网站上。[①] 自动化的内容创作可以在短短数十秒内产出网络内容并同步发布至网络平台,是以往人力创作所无法企及的。

---

① 傅丕毅、陈毅华:《MGC机器生产内容+AI人工智能的化学反应——"媒体大脑"在新闻智能生产领域的迭代探索》,《中国记者》2018年第7期。

第三,自动化内容修改。在瞬息万变的互联网信息环境中,网络内容不仅要满足优质的质量需求,更要符合快速的传播规律。实践中,网络内容往往会因为修改时间过长而错过事件热点,导致其传播效果大打折扣。人工智能的出现为上述问题的高效解决带来可能。一方面,自动化的内容修改基于 AI 自身对海量数据的机器学习练习,可获知当下网络内容的用户需求和整体趋势,提升网络内容质量;另一方面,自动化内容修改依靠 AI 的算力,可在极短的时间内对网络内容删减或调整。例如,美图秀秀等图片编辑APP 利用人脸识别、图像识别等技术可对照片内容进行"一键美颜"和"一键美化"。

人工智能技术的发展可分为弱智能、强智能和超智能三个阶段。当下,AI技术还处在弱智能阶段,无法对数据进行更深层次的分析。未来,在人工智能技术发展为强智能或超智能时,其有可能具有像人类一样思考的能力,网络内容生产也有望实现自动化生产到智能化生产的飞跃。届时,人工智能内容生产在分析力、预测力、提炼力等方面大幅增强①。

4. 大数据算法技术推动智能化内容分发

内容的智能化分发是网络内容传播的重要变革之一,其突破了传统媒体时代人工分发的局限,通过海量数据挖掘与大数据算法等技术实现网络内容对受众的精准化、个性化、自动化分发。目前网络内容的智能化分发主要包括以下五类。

一是用户个性化推荐。这种算法分发方法主要通过对用户的网络使用习惯、网络内容浏览记录、对内容的"转赞评"等多种网络行为数据,以及如所在城市、性别、年龄、学历等用户身份信息数据的挖掘与分析,找出用户对于网络内容的兴趣点是什么,并根据用户自身的个性化喜好为其推送相应的网络内容。

---

① 彭兰:《增强与克制:智媒时代的新生产力》,《湖南师范大学社会科学学报》2019 年第4 期。

二是用户群体化推荐。与用户个性化推荐相似,用户群体化推荐也是基于用户的身份信息数据和网络行为数据的挖掘分析而进行。不同之处在于,用户群体化推荐将数以万计的网络用户按照其收入、兴趣喜好、教育背景等指标的综合情况,为用户贴上"标签",绘制用户画像,并将他们分成若干类,按照类别进行内容推荐。

三是关联扩展式推荐。在掌握了用户的网络内容兴趣点和所属群体分类以后,算法分发机制还会根据用户喜欢的内容推荐与其相关的其他网络内容,进行关联扩展式分发。这种分发机制有时会是跨平台、跨终端的。例如,用户在某社交软件中大量浏览了有关某明星的娱乐内容,而当他在电商 APP 中进行购物时便会出现有关之前浏览明星的相关产品推荐。

四是热点内容推荐。一方面,大数据算法技术基于对海量数据的挖掘和分析可及时发现当下网络空间和现实社会中的舆论热点事件,对用户进行即时分发;另一方面,大数据算法技术具有一定的预测能力,可通过将用户喜好与舆论事件相结合,推断出用户的下一个兴趣点,为其提供具有预测性的内容分发。

五是场景分发。大数据算法通过对用户的使用场景、使用时间和使用终端设备信息的分析,判断用户的内容喜好与需求,满足其使用体验。5G时代下,大数据算法分发将得到进一步智能化和全场景化的发展。一方面,数据采集将更加多元,随处可见的传感器设备记录着用户生活的每一个细节,实现用户数据的全场景记录,为大数据算法提供海量、实时的数据支撑;另一方面,大数据算法将实现全场景分发,大数据算法分发的"终点"不再是智能手机和平板电脑,用户目光所至之处皆会遍布终端,网络内容智能化分发将无处不在。

二、新技术为网络内容治理带来新手段

新兴技术为内容生产和传播提供了新的方式、渠道,为创新网络内容建设方式提供了更多可能,如利用多媒体技术丰富主旋律作品的呈现方式,增强其

表现力和感染力;利用算法技术,将主流价值导向融入网络内容分发逻辑,把握网络意识形态和主流舆论的主导权。同时,新兴技术也为网络内容管理提供了有力手段。以区块链技术为例,在"人人都握有麦克风"的时代,网络内容生产传播源头难以确定以及生产流程、分发传播机制不够透明导致网络内容质量良莠不齐,违法不良信息、虚假信息和谣言信息时常破坏着网络内容生态。区块链技术能自动、忠实、完整和非中心化地记录网络时代所发生的一切环节①,可在很大程度上帮助网络内容治理解决违法不良信息、网络谣言等现实问题。

第一,区块链技术助力网络内容源头治理。网络空间纷繁复杂,内容信息几经转发传播便难以获知其生产源头在何处,为网络内容治理带来较大挑战。而区块链技术通过链式数据结构和哈希加密以及时间戳等方式使每一个区块皆记录着上一个区块的信息,完整的记录着网络内容信息从生产、发布再到传播的每一个环节,实现了网络内容信源的可追溯。当发现违法不良信息,尤其是涉及犯罪的网络内容信息,网络内容治理部门可及时通过区块链技术线性、直观地梳理该网络内容的传播流程,及时锁定该信息的生产传播者。此外,将区块链技术应用在网络内容平台的算法分发机制中,可以将算法制定的数据抓取、机器学习目标设定、运算模型设计、数据标签选取以及数据预处理等全设计流程记录在分布式账本中,解构算法设计模型,缓解算法黑箱所带来的问题。

第二,区块链技术保证网络内容信息的安全性。当下,数据泄露、恶意挖掘等不法行为在网络空间中时常发生,侵犯着网民的合法权利和个人隐私。根据国家互联网应急中心(CNCERT)《2019 年中国互联网安全报告》②,2019年针对数据库的密码暴力破解攻击次数日均超过百亿次。而区块链技术的分布式结构和共识机制为解决以上问题提供技术支撑,极大地提高了网络的安

---

① 邓建国:《新闻＝真相? 区块链技术与新闻业的未来》,《新闻记者》2018 年第 5 期。

② 国家互联网应急中心:《2019 年中国互联网安全报告》,2020 年 8 月 11 日,https://www.cert.org.cn/publish/main/46/2020/20200811124544754595627/20200811124544754595627_.html。

全性。区块链将网络空间中的区块数据信息完整地、去中心地记录在网络中的每一个节点之中。若区块链中的某一节点(如不法分子)要攻破、篡改和删减其中的一个数据区块便要获得区块链中全部节点的"共识"或掌握网络中51%的节点才可实现。

第三,区块链技术助力网络辟谣。网络谣言和虚假信息一直是破坏网络内容生态的一大问题。即便当下网络内容治理主体已通过建立联动辟谣机制和专项行动等措施使网络谣言问题得到大范围改善,但其治理还存在一定的滞后性。一条网络谣言在得到广泛传播后,如若未被治理部门察觉或未被及时删除,逃避了法律责任的同时也给网络用户造成了不良影响。而区块链的出现有助于解决这一问题。首先,区块链可以保证网络内容的完整性,造谣者在未经过51%节点的共识许可下不可对其生产的内容进行删除和篡改。其次,如上所述,区块链可追溯的特性可以使网络治理部门及时锁定网络内容的造谣者。最后,网络辟谣部门可以在谣言信息所在的区块链中建立一条子链和侧链,对网络信息进行永久辟谣,防止网络谣言的二次传播。

第四,区块链技术保护网络内容版权。由于网络内容生态的复杂、内容生产者媒介素养的良莠不齐等原因,使网络空间中存在着大量的侵权现象和盗版内容信息,侵害着网络内容创作者的合法权利,为网络内容的原创性带来挑战。区块链技术以其特有的可追溯、去中心化和"Token 代币"(或称共票)激励等特性和功能为网络内容版权治理提供新路径。"去中心化"版权认证降低版权保护成本,提高保护效率。以往的网络内容版权认证主要通过国家版权主管部门、网络内容平台等中心化的机构进行认证,这往往需要花费较大的人力成本、资金成本和时间成本来判定网络内容的版权归属,而区块链技术以去中心化的分布式账本将一条网络内容的创作者信息、生产流程、传播流向全环节地记录在网络中的各个节点之中,网络内容在发布的同时就已经被打上了"出生证明",实现了版权归属判定与内容创作的同步化。与此同时,在版权交易的过程中,网络版权所有者可通过区块链技术的智能合约与激励机制

Token 代币实现版权交易,实现了网络版权交易的自动化与安全性。例如,Ujo 音乐平台为每一个艺术家提供一个网络地址作为身份认证,使他们可以通过这个地址上传自己的音乐作品至平台,Ujo 利用区块链技术将版权信息记录下来与音乐作品进行绑定,艺术家可以管理自己的身份账户和音乐作品。每一个数字文件均具有"定位"功能,完整记录着创作者和内容使用者的信息,一旦有作品被非法上传、下载或恶意拷贝,Ujo 平台可以快速追踪到产品泄露的源头,实现全流程的版权保护。①

三、新技术给网络内容治理带来风险与挑战

技术具有"两面性",新技术为网络内容治理带来新手段,同时也给网络内容治理留下了诸多风险与挑战,突出表现在隐私问题、虚实混淆问题、虚假信息问题和去中心化危机上。

1."内容泛在"与"全景监狱"

万物互联下的全场景内容生产和传播极大地颠覆了网络内容的边界,为人们的生活带来了便利。然而值得注意的是,内容泛在,给用户隐私保护乃至整个网络和现实社会带来许多挑战和隐患。例如,万物互联下全场景的数据采集有可能使用户暴露在"全景监狱"之下,使人们毫无隐私可言。又如,数以万计的 5G 传感器将生成海量数据而产生当下网络内容监管模式难以应对审核的网络内容,更因其与现实社会的进一步紧密,有可能对网络、社会安全造成难以想象的威胁。

在互联网技术几乎渗透至社会活动的每个细节的当下,数据的重要性与日俱增,如学者杨东所言:"海洋和石油推动了工业经济的快速发展,而数字经济时代的数据就相当于工业革命时代的石油,是最重要的生产要素。"②

---

① 杨东:《链金有法:区块链商业实践与法律指南》,北京航空航天大学出版社 2017 年版,第 145—146 页。

② 杨东:《后疫情时代数字经济理论和规制体系的重构——以竞争法为核心》,《人民论坛·学术前沿》2020 年第 17 期。

对网络内容而言,合法合理的数据挖掘有利于网络平台为用户制定更好的标签化分类,提供更好的服务。然而,也有不少平台或不法组织为获得利益恶意挖掘用户的身份信息数据、使用行为数据、通讯信息数据侵害用户的隐私权利。更为严重的是,网络应用的日益广泛使网络用户的人脸信息、指纹信息、声音信息、虹膜信息乃至基因信息等生物信息均包含在用户数据的范围之中,不法平台若对这类信息进行恶意挖掘、泄露、兜售,将造成不堪设想的后果,不仅侵害用户个人的合法权益,更给国家安全带来威胁。

网络空间十分复杂,且无现实社会中的物理壁垒,这使数据挖掘的隐私边界难以明确。第一,从本质上来说原因在于网络时代下公共领域和私人领域的模糊,换言之,是社会公共领域向私人领域的全面侵蚀。5G 技术下的万物互联与大数据技术的结合有可能会导致私人领域被社会公共领域所占领,导致"前台隐私,后台公开"的可怕局面(前台在这里指人们的现实生活,而后台指记录人们一举一动的大数据平台)。第二,数据挖掘裹挟用户使用也是导致隐私边界难以明确的原因。一方面,用户在日常生活中依赖智能手机等终端;另一方面,大数据在抓取用户数据时往往并非用户不自知,而是用户们"别无选择"的选择,若不授权网络应用利用大数据技术获得数据便会致使用户无法继续使用相关服务。

2."虚实共生"与"情境坍塌"

2021 年,"元宇宙"(Metaverse)概念火速流行,"腾讯""网易""字节跳动""Facebook""Roblox"等国内外互联网企业纷纷布局,拉开了元宇宙发展的重要序幕。通俗地讲,元宇宙构建了一个与物理现实紧密结合的数字虚拟空间,不仅仅是某一种数字应用,而是一个独立的虚实共生、互联互通的社会形态。作为互联网发展的进阶形态,元宇宙包括用户身份及关系、沉浸感、全时性和经济体系等基本构成要素,是技术群聚效应催生的互联网应用和数字生活空间,它将迭代现有社会的组织方式和运行规则,催生虚实共生的超现实世界。①

---

① 王卫池、陈相雨:《虚拟空间的元宇宙转向:现实基础、演化逻辑与风险审视》,《传媒观察》2022 年第 7 期。

元宇宙已经成为未来发展趋势,其以沉浸式虚拟技术为底层支撑,同时整合 5G、物联网、人工智能、区块链等相关技术,创造一个高沉浸度社交与孪生拟真的世界。在这样一个沉浸感与交互性极强的网络生态中,虚实共生给网络内容治理带来了不小的挑战。

首先,在虚拟现实技术拓展网络内容边界的基础上,结合了更多虚拟空间技术的元宇宙进一步突破了网络内容的界限。可以说,当下阶段的沉浸式虚拟技术只是在有限范围内与特定产业结合,而未来的元宇宙生态则是全方位缝合物理世界与虚拟空间,打造一个融合共生的社会形态,这必然对网络内容治理提出了更高的责任与要求。

其次,虚实共生的元宇宙将虚拟空间的内容与物理世界的内容有机融合,因此,网络内容治理将面临着与现实世界越来越难以分割的境遇。有别于当下用户的二维数字化生存,元宇宙可实现人的三维数字化,也就是说,用户不仅仅是通过一个网络账号参与虚拟空间的行为,而是转变为"分身"形态在虚拟空间中完成各种互动,包括与人、与物、与空间的连接。[1] 如何把握虚拟内容治理与现实行为治理的分界线,以及如何处理两者之间的结合点,都是未来网络内容治理在面对元宇宙发展过程中需要解决的重要问题。

最后,数据隐私监管将成为内容治理困境之一。元宇宙生态中涉及了用户个人数据(包括任何与个人身体、医疗、生理与心智神经、经济、文化或社会地位相关的信息)、用户行为数据(包括任何与习惯、活动实践相关的信息)与通信数据(包括任何与个人通信相关的数据和元数据),[2]毋庸置疑,这些信息具有极大的数据价值。深层次的沉浸式体验使用户产生了多种形态的数据,不仅通过媒介接入从现实世界中上传数据,同时在元宇宙空

---

① 王卫池、陈相雨:《虚拟空间的元宇宙转向:现实基础、演化逻辑与风险审视》,《传媒观察》2022 年第 7 期。

② Bartoli A, Hernandez-Serrano J, Soriano M, et al. On the ineffectiveness of today's privacy regulations for secure smart city networks. Smart Cities Council, Washington, DC, 2012.

间中因各种交互等实践也形成了大量的行为数据甚至是意识数据。在虚实共生的数字空间,这些数据几乎囊括了用户个体的所有个人信息,属于隐私范畴。因此,数据泄露或滥用将造成极大的公共危机,也会对人格权产生危害。

3.“智能生产”与“虚假信息”

人工智能技术基于自身对网络海量内容和数据的抓取和分析可以逃避网络内容治理主体的监管和审核。目前,网络内容审核主要以“机器审核”+“人工审核”的方式进行,人工智能在生产虚假信息过程中会自动通过其所分析的数据或预设的指令而生成如谐音、外语、符号文字等内容逃避网络内容的机器审核,更因 AI 技术可瞬间生产海量内容而导致网络人工审核人员难以将全部内容进行把关,从而导致 AI 虚假信息的传播。

人工智能的不断成熟使深度伪造等网络内容造假技术出现,由于其信息伪造的水准较高,网络内容审核人员在审核过程中难以辨别该内容的真伪。2017 年,好莱坞著名女星盖尔·加朵的人脸信息被不法分子利用深度伪造技术嫁接到成人电影女星的身上,在网络空间中传播广泛,严重侵害了当事人的名誉权、肖像权等人格权利。

目前,人工智能虚假信息的生产并非需要较高的技术门槛,普通用户通过下载 APP 或登录相关网站即可生产。在自媒体盛行和“流量为王”观念风行的当下,如何优化网络内容审核模式并加强技术治网,是政府主管部门和网络内容平台亟须思考的问题。

4.“技术中立”与“算法黑箱”

大数据和人工智能技术的崛起使算法技术日新月盛,内容的智能化算法分发已成为当下最主要的网络内容传播模式。然而,算法技术由于自身的不成熟和外在社会环境的影响,为网络内容生态也带来了算法偏见、算法黑箱、信息茧房等诸多问题。算法的价值观是导致其问题的根本所在,把握好算法价值观也是解决上述问题的关键举措。

毋庸置疑,算法技术绝非如刚刚诞生时所标榜的那样"中立",算法是有价值观取向的。第一,算法所需的数据来源于人类的社会生活和网络空间,只不过是将人们的行为和在网络空间的内容等转化成海量数据供其训练和应用,而人的行为和网络内容是具有价值观的,那么算法计算的数据基础也是带有价值观的。第二,算法是由人所制定的,而算法的制定者具有价值观。正如快手短视频平台 CEO 在《接受批评,重整前行》中所表述的:"社区运行用到的算法是有价值观的,因为算法的背后是人,算法的价值观就是人的价值观,算法的缺陷是价值观上的缺陷。"①算法的制定者在进行算法设计时会为其设定机器学习的目标、选择运算模型和数据标签选取以及数据的预处理等,其中的每一项设计都蕴含着设计者及其背后企业、文化、社会环境的价值观。可以说,算法技术如网络内容一样从其出生之日开始就被打上了人类意志和价值观的烙印。第三,算法内容分发在其运行过程中会基于用户的身份、行为、兴趣等信息数据进行精准分发,而这些数据无不是人类价值观的缩影和体现。总体而言,算法内容分发技术从其数据基础、技术设计和服务对象三个方面都与人类的价值观水乳交融。

由于网络内容的纷繁复杂、网络用户的广泛和算法内容分发技术存在的黑箱问题,算法内容分发背后的价值观难以取证,为网络内容治理带来挑战。首先,目前主要算法内容分发来自于网络内容企业,在"流量为王"的时代下企业以流量变现为主要目标,在设计算法内容分发技术时将流量优先、追求利益的价值观嵌入在算法目标中,而导致要流量忽视质量、"劣币驱逐良币"的情况出现,破坏了网络内容的良好生态。其次,因网络内容分发的设计者和设计过程难以被网络治理主体监督,容易造成算法偏见,若未及时整治,这种带有不良价值观甚至违法的内容算法分发将会成为一种

---

① 网易科技:《快手 CEO 宿华发表道歉文章〈接受批评,重整前行〉》,2018 年 4 月 13 日,http://www.mnw.cn/keji/mi/1970097.html。

"议程设置",让用户困于充斥不良内容的信息茧房之中,威胁到网络内容安全,甚至是政治安全。

5."技术赋能"与"去中心化"

欲思其利,必思其害。区块链技术在实现网络内容生产传播可追溯并保障网络内容信息完整性和安全性,然而正是因为区块链技术所具有的不可篡改、去中心化等特性也为网络内容治理带来诸多挑战。

首先,虽然利用区块链技术的可追溯特性,可以通过对网络内容传播的溯源,锁定网络不良信息的生产主体并明确其所承担的责任。但这仍属于事后或事中监管,无法对"上链"以前的数据行为进行事前监管。换言之,区块链虽可以对链上的违法不良内容进行溯源和追责,但无法从根本上确保违法不良信息不会流入网络。其次,区块链的不可篡改和不可删除特性使网络内容永久保存在区块链之中。一方面,治理主体虽能通过建立子链、附链的方式对区块链中的违法不良信息进行如辟谣、证伪、解释等处理,但无法将不良信息完全删除,难以永久消除对网络用户的不良影响;另一方面,区块链不可篡改特性可能会侵犯用户的"被遗忘权"。被遗忘权(Right to be Forgotten)指数据主体有权要求数据控制者删除关于其个人数据,控制者有责任在特定情况下及时删除个人数据,然而区块链技术的不可篡改特性使网络内容主体删除数据难度增大。最后,区块链的可追溯、不可篡改等特性在很大程度上提高了网络内容版权的保护能力,使网络内容侵权难以实现。然而值得探讨的是,当下网络内容版权侵犯与保护的边界并不清晰,例如"鬼畜"视频、表情包等当下最流行的网络内容是否构成侵权行为有待讨论,区块链技术以其独有的技术特性对网络内容版权问题进行监管可能会造成"一管就死"的情况。

同时,去中心化的结构为网络舆论引导带来挑战。网络内容纷繁复杂且质量参差不齐,网络内容主体更是细分多元,因此,宣扬正能量价值观的网络内容和网络舆论,在众声喧哗的网络空间中是十分必要且并不容易的。在目前的网络空间中,主流媒体、权威平台等中心化的网络媒体是弘扬正能量价值观的主力军。然而,在去中心化的区块链中,主流媒体的舆论引导力可能会受到冲击。一方面,现有的主流媒体等平台将与区块链中每个普通节点一样享有平等的权威和资源;另一方面,区块链中用户(节点)需求的影响力将进一步提升,互联网时代用户通过 Token 代币众筹的方式决定网络内容生产传播的取向。在用户网络素养尚不成熟的情形下,用户参差不齐的内容需求可能会为低俗内容、暴力血腥内容的生产和传播提供温床。

此外,区块链技术在网络内容治理中的应用还需解决技术本身发展不成熟的问题。第一,区块链技术目前所需的运算时间过长,无法适应网络内容的高速生产传播。以基于区块链技术的社交网站 Steemit 为例,由于技术的限制,Steemit 的发帖间隔被限制在 5 分钟,[1]极大地限制了网络内容的传播速度与其监管响应速度。第二,区块链技术对网络内容主体的技术能力有一定的门槛。即区块链去中心化的分布式网络,复杂的运算校验过程需要具有较高运算能力的计算机并消耗大量的电力[2]。以比特币为例,2013 年参与到比特币区块链"挖矿"中的计算数量达到了每秒 10 的 18次幂次,超过了世界上最强悍的 500 台超级电脑的计算量的总和。[3] 第三,区块链技术的智能合约的合法性与可控性有待提升。一方面,区块链智能合约是否可被定位为法律合同有待确定。另一方面,智能合约一旦启动无法停止,灵活性、机动性与可控性上的不足使其难以应对千变万化的网络内容生态。

---

① 王先明、谭杰:《当前区块链新闻发展面临的主要问题初探》,《新闻研究导刊》2020 年第20 期。

② 匡文波、杨梦圆、郭奕:《区块链技术如何为新闻业解困》,《新闻论坛》2020 年第 1 期。

③ Shirley Siluke. Bitcoin network out‐muscles top 500 supercomputers. 2013. 05. 13. https://www.coindesk.com/bitcoin‐network‐out‐muscles‐top‐500‐supercomputers.

第二节　网络内容技术治理的内涵
　　　与原则

以开放、互联为核心的互联网技术深刻地变革了人类社会的内容生产方式。首先,网络的交互性解构了传统的单向传播格局,使"受众"成为更具主体意识的"用户"而贯穿内容生产和传播的全过程。其次,内容生产的门槛在不断降低,内容的含义不再局限于"知识""作品"而指向更广泛意义上的"表达"。再次,内容表达方式持续创新,网络内容传播从早期以文字为主的信息获取发展为多媒体的信息服务。网络技术的连接属性与我国紧密型的社会关系形态相契合,展现出对现实社会极强的嵌入性。最后内容的生产与传播从跨越地域、介质等物理边界到跨越场景、社群等社会边界,呈现出泛在化的发展趋向。这些变化与特点从根本上决定了网络内容技术治理的内涵及要求。

一、网络内容治理的关键是技术治理

随着互联网技术的发展,网络内容应用场景呈现阶段性拓展。通过统计中国互联网络信息中心(CNNIC)历年来发布的《中国互联网络发展状况统计报告》[1]中"网络服务使用率"数据[2],得出网络内容应用场景基本演进趋势,并重点基于互联网技术发展历程和网络内容生产方式变革历程,将网络内容应用场景拓展归纳为以下五个阶段[3](如表11-1所示)。

----

　　① 中国互联网络信息中心:《中国互联网络发展状况统计报告》(第 1—44 次),http://www.cnnic.net.cn/hlwfzyj/hlwxzbg/。
　　② 由于《中国互联网络发展状况统计报告》对网络服务相关数据的统计始于 1999 年 7 月(第 4 次报告),1994 年至 1998 年的实际情况通过查阅相关历史资料获得;2005 年以前的相关数据项目为"用户最经常或期待使用的网络服务功能"。
　　③ 参见谢新洲、石林:《基于互联网技术的网络内容治理发展逻辑探究》,《北京大学学报(哲学社会科学版)》2020 年第 4 期。

表 11—1　网络内容应用场景拓展各阶段情况表

时间	阶段	内容应用场景拓展	内容生产方式变革	内容表现形式创新	内容生产主体变化	关键网络技术突破	内容治理新兴重点
1994—1998	技术化拓展	网页、电子邮件、新闻组、论坛/BBS、个人主页等	发文、跟帖/回帖、评论、报刊上网等	文字为主	科研人员、相关专业人士主等生	接入互联网	互联网接入、对外新闻宣传
1999—2004	商业化拓展	门户网站、新闻网站、搜索引擎、网上聊天、短信等	网络媒体发布信息、网民搜索和通讯行为、软件上传和下载等	图文形式	ISP、ICP、新闻媒体为主,"网民""网虫"成风尚	移动通信、宽带技术、动态网站技术等	网站登载新闻、电子公告、网络出版、垃圾邮件、垃圾短信等
2005—2009	娱乐化拓展	博客、网络视频、网络音乐、网络游戏、即时通信、网络社区等	博客运营、图片分享、音视频分享等	多媒体呈现	博客、播客等自媒体出现,"草根"与"意见领袖"交织	P2P技术、多媒体技术、RSS聚合等	电子商务、网络视频、网络游戏、淫秽色情信息等
2010—2014	移动化拓展	社交媒体、移动端网络应用等	移动内容生产、赞评转等态度表达和二次内容生产等	交互性提升	"网红"出现,用户结构扩散和终端移动化扩散	社交网络、移动互联技术、大数据、云计算等	网络版权、网络谣言、移动网络、网民身份、网络文化等
2015至今	智能化拓展	直播、短视频、电子商务类、生活信息综合服务平台等	知识共享、内容付费、直播等	轻量化,如短视频、直播、H5等;弹幕等交互形式创新	"全民皆媒"与内容平台化	人工智能、算法推荐、区块链等	网络安全、个人信息保护、内容生态等

　　第一个阶段为技术化拓展(1994—1998 年),彼时我国刚刚接入互联网,网络内容应用主要集中在网页、电子邮件、新闻组、论坛/BBS、个人主页等基础场景,内容治理主要针对于网络连接层面;第二个阶段为商业化拓展(1999—2004 年),门户网站、新闻网站、搜索引擎等的出现催生出"网络媒体"的概念,随着互联网的普及以及移动通信技术的发展,用户的信息交流和获取能力得到增强,此时的内容治理重点聚焦于信息服务层面;第三个阶段为娱乐化拓展(2005—2009 年),宽带网络技术的持续发展使多媒体的内容生产和传播成为可能,博客在这一时期呈规模性增长,自媒体开始涌现,互联网媒体化属性的加深以及内容的多元化、娱乐化趋向让治理重点从接入和服务深入到具体的内容质量层面;第四个阶段为移动化拓展(2010—2014 年),移动互联与社交网络的发展让线上与线下环境开始弥合,基于移动端的网络内容应用场景迅速成型并逐渐成为网络内容的主要来源,内容生产方式从具有仪式性和专业性的"生产""创作"转变为更宽泛意义上的"表达",移动化的场景拓展使得内容主体层面的治理成为新兴重点;第五个阶段为智能化拓展(2015 年至今),网络技术对现实社会的嵌入加深,表现为信息服务类应用的强势增长与"平台生态"概念的出现,海量内容下的价值提取与变现成为内容生产与传播的突破口,面对"全民皆媒"与"内容泛在",内容治理进一步上升至内容生态层面。

　　内容泛在的背后是互联网性能提升和效能优化的技术逻辑。一方面,技术的基本演进方向是物理意义上的性能更好,从窄带拨号上网到宽带上网①、网络提速②,从移动互联网的 3G、4G 再到 5G,网络信息传输能力升级支撑起

---

　　①　1997 年我国国际线路总容量(带宽)为 25.408Mbps,2018 年我国国际出口带宽数达到 8946570Mbps。以上数据分别来源于中国互联网络信息中心(CNNIC)第 1 次和第 43 次《中国互联网络发展状况统计报告》。

　　②　最早的调制解调器传输速率仅为 11.4Kbps,2019 年我国固定宽带网络平均可用下载速率为 31.34Mbps,4G 网络平均下载速率为 23.01Mbps。以上数据分别来源于闵大洪:《中国网络媒体 20 年:1994—2014》,电子工业出版社 2016 年版,第 5 页。中国互联网络信息中心(CNNIC)第 43 次《中国互联网络发展状况统计报告》。

了越发膨胀的信息体量。另一方面,网络技术持续满足着人们的社会化、个性化需求,随着互联网的普及,当技术接受达到一定比例,其社会价值便得到显现和认同①,互联网技术由此嵌入社会生活,带来社会规则与行为方式的变革,人们反过来需要去适应指向内容泛在的社会变迁。同时,来自社会系统的反馈也在推动着互联网技术不断拓展其目标视阈和功能边界,呈现出满足多元需求的"互联网+"应用形态和"智慧城市"的场景构态,进一步拓展了互联网技术与现实社会的契合点。可见,内容泛在的实质是互联网技术嵌入现实社会下的内容行为化和价值化,网络内容生产内化为用户普遍行为的同时,信息、数据逐渐成为智能媒体时代的重要资源,个性化分发技术便是对内容价值的提取。网络内容治理越来越强调对于面向内容生产与传播这一底层逻辑的内容资源和技术资源的管理和利用。②

二、网络内容技术治理的基本原则

处理好秩序与平衡的关系。互联网的发展动力来自于技术创新。但技术是把"双刃剑",在增进人们福祉的同时,也可能带来危害。经过这些年的实践,网络主管部门已经认识到技术治网的重要性,提出以技术管技术、以技术对技术的管理思路,并将这种思路纳入网络综合治理体系建设中。近年来,网信、公安、工信等部门都加大了技术能力建设,在技术设施、技术工具、技术队伍等方面加大了投入力度,技术治网能力有明显提高。我国互联网新媒体发展很快,创新每天都在发生,各种新技术新应用层出不穷,也带来一些不可确定性和难以预估的风险。2017年10月30日,国家互联网信息办公室公布实

---

① 2004年的调查数据显示,绝大多数民众(包括网民和非网民)认同"使用互联网可以提高工作/学习和生活的效率"的观点,而对于"在单位/学校/邻里中,会上网的人好像高人一等"这一观点,有16%的网民赞成,而非网民赞成比例则达到42.2%,即更多的非网民认为上网有助于提高自己在别人心目中的地位。以上数据来源于中国互联网络信息中心(CNNIC)第14次《中国互联网络发展状况统计报告》。

② 谢新洲、石林:《基于互联网技术的网络内容治理发展逻辑探究》,《北京大学学报(哲学社会科学版)》2020年第4期。

施了《互联网新闻信息服务新技术新应用安全评估管理规定》,对互联网新闻信息服务新技术新应用的上线、使用、功能以及安全评估等作出了程序性规定,该规定的出台对规范互联网新技术新应用的发展发挥了重要作用。

美国等国家在科技交流上对我国企业加强技术封锁,出台各种限制技术转让和交易的措施,给我国企业供应链安全带来严峻挑战,迫使我们必须加强技术创新。互联网企业处于科技创新第一线,对技术发展走向的敏锐度高,也愿意投入资金和人才开展技术创新。比如,阿里巴巴、腾讯、百度等企业都设立了专门的科技研发队伍,投入了巨额科研资金。长期的科研投入需要市场的稳定支持,否则难以为继。因此,政府在规范新技术新应用发展秩序的同时,也应该从国家科技发展大局出发,从企业科技创新的实际出发,在规范发展与鼓励创新上保持一个平衡,既不能管得过死,也不能放得过宽。有学者提出,网络法治应保持一个灰度,宽容新业态、新应用、新技术,而不是将法治简单理解为制定和执行规则。法治之所以能够不断推动社会经济发展,之所以能够被全社会共同信仰,是因为其在疑难案件中或者历史转折的关键时刻,所能提供的灰度。① 这种观点有一定道理,符合互联网发展的特点,一个对新兴技术、新兴业态更加包容开放的法治氛围,有利于互联网企业投身技术的创新实践。

以问题为导向,有动态张力。网络内容生态所具有的动态内生性有赖于网络通信技术、数据存储技术、数据处理技术等技术基础和以即时通讯、搜索引擎、网络新闻、电子商务为架构的内容应用基础形态的构建。在此基础上,新技术与新应用的出现和发展速度不断加快,使得既有的治理体系和能力往往相对滞后,存在灰色地带或监管漏洞,不良信息和虚假信息泛滥、网络诈骗、网络犯罪、网络言语失范、知识产权侵权、数据黑产等危害网络内容生态甚至扰乱社会公共秩序的行为得以滋生。有学者从技术化社会的角度,认为当前个体化、场景化、不可识别、不在场的叠加,让技术行为特征变

---

① 周汉华:《网络法治的强度、灰度与维度》,《法制与社会发展》2019年第6期。

得难以预见,让现行的属地治理逻辑失灵、规则失效,构成了技术行动与社会规则之间的异步。①

近年来,除了针对网络内容乱象的适用性法规相继出台,以问题为导向(如淫秽色情及非法信息、网络版权问题、网络谣言问题、网络低俗之风、流量数据造假等)的多部门联合专项治理行动持续开展,逐渐形成技术、规制、行动相结合的综合治理手段,通过多维度的资源调度以适应线上线下相连接的复杂治理环境。但值得思考的是,针对新媒体环境下具体场景而逐渐铺开的规制体系是否具有持续应对新技术、新应用的适应能力,这些规制能否得到有效执行从而真正发挥效用;专项行动的作用效果是否具有延续性,面向问题的行动规划能否从网络内容生产和传播的根本逻辑上实现治理效用。这些问题关乎现有的治理体系和能力能否与作为生态的网络内容治理对象之无边界和自组织性特点相契合,从而避免成为外生性的治理手段而导致内容治理的内卷化困境。从根本上说,尽管监管和治理从接入互联网之初便有所建制,但其核心发展逻辑并未摆脱科层结构下的中心化惯性,实质上与互联网去中心化的技术本性相背离。横向上,汇集多方力量的、与网络内容生态相适应的协同治理体系面临着打破部门壁垒、调和利益关系、解构"政企""官民"单向对立的固有思维等瓶颈;纵向上,对新兴技术往往难以形成前瞻性预判和系统性规划,相关治理对策依赖于面向事后的问题复盘②,使得规则和管理滞后成为普遍的结构性困境。

技术治理,关键在人。互联网技术通过变革网络内容生产方式实现对网络内容生态的形塑。在此基础上,网络内容应用场景经历了"技术化拓展—商业化拓展—娱乐化拓展—移动化拓展—智能化拓展"五个阶段,推动网络内容治理重心沿着"网络连接层—信息服务层—内容质量层—内容主体层—内容生态层"的路径转移。内容泛在下的治理场景拓展,既是治理范围

---

① 邱泽奇:《技术化社会治理的异步困境》,《社会发展研究》2018 年第 4 期。

② Endeshaw A.Internet regulation in China:The never-ending cat and mouse game.*Information & Communications Technology Law*,2004,13(1):41-57.

的适应性延伸,也面临着无边界的"失焦"风险,以及网络内容生态自组织性对现有治理体系风险抵御能力和可持续发展张力的冲击。随着网络技术的"工具—方式—环境"式演进,网络内容治理趋向于回归内容生产与传播的底层逻辑,内容和技术由此成为关键的治理资源。[①]

　　网络内容治理的目标指向维护良好、清朗的网络内容生态。在明确网络内容治理"抓手"的基础上,还应明确网络内容治理的目标物,即何为网络内容生态。互联网已然成为与自然物存在方式贴近的技术物,它趋向于内在一致性,趋向于系统内循环因果系统的闭合,此外它合并以功能条件介入的自然世界的一部分,并因此参与到因果系统中。"生态"的概念源于泛在化的内容场景拓展,指的是在技术层和应用层的基础架构上能够实现内生性的内容生产与传播。因此,网络内容治理应具有环境取向,面向内容的治理实质上是面向技术的治理(应用),亦即面向人(技术创新与应用主体)的治理。一方面,有必要通过实名制等方式平衡治理主客体的相对透明度以实现规制有效、标准清晰、权责一致的治理前提;另一方面,网络内容治理的环境取向意味着内容和技术应从客体化"物件"向"资源"转变,改被动封堵为主动利用,像保护环境一样维护网络内容生态健康。[②]

三、我国网络内容技术治理面临的瓶颈

　　互联网技术与特定社会环境的连接与互动,形成了多元的技术发展路径并形塑出相对独特的网络内容应用场景,加之各国国情不同,因而在治理方式上特色各异。我国的网络内容治理便具有鲜明的"中国特色"。在内容生产主体上,我国拥有世界上规模最大的网民群体。在内容应用场景上,我国形成了高度嵌入于关系紧密型社会形态的信息服务平台化发展趋势。对于当前以

---

　　① 谢新洲、石林:《基于互联网技术的网络内容治理发展逻辑探究》,《北京大学学报(哲学社会科学版)》2020 年第 4 期。

　　② 谢新洲、石林:《基于互联网技术的网络内容治理发展逻辑探究》,《北京大学学报(哲学社会科学版)》2020 年第 4 期。

政府为主导的治理体系而言,存在发展面大于治理面的结构性问题,在互联网技术发展的现代化构想、商业化取向和全球化进路下,面临治理资源(内容资源和技术资源)的累积性短缺。

1. 现代化构想下的治理基础薄弱

互联网技术在我国的发展始于经济建设的需求。在改革开放的背景下,作为推进国民经济信息化①的重要手段,接入互联网以及网络技术的发展既是一种"水到渠成"的结果,又在特殊的历史阶段被赋予了迈向"现代化"的历史意义。在社会转型的关键时期,面对经济建设和国际竞争的内外双重压力,人们期望借助信息的力量,以"蛙跳"的方式,实现追赶发达国家的目的。CHINANET②的广告语上曾这样写道:"我们已经错过了文艺复兴,我们也没有赶上工业革命,现在,我们再也不能和信息革命的大潮失之交臂了。"③

早期互联网建设遵循"先发展、再管理"的发展逻辑,其管理思路主要基于经济属性而并非新闻媒体的严格标准,这在对早期论坛的管理中得到体现。彼时,论坛吸引了大量用户参与,颇具影响力。其交互性引发了监管部门对于非法内容传播的担忧,后者曾在1996年有过不允许开设论坛/BBS的动议,但考虑到其为互联网不可分割的重要组成部分而最终放弃"封杀"的想法。④2003年以"博客中国"网站为基地对互联网色情发起的阻击行动,被质疑违背了博客的初心使论坛有了"媒体"的性质⑤(即此前不被认为具有媒体性质)。网络内容治理资源的先天不足以及规制体系的相对滞后由此埋下伏笔。

基于现代化构想,我国的互联网发展始终被置于行政体制架构之下,并沿袭了历史上"重硬轻软"的建设路径。在互联网发展初期便有学者指出,在信

①　谢新洲、杜燕:《互联网管理要在创新前提下定规则——访中国互联网协会副理事长高新民》,《新闻与写作》2018年第5期。

②　1994年8月,邮电部和美国SPRINT电信公司签署协议,由这家公司协助建立中国公有计算机互联网(CHINANET),即中国Internet骨干网和公用网。

③　闵大洪:《传播科技纵横》,警官教育出版社1998年版,第190页。

④　闵大洪:《中国网络媒体20年:1994—2014》,电子工业出版社2016年版,第47页。

⑤　曹健、孙存照、孙善清:《反黄斗士"博客中国"被黑调查》,《IT时代周刊》2003年7月20日。

息设备制造、通信网络建设和信息资源开发这三者的关系上,要特别重视信息资源开发这个最薄弱的环节,走计算机(Computer)、通信(Communication)、信息内容(Content)三"C"并举、相互促进的道路。① 但在当时,发展互联网源于经济发展的需求,但也局限于经济发展这一实用层面。② 尽管在经济改革的语境下,"信息"从纯粹指涉电子信息技术而逐渐被视为一种促进经济发展的资源。③ 囿于价值有形化的思维定势,"信息"更多的是作为一种意识形态层面的先进话语而被加以符号性利用。2003 年,面对网络媒体的快速发展及其所带来的内容问题,有关管理部门就指出:"互联网本身是先进技术的成果,互联网的普及是社会进步的标志,如果在这个先进的时代列车上,装载着的是色情、暴力、邪教、迷信等社会的垃圾,那就抹杀了互联网的先进性。"④政府从一开始便缺席了信息服务基础设施建设,进而缺席了关键的信息公共服务⑤,失去了主动利用内容资源开展网络内容建设的先机。

2. 商业化取向下的资源配置不均

商业化是推动互联网技术扩散的重要因素。20 世纪 90 年代,互联网伴随着商业化浪潮进入大众视野。与经济发展导向相承接的,商业化力量的驱动贯穿网络技术发展的始终。从 1996 年以后开始大量涌现的因特网服务提供商(Internet Service Provider,简称 ISP)到三大门户网站的出现并相继上市,再到后来搜索引擎领域的百度、电子商务领域的阿里、社交平台领域的微博和微信、智能信息服务领域的今日头条等先后问世,并伴随着移动互联网的发展开启了平台化进程,成为网络时代人们生活所离不开的"基础设施"。在技术

① 乌家培:《中国式信息化道路探讨》,《科技进步与对策》1995 年第 5 期。
② 王梦瑶、胡泳:《中国互联网治理的历史演变》,《现代传播(中国传媒大学学报)》2016年第 4 期。
③ 方晓恬:《走向现代化:"信息"在中国新闻界的转型与传播学的兴起(1978—1992)》,《国际新闻界》2019 年第 7 期。
④ 《2003 中国网络媒体论坛在京开幕》,海峡之声网,2003 年 10 月 11 日,http://www.vos.com.cn/2003/10/11_15557.html。
⑤ 方兴东:《超级网络平台:人类治理第一难题》,《汕头大学学报(人文社会科学版)》2017年第 3 期。

资源上,商业平台往往更为雄厚。以近几年兴起的人工智能和区块链技术为例,截至 2019 年 2 月 28 日,我国共有人工智能企业 745 家,2018 年融资总额达 3832.22 亿元①,截至 2018 年 3 月底,我国以区块链业务为主的公司数量已达 456 家②。如果说互联网的基本通讯协议、过滤软件、加密程序等技术构造规制了信息流,那么基于互联网信息系统的网络平台具有相类似的技术能力和权力。③ 在内容泛在化与价值化的演进趋势下,商业平台凭借其信息服务基础,进一步强化了对内容资源的掌控和利用。

在平台趋利属性和个人信息商业化的促使下,平台往往为了追逐流量而包庇一些灰色地带。事实上,商业利益介入内容控制技术的现象在互联网发展早期便已存在。彼时,内容控制服务提供商和软件制造商也多为商业性公司,其内容控制标准为主观制定,考虑到市场推广以及定制化服务的研发成本,这些公司往往采用精度更低的标准以提升产品的普适性。而承担服务器端过滤的网络服务提供商(ISP),也会基于流量价值和内容服务竞争的考量降低内容控制标准。④ 如何处理以政府为主导的治理体系与治理资源商业化配置之间的矛盾,成为网络内容治理突破当前瓶颈的关键所在。

3. 全球化进路下的核心技术差距

在全球化视野下,作为互联网发源地的美国拥有强大的先天资源优势,且在技术创新上更注重关乎基础性技术变革的底层创新。⑤ 美国等发达国家对于支持全球互联网运转的关键资源和基础设施以及互联网核心软硬件技术的垄断,为其控制全球互联网、施行网络霸权提供了技术基础。⑥ 除了在网络核

---

① 中国新一代人工智能发展战略研究院等:《中国新一代人工智能科技产业发展报告(2019)》,2019 年 5 月 24 日,https://baijiahao.baidu.com/s? id=1634413857327712463&wfr=spider&for=pc。

② 工业和信息化部信息中心:《2018 年中国区块链产业白皮书》,2018 年 5 月 20 日,http://www.miit.gov.cn/n1146290/n1146402/n1146445/c6180238/content.html。

③ 薛虹:《论电子商务第三方交易平台——权力、责任和问责三重奏》,《上海师范大学学报(哲学社会科学版)》2014 年第 5 期。

④ 参见林江:《网络监管与内容技术控制》,《中国出版》2002 年第 4 期。

⑤ 参见田丽、张华麟:《中美互联网产业比较》,《新闻与写作》2016 年第 7 期。

⑥ 参见支振锋:《构建网络空间命运共同体要反对网络霸权》,《求是》2016 年 9 月 13 日。

心技术上存在差距(如长期以美国为主导的 ICANN 域名管理),我国的网络安全技术及相关产品(如高端防火墙、操作系统等)也在很大程度上依赖于进口,无法实现完全的自主可控,存在严重的安全隐患。[1] 我国自主的网络安全产业在产业规模、研发力度、营收规模等方面均与国际水平存在较大差距。[2]在内容资源上,欧美国家长期主导着国际舆论场的话语权,而我国出于网络安全考虑设置防火墙,自然失去了实现内容资源控制及其价值输出的可能性。同时,由于互联网站管理中最为关键的根服务器均在国外,使得一些非法网站能够通过持续不定向的地址变更及匿名通信规避内容审查,后者仅能作用于传播链条的末端,往往"治标不治本"。

　　近年来,我国的网络技术发展越来越强调对基础资源技术和核心技术的自主可控。2018 年 5 月,习近平总书记在两院院士大会上的讲话指出,要把握数字化、网络化、智能化融合发展的契机,以关键共性技术、前沿引领技术、现代工程技术、颠覆性技术创新为突破口,努力实现关键核心技术自主可控,把创新主动权、发展主动权牢牢掌握在自己手中。[3] 同年工信部发布关于贯彻落实《推进互联网协议第六版(IPv6)规模部署行动计划》的通知,加快网络基础设施和应用基础设施升级步伐,促进下一代互联网与经济社会各领域的融合创新。[4] 目前,我国在 5G 技术方面已在国际上跻身于领先梯队。在新兴的人工智能领域,截至 2018 年 11 月,我国相关专利申请量已超过 14.4 万件,

---

　　[1]　北京市互联网信息办公室编:《互联网信息安全与监管技术研究》,中国社会科学出版社 2014 年版,第 32 页。

　　[2]　《2019 年中国网络安全产业白皮书》数据显示,2018 年我国网络安全产业规模达到510.92 亿元,居世界第一的北美地区达到 500.1 亿美元;国内 10 家上市网络安全企业平均研发投入占营收规模的比例为 17.02%,国际 10 家典型网络安全企业的平均研发投入占比为20.15%;前者的平均营收规模为 15.69 亿元,后者为 16.52 亿美元。中国信息通信研究院:《2019年中国网络安全产业白皮书》,2019 年 9 月 18 日,http://www.199it.com/archives/944538.html。

　　[3]　习近平:《在中国科学院第十九次院士大会、中国工程院第十四次院士大会上的讲话》,人民出版社 2018 年版,第 14 页。

　　[4]　工业和信息化部:《工业和信息化部关于贯彻落实〈推进互联网协议第六版(IPv6)规模部署行动计划〉的通知》,工业和信息化部门户网站,2018 年 4 月 25 日,http://www.miit.gov.cn/n1146295/n1652858/n1652930/n3757020/c6154756/content.html。

占全球申请总量达 43.4%,居全球首位。[1] 与此同时也应该看到,对于新一代网络技术的规划与研发应提前理顺发展与治理、秩序与平衡的关系,加强对网络技术的系统性、前瞻性研究,把握网络技术的发展规律及其外部效应,推动技术研发与治理创新相结合,以技术发展带动治理体系和能力优化。

第三节　强化网络内容技术治理的方向与路径

基于网络内容技术治理的基本原则,鉴于当前我国网络内容技术治理面临的瓶颈和挑战,网络内容技术治理的实现路径应至少包含两个方面,即利用信息技术治理网络内容生态和加强网络内容治理技术的建设和管理,既要"用得好",也要"管得住"。

一、利用信息技术治理网络内容生态

网络内容治理技术(网络内容审查技术)发展进程可以归结为以下特点。第一,技术手段从人工向人机协同转变。互联网发展初期的网络信息监管主要依靠规定和制度实现,在界定清楚不良信息范畴的基础上,制定出信息人工审核制度,包括信息发布登记、公用账号登记、信息内容审核等。进入 21 世纪,以"防火墙"为代表的互联网内容控制技术取得明显进展,技术上能够通过 IP 追踪定位、关键词过滤等方式实现对网络信息的监测和筛选,其中论坛将程序自动过滤与人工审核、议程设置相结合,形成了"人机协同过滤"模式的雏形。

第二,技术目标从节点向内容转变。早期的网络内容审查技术主要以节点(网站或 IP 地址)为目标,随着网络内容的泛在,特别是门户网站、搜索引擎、社交平台等综合性网站的出现,非法信息潜入和传播的渠道和空间更为多

---

[1]　中国人工智能产业发展联盟:《2018 中国人工智能产业知识产权和数据相关权利白皮书》,2019 年 1 月 24 日,https://cloud.tencent.com/developer/news/390009。

元,治理场景更为复杂。面向节点的监管一方面容易出现"一刀切"的问题;另一方面难以匹配内容泛在的精度需求。面向内容本身的审查技术成为突破口,主要包括网络追踪和监听、内容分级平台(PICS)过滤、新型顶级域名、数据库过滤(IP库、URL库)、关键字过滤、基于内容理解的智能过滤等。

第三,技术逻辑从匹配向识别转变。早期以域名和IP地址为目标或后期以内容(关键词)为目标的审查技术多为静态匹配,即对于目标信息是否为需要被过滤的信息这个二分类问题,主要通过设置黑名单或敏感词库等对被审查内容进行比对式过滤。这种方式对于体量日趋庞大、形式日趋多样的网络内容生态而言已逐渐显现出其不适应性,其基本逻辑仍是事后"补救",难以及时有效地适应网络内容的动态变化及其中复杂的上下文语境。而当前的舆情监测系统也仅停留在文本线索汇聚,缺乏动态预警和智能研判能力。因此,网络内容治理技术正在向着大数据分析与智能识别的方向发展,在网络层由静态的黑名单技术发展出DNS劫持、深度数据包检查(DPI)、流量统计分析等技术,在应用层从关键词过滤向文字甚至多媒体智能识别技术转移。运用人工智能技术广泛嵌入不同的内容场景,基于内容理解作出审查判断并反馈至服务提供方和内容生产方,实现智能意义上的"人"机协同。

二、推进网络内容治理技术建设

习近平总书记指出:"核心技术是国之重器。"[1]"网络信息技术是全球研发投入最集中、创新最活跃、应用最广泛、辐射带动作用最大的技术创新领域,是全球技术创新的竞争高地。我们要顺应这一趋势,大力发展核心技术,加强关键信息基础设施安全保障,完善网络治理体系。"[2]"发展新一代人工智能,是关系我国核心竞争力的战略问题,是必须紧紧抓住的战略制高点。"[3]要抓

---

[1]　《习近平关于网络强国论述摘编》,中央文献出版社2021年版,第114页。

[2]　习近平:《在十八届中央政治局第三十六次集体学习时的讲话(2016年10月9日)》,《人民日报》2016年10月10日第1版。

[3]　《习近平关于网络强国论述摘编》,中央文献出版社2021年版,第119页。

产业体系建设,在技术、产业、政策上共同发力。要遵循技术发展规律,做好体系化技术布局,优中选优、重点突破。① 对核心技术的掌握能力,决定着一个国家的网络安全能力、信息化的发展阶段和关键信息基础设施建设水平、网络综合治理能力,也在很大程度上决定着一个国家在国际互联网产业生态链中的地位、在国际网络空间的话语权。

具体到网络内容治理领域,技术的基础性、关键性作用同样不言而喻。针对当前我国在网络内容治理技术的结构性落后和资源性短缺问题,加强网络内容治理核心技术、关键技术建设成为网络内容治理的重要方面。最首要的任务是要加快核心技术创新。大力实施创新驱动发展战略,把更多人力、财力、物力投向新一代信息领域核心技术研发,强化重要领域和关键环节任务部署(如5G/6G技术、区块链技术、人工智能技术等),集中精锐力量,遵循技术规律,分梯次、分门类、分阶段推进。应当看到,信息技术的市场化程度很高,很多前沿技术表面上看是单点突破,实际上是从信息技术整体发展的丰厚土壤中孕育出来的。这就要求把核心技术生成的母体培育好,建设好产业链、价值链、生态系统,积极推动产学研成果转化,有效促进上下游资源整合,着力加强市场应用和创新。互联网技术迭代速度很快,今天的领先技术很快就可能成为明日黄花。中国要摒弃简单模仿、一味地跟跑的惯性思维,着眼下一代互联网技术,努力实现"弯道超车"或"变道超车",赢得未来竞争的先机。

政府搭台、企业唱戏,形成技术建设合力。党和政府可以出台与网络内容治理(包括内容建设、内容审核、内容监管、舆情监测等)有关的项目任务清单,以"发包"方式交由企业完成相关技术研发和建设。各属地单位可以结合本地基础条件和实际需求,在总体规划基础上形成具体规划和技术路线,与企业合作,共建大数据中心、AI实验室等,为网络安全、人工智能、虚拟现实等相关研究和产业发展创造条件。例如上海市曾明确提出要建设具有当地特色的

---

① 中央网络安全和信息化委员会办公室:《敏锐抓住信息化发展历史机遇 自主创新推进网络强国建设》,《网络传播杂志》2018年8月2日,http://www.cac.gov.cn/2018-08/02/c_1123212082.htm? from=timeline。

"新基建"四大重点领域——以新一代网络基础设施为主的"新网络"建设、以创新基础设施为主的"新设施"建设、以人工智能等一体化融合基础设施为主的"新平台"建设、以智能化终端基础设施为主的"新终端"建设。① 政府的主动搭台和积极引导,能够为企业引导方向、提供便利,甚至能在税收和技术方面为企业降低成本,实现网络内容治理技术飞跃式发展。

积极争夺技术话语权,推动建立技术标准。技术要素的流通和运转、技术规则的有效落地、新的技术开发和探索都离不开技术标准的规范作用。技术标准化是目前全球主要科技大国、互联网大国都在不断探索的内容,技术话语权也是各国争夺的关键。目前,西方国家在互联网上相关技术、产品、产业的标准化程度较高,其标准化的话语权优势也让他们在国际互联网发展中具有更大的优势,能够制约其他国家的产业发展,甚至在某些领域当中能够排除其他国家竞争者。例如,美国在《2019 国防授权法案》中,要求联邦政府机构不得采购或获取任何使用"受控的通信设备或服务",为中国企业"量身定做"一个无法符合的技术标准,大大制约了我国通信设备企业的长期发展。可以说,哪个国家制定了国际化的技术标准和规范,就成为了国际互联网空间中技术规则的制定者,后续在数字技术发展中就能掌握先机、赢得优势。

为了改变这种技术标准被西方国家垄断化的情况,实现技术标准的多元化发展,中国正在积极主动提出相关产业的标准内容,例如,2018 年 10 月,由中国移动牵头提出的切片分组网(Slicing Packet Network,简称 SPN)原创性技术方案,最终在 2018 年 10 月的 ITU-T SG15 全会上成功实现标准立项,并被定位为下一代传送网的系列标准。2020 年中国提出了面部识别软件的标准,受到了国际的广泛认可。标准立项只是国际标准工作万里长征的第一步,在国际标准的推进过程中还面临着多重挑战。未来中国也需要进一步加强自己的技术探索,并制定出能够影响世界其他国家的关键国际技术标准,例如在5G 技术、人工智能技术等行业进行标准制定、实现互联网领域的话语权提升。

---

① 《上海市推进新型基础设施建设行动方案(2020—2022 年)》,上海市人民政府网,2020年 5 月 8 日,https://www.shanghai.gov.cn/nw48504/20200825/0001-48504_64893.html。

此外,技术标准的建设还离不开相关专利成果中的话语权加强和相关主体在国际化标准化组织中的地位提升。只有不断进行技术创新和发展,实现专业技术的提升和核心专利成果的申报,才能不断影响国际标准化组织,保护中国互联网及通信企业在国际化中的正当竞争,提升中国技术标准在全世界范围中的话语权和主导权。

三、加强网络内容治理技术管理

网络内容治理技术管理指的是对网络内容治理相关技术应用予以规制,对网络内容治理相关技术资源进行优化配置,保证网络内容治理技术发展与应用服务于互联网产业健康发展、有利于维护清朗的网络内容生态。就这个问题,以"深度伪造"技术为例,构建"风险议题—治理主体—政策工具"三维分析框架,对当前有关"深度伪造"技术的治理政策文本展开内容分析,总结"深度伪造"技术的多维度治理现状,见微知著,以此理解和把握当前我国网络内容治理技术管理方式和情况。

1. "深度伪造"技术治理政策分析框架

"深度伪造"技术是一种基于深度学习的内容合成技术,具有高度真实和简易操作的技术特征。深度合成技术是人工智能领域里一项纵深发展合成技术(AI-generated media),即以人工智能为手段,通过对源数据的学习,实现视觉、听觉等方面的模仿和修改,其核心特征为具有高度真实性。[1] 由于深度合成技术可以在未经图像和声音当事人同意的情况下生成某人发表任何言论(幽默、色情或政治)的视频,[2]并具有使用门槛低、生成内容高度真实的特性,其一出现就引起了世界范围内的巨大恐慌。

---

[1] 万志前、陈晨:《深度合成技术应用的法律风险与协同规制》,《科技与法律(中英文)》2021年第5期。

[2] John Fletcher. Deepfakes, Artificial Intelligence, and Some Kind of Dystopia: The New Faces of Online Post-Fact Performance. *Theatre Journal*, 2018, 70(4): 455-471.

（1）研究对象及分析语料筛选

面对"深度伪造"带来的种种问题,我国目前已经开展了一系列的制度实践,探索出了一定的治理经验。为了保证研究的代表性与权威性,政策文本的选择将根据以下原则进行:第一,政策的发文机构为国家有关部门,包括党中央和国务院有关部门,地方管理部门暂不列入。第二,收集政府公开网站上发布的"深度伪造"治理政策文件,来源为国家法律法规数据库、国家政策法规库等数据库。第三,政策文件需与"深度伪造"治理相关,使用"深度伪造""深度合成""深度学习"等关键词进行检索,筛选标准一是标题或正文直接出现"深度伪造""深度合成"等关键词,如《互联网信息服务深度合成管理规定》《网络信息内容生态治理规定》;二是在关于"深度伪造"治理的政策文件中明确被引用的综合性治理文件,原文中提到应当按照先前出台的相关规定内容进行管理,如《互联网信息服务算法推荐管理规定》《具有舆论属性或社会动员能力的互联网信息服务安全评估规定》等。

根据上述标准,共筛选出 7 份符合要求的政策文件,分别为《互联网信息服务深度合成管理规定》《网络信息内容生态治理规定》《互联网信息服务算法推荐管理规定》《网络音视频信息服务管理规定》《网络主播行为规范》《法治社会建设实施纲要(2020—2025 年)》和《具有舆论属性或社会动员能力的互联网信息服务安全评估规定》(如表 11-2 所示)。为了便于将政策文本置于本文搭建的分析框架下进行进一步研究,按照"政策文本编号—具体条目"对文本进行标注,以便于后续的编码,如 A1 代表的是编号 A 文件的第一条,如果某条政策中使用了多种政策工具,则按照不同类型进行分别进行重复编码。精读政策文件,筛选其中和治理话题或"深度伪造"有关的内容,将政策规定中的每一条目作为一个政策分析单元,共得到 83 个政策分析单元。

表 11-2　政策文本表

序号	编号	政策文本名称	施行时间	制定部门
1	A	《互联网信息服务深度合成管理规定》	2023 年 1 月 10 日	国家互联网信息办公室、工业和信息化部、公安部
2	B	《网络主播行为规范》	2022 年 6 月 8 日	国家广播电视总局、文化和旅游部
3	C	《互联网信息服务算法推荐管理规定》	2022 年 3 月 1 日	国家互联网信息办公室、工业和信息化部、公安部、国家市场监督管理总局
4	D	《法治社会建设实施纲要（2020—2025 年）》	2020 年 12 月 7 日	中共中央
5	E	《网络信息内容生态治理规定》	2020 年 3 月 1 日	国家互联网信息办公室
6	F	《网络音视频信息服务管理规定》	2020 年 1 月 1 日	国家互联网信息办公室、文化和旅游部、国家广播电视总局
7	G	《具有舆论属性或社会动员能力的互联网信息服务安全评估规定》	2018 年 11 月 30 日	国家互联网信息办公室、公安部

（2）分析框架构建

政策分析框架的维度选择主要有政策议题、政策目标、政策工具、政策主体等特征。当前，围绕政策特征的政策文本分析已经形成了鲜明的研究范式，即通过内容分析法对政策文件中涉及的政策主体、政策效力等形式特征以及政策工具、政策目标等内容特征进行编码和统计分析，进而呈现某一政策领域的政策特征。① 在公共政策领域，学者们比较常用的是"目标—工具"的二维分析框架，通过政策工具和政策目标之间的匹配性对政策进行衡量②。也有学者选取三维分析框架，如以政策议题、政策目标与政策工具三个维度对我国

① 参见张毅、赖小乔：《我国政策文本分析的核心议题与分析方法》，《科技智囊》2023 年第 4 期。
② 参见范梓腾、谭海波：《地方政府大数据发展政策的文献量化研究——基于政策"目标—工具"匹配的视角》，《中国行政管理》2017 年第 12 期。

人工智能政策进行分析,探讨了我国人工智能发展特征①。

综合文献综述内容和"深度伪造"及治理领域的现实情况,以下将采取三维分析框架对政策文本进行分析,分别从风险议题、治理主体、政策工具三个角度对政策文本进行内容分析。框架构建如图 11-1 所示。

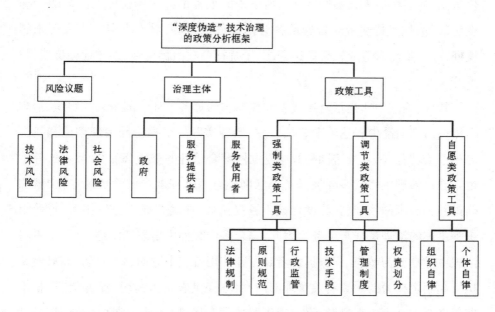

图 11-1　"深度伪造"技术治理的政策分析框架图

首先,风险议题是对政策内容中到底"关注何种风险"的讨论,削弱风险危害、平衡风险社会是治理的出发点,也是治理的最终目标。梳理"深度伪造"以及相关人工智能技术所带来的危害可以发现,这并不是单纯的机器人技术,由技术风险带来的数据和算法在不同的应用场景衍生,冲击传统治理秩序,带来了法律风险和社会风险。技术风险是指"深度伪造"技术本身特性所引发的风险,例如人脸生物数据信息存储安全问题、信息发布机制、算法应急

---

①　参见刘红波、林彬:《中国人工智能发展的价值取向、议题建构与路径选择——基于政策文本的量化研究》,《电子政务》2018 年第 11 期。

处理等问题;法律风险是指"深度伪造"技术的泛用对现行法律监管体系所带来的冲击,"深度伪造"技术出现时间短,技术演变速度和传播速度都呈量级增长,版权矛盾、个人隐私保护、虚假信息欺诈等法律风险都较为棘手;社会风险的定义则更为宽泛,"深度伪造"技术的出现和传播对社会伦理体系、社会价值观、社会生活等方面产生冲击所带来的危害都归为社会风险的范围,"深度伪造"的技术特性带来普遍的社会信任危机,人们对于真实的定义越来越模糊,进一步而言造成社会舆论问题、干扰社会政治稳定性、误导社会价值观;等等。

其次,治理主体是指直接或者间接参与治理各个环节的个人或组织,治理主体在治理活动中表达治理意见,进行治理实践。根据协同治理理论和我国的社会治理范式,多方协同是我国互联网综合治理的重要特征,在政策文件中也体现着治理主体的多样性,如《互联网信息服务深度合成管理规定》中就明确提到了国家网信部门、深度合成服务提供者、深度合成服务使用者、行业组织等主体的治理责任与义务。因此,综合多份文件中出现的治理主体,笔者将治理主体划分为政府、服务提供者和服务使用者三个方面,政府是指具有政策执行和制定权力的国家有关管理部门,服务提供者是指运用"深度伪造"技术即深度合成技术进行经营运作、提供服务的主体,服务使用者是指使用"深度伪造"技术的组织和个人。

最后,政策工具是指政府在关于"深度伪造"风险治理过程中所使用的管控治理工具,通常以政策的形式被规范下来加以实施。政策工具的分类中最经典的分类方式是按照政府介入程度分为强制类工具、混合类工具和自愿类工具的三分法①。有学者沿用这种按"政府介入程度"的分类方法,对各国网络治理实践的既存"手段"进行通约性检视,归纳出 12 种通用性网络政策工具,分为自愿性工具、疏解性工具、调节性工具、规制性工具四大类,包括网民个人自律、网络组织自律、网络道德规劝、网络技术政策、网络法律规制、网络

---

① Howlett M,Ramesh M.Patterns of policy instrument choice:Policy styles,policy learning and the privatization experience.*Review of Policy Research*,1993,12(1-2):3-24.

行政命令等 12 种常用工具。① 结合中外学者的划分方式和"深度伪造"相关的政策文本现状,将政策工具划分为强制类政策工具、调节类政策工具和自愿类政策工具三大类,共八种,如表 11-3 所示。

表 11-3 "深度伪造"治理中的政策工具分类

政策工具分类	具体分类	定义
强制类政策工具	法律规制	明确"深度伪造"治理的法律规定和执法依据。
	原则规范	针对"深度伪造"技术进行制定治理标准和治理实践规范,通过国家强制力保证实施。
	行政监管	政府有关部门对"深度伪造"技术开展治理的具体过程,包括处罚、书面审查和现场查收等方式。
调节类政策工具	技术手段	运用技术评价和技术控制等手段,对"深度伪造"技术的发展进行规范。
	管理制度	建立关于事前预防、事中检测、事后处理等多环节的管理制度,明确实践过程中的具体处理方法。
	权责划分	明确"深度伪造"治理过程中各主体的权利和责任界限,让各方在行使权利和担负责任时有章可依。
自愿类政策工具	组织自律	深度合成技术服务行业的自我约束机制,通过行业公约、协议等自我管理规避相关风险。
	个体自律	深度合成技术服务使用者或第三方平台用户通过监督举报等形式维护网络环境。

强制类政策工具是借由国家的强制执行力、用强制和直接行动的方式对社会行为进行规制。在"深度伪造"技术相关的治理中,运用较多的强制类政策工具是法律规制、原则规范和行政监管。法律规制主要指借由法律背书,明确相关治理行为的法律规定和执法依据。原则规范主要是指制定"深度伪造"技术相关的治理标准、规范治理实践过程和行为,通过国家强制力保证实施。行政监管主要是指国家行政机关对"深度伪造"技术开展治理的具体过程,包括处罚、书面审查和现场查收等方式。

---

① 何明升、白淑英:《网络治理:政策工具与推进逻辑》,《兰州大学学报(社会科学版)》2015 年第 3 期。

　　调节类政策工具主要用于引导网络服务提供者和网络服务使用者的社会行为方向,主动发挥市场的、技术的调节和道德自律的作用,政府在其中发挥的强制力适中。在"深度伪造"技术相关的治理中,运用较多的调节类政策工具是技术手段、管理制度和权责划分。技术手段以技术为主要载体,运用技术评价和技术控制等手段进行规范。管理制度主要指具体治理实践过程中的规范,建立关于事前预防、事中检测、事后处理等多环节的管理制度,明确实践过程中的具体处理方法。权责划分是指明确"深度伪造"治理过程中各主体的权利和责任界限,避免治理责任主体缺失的漏洞和风险。

　　自愿类政策工具较少借助行政力量执行,主要是非政府主体自发进行运作的政策工具。"这种工具是指在所期望实现的任务上,政府较少的介入,而由民间力量或市场自主运作"。① 当人们基于一定的诱因或出于某种内在驱动力而自主、自愿地完成治理任务时,就实现了自愿类政策工具的功用。典型的自愿类政策工具主要是行业自律和个体自律两种,行业自律是指深度合成等相关技术行业内部的自我约束机制,如通过行业公约、协议等自我管理以规避相关风险议题。个体自律是指深度合成技术服务使用者或第三方平台用户的自主管理行为,用户自愿通过监督举报等形式维护网络环境。

　　(3)数据编码

　　经过对于政策文件的精读和筛选,共得到 7 份符合要求的政策文件,83个政策分析单元,根据之前所设立的编号规则,得到从 A1 到 G14 的政策文本分析表。基于给出的定义和编码规则,形成"深度伪造"政策文本治理现状的编码表,如表 11-4 所示。

---

　　① Howlett M,Ramesh M.Patterns of policy instrument choice:Policy styles,policy learning and the privatization experience.*Review of Policy Research*,1993,12(1-2):3-24.

表 11-4　"深度伪造"政策文本治理现状编码表节选

编号	政策名称	具体内容	风险议题	治理主体	政策工具
A3	《互联网信息服务深度合成管理规定》	第三条　国家网信部门负责统筹协调全国深度合成服务的治理和相关监督管理工作。…… 地方网信部门负责统筹协调本行政区域内的深度合成服务的治理和相关监督管理工作。……	社会风险	政府	强制类—行政监管
……	……	……	……	……	……
A11	《互联网信息服务深度合成管理规定》	第十一条　深度合成服务提供者应当建立健全辟谣机制,发现利用深度合成服务制作、复制、发布、传播虚假信息的,应当及时采取辟谣措施,保存有关记录,并向网信部门和有关主管部门报告。	社会风险	服务提供者	调节类—管理制度
……	……	……	……	……	……
A13	《互联网信息服务深度合成管理规定》	第十三条　互联网应用商店等应用程序分发平台应当落实上架审核、日常管理、应急处置等安全管理责任,核验深度合成类应用程序的安全评估、备案等情况;对违反国家有关规定的,应当及时采取不予上架、警示、暂停服务或者下架等处置措施。	法律风险/社会风险	服务提供者	强制类—原则规范
……	……	……	……	……	……
F13	《网络音视频信息服务管理规定》	第十三条　网络音视频信息服务提供者应当建立健全辟谣机制,发现网络音视频信息服务使用者利用基于深度学习、虚拟现实等的虚假图像、音视频生成技术制作、发布、传播谣言的,应当及时采取相应的辟谣措施,并将相关信息报网信、文化和旅游、广播电视等部门备案。	社会风险	服务提供者	调节类—管理制度
……	……	……	……	……	……

信度与效度是优良的测量工具所必备的条件,体现了检测工具的可靠性程度和正确性程度。① 为了保证内容分析结果的可靠性与正确性,对信效度程度进行检验。

在信度方面,共有三位编码者根据编码规则以相同的分类方式对所选政策文本进行编码归类,在编码完成后,将三位编码者的编码结果进行三角交叉验证,进行检验与校对后发现编码信度较高,编码结果可以被接受。

在效度方面,编码框架结合了治理"深度伪造"技术的风险治理议题、治理主体、政策工具等重要特征,在政策工具的划分上结合了政策工具经典三分法和何明升等人对于网络政策工具的划分,既体现了我国互联网协同治理的国情,也体现了政府对于多种政策工具的搭配使用,具有一定的内容效度。

2."深度伪造"技术治理的政策概况

梳理这 7 份政策文件的基本内容,可以发现有以下基本特征。

在时间分布上,最早提到"深度伪造"这一表述的文件是 2020 年 1 月 1 日正式施行的《网络音视频信息服务管理规定》,其中明确规定了使用深度学习技术的网络音视频信息服务提供者的安全评估举措和辟谣机制,展现出政府对新出现的人工智能技术审慎的态度。政府尤为关注的是新技术的媒体属性,规范其信息真实性和舆论引导的正确性。自 2020 年以来,"深度伪造"技术走入政府互联网治理的版图,相关文件出台时间主要集中在 2020 年和 2022 年。而《互联网信息服务深度合成管理规定》则是首部专门针对深度合成技术的规定,于 2023 年 1 月 10 日正式施行,这体现着在初期探索之后日渐成熟的"深度伪造"技术治理机制,这一规定还采取了更为中性的"深度合成"一词表达,体现着管理者对于新技术积极引导和应对的态度。

在出台治理政策的部门分类上,在党中央集中统一领导下,国家互联网信息办公室作为国家管理互联网信息传播的专门机构,在"深度伪造"技术的治理方面起着主导性和关键性的作用,而其他部门如工业和信息化部、国家广播

---

① 参见袁方:《社会研究方法教程(重排本)》,北京大学出版社 2016 年版,第 139—147 页。

电视总局、文化和旅游部、公安部等部门也多次参与其中,共同协助。同时,国家网信部门和地方网信部门业已形成协同工作体制,国家网信部门发挥的是顶层设计和统筹协调的作用。

在政策侧重点方面,除了《互联网信息服务深度合成管理规定》是专门针对深度合成技术制定,其余政策文件都是网络内容治理领域的综合性文件,其中《具有舆论属性或社会动员能力的互联网信息服务安全评估规定》文件发布时间还早于"深度伪造"技术的出现时间,这说明"深度伪造"虽然是一种新出现的技术现象,但是其治理并未脱离常规互联网治理体系,我国政府对于新技术的治理态度和对策具有一致性,并且已建立起逐渐规范的综合治理体系,不断将出现的新技术纳入互联网综合治理体系中。

3."深度伪造"技术治理政策内容分析

"深度伪造"技术治理政策内容分析分为单维度分析和综合维度分析两个层次展开。

（1）单维度分析

在对 83 个政策分析单元进行编码、统计之后,得到我国关于"深度伪造"技术治理的政策文本各维度分布统计分析,如表 11-5 和表 11-6 所示。

表 11-5　政策文本风险议题分布和治理主体分布

分析维度		分布占比（%）
风险议题	技术风险	9.09
	法律风险	35.23
	社会风险	55.68
治理主体	政府	12.5
	服务提供者	67.05
	服务使用者	9.09

在风险议题维度上,总体上来看我国"深度伪造"技术问题的治理对于风险议题较为关注,在政策设计中明显地体现其针对不同风险议题类别的关注。

相对而言,与社会生活更为息息相关的风险受到最多的关注,在编码分析过程中发现,尤其是"深度伪造"信息的政治方向问题、社会舆论问题、社会价值观引导问题、个人隐私保护问题等社会风险议题多次被提及;法律风险次之,对"深度伪造"技术进行行政处罚的法律依据、服务提供者的法律责任等法律风险议题被重视;技术风险作为算法等技术稳定运行的基础也多次出现,主要关注数据资源的泄漏问题、可控的应急处置和技术保障措施等。总体而言,在"深度伪造"技术相关的风险议题上,我国较为重视"深度伪造"技术对社会稳定带来的危害,关注的风险议题大多来自社会实践的具体环节,其引发的法律和技术问题也在逐渐进入政策风险议题之中。

在治理主体维度上,"深度伪造"服务的提供者在大多数的政策文件中扮演治理的主体角色,政府主要凭借其强制力在一些关键问题上主导治理,而"深度伪造"服务的使用者处于治理的边缘位置,参与度较低。

表 11-6　政策文本政策工具分布

政策工具分析维度		分布占比(%)
强制类政策工具	法律规制	15.91
	原则规范	21.59
	行政监管	14.77
	总计	52.27
调节类政策工具	技术手段	7.95
	管理制度	15.91
	权责划分	14.77
	总计	38.64
自愿类政策工具	组织自律	4.55
	个体自律	4.55
	总计	9.09

在政策工具维度上,强制类政策工具的使用占比最高,调节类政策工具居其次,自愿类政策工具的使用占比最低。在强制类政策工具的使用中,原则规

范类最为常见,这类政策明确界定了各主体的责任,并通过一定的强制力保证施行,相比于法律规制和行政监管,在制定的过程中也有着很大的灵活度。行政监管和法律规制大多是依托已经规范下来的法律体系和行政管理体系,虽然是关于新出现技术的治理,但是其治理体系已经较为成熟。在调节类政策工具的使用中,管理制度和权责划分成为重要的政策工具,其大多具有很强的实践性,针对如辟谣制度、数据管理制度、标识要求、安全评估等具体实践环节规范治理要求、明确服务提供者所需承担的责任,而在技术手段的运用上,由于目前对于"深度伪造"的检测技术和善后技术还处于研发之中,"深度伪造"治理文本大多留有一定的探索空间,给予平台和技术公司一定的引导。在自愿类政策工具的运用上,组织自律和个体自律都得到了一定程度上的重视,但相对来说其发挥的效用和作用还有限,深度合成技术行业还未出台明确的行业自律准则。

（2）综合维度分析

在对风险议题维度、治理主体维度、政策工具维度进行单维度分析后,为了深入探究各因素的内在关联,将选择风险议题与政策工具维度进行二维分析,探究面对不同风险议题时对政策工具的选择偏好。

表 11-7　风险议题与政策工具二维分析

风险议题 政策工具类别	强制类政策工具			调节类政策工具			自愿类政策工具	
	法律规制	原则规范	行政监管	技术手段	管理制度	权责划分	组织自律	个体自律
社会风险	0	14	4	3	10	10	4	4
法律风险	14	5	9	0	2	1	0	0
技术风险	0	0	0	4	2	2	0	0

从政策工具的分布上可以得知,在"深度伪造"技术有关社会风险议题的治理中,政策工具的使用最为丰富,强制类政策工具中的原则规范与调节类政策工具中的管理制度确立和权责划分发挥着重要的作用,同时也较好地平衡了自愿类政策工具的使用,一定程度上通过组织自律和个体自律实现了"深

度伪造"技术带来的社会风险的治理。同时,在社会风险议题的治理中,不同类别政策工具搭配出现。"深度伪造"技术的社会风险危害覆盖面最宽泛、和用户的日常生活息息相关,这体现出多主体、多手段协同治理的发展现状。

在"深度伪造"技术有关法律风险议题的治理中,政策工具的使用则较为集中,主要是强制类政策工具,这与技术所带来的法律风险的特性密不可分。在法律风险议题上,"深度伪造"主要带来了个人信息泄露、信息造假欺诈、危害社会舆论稳定和国家安全等问题,对其进行治理需要借助国家的强制执行力进行威慑和惩罚,强制类政策工具兼顾了强制性和灵活性,在"深度伪造"技术治理的具体情境下明确不同的治理守则。同时也通过调节类政策工具引导建立配套的治理环节和行业自治体制,政府在此时主要以监督者的角色出现。

在"深度伪造"技术有关技术风险议题的治理中,调节类政策工具占主导地位。在这其中,国家有关部门尤为重视"深度伪造"技术的数据基础安全、算法透明度与偏向、辟谣机制的建立与常规性安全评估机制的完善,体现出人工智能环境下政策的积极转向,积极引导技术向上向善。

(3)小结

对于83个政策分析单元进行编码整合和内容分析后,得到以下初步结论。

首先,整体上而言,我国对于"深度伪造"技术的治理最为关注技术潜在的社会风险,治理主体以信息服务提供者为主,主要形式是政府以政策规定的方式划分信息服务提供者的责任与红线。而具体使用的政策工具类别以强制类政策工具和调节类政策工具为主,制定原则规范、采取法律规制措施、引导构建完善的治理实践管理制度成为最常用的政策工具具体举措。

其次,不同的风险议题上政策工具的选择也有着一定的偏好。在分布最为广泛的社会风险议题上,政府管理者倾向于选择原则规范、管理制度、权责划分等政策工具并搭配使用,以覆盖社会风险的广度。而在法律风险议题上,政府管理者则倾向于选择针对性强的法律规制工具进行应对,具体而言包括

《中华人民共和国网络安全法》《中华人民共和国数据安全法》《中华人民共和国个人信息保护法》《互联网信息服务管理办法》等法律,并尤为强调其对于违法和不良信息的处置,运用警示、暂停更新、下架、行政约谈、整改等举措,关注的是以法律手段维护国家安全和良好的社会秩序。

最后,总结治理政策的分布维度可以发现,我国有关"深度伪造"技术的治理政策有以下突出特点,分别是依法治网、负向激励和协同平衡。

依法治网是指治理政策与现行法律规章体系紧密结合,强调法律规制工具在"深度伪造"技术治理过程中的应用。在"深度伪造"技术的治理过程中,互联网治理现行有关法律构成治理体系,为"深度伪造"技术的治理起到了国家强制力的保障。2020 年 12 月,中共中央印发《法治社会建设实施纲要(2020—2025 年)》①,在纲要中提出要制定针对"深度伪造"等新技术应用的规范管理办法,这表明我国对"深度伪造"等新技术应用给予高度重视,同时通过制度设计和建设,为"深度伪造"技术治理提供了法治保障。

负向激励是指有关政策规定以规制约束为主。相比于政府给予创新政策红利、用市场手段引领技术发展等正向激励,对于"深度伪造"技术的风险应对更多是以负向激励为主,政府划定服务提供者的责任界限和权利红线,将监管责任下发给具体的信息服务提供者,采取警示、暂停更新、下架、行政约谈、整改等举措负向激励"深度伪造"技术服务的提供者。

协同平衡是指政府对于政策工具多以相互配合的形式使用,不同种类的政策工具在这一过程中实现了平衡。在内容编码的过程中可以发现,不同政策工具之间的界限并不是泾渭分明,在同一份文件中,不同的政策工具针对不同的治理情境搭配出现,以《互联网信息服务深度合成管理规定》为例,一方面通过明令禁止、监管处置等强制性措施制定规范;另一方面也通过引导制定技术处理措施、设置标识等引导类手段,体现着政策工具之间的搭配与平衡。

---

① 《中共中央印发〈法治社会建设实施纲要(2020—2025 年)〉》,中国政府网 2020 年 12 月 7 日,https://www.gov.cn/zhengce/2020-12/07/content_5567791.html。

4. 我国"深度伪造"技术的治理特征

通过对"深度伪造"治理政策文本在"风险议题—治理主体—政策工具"三维框架下进行分析,可以初步梳理出宏观层面我国"深度伪造"技术的治理现状,结合我国当前的互联网治理格局,对我国"深度伪造"技术的治理特征进行分析。

(1)重视社会风险防范,技术和法律风险处于治理视角边缘

风险议题编码统计分析显示,我国有关"深度伪造"技术的治理政策文本主要针对社会风险类议题,技术风险与法律风险在政策关注的风险议题中处于边缘位置。

首先,在法律风险层面上,政策现状体现出我国当前对于"深度伪造"等人工智能技术法治问题包容审慎的态度,当前重点是划清"深度伪造"技术法律规制的合法界限。包括"深度伪造"在内的人工智能技术正引发新一轮技术革命,不断革新人类社会,而我国对于"深度伪造"在内的人工智能技术主要采取的是以支持为主、以限制为辅的策略。在法律层面上,《民法典》第1019条规定为"深度伪造"技术的图像和视频应用划定红线①,而相关政策文本划定了明确的义务和责任,如不得制作虚假新闻、应以显著方式标识、健全辟谣机制、开展安全评估等。现有规范既为"深度伪造"技术的应用廓清了合法边界,同时也为其应用场景留出了必要的发展空间,体现着我国对于技术发展的友好态度。

其次,在技术风险层面上,政府作为宏观层面的决策者,为人工智能技术的发展提供鼓励宽松的政策环境,积极引导技术向上向善,如正确应用的"深度合成"技术就得到了政府的规范和倡导。但需要注意的是,在某些监管漏洞下,政府一定的包容维度反而助生了平台和技术公司对于数据和流量肆无忌惮地攫取和较为迟缓的自我监管,相关技术的治理边界在何处依然值得商榷。

---

① 参见尚海涛:《"深度伪造"法律规制的新范式与新体系》,《河北法学》2023年第1期。

（2）协同治理格局初步形成，政府发挥统筹协调和监督管理作用

多主体间的协同治理范式在"深度伪造"技术的相关治理中也得以体现，在治理主体的分析中，服务提供者在政府的引导和规范下担负起较多的治理责任，初步形成了政府主导下多主体协同的"深度伪造"技术治理格局。

梳理"深度伪造"技术的协同治理格局，有必要厘清处于重要位置的政府当前所起到的角色，即统筹协调和监督管理的双向作用。一方面，统筹协调是对政府的工作要求，统筹是协调的前提，协调是统筹的目的，其旨在实现对多元主体及其治理资源的有效整合和精准输出。实践中，国家网信办在纵向层面可以通过行政指导等方式，实现对地方各级网信部门的有效统筹。同时，各级网信部门也在横向层面实现对于其他部门如公安、工信、市场督管等的协调和督促。

另一方面，监督管理是政府在网络信息内容生态多元主体治理中的角色定位。在政策文本中政府直接作为治理主体出现的频次较少，这代表着在互联网治理中，政府已经实现了从全面式直接监管到节点式代监管的转向①。监督主要是指政府对"深度伪造"服务提供者、行业、平台等主体在网络信息内容生态治理过程中的监督，严格遵循相关授权规定，重点围绕平台规则制定、技术应用场景、辟谣机制、侵权救济方式等方面展开。管理则是指各级政府结合治理的阶段性特征，对"深度伪造"服务提供者、行业、平台等主体管理行为的动态性评价、调整和引导。

（3）强制类政策工具居于核心，非强制类政策工具价值有待挖掘

通过对于"深度伪造"治理政策工具的梳理可以发现，强制类政策工具较多次被使用，居于核心，非强制类政策工具的价值还有待挖掘。

在传统政策工具的划分框架中，宣传教育、市场手段等非强制类政策工具大多占有一席之地，但在关于"深度伪造"技术的具体治理实践中，宣传教育、

---

① 参见孙逸啸：《网络信息内容政府治理：转型轨迹、实践困境及优化路径》，《电子政务》2023 年第 6 期。

经济杠杆、道德规劝等非强制类政策工具并未提及,因此未纳入本文的政策工具分析框架中。以教育宣传型政策工具为例,有研究证明通过加强教育和宣传,可以改善民众对"深度伪造"内容的防备意识,提高识别能力。① 然而,大量关于网络行为研究的结果显示,即便是民众有能力辨识不良信息,也不一定意味着民众会选择不点击或者不传播。"深度伪造"内容技术特征和使用场景日益繁杂,用户自身识别并不可靠。开展有针对性的宣传教育,提高广大网民的信息素养,长期来看,毫无疑问有利于净化网络空间;短期来看,其规制"深度伪造"内容传播的效果并不十分显著。

　　基于上述对"深度伪造"技术治理政策文本的分析与讨论,可以看到网络内容治理技术的管理和发展需要结合不同技术对象的特点加以综合治理,技术治理往往需要与法律治理、行政治理等手段进行配合。治理过程中既需要对不同技术的风险点进行合理评估和判断,也需要关注不同主体在技术治理中发挥的角色与定位,例如政府所承担的技术规训者、服务提供者所承担的技术开发者以及服务使用者所承担的技术使用者等角色。最后技术治理的"一体两面"在这一具体技术治理案例中也体现得淋漓尽致,新技术带来了新的工具,但也带来新的治理难题。针对网络内容治理体系中的技术治理问题应与时俱进,不断关注领域中的新技术、新趋势,以动态发展的视角和体系化的思维去构建技术治理的框架与逻辑。

---

　　① Yankoski M, Scheirer W, Weninger T. Meme warfare: AI countermeasures to disinformation should focus on popular, not perfect, fakes.*Bulletin of the Atomic Scientists*,2021,77(03):119-123.

第十二章 网络内容治理体系中的
经济手段与行政手段

在网络内容治理的早期发展阶段,行政手段一直发挥着重要作用。行政手段指的是国家凭借其政治权力,通过颁布命令、指示、文件等多种形式,以非市场化的规制或行政监督来实现治理目的的手段。[①] 随着网络内容的发展,行政手段的弊端也逐渐显现,以行政手段为主的治理方式会降低网络内容市场的主体活力,各种行政命令、指标等的颁布容易加剧行政部门的短期化行为,同时平行部门颁发的行政文件缺乏统筹性,容易造成职能交叉或缺位。在网络内容治理体系与治理能力现代化的战略需求下,网络内容治理体系的行政手段开始发生转向。一方面,表现为对网络内容市场主体自主性的重视,开始更多地使用经济手段进行市场调节,发挥市场机制在治理中的作用;另一方面在行政手段的运用方式上发生变化,逐渐弱化行政命令,并结合网络内容的发展特点,进行制度创新,向协调、监督与服务的方向转变。

第一节 顺应经济规律的调控手段

多元有效的治理手段和方式是实现治理现代化的重要环节。传统的网络治理手段不足以适应互联网复杂多变的发展问题,推进治理手段和方式的创

---

① 参见黄伯平:《行政手段参与宏观调控:实质、特征与原因》,《中国行政管理》2011 年第10 期。

新是实现网络内容治理体系和治理能力现代化的必然之举。网络内容治理方式中经济手段的应用与创新正是体现治理现代化的应有之义。本节主要围绕着治理中经济手段的定义及其历史沿革;经济手段的具体方式及其在网络内容治理领域的实际应用;网络内容治理中经济手段的优势以及未来发展方向等展开。

一、经济手段的内涵及发展

在国家与社会治理的众多治理方式中,经济手段起步较晚,其内涵也经历了一个不断发生的过程。新中国成立初期,社会治理的主要方式是通过行政手段来实现的。[1] 改革开放以后,采用经济手段进行经济管理的方法才逐渐被重视,开始采取行政手段与经济手段并行的方式进行治理,经济手段的运用主要体现在宏观调控方面。当时对经济手段的认识尚未达到统一,有学者认为按照客观经济规律采取的非强制性做法来管理经济的方式就叫做经济手段[2];有学者主张利用商品货币关系和价值规律进行经济管理的方式称为经济手段[3];于光远对经济手段的内涵进行了具体说明,他认为依靠社会主义社会中各经济组织与个人的经济利益,采用价格、信贷、税收、补贴等方法,能够促进当事人行为向预定目标调节的方法就是经济手段[4]。

1984 年党的第十二届三中全会之后,国家与社会治理从行政经济手段"二元论"开始向行政、法律、经济手段"多元论"迈进,经济手段的发展也进入了新的阶段,其内涵和外延更加清晰,具体方式也从价格手段、财政手段,扩充到了金融手段的范围[5]。但是另一方面,也有一种比较强势的观点认为[6],实

---

[1] 参见孙涛:《从传统社会管理到现代社会治理转型——中国社会治理体制变迁的历史进程及演进路线》,《中共青岛市委党校(青岛行政学院学报)》2015 年第 3 期。

[2] 参见梁传运:《论经济办法与行政手段相结合》,《人民日报》1980 年 1 月 31 日。

[3] 参见王积业:《行政手段和经济手段的辩证统一》,《中州学刊》1983 年第 2 期。

[4] 参见于光远:《关于社会主义经济的几个理论问题》,《经济研究》1980 年第 12 期。

[5] 参见戴园晨:《宏观经济间接管理的几个问题》,《中国经济问题》1986 年第 2 期。

[6] 参见陈善彬:《宏观经济调控中不存在一个独立的"经济手段"——兼谈"三手段论"之理论与逻辑缺陷》,《学习论坛》1996 年第 6 期。

际上并不存在经济手段,因为经济手段缺乏独立性,无论是货币手段、财政手段还是金融手段等都需要通过行政或者法律的力量来实现,所以从实现方式上来看,只有行政手段和法律手段。但实际上,学界和业界在谈论经济手段的时候,所强调的并非其具体的实现形式,而是与行政手段的强制性所不同的,通过经济刺激的非强制性、市场化措施来引导目标群体的行为的治理方式①。

　　党的十八大以来,现代意义的社会治理被正式确立和发展②,经济手段越来越成为治理方式转型的重要手段,并由宏观调控深入不同领域的治理应用中,成为治理体系现代化的重要体现。当前,采用经济手段进行治理的最常见领域就是环境治理领域。环境治理中的经济手段是指通过采取货币、财税、金融、价格、税收等经济杠杆,通过改变治理对象的费用或效益,使环境成本被内化于治理对象的财务成本,敦促治理对象对环境的态度和行为转向更有利于社会发展方向的治理方式,具有较强的激励效果。③④。经济手段在生态保护⑤⑥、环境污染治理⑦、节能减排⑧、水资源治理⑨等领域已经有了较为广泛的应用与发展。

---

　　①　参见王满船:《公共政策手段的类型及其比较分析》,《国家行政学院学报》2004 年第 5 期。

　　②　参见陈鹏:《中国社会治理 40 年:回顾与前瞻》,《北京师范大学学报(社会科学版)》2018 年第 6 期。

　　③　参见张洪:《论环境管理的经济手段及其应用》,《思想战线》2002 年第 1 期。

　　④　参见《环境经济政策是实现环境治理现代化重要手段》,《中国环境报》,2018 年 2 月 18 日,http://www.ce.cn/cysc/newmain/yc/jsxw/201802/28/t20180228_28295147.shtml。

　　⑤　参见王世进、张津:《论矿山环境治理中的政府环境责任及其实现机制》,《江西社会科学》2012 年第 12 期。

　　⑥　参见赵阳、李宏涛:《以经济手段促进生物多样性保护》,《生物多样性》2022 年第 11 期。

　　⑦　参见张立、尤瑜:《中国环境经济政策的演进过程与治理逻辑》,《华东经济管理》2019 年第 7 期。

　　⑧　参见毛晖、郑晓芳:《环境经济手段减排效应的区域差异——排污费、环境类税收与环保投资的比较研究》,《会计之友》2016 年第 11 期。

　　⑨　参见曲昭仲、毛禹忠:《异地补偿性开发是水污染治理的重要经济手段》,《生态经济》2009 年第 12 期。

二、经济手段在网络内容治理领域的引入

当前,网络内容已经形成了一个完整、闭环、自组织、自演化的生态系统,并作为序变量嵌入了整个社会系统中。作为社会治理体系的组成部分,网络内容治理承袭了社会治理的一般手段方式,主要包括:法律规范、行政监督、行业自律、技术保障、公众监督、社会教育①。党的十八大作出了建立网络综合治理体系的重大部署,党的十九大和二十大,分别强调了要"建立健全网络综合治理体系""推进治理体系和治理能力现代化"的战略需求,这就要求网络内容治理必须进行治理方式的变革。

环境治理中经济手段的应用对网络内容治理方式的转变起到了很大的启示作用。网络内容生态与自然生态环境虽然在表现形式上具有较大差异,但是也有其相通的部分。例如,两者都构成了可以自行组织并演化的生态系统,都具有不同的资源要素可以作为治理实践的抓手等。在自然生态环境中,水、土地、动植物、矿产等自然资源是构成自然生态环境的物质基础。自然资源的经济属性使得治理中的经济手段有了确切抓手。与此类似,在网络内容生态中,数据是构成网络生态的关键要素,也具备经济属性,因此也可以围绕着新的要素资源创建交易市场,实现治理方式的创新。

当前,我国网络内容治理领域的经济手段还处于起步发展阶段。学术界对网络内容治理的经济手段还未进行准确定义并具象化分析。结合环境治理中经济手段的定义,我们可以将网络内容治理中的经济手段定义为:通过运用货币金融、财税价格等经济杠杆来调节网络内容市场的利益关系,改变治理对象的费用或效益,规范和引导治理对象的行为转向更加有利于营造良好网络生态和清朗的网络空间的治理方式。

三、网络内容治理中经济手段的应用

互联网高度市场化的发展规律决定了网络内容治理中经济手段的适用

---

① 参见叶敏:《中国互联网治理:目标、方式与特征》,《新视野》2011 年第 1 期。

性。虽然互联网的诞生是时代的产物,但是互联网在社会的广泛应用与影响力的与日俱增是高度市场化运作的结果。互联网发展早期,其应用只局限在军事、科研与技术领域范畴,并未成为具有社会影响力的技术革命。随着互联网的商业化发展,门户网站、社交媒体、电子商务、网络游戏、网络视频、网络文学等产业的形成与发展,使得互联网全面嵌入社会系统,并对整个经济行为产生重大影响,触发了技术—经济范式的变革。互联网的经济属性、市场属性决定了需要采用经济手段来治理发展中出现的问题。在网络内容治理中,必须要尊重其市场化的规律,发挥市场化机制在治理中的优势作用。

随着加速建立网络综合治理体系要求的提出,运用多种治理手段、创新治理方式成为治理现代化需要破解的关键问题。参照环境治理的经济手段,可以将经济手段划分为两种类型,一种是调节市场的手段,另一种是建立市场的手段。[①] 前者由英国经济学家庇古(Pigou)最先提出,强调由政府对外部不经济制定一个合理的负提价格,由制造外部不经济的个体和组织来承担起外部费用,也称为庇古手段。[②] 后者的核心思想是通过市场机制来解决治理问题,这个市场机制就是通过明晰的产权、合理的交易费用,将正负外部效益通过自愿协商达成交易[③],其经济思想来源于美国经济学家科斯(Coase),因此也称为科斯手段。具体来说,主要包括:(1)拨款、补贴。政府通过向特定群体进行财政拨款、转移支付、直接或间接补贴的方式给予优惠政策,以提倡或鼓励治理对象按照治理目标期望的方向行动;(2)收费、征税、罚款。政府通过向特定行为主体征收税费或罚款,以增加治理对象的经济成本来对其行为进行控制,以达到治理的预期目标。(3)创建交易市场,即对于一些原本并不存在交易市场的物品,通过从制度上建立一种交易市场以实现利用市场化机制进行治理的目的,充分发挥经济手段的优势。[④] 总体来说,经济手段通过改变市

① 参见张洪:《论环境管理的经济手段及其应用》,《思想战线》2002 年第 1 期。
② 参见沈满洪、何灵巧:《环境经济手段的比较分析》,《浙江学刊》2001 年第 6 期。
③ Ian B,Trish B,Sport governance:International case studies.London:Routledge,2013:46.
④ 参见王满船:《公共政策手段的类型及其比较分析》,《国家行政学院学报》2004 年第 5 期。

场信号,对治理对象进行刺激,从而引导或促使治理对象采取治理主体期望的行为,达到治理目标。当前,网络内容治理领域主要采用的经济手段也围绕上述具体方式展开实践。

一是政府采用各种财政手段鼓励企业和个人将要素资源投入有利于实现治理目标的领域。保障网络安全是网络内容治理的重要目标之一,而国家网络安全的实现离不开先进的网络安全技术和具有市场活力的网络安全产业。因此,2019 年 6 月,工信部印发了《国家网络安全产业发展规划》(以下简称《规划》)以扶持网络安全产业的发展。在该《规划》的指引下,各省市地区也纷纷发布了鼓励网络信息安全产业发展的相关扶持政策。例如,北京市通过建设国家网络安全产业园区,为网络安全产业发展提供软硬件设施以及适合产业发展的扶持政策,吸引企业入驻;同时,北京市将设立百亿规模的网络安全产业基金,扶持网络安全重大项目落地[①]。通过提供补贴的方式以鼓励相关组织和机构对网络信息安全的投入。

二是通过罚款等经济手段增加治理对象的经营成本、降低其经济效益,以此来制约治理对象有悖于治理目标的行为。2021 年中央经济工作会议明确要求"深入推进公平竞争政策实施,加强反垄断和反不正当竞争,以公正监管保障公平竞争。"[②]2021 年 11 月 18 日,国家反垄断局正式挂牌。监管层通过多种方式释放强化反垄断的明确信号,并付诸行动,依据《中华人民共和国反垄断法》对涉嫌垄断的多个互联网企业进行了经济处罚。2022 年 9 月,国家互联网信息办公室发布了《关于修改〈中华人民共和国网络安全法〉的决定(征求意见稿)》,新的修改条例提高了对某些违反网络安全法规定行为的罚款金额上限,修改意见特别对提供未经安全审查的产品或服务的关键信息基础设施运营商的罚款金额上限提高至年收入的 5%,或是采购金额的 10 倍。2021 年以来,国家围绕反垄断、网络安全等对涉嫌违规的企业进行了高额罚

---

① 参见《北京三区合力打造国家网络安全产业园区》,《北京日报》2019 年 12 月 12 日。
② 参见《坚持规范与发展并重　以公正监管保障公平竞争》,《经济参考报》2022 年 1 月 5 日。

款,具体情况如表 12-1。除经济罚款之外,在我国网络内容治理领域,还未实施对不利于治理目标行为进行征收税款的措施,但是在法国已经有对互联网企业征收数字服务税的案例,以此来节制资本。我国关于征收"数据税"还处于学术讨论阶段,有学者建议对东部科技互联网企业开征数字税,以此统筹中东西部发展①。但是数字税的设立和实施还需要更多的学术论述和制度设计,目前基于我国国情,尚不具备成熟的条件。

表 12-1　2021—2022 年国家对网络内容平台重大违规行为的经济罚款

时间	企业	罚金(人民币)	起因
2021.3	京东、苏宁易购、滴滴等 12 家互联网平台	50 万/企业	实施并购未依法申报
2021.4	阿里巴巴	182.28 亿元	滥用市场支配地位,实施"二选一"垄断行为
2021.7	腾讯、阿里、苏宁易购、小红书等 22 家互联网平台	50 万/企业	违法实施经营者集中
2021.10	美团	34.42 亿元	实施"二选一"垄断行为
2022.7	滴滴	80.26 亿元	违反网络安全、数据安全、个人信息保护等

　　三是通过创建新的交易市场,利用市场化机制实现治理目标。数据作为新的生产要素已经融入生产、分配、流通、消费和社会服务等各环节,成为网络内容生态中最为活跃的要素资源。为了保障国家安全和数字经济的高质量发展,中共中央、国务院印发了《关于构建数据基础制度更好发挥数据要素作用的意见》(以下简称《意见》)。其中,对建立数据产权制度、数据交易制度等作出了明确规定。2015 年 4 月 15 日,我国第一家大数据交易所在贵阳成立,率先探索数据流通交易模式。截至 2022 年 8 月,全国已经有46 家数据交易所或交易中心。数据交易所是通过市场化手段调控数据资源的合规流通,推动数据要素供给结构优化,通过正面引导清单、负面禁止

---

　　① 参见《全国政协委员、北京国家会计学院院长秦荣生:建议对东部科技互联网企业开征数字税,统筹中东西部发展》,《中国经济周刊》2022 年 3 月 5 日,https://baijiahao.baidu.com/s?id=1726449662669495264&wfr=spider&for=pc。

清单等方式,规范数据交易市场的准入机制等,保障数据要素安全有序的流动。

四、经济手段的特点及其未来方向

以经济手段进行治理,可以有效降低治理成本,满足人民多样化的需求,提高资源的使用效率,从而达到有效提高治理效能的目标。[①] 与行政手段相比,经济手段有以下特点:一是以市场逻辑为基础,通过改变市场信号,来影响治理对象的经济效益,从而引导其改变行为;二是以市场为中介,将治理的责任拓宽至治理对象,同时用市场化方式压实企业作为治理主体的责任;三是通过有效配置资源,为治理目标提供保障。网络内容治理的经济手段的基本目标就是为了解决发展中外部不经济问题,促使外部费用内部化。[②]但是另外需要注意到,经济手段也不是一直有效的。无论是产业、货币、财政还是价格政策,在解决网络内容发展的外部性问题时,都有其局限性。例如,垄断和信息不对称的问题、市场主体长期战略发展与短期效益追求不平衡的问题等。

目前,我国网络内容治理的经济手段还处于初期阶段,其手段的多元性、融合性、创新性不足。未来,除了经济性罚款之外,还可以在价格、货币、财税等方面拓展更加具有市场化特点的手段方式,并逐步完善数据产权制度、交易制度、收益分配制度等,压实企业对数据治理的责任,建立并完善数据要素市场信用体系等。同时,治理中发挥作用的经济杠杆都需要国家通过法律或行政的力量得以施展,因此经济手段需要在政府主导下,与法律、行政等其他治理手段相互叠加、配合使用,才能更好发挥效用。要统筹协调好"市场的手"和"政府的手",提高治理方式的综合运用,推进网络内容治理方式的现代化。

[①]　参见熊光清、蔡正道:《中国国家治理体系和治理能力现代化的内涵及目的——从现代化进程角度的考察》,《学习与探索》2022 年第 8 期。

[②]　张洪:《论环境管理的经济手段及其应用》,《思想战线》2002 年第 1 期;张琴、易剑东:《问题·镜鉴·转向:体育治理手段研究》,《上海体育学院学报》2019 年第 4 期。

第二节　规范化行政行为的举措

　　网络内容治理需要贯彻治理理念,以实现治理目标。治理行政手段是理论指导在社会实践中的应用路径。通过实施恰当有效的行政手段,完成对网络内容及其服务主体的事前、事中与事后治理。不同行政手段涉及不同的治理对象,也对不同特征与危害程度的网络风险内容具有治理针对性,从而尽可能达到兼具预防与规范的治理效果。当前中国网络内容治理的行政手段主要包括属地管理、专项治理行动、约谈、监督举报与处理。

一、属地管理

　　属地管辖原则是司法和执法资源分配的基础规则之一,基于这一原则构建的网络内容治理制度还涵盖网络实名制和属地网警管辖。我国网络服务提供者的经营行为许可都是依照属地原则进行办理和发放的,属地联系、许可联系都是网络活动的原因。属地管理具有不可动摇的基础地位,该原则的原理在于被监管行为与特定地理位置的关联。属地管理原则的判断标准是"最密切联系原则""权利义务相一致原则"和"关键问题区分原则"以及在此基础上制定新的归因标准。

　　网络内容属地管理具有正当性。在国家缺乏对网络主权的确认下,网络空间只有自由,属人管辖、属地管辖等原则不能适用,网络空间的安全难以保障。属地管辖权的界定是指国家对其领土内各种事务的最高权力。[①] 我国《刑法》第 6 条第 3 款明确规定了属地管辖原则。此外,我国《行政处罚法》第20 条也为行政处罚的属地管辖提供了依据。我国行政监管的属地管辖原则具备显著的代表性。[②] 关于网络是否视为领土的问题,学界存在不同的看法。

---

　　① 参见王虎华、张磊:《国家主权与互联网国际行为准则的制定》,《河北法学》2015 年第12 期。

　　② 参见王锡锌:《网络交易监管的管辖权配置研究》,《东方法学》2018 年第 1 期。

在传统刑法理念中地域管辖素有"四空间说";相反,有的学者则认为网络是领土的自然延伸,网络也是人们交互性行为的空间,属于人类社会系统中的子系统。[①] 网络社会同样构成了现实社会的组成部分,人类在社会治理方面积累的历史经验会自然地延伸到网络领域。2015 年修订的《国家安全法》第 17条也提到"保卫领陆、内水、领海和领空安全",而第 8 条"非传统安全"是否包含网络安全,从该条文本解释来看,尚不明确。然而,通过体系解释并结合《国家安全法》第 25 条,明确指出国家对网络空间行使国家主权,这是我国现行生效的法律中首次对"网络空间"归属问题的明确关照。[②] 2016 年 11 月通过的《网络安全法》采纳了这一理论,该法在总则部分从预防和惩罚网络空间犯罪以及网络空间国家治理的角度,对网络空间的国家主权进行了抽象规定。[③] 此外,《国民经济和社会发展第十三个五年规划纲要》继续对网络空间治理提出了详细规划,包括网络实名制、内容审查、应急管理、国际合作等。[④] 2016 年 12 月 27 日,国家互联网信息办公室发布的《国家网络空间安全战略》中直接确认网络空间为"国家主权的新疆域"。我国在法律文本中已经承认了网络空间的国家主权,那么属地原则对网络空间的同等适用不言自明。

网络内容属地管理具有可行性。按照人们通常对网络的层级划分,网络可分为物理层、逻辑层和社会层,那么社会层是属地管辖原则应用最广泛的领域。物理层包括计算机、服务器、路由器、电缆、光纤等基础设施,网络基础设施是完全遵循属地管理的本质进行投资建设和使用的,没有任何网络基础设施能够脱离物理空间建立。逻辑层包括数据交换协议、软件等,逻辑层的市场

---

① 参见郭玉锦、王欢:《网络社会学》,中国人民大学出版社 2010 年版,第 11—18 页。

② 参见《中华人民共和国国家安全法》,2015 年 7 月 1 日第十二届全国人民代表大会常务委员会第十五次会议通过。

③ 参见《中华人民共和国网络安全法》,2016 年 11 月 7 日第十二届全国人民代表大会常务委员会第二十四次会议通过。

④ 参见《中华人民共和国国民经济和社会发展第十三个五年规划纲要》,2016 年 3 月 16日第十二届全国人民代表大会第四次会议通过。

应用行为包括市场准入、经营、监管等都要受到属地政策法规的限制。社会层包含网络使用主体、服务主体及其行为与活动,社会层是国家对互联网的治理层,是属地管辖原则的重要适用领域。网络的匿名性尽管是网络的天然属性,但反过来讲,互联网留痕也是其特性,现有技术完全可以通过技术追踪进行定位,因此根本不存在实质匿名性。即使网络空间具有虚拟性,但根据 ip 地址也能够确定行为人的地址,网络行为也并非毫无逻辑和规律,因此国内的网络行为规制都可以适用属地管辖原则,在全球公域说等否认主权国家网络权力的理论失道之后,属地管理原则延续各主权的社会治理传统,不违背网络技术的内在逻辑,在网络内容治理中效果显著,因而成为网络内容治理的不二之选。

网络内容属地管理具有现实性。在网络侵权中,侵权行为地、被告侵权设备所在地、原告发现侵权信息的计算机终端设备所在地等都是基于属地管辖原则衍生出来的与侵权最密切联系的物理空间,以其作为管辖地的理论都是以属地管辖原则作为一般性的基础管辖规则。[①] 尽管我国在《刑法》和《关于维护计算机网络安全的决定》中已经对网络犯罪的管辖作出了相关规定,然而仍有必要更加明确和集中地进行规范。在网络犯罪中,计算机终端所在地、服务器所在地、网络作案所涉及的计算机终端设备所在地,以及显示犯罪结果信息的计算机终端所在地,均可视为属地管辖的"地点"。[②] 以打击暗网为例,各国司法实践均严格遵循属地管理原则,并配备严格的法律依据。

在我国网络内容治理实践中,属地管理原则的运行模式主要分为三种,这三种模式都是以传统地域管辖为一般规则,在属地管理确定性基础之上,无论是机构的承继发展,还是政策的存废变迁,逐步发展出兼具灵活性和创新性的操作。第一种是直接利用法条明确提出"属地管理原则"的一般性规定,这种模式的表述方式较为概括和模糊,仅在网络出版领域出现,是对新闻出

---

① 参见崔明健:《网络侵权案件的侵权行为地管辖依据评析》,《河北法学》2010 年第 12 期。

② 参见陈大鹏:《移动互联背景下跨境网络诈骗法律制度研究》,《江西警察学院学报》2016 年第 3 期。

版领域既有管理习惯的延续,《新闻出版许可证管理办法(2017 修正)》在许可证的换发制度中规定:"除国家新闻出版广电总局直接换发的许可证外,其余旧证按属地管理原则由属地许可证换发部门同一等级销毁"①;第二种是通过设立"本行政区域"的地域适用条件,比第一种模式的表述更为明确与具体;第三种是凭借"登记—审批"或"登记—备案"建立属地化的网络服务提供者市场准入、监督机制,特殊信息服务要增加行政许可门槛,在网络服务运营过程中通过属地化的日常检查与管理建立属地网络企业与管理机构的管理归属关系,分别从行政许可、备案、执法、监督等制度层面发挥属地管理的功能,而网络服务提供者从市场中退出,也要在属地管理机构办理注销手续。

我国与属地管理原则运作模式配套的制度包括网络实名制与属地网警制度。网络实名制是一种有效的责任到人的网络治理手段,对作为民事主体的网络用户建立服务准入机制、行为、内容监管。实名制的背后实际上依赖于强大的技术支持,在一定程度上体现了国家治理能力现代化。网络实名制利用成熟的计算机存储调取功能,更有利于国家对海量网络信息进行认证和记录。近年来,实名制从网吧、大学 BBS 迁移适用于网络社交平台、网络游戏平台、网络直播平台等信息交互聚集的场景。网络实名制的目的在于约束网络行为,责任落实在个人,便于犯罪的预防和惩罚,也便于侵权的预防和救济。尽管我国网络实名制经历了一段时间的发展,但是不乏质疑网络实名制的观点认为其在隐私权、表达自由方面均存在一定负面效应。"寒蝉效应"(Chilling Effect)形象地表达了实名制下的表达受限情况,但后台实名而非前台实名很好地解决了受担忧限制的表达权利,后台实名制以事后溯源的方式将责任落实到个人而实现监管目的。②

① 《新闻出版许可证管理办法》,2015 年 12 月 30 日国家新闻出版广电总局发布,2017 年 12 月 11 日国家新闻出版广电总局修订。
② 参见李佳伦:《属地管理:作为一种网络内容治理制度的逻辑》,《法律适用》2020 年第 21 期。

二、专项治理行动

在网络内容治理中,专项治理行动是针对某一特定问题或领域展开的有针对性的行动,旨在通过集中力量、加大力度来解决具体的网络内容问题,使网络环境的质量和安全得到提升。专项治理行动主要有四方面特点:第一是针对性强,专项治理行动聚焦特定的网络内容问题,例如网络诈骗、淫秽色情、虚假信息等,通过明确的目标和范围,将资源和力量集中在解决问题上,以精确手段进行治理。第二是综合施策,专项治理行动采取综合的治理策略,包括制定和完善相关法律法规、加大监管执法力度、加大技术手段的研发应用、推动社会共治等。借助多种手段在各个层面协同作用,可以提高治理效果。第三是高效迅速,专项治理行动通常具有紧迫性和时效性,对于网络内容问题的治理需要及时、果断的行动。通过集中资源、优化工作流程和加强协同合作,专项治理行动快速响应,迅速解决问题,达到治理目标。第四是高度协同,专项治理行动需要政府、行业机构、社会组织、平台等多方面的协同合作。各方共同参与、共同行动,形成合力,加强资源整合和信息共享,实现治理效果的最大化。

从效果来看,首先,专项治理行动具有示范作用,针对具体问题进行有力打击和整治,取得明显成效,为其他类似问题的治理提供经验和指导,推动整个网络内容治理工作的进程。其次,治理效果明显且可持续,专项治理行动通过针对性措施和控制手段,使网络内容负面问题得到有效控制,网络环境得到改善,因此用户体验与安全感也得到提升。同时,通过坚持监测和跟踪,也确保治理效果的持续性和稳定性。最后,专项治理行动可以增强社会共治意识,专项治理行动的开展能够引起广泛的社会关注和参与,提高公众对网络内容治理的认识和意识,增强社会共治的能力和意愿。这种共治的意识和行动将在长期网络内容治理的深化和持续推进中发挥重要作用。

早期针对互联网的专项治理行动主要由中宣部、工信部、公安部、新闻出版总署等部门主导,并根据整治内容成立专项行动办公室。主要特点是加强对网络盗版、低俗色情内容以及不良信息的治理。举例来说,从 2009 年 12 月到 2010 年 5 月底,中央外宣办、全国"扫黄打非"办、新闻出版总署等部门联合设立全国整治互联网低俗之风专项行动办公室,在全国范围内针对"互联网和手机媒体淫秽色情及低俗信息"开展整治专项行动,共关闭了 4000 多家违法违规网站,并对传播淫秽色情和低俗信息的网站依法进行了处罚。①

专门负责互联网信息内容监管工作的国家互联网信息办公室(简称"网信办")于 2011 年成立,其职能具体包括了贯彻落实互联网信息传播政策,推动互联网信息传播法制建设,指导、协调、监督有关部门加强对互联网信息内容的管理,以及负责审批和日常监管网络新闻业务以及其他相关业务。此后,网信办成为网络内容治理专项行动的主要发起和组织机构,通过开展专项治理行动,重点在于强化网络信息传播秩序管理,打击网络谣言、虚假信息和有害信息。2019 年开始,针对网络信息内容的专项治理行动开始进入全面治理阶段,主要由国家网信办、国家网信办直属单位以及其他相关部门联合推进。从 2021 年开始,国家网信办每年开展"清朗"系列专项行动,以体系化、长期化的方式针对网络信息内容生态进行全方位治理。

表 12-2 代表性网络内容专项治理行动举例

时间	发起/组织机构	专项行动
2009 年 12 月—2010 年 5 月	中央外宣办、全国"扫黄打非"办、新闻出版总署等	深入整治互联网和手机媒体淫秽色情及低俗信息专项行动②
2010 年 7—10 月	国家版权局、公安部、工信部	打击网络侵权盗版专项治理"剑网行动"③
2015 年	国家网信办	网上扫黄打非"净网""固边""清源""秋风""护苗"五个专项行动④

---

① 参见新华网:《整治互联网低俗之风深入推进 取得阶段性明显成效》,2009 年 6 月 19 日,http://www.chinanews.com.cn/gn/news/2009/06-19/1741344.shtml。

② 参见新华网:《整治互联网低俗之风深入推进 取得阶段性明显成效》,2009 年 6 月 19 日,http://www.chinanews.com.cn/gn/news/2009/06-19/1741344.shtml。

③ 参见中国新闻网:《官方启动 2010"剑网行动" 直指网络侵权盗版》,2010 年 7 月 22 日,https://news.sina.com.cn/o/2010-07-22/013217843451s.shtml。

④ 参见新华网:《国家网信办:2015 年网上"扫黄打非"将开展五个专项行动》,2015 年 4 月 23 日,http://news.cntv.cn/2015/04/23/ARTI1429772415213359.shtml。

续表

时间	发起/组织机构	专项行动
2019 年 1—6 月	国家网信办	网络生态治理专项行动①
2020 年 4—5 月	国家网信办	网络恶意营销账号专项整治行动②
2020 年 5 月—2021 年 1 月	国家网信办	"清朗"专项行动③
2020 年 6—11 月	国家网信办、全国"扫黄打非"办、最高人民法院、工信部、公安部、文化和旅游部、市场监管总局、广电总局等	网络直播行业专项整治和规范管理行动④
2021 年	国家网信办	"清朗"系列专项行动⑤
2021 年 7 月—12 月	工信部	互联网行业专项整治行动⑥
2022 年	国家网信办	"清朗"系列专项行动⑦
2022 年	公安部	"净网 2022"专项行动⑧
2023 年	国家网信办	"清朗"系列专项行动⑨

① 参见澎湃新闻:《国家网信办启动专项行动,剑指 12 类违法违规互联网信息》,2019 年 1 月 3 日,https://www.thepaper.cn/newsDetail_forward_2808136。

② 参见人民网:《国家网信办开展为期 2 个月专项整治行动　严厉打击网络恶意营销账号》,2020 年 4 月 24 日,https://baijiahao.baidu.com/s? id＝1664869015560204361&wfr＝spider&for＝pc。

③ 参见中国网信网:《国家网信办启动 2020"清朗"专项行动》,2020 年 5 月 22 日,http://www.cac.gov.cn/2020-05/22/c_1591689448656108.htm? from＝groupmessage。

④ 参见网信办:《国家网信办、全国"扫黄打非"办等 8 部门集中开展网络直播行业专项整治行动　强化规范管理》,2020 年 6 月 8 日,http://www.gov.cn/xinwen/2020-06/08/content_5517892.html。

⑤ 参见新华网:《2021 年"清朗"系列行动亮剑网络乱象　国家网信办重拳整治网络水军黑公关等痼疾》,2021 年 5 月 14 日,https://baijiahao.baidu.com/s? id＝1699689725342584690&wfr＝spider&for＝pc。

⑥ 参见新华网:《工信部启动互联网行业专项整治行动》,2021 年 7 月 26 日,https://baijiahao.baidu.com/s? id＝1706323502355567961&wfr＝spider&for＝pc。

⑦ 参见央视新闻:《深入整治网络乱象! 2022 年"清朗"系列专项行动来了》,2022 年 3 月 17 日,https://baijiahao.baidu.com/s? id＝1727540242882176428&wfr＝spider&for＝pc。

⑧ 参见中华人民共和国公安部:《公安机关"净网 2022"专项行动成效显著　侦办相关案件 8.3 万起,其中侵犯公民个人信息案件 1.6 万余起、"网络水军"案件 550 余起》,2023 年 1 月 9 日,https://www.mps.gov.cn/n2254098/n4904352/c8824457/content.html。

⑨ 参见央视网:《2023 年"清朗"行动重拳整治 9 大网络生态突出问题》,2023 年 3 月 28 日,https://www.gov.cn/xinwen/2023-03/28/content_5748885.html。

三、行政处罚

根据《中华人民共和国行政处罚法》第 2 条的规定:"行政处罚是指行政机关依法对违反行政管理秩序的公民、法人或者其他组织,以减损权益或者增加义务的方式予以惩戒的行为。"①针对网络内容治理,主要由网信部门以及其他相关行政机关实施行政处罚。《互联网信息内容管理行政执法程序规定》第 2 条规定:"互联网信息内容管理部门依法实施行政执法,对违反有关互联网信息内容管理法律法规规章的行为实施行政处罚,适用本规定。本规定所称互联网信息内容管理部门,是指国家互联网信息办公室和地方互联网信息办公室。"②

行政处罚具备多种类型,其中包括罚款、责令停业整顿、吊销许可证、暂停网站服务、封禁账号等措施。具体的处罚措施会依据违规行为的性质和严重程度进行决定。行政处罚通常具有快速、高效的特点,可以迅速阻止违法违规行为的扩散和传播,维护社会秩序和公共利益。例如,《中华人民共和国网络安全法》第 61 条指出,网络运营者"未要求用户提供真实身份信息,或者对不提供真实身份信息的用户提供相关服务的,由有关主管部门责令改正;拒不改正或者情节严重的,处五万元以上五十万元以下罚款,并可以由有关主管部门责令暂停相关业务、停业整顿、关闭网站、吊销相关业务许可证或者吊销营业执照,对直接负责的主管人员和其他直接责任人员处一万元以上十万元以下罚款"③。《互联网新闻信息服务管理规定》第 22 条规定:"未经许可或超越许可范围开展互联网新闻信息服务活动的,由国家和省、自治区、直辖市互联

---

① 《中华人民共和国行政处罚法》,1996 年 3 月 17 日第八届全国人民代表大会第四次会议通过,2021 年 1 月 22 日第十三届全国人民代表大会常务委员会第二十五次会议修订。
② 《互联网信息内容管理行政执法程序规定》,2017 年 5 月 2 日国家互联网信息办公室发布。
③ 《中华人民共和国网络安全法》,2016 年 11 月 7 日第十二届全国人民代表大会常务委员会第二十四次会议通过。

网信息办公室依据职责责令停止相关服务活动,处一万元以上三万元以下罚款。"①

作为网络内容治理强而有力措施的行政处罚,体现的是国家对于网络内容生产、发布、使用等行为的规制逻辑,但现实中,由于存在着行政处罚认定、界定、权责等难题,网络内容治理行政处罚效能未能达到最大化。② 2023 年 3 月 23 日,国家互联网信息办公室 2023 年第 2 次室务会议审议通过《网信部门行政执法程序规定》,对于近年来在网络信访执法领域所取得的多项改革成果,该规定进行了确认和巩固,并积极回应了"严格规范公正文明执法"的要求。③ 这一规定优化了网信部门的行政执法程序。具体而言,规定在事实清楚、当事人自愿认罪认罚且对违法事实和法律适用无异议的情况下,要求网信部门迅速办理案件,从而提高行政处罚的效率,节省执法资源。此外,规定还扩大了行政处罚听证的范围,将涉及较大数额罚款、没收较大数额违法所得、没收较大价值非法财物,以及降低资质等级、吊销许可证件、责令停产停业、责令关闭、限制从业等会严重影响当事人权利义务的处罚种类,都纳入了申请听证的范围。这一举措有助于更好地保障行政执法的公正性和合法性。④ 此外,该规定还完善了网信部门行政执法证据制度,并建立了行政执法监督制度。

四、约谈

约谈是一种带有指导性质的行政执法方式,也是现代化治理模式转变的重要产物。约谈是国家互联网信息办公室实施的一种网络内容治理方式,约谈对象主要为网络信息内容服务单位。约谈这一治理手段最早于 2015 年出

---

① 《互联网新闻信息服务管理规定》,2017 年 5 月 2 日国家互联网信息办公室发布。

② 参见张华:《网络内容治理行政处罚实践难题及其制度破解》,《理论月刊》2022 年第 9 期。

③ 参见中国网信网:《专家解读|规范网信部门行政执法　营造清朗网络空间》,2023 年 3 月 27 日,http://www.cac.gov.cn/2023-03/27/c_1681560621314665.html。

④ 参见《网信部门行政执法程序规定》,2023 年 2 月 3 日国家互联网信息办公室发布。

现在网信办约谈网易和新浪的管理实践,约谈中,国家网信办要求网站依据《互联网信息服务管理办法》《互联网新闻信息服务管理规定》进行整改,加强内部管理和自律;若整改不符合要求,或者整改期间继续出现违法违规行为,将依法严肃查处,甚至依法停止其互联网新闻信息服务。① 实施约谈是为了加强指导监督,帮助互联网新闻信息服务单位认识问题、改正问题,与依法处罚并不矛盾,约谈并不替代处罚;同时,也可以避免一罚了之、以罚代管的情况。约谈已逐渐成为网信办的一种常规化治理手段,据统计,2022 年上半年累计依法约谈网站平台 3491 家。②

从可行性来看,第一,互联网的不确定因素导致的问题频发,互联网治理问题经历了从治理的必要性到治理的合理性的进程。如何使治理遵从依法、合规取决于如何认识治理的内容,以及如何看待互联网、如何规划经济社会理想的发展前景。第二,互联网约谈制度调和国家与社会之间的矛盾,约谈起到弱化行政强制性的作用,代表软性应对自我约束力不足的新型治理理念。随着经济社会的发展变化,社会治理理念也应随之变化,过度的行政干预逐渐从市场中撤离,约谈作为诉讼机制的前置机制和辅助机制,在肯定市场主体一定程度的自主权的基础上,成为一种便捷、和平的问题解决路径。第三,互联网产业结构特征便于确定具有典型性的约谈相对人,互联网产业相对集中,约谈对象具有典型性、代表性,对同行具有指导性。第四,坚持以问题为导向促进实现互联网约谈制度效果,约谈与西方"回应性规制"模型的金字塔底层中的柔性行政③具有异曲同工之妙。互联网约谈顺应直面问题、解决问题的思路,实事求是的原则贯穿约谈始终。④

① 参见中国网信网:《哪些网站会被国家网信办点名约谈》,2015 年 4 月 14 日,http://www.cac.gov.cn/2015-04/14/c_1114957105.html。
② 参见人民网:《中央网信办:上半年依法约谈网站平台 3491 家 罚款处罚 283 家》,2022 年 8 月 19 日,https://baijiahao.baidu.com/s? id=1741566490188391056&wfr=spider&for=pc。
③ 参见[美]诺内特、[美]塞尔兹尼克著,季卫东、张志铭译:《转变中的法律与社会》,中国政法大学出版社 1994 年版,第 81—116 页。
④ 参见李佳伦、谢新洲:《互联网内容治理中的约谈制度评价》,《新闻爱好者》2020 年第 12 期。

2015 年 4 月 28 日,国家互联网信息办公室发布《互联网新闻信息服务单位约谈工作规定》(以下简称《规定》),由国家互联网信息办公室负责解释,自 2015 年 6 月 1 日起实施。该《规定》共 10 条,也被称为"约谈十条"。"约谈十条"明确了约谈的条件、方式和程序等。根据规定第二条,约谈是指"国家互联网信息办公室、地方互联网信息办公室在互联网新闻信息服务单位发生严重违法违规情形时,约见其相关负责人,进行警示谈话、指出问题、责令整改纠正的行政行为"。此前,在安全生产、物价、国土等领域,相关政府部门都采用过约谈方式来纠正问题、规范行业行为。① 规定第四条罗列了约谈发生的条件,即当互联网新闻信息服务单位有下列情形之一:"未及时处理公民、法人和其他组织关于互联网新闻信息服务的投诉、举报情节严重的;通过采编、发布、转载、删除新闻信息等谋取不正当利益的;违反互联网用户账号名称注册、使用、管理相关规定情节严重的;未及时处置违法信息情节严重的;未及时落实监管措施情节严重的;内容管理和网络安全制度不健全、不落实的;网站日常考核中问题突出的;年检中问题突出的;其他违反相关法律法规规定需要约谈的情形",国家互联网信息办公室、地方互联网信息办公室可对其主要负责人、总编辑等进行约谈。②

尽管互联网约谈的独特性发展有其自洽性,其在互联网内容治理中产生了一定的正面效果,然而,互联网约谈制度本身也存在不足与隐患。第一,约谈双方地位不平等,能否实现平等协商令人担忧。第二,约谈的警示作用不宜被夸大,若责罚大过解决问题将背离约谈的初衷。约谈的目的是不再约谈,而不是压制反弹和制造更多约谈。第三,约谈的普遍适用性有限,仅适合解决个案问题。因此,约谈产生的具体行政行为、行政指导是具有严格相对性的,不能约束相对人以外的第三方主体。第四,在提示约谈或轻微的警示约谈中,约

---

① 参见中国网信网:《国家网信办有关负责人就〈互联网新闻信息服务单位约谈工作规定〉答记者问》,2015 年 4 月 28 日,http://www.cac.gov.cn/2015-04/28/c_1115115699.html。

② 《互联网新闻信息服务单位约谈工作规定》,2015 年 4 月 28 日国家互联网信息办公室发布。

谈发起人对于没有发生的行为进行事前提示和警示,此类信息公开后对约谈相对人的社会评价会起到消极影响,相对人应有权利请求恢复原状、损害赔偿等救济措施。

随着我国互联网约谈制度的不断发展,还有诸多细化规则亟待完善。首先,从互联网约谈主体层面,互联网约谈发起人应充分认识到约谈对象主要是由以营利为目的的互联网商事主体组成,既然是商事主体,其首要生存前提就是以提供互联网商品、服务获取交换价值。因此,约谈发起人不应当在未听取约谈对象充分说明事实情况之前,就作出不利于约谈对象的预判。在作出正式的处罚决定之前,约谈对象应当有机会通过对商品和服务特征、行为正当性等与约谈发起人共同分析问题产生的原因,由此得出约谈的最终结果。与平等磋商地位匹配的是明确的目标和正确的导向。其次,在互联网约谈目的实现层面,一方面,在形式上,目前我国互联网约谈的公开形式还比较单一,没有形成常规化的直播约谈、录播约谈等与互联网相匹配的留痕化约谈形式,目前的约谈过程都是通过约谈笔录的撰写进行记录和存档,公开的一手途径是通过国家网信办官网发布约谈的时间、地点、相对人、事由等具体细节;另一方面,在约谈效力上,尽管互联网约谈程序上的参与者仅仅是约谈发起人和约谈相对人,但是依据互联网约谈尊重多元的价值取向,意在营造健康、清朗的互联网环境,因此,还可以借助听证、公众参与、媒体报道等手段确保互联网约谈的效力能够涉及约谈相对人同行和相关公众。

我国互联网约谈的整体评价应当是及时、透明、有效的,并不断向法治化、规范化、体系化方向完善,这不仅与互联网约谈方式灵活、利益多元、公开透明的特征紧密相连,使公众对网信部门的信任大大提升,同时也有力地解释了互联网约谈具备的独立行政行为、新型行政制度以及网络社会治理手段的三重属性。①

①　参见李佳伦、谢新洲:《互联网内容治理中的约谈制度评价》,《新闻爱好者》2020 年第12 期。

五、监督举报与处理

违法不良网络内容的监督举报制度是利用网民力量加强网络内容治理的一种手段,旨在通过网民群体的参与和行动来监督和举报违法、有害或不良的互联网内容。监督举报作为一项行政行为,赋予了网民群体重要的责任和参与权力,以确保网络空间的秩序和健康发展。监督举报的核心目标是发现、揭露和打击违法违规的互联网内容,如色情、暴力、恐怖主义、侵权盗版、虚假信息等。网民作为网络空间的重要参与者和见证者,具有举报违法内容的敏锐性和及时性,可以通过监督举报来帮助相关机构和平台及时发现和处理违法内容,维护网络生态的健康和公正。

通过监督举报,网民可以在内容治理中发挥作用。首先是发现违法内容,网民是网络空间的广泛观察者,可以通过自己的浏览、搜索和交流经验,发现涉及违法违规的内容。他们可以敏锐地识别和举报涉及色情、暴力、恶意营销等违法违规内容,有效净化网络环境。其次是举报不良行为,通过积极参与监督举报,网民将不良行为如网络欺诈、网络骚扰、侵犯个人隐私等举报给相关机构和平台。这有助于唤起相关方的关注并采取相应措施加以处理。最后是保护用户权益,网民作为网络内容的消费者和受众,可以通过监督举报来保护自身合法权益。例如,对于侵权盗版的内容,网民可以通过举报来保护原创作者的权益,推动建立知识产权保护机制。

作为网民群体的行政行为,监督举报需要有相关机构和平台提供便捷的举报渠道和受理机制,这有助于保障举报信息的及时性和有效性,同时可以保护举报人的个人信息。具体而言,中央网信办(国家互联网信息办公室)和各地网信部门设立了违法和不良信息举报中心或平台;同时,中国互联网协会设立了 12321 网络不良与垃圾信息举报受理中心。这些平台在维护网络环境的清朗和健康方面扮演着关键角色。

2005 年 8 月,中央网信办(国家互联网信息办公室)违法和不良信息举报中心正式成立,通过受理和处理社会公众针对互联网违法和不良信息的举报,旨在维护互联网信息传播秩序,为公众提供参与网络治理的平台,并创建一个文明、健康、有序的网络空间。目前举报方式覆盖了官网、客户端、微博、微信公众号、电话、邮件等多渠道。其中,官方网址为 www.12377.cn;客户端名称为"网络举报";官方微博与微信公众号名称均为"国家网信办举报中心";举报电话为 12377;举报邮箱为 jubao@12377.cn。通过官方网站进行举报时,可选择相应信息种类,如"政治类""暴恐类""诈骗类""色情类""低俗类""赌博类""侵权类""谣言类""其他类",此外还设有"涉历史虚无主义有害信息""涉网络水军举报专区""涉网络暴力有害信息""涉网络文化产品有害信息""涉未成年人网上有害信息"等举报专区,将不良网络内容分类,有利于高效率处理举报事项。此外,各省(自治区、直辖市)和新疆生产建设兵团也设立了地方互联网违法和不良信息举报中心或平台,可通过网站或电话等方式进行举报。① 2021 年,中央网信办(国家互联网信息办公室)违法和不良信息举报中心共受理举报 357.6 万件,同比增长 56.2%;各地网信办举报部门受理举报 1247.7 万件,同比下降 21.8%。②

中国互联网协会受工业和信息化部委托设立的 12321 网络不良与垃圾信息举报受理中心(简称"12321 受理中心"),是一个专门的投诉受理机构,负责协助工业和信息化部处理涉及互联网、移动电话网、固定电话网等各种形式信息通信网络以及电信业务中的不良与垃圾信息的投诉事宜,以及线索转办和信息统计等工作。其职责范围不仅限于涉及互联网网站、论坛、电子邮件、即时消息、博客等传播途径的不良与垃圾信息,还涵盖利用短信、彩信、彩铃、WAP、IVR、手机游戏(含小灵通)、电话、传真以及其他信息通信网络或电信业务传播的不良与垃圾信息。举报方式包含官方网站"www.12321.cn"、客户端"http://jbzs.12321.cn"(目前仅支持安卓手机)、微信公众号"12321 受理中

---

① 参见中央网信办(国家互联网信息办公室)违法和不良信息举报中心:《全国各地网信部门举报渠道》,https://new.12377.cn/allreportcentertel/allreportcentertel.html。

② 参见中国网信网:《2021 年全国受理网络违法和不良信息举报 1.66 亿件》,2022 年 1 月 29 日,http://www.cac.gov.cn/2022-01/29/c_1645059191950185.htm。

心"、电话"010-12321"(主要受理咨询)与电子邮箱"abuse@ 12321.cn"(仅限于咨询和接收 eml 格式垃圾邮件样本)。2020 年 9 月 9 日,工信部宣布将把电信服务投诉热线和网络不良与垃圾信息举报热线整合到工信部公共服务电话平台 12381 热线。① 根据网民投诉信息,12321 受理中心定期公布"每月被投诉钓鱼网站 TOP10",起到了一定的警示作用。

　　然而,监督举报也存在一些挑战和问题。首先,由于互联网内容的庞大和复杂性,有时网民难以判断某一内容是否违法或不良,可能存在误判的情况。此外,恶意举报和滥用举报的现象也需要加以防范和打击。因此,建立健全的举报受理和处理机制,提供明确的举报标准和程序,并对恶意举报者进行追责,能有效地解决上述问题。

---

① 参见央视新闻:《工信部整合电信服务投诉和不良信息举报热线》,2020 年 9 月 9 日,https://baijiahao.baidu.com/s? id=1677351577375790063&wfr=spider&for=pc。

第十三章　不同网络内容平台的
治理行动分析

网络内容治理行动聚焦特定平台的内容问题,依据《网络信息内容生态治理规定》《互联网信息服务管理办法》《互联网视听节目服务管理规定》等相关法律法规及规范性文件,集中部门资源、协同社会各界、快速、高效地开展行动、解决问题,从而营造风清气正的网络空间。由于不同互联网平台之间存在差异性和特殊性,应当以实际经验为基础,对互联网各重要领域内容治理的核心模式和治理特点进行归纳总结。因此,对于互联网新闻平台、短视频平台、网络直播平台、网络游戏平台、知识社区平台和网络教育平台六大热点领域,需要将针对各类平台的较为典型的网络内容治理行动进行回顾与分析,探讨其治理的法律依据、治理主体、相关措施的效果与不足。

第一节　新闻平台:规范新闻内容

互联网新闻平台一直是网络内容制作与传播的主要阵地,截至 2022 年 12 月,我国网络新闻的用户数量已达 7.83 亿,占网民总数的 73.4%。① 新闻平台在颠覆传统新闻媒体生产、分发模式,为网民带来更为便利的新闻服务的同时,也使谣言、虚假信息等不良内容得到了传播的空间,特别是在"自媒体"

---

① 参见中国互联网络信息中心:第 51 次《中国互联网络发展状况统计报告》,2023 年 3 月 2 日,https://cnnic.cn/n4/2023/0302/c199-10755.html。

崛起后,"炒作"信息、"标题党"内容更是成为破坏网络内容良好生态的主要问题。基于此,笔者将结合 2020 年国家互联网信息办公室在全国开展的商业网站平台与"自媒体"专项治理行动,探讨新闻平台内容治理的主体、法律依据以及监管手段。

一、针对新闻内容平台的代表性治理行动

为了解决受到广泛关注的商业网站平台和"自媒体"等新闻平台对网络传播秩序造成干扰的问题,从 2020 年 7 月 24 日开始,国家互联网信息办公室决定在全国范围内展开一轮有针对性的整治行动。整治期间,将严格按照法律法规处理一批严重问题的网站平台,并关闭一批引起严重违规的账号。[①]在集中整治商业网站平台和"自媒体"突出问题、进一步规范网络传播秩序专项部署会议上,国家网信办的负责人强调,各网站平台不能抱有侥幸心理或仅追求"过关",而是应切实履行主体责任,深入自查整改,规范运营行为和管理平台账号,从而有效维护网络传播秩序。各地网信部门将依照统一部署,与相关部门共同加强监督检查,对未能深入自查或者自纠不彻底的网站平台,将按照法律法规进行处理,整顿行业秩序,回应社会热切关切,共同营造清朗的网络空间。

国家网信办指出,此次集中整治将主要专注于以下六项任务:第一,集中整治商业网站平台、手机浏览器以及"自媒体",解决违规采编发布互联网新闻信息、非法转载稿源等问题;第二,规范国内移动应用商店对新闻类 APP 的审核管理;第三,建立完善社交平台社区规则,强化社交平台的运营管理;第四,规范商业网站平台的热点榜单运营管理;第五,加强对网络名人在论坛、讲座、研讨会等网络活动中的参与管理,规范相关活动的网上直播;第六,促进移动新闻客户端和公众账号的正能量传播。通过集中整治这几个方面,将重点

---

① 参见中国网信网:《国家网信办针对网络传播秩序突出问题亮利剑出重拳　集中整治商业网站平台和"自媒体"违法违规行为》,2020 年 7 月 23 日,http://www.cac.gov.cn/2020-07/23/c_1597059158594380.html。

解决一些商业网站平台和"自媒体"片面追求商业利益,通过炒作热点话题、发布违规互联网新闻、传播虚假信息、追求"标题党"等不当手段,影响网络传播秩序的问题,从而明显改善网络传播秩序。①

国家网信办相关负责人表示,此次集中整治将坚持以下三项原则:首先,遵循点面结合原则,根据"全网一把尺"的标准,不仅关注重点对象,还将逐一审查各类网站平台;在解决集中问题的同时,也将对企业自查、网上巡查、实地检查以及举报反馈中发现的各类问题都纳入整治范围;其次,采取标本兼治的方式,网信部门将在集中整治的基础上,着重以治标促进治本,以巩固治标为目标,关注打造基础、促进长远发展,审视工作中的薄弱环节和缺陷,系统地研究治本之策,推动形成长期有效的机制;最后,强调管用一体,在解决突出问题的同时,将进一步发挥各类网络主体的积极作用,大力传扬主旋律、广泛传播正能量,为经济社会的发展创造良好的网络舆论氛围。②

二、治理重点:加强自查自纠,惩处不良信息

国家网信办发布并实施的《网络信息内容生态治理规定》(以下简称《规定》),旨在促进健康的网络环境,保障网络安全,用于规范我国境内的网络信息内容生态管理。《规定》中第一章的第二条,指出了"网络信息内容生态治理行动"的含义,即针对网络信息内容开展的相关行动,这些行动既包括正向方面的"弘扬正能量",也包括处理违法、不良等负面信息的行动。网络信息生态治理的主体可以是政府,也可以是社会主体,如企业、网民等。③ 自2020年7月24日起,国家网信办在全国范围内进行了一轮集中

① 参见中国网信网:《国家网信办针对网络传播秩序突出问题亮利剑出重拳 集中整治商业网站平台和"自媒体"违法违规行为》,2020年7月23日,http://www.cac.gov.cn/2020-07/23/c_1597059158594380.html。
② 参见中国网信网:《国家网信办针对网络传播秩序突出问题亮利剑出重拳 集中整治商业网站平台和"自媒体"违法违规行为》,2020年7月23日,http://www.cac.gov.cn/2020-07/23/c_1597059158594380.html。
③ 参见《网络信息内容生态治理规定》,2019年12月15日中华人民共和国国家互联网信息办公室发布。

整治行动,符合《规定》中的"网络信息内容生态治理行动"。此行动包含以下特点。

第一,强调平台责任,加强对新闻内容的自查自纠。此次行动的治理主体非常广泛,不仅包括网络内容治理部门,即由国家网信办统筹各地网信部门加强检查,还涵盖了网络信息服务提供者,即平台,以及网络信息服务使用者,即各类账号所有者。其中,尤其对网络平台的责任提出更高要求:平台必须积极进行自查和整顿,规范其自身行为,主动管理平台账号,真正致力于维护网络传播秩序。《规定》的第三章详细规定了网络信息内容服务平台的责任,第八条明确强调了平台在信息内容管理方面的主体责任。[①]所以,对平台的内容,平台主体需要主动加强管理,建立起网络信息生态治理机制,具体要求包括设立细则、加强负责人和相关人员专业素质等。在此次集中整治行动中,平台首先被要求自查自纠,否则将得到官方的处置和整肃。从治理行动"标本兼治"的原则中也能看出,为了网络信息环境的长期洁净,平台的主体地位和责任将被持续强调,其在网络信息生态治理中扮演的角色十分重要。

第二,规范新闻信息内容生产者。此次治理行动的对象非常广泛,针对各类新闻平台,社交平台的社区运营,商业榜单的运营以及网络名人的行动和相关直播,尤其是商业网站和自媒体在新闻传播过程中,片面追逐商业利益而传播违规信息或者散播虚假信息,从而导致网络传播秩序受到不正常影响的现象。这些被规范的行为,皆属于《规定》中的"网络信息内容生产者"的范畴[②],也即本行动中生产网络内容的企业或者个人运营的各类账号。

《规定》的第二章对网络信息内容生产者的行为作出了具体要求,除对于守法公民的基本要求(遵守法律法规、遵循公序良俗,尊重他人权益和利益)

---

① 参见《网络信息内容生态治理规定》,2019 年 12 月 15 日中华人民共和国国家互联网信息办公室发布。

② 参见《网络信息内容生态治理规定》,2019 年 12 月 15 日中华人民共和国国家互联网信息办公室发布。

之外,还规定了鼓励其创作、复制或者发布的内容(第五条),以及禁止(第六条)和应当防范和抵制的内容(第七条)。① 其中,《规定》第七条详细指出何为应当被抵制的"不良信息":使用夸张标题,内容与标题严重不符的;炒作绯闻、丑闻、劣迹等的;不当评述自然灾害、重大事故等灾难的;带有性暗示、性挑逗等易使人产生性联想的;展现血腥、惊悚、残忍等致人身心不适的;煽动人群歧视、地域歧视等的;宣扬低俗、庸俗、媚俗内容的;可能引发未成年人模仿不安全行为和违反社会公德行为、诱导未成年人不良嗜好等的;其他对网络生态造成不良影响的内容。② 可以看到,此次行动整治针对的网络内容生产者的行为,比如"搞'标题党'"、炒作热点话题等,都属于第七条要求防范抵制"不良信息"的范畴。

第三,严厉处理"炒作""标题党"等不良信息。《规定》的第七章对于违反规定需承担的法律责任作出了规定。其中,第三十四条规定,网络信息内容生产者若违反《规定》第六条,创作、复制或者发布其禁止的内容,将由网络信息内容服务平台采取措施处理,措施从轻到重,包括警示整改、限制功能、暂停更新,甚至关闭账号等。③ 但对于本行动涉及平台的情况,也即网络信息内容生产者主要违反《规定》第七条传播"不良信息",并没有明确条文规定。这是因为比起仅被要求防范抵制的"不良信息",被严格禁止的"违法信息"社会危害性更为严重。

在本次国家网信办的集中整治中,针对问题严重的企业和自媒体账号采取的惩处措施主要是"封禁"和"清理",已经是参照《规定》的要求采取相对较重的处理措施。从中可见,被参考的第三十四条针对的是比"不良信息"更严重的"违法信息",可见此次集中整治对整治对象的要求之严格,和对这些

---

① 参见《网络信息内容生态治理规定》,2019 年 12 月 15 日中华人民共和国国家互联网信息办公室发布。

② 参见《网络信息内容生态治理规定》,2019 年 12 月 15 日中华人民共和国国家互联网信息办公室发布。

③ 参见《网络信息内容生态治理规定》,2019 年 12 月 15 日中华人民共和国国家互联网信息办公室发布。

"不良信息"采取的惩处手段之严厉。另外,对于自查自纠不能做到深入彻底的网站平台,各地网信部门将按照国家网信办的统一部署,会同其他有关部门进行依法依规的检查和处理。根据《规定》的第三十五条,此处需遵循《中华人民共和国网络安全法》以及《互联网信息服务管理办法》等法律法规作出的规定。①

本次国家网信办组织的集中整治坚持的三大原则,都延续了《规定》的精神。网信部门以及有关主管部门的监督管理职责,在《规定》的第六章中均有明确的要求。其中,第三十一条规定的各级网信部门常规的监督检查与对存在问题平台的专项督查,以及平台的配合需求,和本行动坚持的"点面结合"原则相适应;第三十三条则要求各级网信部门建立起各类网络主体共同参与的评估机制,从而定期对管辖范围内网络信息内容生态治理情况进行评估。②而本次整治行动采取的"标本兼治"原则要求推动长效机制,"管用一体"原则要求发挥各类网络主体作用,可见《规定》所发挥的指导作用,其对于后续的相关治理行动均具有一定的借鉴意义。

第二节　短视频平台:加强正向引导

"抖音""快手"等短视频平台的迅猛发展,紧随国内文化娱乐行业蓬勃发展的浪潮,满足了人们对娱乐信息的渴求,是文化娱乐化发展的一个典型范例。然而,在这些短视频应用新用户迅速增加、日活跃用户数量突破 6 亿、用户页面停留时间延长的同时,也造成了一系列问题。③ 基于此,结合 2018 年国家互联网信息办公室等五个政府主管部门针对多个短视频平台开展的专项治理行动,探讨短视频平台内容治理的主体、法律依据以及监管手段。

---

① 参见《网络信息内容生态治理规定》,2019 年 12 月 15 日中华人民共和国国家互联网信息办公室发布。

② 参见《网络信息内容生态治理规定》,2019 年 12 月 15 日中华人民共和国国家互联网信息办公室发布。

③ 参见谢新洲、朱垚颖:《短视频火爆背后的问题分析》,《出版科学》2019 年第 1 期。

一、针对短视频内容平台的代表性治理行动

为了解决当前一些网络短视频存在的低俗、价值偏离、恶搞、盗版侵权以及"标题党"等问题,国家互联网信息办公室联合工业和信息化部、公安部、文化和旅游部、国家广播电视总局以及全国"扫黄打非"工作小组办公室五个部门,于 2018 年开展了对于网络短视频行业的集中整治行动,依法处理了一批涉嫌违法违规的网络短视频平台。[①]

国家网信办相关负责人指出,根据群众举报和媒体报道,在经过调查核实后,发现"内涵福利社"等 19 个网络短视频平台,在管理部门多次发出警示后,仍然漠视规定,任意传播低俗、恶搞、荒诞甚至涉及色情和暴力等违法不良信息,违规使用、修改他人的版权影视作品,编造"标题党"内容以获取点击,与社会主义核心价值观背道而驰,对广大网民尤其是青少年造成了严重的不良影响,违规情节严重,社会反映强烈。

根据《网络安全法》等相关法律法规,国家网信办与五个相关部门按法律程序采取措施,关闭了"内涵福利社""夜都市 Hi""发你视频"等三款网络短视频应用,并从应用商店中下架了这些应用;同时,对"哔哩哔哩""秒拍""56视频"等 16 个网络短视频平台的相关负责人进行了联合约谈,其中 12 个平台被要求下架应用,平台企业被要求对网民和社会负责,进行全面的整改。被约谈的平台相关负责人均表示接受处罚,承诺停止更新相关频道,并全面推进整改,真正承担起企业主体责任。[②]

国家网信办有关负责人表示,将继续与相关部门合作,进一步增强积极引导和规范管理,弘扬主旋律,传播正能量,推动网络短视频行业保持健康有序

---

① 参见中国网信网:《加强规范管理 维护传播秩序——国家网信办会同五部门依法处置 19 款短视频平台》,2018 年 11 月 12 日,http://www.cac.gov.cn/2018-11/12/c_1123700615.html。

② 参见中国网信网:《加强规范管理 维护传播秩序——国家网信办会同五部门依法处置 19 款短视频平台》,2018 年 11 月 12 日,http://www.cac.gov.cn/2018-11/12/c_1123700615.html。

的发展态势。同时,呼吁社会各界积极参与,共同维护网络信息传播秩序,创造积极、健康、清朗的网络环境。

　　对于国家开展的短视频专项治理行动,几家被处罚的平台作出了相关的回应。"哔哩哔哩"发表声明,将推行内容整改专项行动:一是严格遵守相关处罚决定,全面整改网站内容;二是加强审核团队建设,扩大审核人员数量;三是通过强化"风纪委员会"机制,在网站内鼓励用户进行自查和整改。[①]　"秒拍"也宣布实施一系列措施以确保清查整顿专项行动的有效执行:第一,认真贯彻相关处罚,加强内容机制和编审监管;第二,重新审查历史内容,清除低俗、恶搞、暴力、"标题党"等不良信息,并定期向主管机构报告整改进展,公开整改成果;第三,加强审核技术,增加人员,完善审核机制,同时考虑建立举报核实奖励机制,成立社区监督员队伍;第四,建立黑名单制度,对发布违法内容的创作者进行永久封停;第五,坚持发布积极、正面、健康的内容,支持和传播优质原创内容。[②]　同样,"56 视频"也发表声明,将积极推进全面清查整改专项行动:一是严格落实相关整改和处罚决定,全面整改网站内容,加强内容审核机制;二是投入更多资源于审核技术开发和审核团队建设,扩展审核人员队伍;三是组织全体员工学习,提高思想觉悟和意识;四是全面审查历史内容,清理庸俗、荒谬、血腥、"标题党"等不良信息;五是完善黑名单机制,对发布违法内容的创作者进行永久封停;六是坚持积极、健康、正面的价值导向,弘扬社会主义核心价值观,传播真善美。[③]

---

　　① 参见中国网信网:《加强规范管理　维护传播秩序——国家网信办会同五部门依法处置 19 款短视频平台》,2018 年 11 月 12 日,http://www.cac.gov.cn/2018－11/12/c_1123700615. html。

　　② 参见中国网信网:《加强规范管理　维护传播秩序——国家网信办会同五部门依法处置 19 款短视频平台》,2018 年 11 月 12 日,http://www.cac.gov.cn/2018－11/12/c_1123700615. html。

　　③ 参见中国网信网:《加强规范管理　维护传播秩序——国家网信办会同五部门依法处置 19 款短视频平台》,2018 年 11 月 12 日,http://www.cac.gov.cn/2018－11/12/c_1123700615. html。

二、治理重点:注重内容审核,发挥积极作用

本行动属于专门针对网络短视频内容生态的专项治理行动,治理的对象为《网络信息内容生态治理规定》第二章中第六条和第七条规定的违法信息和不良信息。其中,低俗、恶搞、荒诞、性暗示以及"标题党"内容属于第七条规定中不良信息的范畴,而情节更加严重的"色情暴力"以及篡改他人版权的影视作品,则进入违法信息的范围,需要严厉处置。① 而在本次专项治理行动的报道中,并未见对此两类信息作出情节和处罚力度上的区分。这一方面是因为违法信息和不良信息之间并没有明确的界线,尤其在短视频内容中更是混杂,各大平台中基本上都能找到传播两类信息的短视频内容;另一方面也可见此次互联网生态治理的严厉和彻底程度。

此次行动中发挥作用的主体主要有两大类,一类是国家网信办、工信部、公安部等政府部门,另一类则是提供网络短视频服务的各项平台,包括网络短视频平台和网络短视频应用。从本次治理行动中,可以看到这两类主体在互联网短视频内容治理,以及整个网络内容生态治理中发挥的不同作用。根据《互联网信息服务管理办法》《互联网视听节目服务管理办法》以及《网络信息内容生态治理规定》等相关法律法规、规范性文件的要求,电信管理机构、广播电影电视主管部门、各级网信部门以及其他有关主管部门,对各类互联网信息服务和整个互联网信息环境生态治理工作,有责任进行监督管理。② 本行动中,国家网信办会同工信部、公安部、文旅部、广电总局、"扫黄打非"办五部门联合开展网络短视频行业的集中整治,体现了我国互联网服务管理中政府部门的监督管理作用,也是向互联网信息内容生态治理建立健全信息共享、会商通报、联合执法、案例督办、信息公开等工作

---

① 参见《网络信息内容生态治理规定》,2019 年 12 月 15 日中华人民共和国国家互联网信息办公室发布。

② 参见中国网信网:《加强规范管理 维护传播秩序——国家网信办会同五部门依法处置 19 款短视频平台》,2018 年 11 月 12 日,http://www.cac.gov.cn/2018-11/12/c_1123700615. html。

机制的迈进。此行动包含以下特点。

第一,政府部门统筹监督,强调短视频积极引导作用。根据《网络信息内容生态治理规定》第一章第三条所强调,在网络信息内容生态治理以及相关监督管理工作中,国家和地方网信部门承担统筹协调的职责。为了更有效地构建互联网信息环境,鼓励网络信息服务的使用者通过投诉、举报等方式对网络上的违法和不良信息进行监督。[①] 在本行动中,针对违法和不良信息,是通过群众的举报和媒体的报道,经过调查核实后进行处理的。这也符合短视频信息的性质,网络短视频平台众多、视频数量更是繁杂,更新换代的速度也非常快,而且,在大数据时代往往依据算法投放至具体用户。政府部门在管理短视频网络信息时,统筹来自群众的举报和媒体的报道,可以提高此类网络信息的管理效率,从而在短时间内处理层出不穷的短视频中的不良信息。

此次专项治理行动中,除了实行约谈、应用下架和关停等惩治手段之外,国家网信办进一步表示,将与相关部门合作,加强对网络短视频的积极引导和规范管理,并呼吁社会各界积极参与,共同营造积极健康的网络环境。这是因为,网络信息内容生态治理行动不仅包括处置违法和不良信息,还包括弘扬正能量的积极作用。网信办在治理的同时强调正向引导和管理、强调社会各界的参与,也是政府部门发挥纵观全局的协调作用的一种体现。

第二,平台承担版权保护责任,注重短视频内容审核管理。随着网络短视频的飞速发展,中国网络视听节目协会发布了《网络短视频平台管理规范》(以下简称《规范》),对从事短视频服务的网络平台提出了要求。对于网络短视频信息,具体管理作用的主要承担者即提供服务的平台。[②] 值得注意的是,《规范》的第三部分"内容管理规范"专门对网络短视频平台的版权保护作出了比较详细的规定。短视频因为自身简短特性,往往截取各类广播电视试听

---

① 参见《网络信息内容生态治理规定》,2019 年 12 月 15 日中华人民共和国国家互联网信息办公室发布。

② 参见《网络短视频平台管理规范》,2019 年 1 月 9 日中国网络视听节目服务协会发布。

作品的片段进行上传或改编,造成侵犯他人版权的乱象。① 因此,平台应承担版权保护责任,不得未经授权转发上传作品。所以,平台应当履行版权保护责任,对于未经授权的作品不得转发上传。要做到这一点,网络平台需要对节目内容按照国家广播电视总局和中国网络视听节目服务协会制定的内容标准进行审核。实际上,《规范》还要求网络短视频平台实施节目内容预审后播放的制度。②

审核作用的重要性,在与本行动相关平台的回应中也有所展现,比如"哔哩哔哩"和"秒拍"都提出要加大审核的人员投入和队伍建设,而"秒拍"和"56 视频"都表示将加强审核技术研发的投入。这些人员和技术上的投入,都在平台建设中必不可少,因为我国的网络信息内容管理要求审核功能成为平台提供的服务中关键的一环。除了用户本身意识的提高,在用户上传短视频之后,平台的审查是维护洁净网络信息环境的第一关。

《规范》第一部分第三条还要求平台建立总编辑内容管理负责制度,第六条要求对不遵守管理规则的用户实行责任追究制度。③ 所以,各大平台对于政府部门的清查和处罚,有权利也有义务主动严格自行整改。无论是删除、清理还是封号等惩治手段,都属于平台自行建立的管理规范范围。同样的,网络短视频平台的自我管理和自查整改不仅包括对于违法和不良信息的查处,也包括对正能量内容的正向推广。在这方面,《规范》也提出了相关要求。例如,在用户设置方面,平台应积极引入主流新闻媒体以及政府机关等;在内容版面方面,应围绕弘扬社会主义核心价值观,加强正面议题的设置和内容储备;在技术方面,应合理设计智能推送系统,优先推送积极正能量的内容。④ 这些规范化要求,为本行动中短视频平台后续的审核管理工作提供参考。

---

① 参见《网络短视频平台管理规范》,2019 年 1 月 9 日中国网络视听节目服务协会发布。
② 参见《网络短视频平台管理规范》,2019 年 1 月 9 日中国网络视听节目服务协会发布。
③ 参见《网络短视频平台管理规范》,2019 年 1 月 9 日中国网络视听节目服务协会发布。
④ 参见《网络短视频平台管理规范》,2019 年 1 月 9 日中国网络视听节目服务协会发布。

第三节　网络直播平台：整治网络乱象

随着移动互联网应用的不断广泛和深入，一种以直播为主要内容形式的业态于 2016 年得到井喷式爆发，2016 年也被称为"网络直播元年"。① 截至 2022 年 12 月，我国网络直播的用户数量已达 7.51 亿，占网民总数的 70.3%。② 网络直播的崛起在丰富网络内容形式、为网民带来更好的内容体验的同时，也给低俗、涉黄等违法不良内容提供了生产和传播同步化的渠道，对于网络内容生态的良好环境造成了严重破坏。因此，我国各网络内容治理部门为治理网络直播中的诸多不良问题展开了"净网""清朗"等专项行动。基于此，通过对 2017 年"净网"行动进行分析，探讨网络直播平台内容治理的主体、法律依据以及监管手段。

一、针对网络直播平台的代表性治理行动

在"净网 2017"专项行动中，各地的"扫黄打非"部门集中时间和资源，有组织地开展了针对违法违规网络直播平台的专项整治。加大对违法线索的核查和处理力度，对多家涉嫌传播淫秽色情信息的网络直播平台进行了行政处罚并关停，对涉嫌犯罪的直播平台、主播及其相关利益人，协同公安部门依法追究刑事责任。在这过程中，广东、北京、江苏、浙江、山东等省市分别对多个传播淫秽色情信息的网络直播平台进行了立案侦查，并对多名涉案人员进行刑事拘留。③

本行动共涉及八起典型案例。北京"夜魅社区"传播淫秽色情信息案：2017 年 1 月，北京市文化执法总队与朝阳区公安分局网安大队共同开展对

---

① 参见唐延杰：《基于"网络直播元年"的批判性思考》，《青年记者》2017 年第 14 期。

② 参见中国互联网信息中心：第 51 次《中国互联网络发展状况统计报告》，2023 年 3 月 2 日，https://cnnic.cn/n4/2023/0302/c199-10755.html。

③ 参见中国新闻网：《全国"扫黄打非"办公布网络直播平台专项整治典型案例》，2017 年 4 月 12 日，https://www.chinanews.com.cn/sh/2017/04-12/8197498.shtml。

APP"夜魅社区"的违法行为的执法检查。调查发现,由北京久通在线科技发展有限责任公司运营的"夜魅社区"APP,违规进行网络直播业务,其运营地址与注册、备案地不符。多名主播在网络直播表演中含有违规内容,涉案金额巨大。该平台于2月被北京市文化执法总队依法关闭,4月,北京市文化局注销了该公司的《网络文化经营许可证》。[①]

江苏常州"微笑直播"平台传播淫秽色情信息案:2017年1月,常州市文化广电新闻出版局立案查处常州方盛网络科技有限公司"微笑直播"平台,对其传播淫秽色情信息的情况进行了调查和取证。该平台于2016年8月上线运营,违法所得12万元以上。2017年4月,常州市文化执法部门对该公司作出没收全部违法所得、罚款20万元的处罚,并关闭了"微笑直播"平台。[②]

山西太原"歪歪视频""歪歪影院"非法传播视听节目案:2017年3月,太原市文化执法部门在网络巡查中发现"歪歪视频"和"歪歪影院"网站涉嫌传播淫秽色情内容。调查发现,两家名为"歪歪视频"和"歪歪影院"的网站未取得《信息网络传播视听节目许可证》便提供了网络视听节目服务,发布的视听节目及链接中含有诱导未成年人犯罪和淫秽色情内容。太原市文化执法部门对这两家网站主办单位分别处以2万元和1万元罚款,并要求其关闭网站。[③]

浙江丽水宁某某等利用云盘传播淫秽物品牟利案:2016年10月,丽水市景宁县公安局治安大队根据群众举报,发现有人通过微信发布售卖淫秽视频广告。经调查,犯罪嫌疑人宁某某、董某某通过云盘售卖淫秽视频,每日交易数量超过百个,涉案金额达10万余元。2016年12月,专案组前往河北廊坊将宁某某、董某某抓获,现场缴获了15T的淫秽物品,包括10000余部淫秽视

---

① 参见中国新闻网:《全国"扫黄打非"办公布网络直播平台专项整治典型案例》,2017年4月12日,https://www.chinanews.com.cn/sh/2017/04-12/8197498.shtml。

② 参见中国新闻网:《全国"扫黄打非"办公布网络直播平台专项整治典型案例》,2017年4月12日,https://www.chinanews.com.cn/sh/2017/04-12/8197498.shtml。

③ 参见中国新闻网:《全国"扫黄打非"办公布网络直播平台专项整治典型案例》,2017年4月12日,https://www.chinanews.com.cn/sh/2017/04-12/8197498.shtml。

频和 3000 余张淫秽图片。①

山东青岛郭某某利用网络传播淫秽物品牟利案:2016 年 12 月,青岛市公安局黄岛分局网警大队揭露了一起网络传播淫秽物品牟利案。经调查,从 2015 年 8 月至 2016 年 6 月底,犯罪嫌疑人郭某某在多个 QQ 群和微信群中进行公开的裸体涉黄表演,或通过私聊与好友进行一对一的淫秽聊天。郭某某共制作、传播了 269 部淫秽视频,从中非法获利超过 10 万元。郭某某被依法批捕,案件于 2017 年 1 月提起公诉。②

山东胶州"1.05"利用云盘贩卖淫秽物品牟利案:2017 年 1 月,胶州市"扫黄打非"部门组成专案组,前往四川省、重庆市等地,成功抓获了犯罪嫌疑人张某某,并搜查到存有淫秽视频的移动硬盘、笔记本电脑、手机等作案工具。调查显示,从 2016 年 5 月开始,张某某通过网络销售含有淫秽内容的网盘账号,数量超过 36000 个。2017 年 2 月,张某某被检察机关正式批捕。③

浙江台州陈某某等人微信传播淫秽物品牟利案判决:2017 年 2 月,台州市路桥区人民法院根据传播淫秽物品牟利罪,对陈某某等被告人作出判决。陈某某被判处有期徒刑 2 年,缓刑 3 年,并处罚金 5 万元;姚某、吴某、王某等分别被判处有期徒刑 1 年至 1 年 6 个月,并处罚金在 5 千至 1 万元不等之间。自 2015 年 8 月以来,陈某某等人通过购买微信号、加入微信群,以及使用特定软件,自动向微信群发送带有淫秽小说和照片的广告链接。每天他们向上千个微信群发送广告链接,平均每日点击量数千次,从中获利上万元。④

江苏徐州"中国夜莺"QQ 群传播淫秽物品案判决:2017 年 3 月,江苏省徐

---

① 参见中国新闻网:《全国"扫黄打非"办公布网络直播平台专项整治典型案例》,2017 年 4 月 12 日,https://www.chinanews.com.cn/sh/2017/04-12/8197498.shtml。

② 参见中国新闻网:《全国"扫黄打非"办公布网络直播平台专项整治典型案例》,2017 年 4 月 12 日,https://www.chinanews.com.cn/sh/2017/04-12/8197498.shtml。

③ 参见中国新闻网:《全国"扫黄打非"办公布网络直播平台专项整治典型案例》,2017 年 4 月 12 日,https://www.chinanews.com.cn/sh/2017/04-12/8197498.shtml。

④ 参见中国新闻网:《全国"扫黄打非"办公布网络直播平台专项整治典型案例》,2017 年 4 月 12 日,https://www.chinanews.com.cn/sh/2017/04-12/8197498.shtml。

州市贾汪区人民法院对主犯黄某等案犯作出判决。黄某因涉及传播淫秽物品罪被判处有期徒刑 3 年,并处罚金 2 万元。另外,其他 10 名案犯分别被判处有期徒刑,并根据具体情况处以罚金。调查显示,黄某等人在互联网上创建了名为"中国夜莺"的 QQ 群,利用该群内的视频直播功能,组织成员进行网络淫秽表演,每次直播时段同时在线观看的人数达到四百余人。该团伙先后组织了 60 多次淫秽表演,涉案金额超过十万元。①

从上述治理行动中可以看出针对网络直播平台的打击力度之大,而且很多时候直播净网行动与短视频平台治理也是同步推进,近年来相关净网行动不断执行。例如 2022 年"清朗"系列专项行动安排,中央网信办、国家税务总局、国家市场监督管理总局开展为期两个月的"清朗·整治网络直播、短视频领域乱象"专项行动,着力破解平台信息内容呈现不良、功能运行失范、充值打赏失度等突出问题。

二、治理重点:强调实名认证,做好信息管理

各种形式的网络直播服务是当今网络时代的新兴产物,逐渐在人们的日常生活中扮演着越来越重要的角色。2016 年 9 月,国家新闻出版广电总局发布了《关于加强网络视听节目直播服务管理有关问题的通知》,要求网络视听节目直播机构依法提供直播服务,并对网络直播服务的资质、内容和管理作出了明确规定。随后于 11 月,国家网信办发布了《互联网直播服务管理规定》(以下简称《规定》)。对网络直播服务提供者、发布者,以及网络直播服务的管理作出具体的规定,也成为政府部门监管互联网直播信息生态的重要依据。其他的法律依据还有我国的《网络安全法》和《刑法》等。

此次行动属于"净网 2017"专项行动中,对违法违规网络直播平台的专项整治。网络直播服务涉黄问题严重,由于直播往往即时进行,难以像视频上传那样进行事前审核,许多直播发布者将色情信息作为吸引点击率的工具,严重

① 参见中国新闻网:《全国"扫黄打非"办公布网络直播平台专项整治典型案例》,2017 年 4 月 12 日,https://www.chinanews.com.cn/sh/2017/04-12/8197498.shtml。

危害了网络信息环境生态。打着"软色情"擦边球的直播内容属于不良信息，而色情信息则属于违法范畴，如果达到传播淫秽色情信息的严重情节，则可以达到犯罪的程度。如此网络乱象催生了网络直播平台的专项整治行动。和其他网络信息环境治理行动相似，网络直播内容的治理同样需要服务提供者的自我管理，和相关政府部门的监督管理。在行动中，由于传播违法信息的范围之广、情节之严重，治理工作不仅需要行政执法部门，还需要公安部门的参与。此行动包含以下特点。

第一，互联网直播服务提供者落实主体责任。根据《规定》的要求，互联网直播服务提供者，包括各类平台，应当符合法律法规规定的相关资质要求。① 在山西太原"歪歪视频""歪歪影院"非法传播视听节目案中，名为"歪歪视频"和"歪歪影院"的两家网站在未取得《信息网络传播视听节目许可证》的情况下，擅自提供网络视听节目服务，因此受到太原市文化执法部门的合法处罚。然而，仅仅拥有服务资质是远远不够的。《规定》第七条明确规定，互联网直播服务提供者必须承担起相应的主体责任。具体来说，应当提高工作人员的专业性，让人员规模和服务规模相适应，同时健全各项内容审核制度，加强技术保障，对提供服务的内容以及用户实行分级分类。换言之，各类直播服务提供者需要对本平台上的各类信息具备一定的了解和控制，不能为在平台上流窜的违法和不良信息提供可乘之机。《规定》在第八条对平台的技术条件作出了特殊规定，要求其提供符合国家相关标准的及时阻断直播技术，如此可以一定程度上弥补直播进行前内容在预先审核缺位的管理缺憾。

互联网直播服务提供者的主体责任，还体现在对其服务使用者的信息管理上。《规定》第十二条提出了"后台实名、前台自愿"的原则，要求对用户进行基于移动电话的真实身份信息认证，对内容发布者更要进行基于身份证件等的认证登记和真实信息审核备案。这种方式可以向所在地的网信办进行分类备案，并在有关部门依法查询时提供，从而便于案件侦查。这也是此次行动

———————————

① 参见《互联网直播服务管理规定》，2016年11月4日中华人民共和国国家互联网信息办公室发布。

锁定犯罪嫌疑人的重要线索之一。而另外一条重要线索是互联网直播服务提供者记录的用户发布内容和日志信息,这些信息被要求保存六十天,以配合有关部门的监督检查。

此外,互联网直播服务由于其即时性,为淫秽色情信息的不受阻传播提供了温床。针对这一问题,《规定》也在第九条尤其强调,无论是互联网直播服务提供者还是使用者,都不得从事法律法规禁止的行动。这一条也成为本行动中政府主管部门处理违规违法平台的直接依据。

第二,各级政府主管部门联合进行监督管理工作。根据《规定》的第四条,负责监督管理互联网直播服务信息内容的机构包括国家和地方各级互联网信息管理办公室,同时国务院的相关管理部门也根据各自职责进行互联网直播管理。而《规定》第十七条则详细规定了执法工作的具体内容:互联网信息办公室会根据职责对违反本规定的行为进行处罚,如果违反行为构成犯罪,将依法追究刑事责任。另外,相关部门也可以依法对通过网络表演、网络视听节目等提供网络直播服务的违法行为进行处罚。

在本行动中,各地"扫黄打非"部门采取集中时间、集中力量的方式,开展了专项整治。广东、北京、江苏、浙江、山东等省市分别对多个传播淫秽色情信息的网络直播平台进行立案侦查。涉及的政府部门有北京市文化局、常州市文化广电新闻出版局、太原市文化执法部门等,以及各省市地区的公安机关。在日后的此类互联网直播服务信息生态治理中,互联网信息管理办公室应当明确职权,更加发挥其管理作用,和其他政府部门更好地协调工作。同时,各级网信办还应当积极履行《规定》要求建立的日常监督和定期检查相结合的监督管理制度,对互联网直播服务行为提供持续督导,防患于未然。

值得注意的是,本行动提到的八个具体案例中的直播服务,不全是一般公众认知意义上的网站或应用等平台提供的直播服务。其中,利用微信实时发布信息并贩卖存储在云盘中的淫秽视频(浙江丽水宁某某等)、利用微信群实时发送含有淫秽信息的链接(浙江台州陈某某等)、利用QQ群和微信群进行公开涉黄表演和一对一裸聊(山东青岛郭某某、江苏徐州"中国夜莺"QQ 群)等行为均被划分到互联网直播服务的范围。这是因为,互联网直播是指"基于互联网,以视频、音频、图文等形式向公众持续发布实时信息的行动",不仅包括视频直播服务,也包括在互联网社交平台上向一定范围的人群(如微信群、QQ 群)持续发布各种形式的实时信息。所以,这种没有专门服务平台的"直播"行为,也受到《规定》的管束,却因产生的特殊性更加难以监管(服务提供者并无资质也不会向网信办进行信息备案)。这也是为何本行动主要由"扫黄打非"部门和文化局等进行行政执法工作并组织公安部门依法追究刑事责任,而不是像前述短视频平台治理行动一样由网信办统筹工作。

网络直播治理由于形式存在特殊性,需要平台等服务提供者更加落实主体责任,也需要政府部门发挥更有体系化的监管执法工作。网络直播治理走向规范化和系统化尚需时间。对于依据微信群等社交平台进行直播的特殊直播行为,也需要根据变化的现实找到管理对策。

第四节　网络游戏平台:优先社会效益

网络游戏由于拥有较多的未成年人用户,以及其内容具有极强的易沉迷性,成为了网络内容治理的重点问题。基于此,结合 2018 年河南省政府主管部门对网络游戏平台的专项治理行动,探讨网络游戏内容治理的主体、法律依据以及监管手段。

一、针对网络游戏平台的代表性治理行动

2018 年,为强化网络游戏内容监管、规范网络游戏市场秩序,河南省有关部门举行了重点网络游戏企业整改约谈会,针对涉嫌违规的企业进行了整改。在收到《文化和旅游部文化市场司关于委托开展重点网络游戏动态监测结果核查整改工作的函》(市函〔2018〕53 号)后,河南省文化厅高度重视,及时委托河南省网络文化执法协作小组第四组对涉嫌违规的四家企业进行网上远程

勘验,并委托郑州市文化市场综合执法支队执法人员对四家涉嫌违规企业现场调查取证。①

根据河南省网络文化执法协作小组以及郑州市文化市场综合执法人员的调查取证结果,8 月 24 日下午,河南省文化厅对涉嫌违规的四家网络文化企业的负责人和技术核心人员进行了约谈:通报了企业违规内容和有关证据,对企业提出了相关要求,要求各涉事企业要高度重视违规情况,举一反三,切实履行主体责任,并在 8 月 31 日前完成整改工作。② 其要求相关企业认真学习《互联网文化管理暂行规定》《网络游戏管理暂行办法》《网络文化经营单位内容自审管理办法》等政策法规,严格按照相关法规和行业管理部门要求规范运营;进一步落实内容自审制度,严格把关内容审核;坚持正确价值导向,处理好社会效益与经济效益关系,注重内容品质,丰富文化内涵,提升行业形象。

被约谈的企业不仅需要整改到位,还要加强自身管理,进一步建立健全内部管理制度。而河南省文化厅也将进一步加强对重点网络游戏企业的动态监管,发现问题及时进行查处,促进全省网络文化市场规范有序发展。③

二、治理重点:落实内容自审,把握价值导向

截至目前,我国尚未制定专门的《网络游戏法》来规范网络游戏内容。网络游戏内容治理的重点,可以参考文化部在 2010 年通过并在 2017 年修订的《网络游戏管理暂行办法》(以下简称《办法》)以及 2016 年发布的《文化部关于规范网络游戏运营加强事中事后监管工作的通知》。此外,我国的《网络安全法》《著作权法》和《互联网信息服务管理办法》也为网络游戏治理提供了基础的法律依据。相关行动中,包含以下特点:

---

① 中国网信网:《河南省文化厅对重点网络游戏企业进行整改》,2018 年 9 月 13 日,http://www.cac.gov.cn/2018-09/13/c_1123422089.html。
② 中国网信网:《河南省文化厅对重点网络游戏企业进行整改》,2018 年 9 月 13 日,http://www.cac.gov.cn/2018-09/13/c_1123422089.html。
③ 中国网信网:《河南省文化厅对重点网络游戏企业进行整改》,2018 年 9 月 13 日,http://www.cac.gov.cn/2018-09/13/c_1123422089.html。

第一,政府部门全程监管,注重网络游戏正向的价值观引导。根据《办法》第三条的规定,网络游戏的主管部门是国务院文化行政部门,县级以上人民政府文化行政部门按照职责分工负责本区域的网络游戏监管工作;地方的网络游戏相关社团组织,如网络游戏行业协会等,也需遵循文化行政部门的指导。① 河南省有关部门对本地区涉嫌违规网络游戏企业的整改行动中,文化和旅游部文化市场司向河南省文化厅发函,委托开展重点网络游戏动态监测结果核查整改工作,体现了文化行政部门在网络游戏治理中的监督管理职责。

国务院文化行政部门的监管工作分为事前、事中和事后三个阶段。事前监管中,一项非常重要的工作是网络游戏的内容审查和备案,在《办法》的第十条至第十五条有具体展开。国务院文化行政部门负责国内和进口网络游戏的内容审查,国产网络游戏须在运营之日起 30 日内进行备案,而进口网络游戏需要内容审查批准后才可运营,且进口游戏的企业必须经过申报,如果进口游戏运营后有任何实质性变动,运营企业亦须提前向国务院文化行政部门报告并进行内容审查。进口网络游戏由于来自境外不同的文化环境和政治背景,准入门槛和内容审查须更加严格。此外,国务院文化行政部门还对网络游戏经营企业和用户的协议提供指导,制定的《网络游戏服务格式化协议必备条款》是基准。

仅靠事前措施,无法对网络游戏服务快速变化的实际情况进行高效的监督管理,所以,政府部门还有一系列的事中和事后监管手段。该行动中,河南省文化厅进行的动态监测便是在实际工作中政府部门常采用的事中监管措施:委托文化执法协作小组在网络上定期勘验、实时调查取证,及时对违规企业约谈要求整改,以达到有问题及时查处解决的效果,并促进建立健全健康的游戏企业自行管理机制。除了事中监管,《办法》中第二十九至第三十七条还详细规定了对违规企业的事后惩处措施,主要的惩治措施包括责令改正、没收违法所得和处以罚款等,罚款则根据情节轻重从一万元到三万元不等。

---

① 参见《网络游戏管理暂行办法》,2010 年 6 月 3 日中华人民共和国文化部发布。

通过事前、事中和事后三阶段的全程监管,政府部门可以在网络游戏治理中发挥关键的把关和监督作用。并且,政府部门作为外部监督主体,可以更好地帮助网络游戏企业把握好社会效益和经济效益的关系,注重正向的价值观引导,帮助互联网游戏行业生产更多注重内容品质和文化内涵的作品,营造良好的网络游戏环境。

第二,网络游戏企业自审、自律,社会效益应先于经济效益。根据《办法》第十五条的规定,网络游戏经营单位建立自审制度,并设立内部专门部门配备专业人员,以实施自我审查管理,以确保游戏内容和经营行为合法合规。形形色色的网络游戏经营单位需要经过许可方可经营游戏,并且其业务范围也需要经过批准。除此之外,网络游戏经营行动正式开展后,需要经营者,如企业自身,主动承担起内部管理的主体责任。所以在该行动中,四家涉嫌违规的网络文化企业负责人、技术骨干在被政府部门约谈之后,被要求高度重视违规情况,压实主体责任完成整改。这里的整改要求分为三个部分,结合《办法》对网络游戏经营单位的规定,可以看到网络游戏治理中企业主体责任的位置:严格遵照相关政策法规的指引,落实内容自审,同时坚持正确的价值导向。

首先,河南省文化厅要求相关企业认真学习相关政策法规,严格按照相关法规和行业管理部门要求规范运营。根据《办法》的规定,网络游戏运营单位必须获得许可并进行严格备案。这不仅有助于保障网络游戏用户的合法权益,也有利于维护正常网络游戏经营秩序的管理。由于网络游戏虚拟货币经常被不法分子恶意占用甚至盗取、骗取用户资金的工具,《办法》还专门对虚拟货币的发行和交易进行了规定,并强调不得向未成年人提供交易服务。此外,《办法》还要求企业等经营单位在游戏运营过程中必须保障用户的合法权益,并按照国家规定采取技术和管理措施以确保网络信息安全。

其次,河南省文化厅还要求企业进一步落实内容自审制度,严把内容审核关。《办法》在第九条强调了网络游戏禁止的内容之后,先是规定了文化行政部门的内容审查,并进一步在第十五条至第十八条规定了企业等经营单位的自审制度,包括要求企业制定网络游戏的用户指引和警示说明,以及专门对本游戏经营内容进行管理等。由于广大未成年群体被认为是网络游戏的重要用户,且未成年人心智发展尚未成熟,较容易受到网络游戏的不良影响,因此在游戏内容管理中特别强调对未成年人的保护。企业还需采取额外的技术措施,筛选和标识不适合未成年人的游戏内容,以保护其身心健康,预防网络成瘾。这些要求推动企业建立全面的内部管理制度。

最后,河南省文化厅要求企业坚持正确的价值导向,顾及游戏的社会效益,以提升和丰富行业形象。这一要求和《办法》的第四条相适应,从根本上规定了网络游戏经营者的价值导向:遵守法律法规,以社会效益为先,重视未成年人的保护,传承进步的思想文化和道德规范,依法保护网络游戏用户的合法权益,促进人的全面发展和社会和谐。

政府部门和企业互相配合完成外部和内部并行的有效监管,是比较理想的网络游戏内容治理状态。如若针对网络游戏管理的正式法律法规能够推出,网络游戏内容治理必将推向更加系统规范的发展阶段。

第五节　知识社区平台:关注议题设置

在生活节奏不断加快和社会竞争愈发激烈的当下,人们对于知识的渴求与日俱增。在移动互联网的技术加持下,可以满足用户移动化、碎片化、通识化、跨界化、实用化和终身化知识需求的知识付费服务在 2016 年迅速崛起,并在高速发展之后成为人们在网络中学习知识、获取信息的重要途径之一。然而,许多内容创作者和知识社区平台利用"知识"的包装传播不良信息,破坏了网络内容生态的风朗气清。基于此,结合 2020 年国家互联网信息办公室等政府主管部门对知识社区的专项治理行动,探讨知识社区平台内容治理的主体、法律依据以及监管手段。

一、针对知识社区平台的代表性治理行动

近年来,随着广大网民对获取"知识"的需求和自主学习意愿的增强,知识社区等新兴网络平台快速蓬勃发展,用户规模和市场范围不断扩大。知识社区平台在一定程度上解决了公众的"求知"需要,但在内容安全管理、功能运行规则等方面仍存在不少问题,行业无序发展风险仍然较大。尤其是一些平台利用"知识"进行恶意营销,传播历史虚无主义、淫秽色情、封建迷信、"黑灰产"等违法违规信息,引发社会广泛关注。

为解决知识社区领域的突出问题,加强新业态的规范管理,推动行业健康有序发展,从 2020 年 9 月起,国家互联网信息办公室指导北京、上海、广东、浙江等四省市的互联网信息办公室,联合展开为期两个月的集中专项整治。自行动开始以来,国家网信办协同有关地方网信办根据行业特点,坚持问题导向,集中关注企业的主体责任,特别关注相关"议题"设置不当、"知识"质量良莠不齐、"专家"资质难以核实等突出问题,督促知乎、豆瓣、知识星球、微博问答、悟空问答、得到等 20 家重点知识社区平台开展自查自纠。① 对于这些平台,共计清理了超过 38.4 万条违法违规信息,处置了 8400 多个违法违规账号,初步遏制了行业乱象,有效改善了网络生态环境。但一些平台还存在内部运行规则不健全,用户账号管理、内容分发、公众举报的机制不完善等问题,行业整体规范管理水平亟须进一步提高。

国家网信办相关负责人强调,接下来的专项整治工作将转向督导检查和进一步整改阶段。各主要知识社区平台需严格对照问题清单和主体责任清单,建立整改记录,逐一落实整改措施。同时,平台还需要健全内容安全管理制度和规程,完善内容安全应急和防控机制,加强对入驻"专家"资格的事前审核,加强用户账号实名、签约、信用、分级、分类等管理制度。另外,平台应持续优化功能规则,实施先审后发,强化"议题"设置和内容审核,鼓励生产传播

---

① 中国网信网:《国家网信办深入推进"知识社区问答"行业规范管理》,2020 年 11 月 5 日,http://www.cac.gov.cn/2020-11/05/c_1606140418499082.html。

积极健康、向上向善的信息内容,提升平台内容质量和服务水平,为广大网民营造一个积极健康、科学真实、营养丰富的知识聚合空间。在整改期间,相关平台需主动接受社会监督,及时发布公告,向地方网信部门报告整改进展情况。①

二、治理重点:细化审核制度,强化用户管理

知识社区是一种新兴的网络平台,用户可以在平台上创建问题、提供回答和参与讨论。其有社交平台的特性,也向公众提供知识问答服务。由于用户在知识社区平台提供回答并不需要严格的专业背书,虽然用户间提问和回答时往往有一定的专业导向,但根本上来说属于交流性质。所以,知识社区平台上也会出现一些违法或不良信息,尤其在缺乏规范的情况下,会对网络环境生态造成一定的不良影响。

知识社区模式中的网络信息内容治理,目前尚没有针对性的规范文件,但属于《网络信息内容生态治理规定》(以下简称《规定》)的管理范围。在本次国家网信办对知识社区行业进行的专项整治中,政府部门发挥监督管理作用,而平台本身有自我审核的职责。在此行动中,包含以下特点。

第一,政府部门对知识社区中的问题平台进行专项督查。《规定》的第六章对于政府部门,即各级网信部门和有关主管部门的监督管理作用作出了规定。此次行动中,为了有效解决知识社区行业中存在的突出问题,切实加强行业的规范和有序发展,国家网信办指导北京、上海、广东、浙江四省市网信办部署开展集中专项整治,发挥了重要的监管作用。《规定》第三十一条强调,各级网信部门履行监管职责的手段是:对平台的主体责任情况开展监督检查,以及对存在问题的平台进行专项督查。这一要求体现在本行动中,便是国家网信办在整治过程中,坚持问题导向、聚焦企业主体责任的指导思路。由于此次行动是政府部门首次针对知识社区行业的内容生态进行治理,所以网信办首

---

① 中国网信网:《国家网信办深入推进"知识社区问答"行业规范管理》,2020 年 11 月 5 日,http://www.cac.gov.cn/2020-11/05/c_1606140418499082.html。

先将工作重心放在发现问题和明确责任上,督促平台进行自查自纠。

发现问题之后,必须建立针对行业的运行规则,才能让知识聚合空间内网络信息的治理走向系统化、规范化。所以,国家网信办有关负责人强调工作将转入督导检查和专项整改,对照发现的问题逐一落实主体责任。此外,要完善平台内部的运行机制,以提高行业整体的规范管理水平。具体来说,涵盖内部规程、安全防控、内容和用户管理等各方面。

第二,知识社区平台针对不同问题采取具体手段。与其他网络信息内容服务平台一样,知识社区平台也应当履行信息内容管理主体责任,加强平台内部的信息内容生态治理。由于知识社区是新兴网络平台,这一类的知识聚合空间仍处于无序发展的阶段。在本行动中,平台上涌现了大量滥用知识包装的违法和不良信息,其中包括历史虚无主义、淫秽色情、封建迷信、恶意营销、"黑灰产"等问题,如果不加以解决,将对社会产生极为不良的影响。而网信部门已经引导平台发现问题,要落实内容管理的主体责任,平台需要应对具体问题,采取具体手段。

在国家网信办推进知识社区行业规范管理的过程中,第一个普遍存在的问题是"议题"设置不当。平台自查自纠,处置了大量的违法账号,但这只能让问题得到一时的缓解。从根本上解决该问题,引导用户提出具有"正能量"的议题,需要知识聚合空间的提供平台坚持主流的价值导向。所以,可以参考《规定》第五条以及十一条至第十四条的要求,优化本平台的信息推介机制,加强版面页面的生态管理,在首页首屏、热门推荐、弹窗等区域积极呈现关于品位、格调、责任的各类内容,强调真善美的表现,促进团结稳定等价值观。同时,配合设置合适的算法推荐模型,建立完善的人工干预和用户自主选择机制,加强对广告位置和内容的审查,开发适合未成年人使用的模式。

知识社区呈现的第二个普遍存在的问题是"知识"参差不齐。各大知识社区平台本阶段做的仍然是直接清理各类违法违规信息,而正如网信办强调的,平台应当落实细化内容审核制度。要建立内部的安全管理制度和规程,以及用户账号实名、签约、信用、分类和分级管理等制度,先审后发,强化内容审

核。参照《规定》第九条,为了让聚合空间内的"知识"信息呈现出健康优质的
状态,平台需要建立内部内容生态治理机制。除了网信办强调的手段,具体的
措施还包括建立信息发布审核、跟帖评论审核、版面页面生态管理、实时巡查、
应急处置,以及处理网络谣言、打击黑色产业链信息等制度。

第三个普遍存在的问题是"专家"资质难辨。除去对违法违规账号采取
删除封号的惩戒措施,平台还应落实入驻"专家"资格事前审核机制。对于入
驻知识社区的"专家"用户,其具有网络信息内容生产者和网络信息内容服务
使用者的双重身份,需要行业组织建立和完善有针对性的规范,以合理约束其
网络空间中的交流。另外,在整改期间,相关平台还要及时向社会公告和向属
地网信部门报告整改的情况,以便于发挥网信部门的监管职责和社会的监督
功能。

第六节　网络教育平台:保护未成年人群体

近年来,"云课堂"等形式改变传统教学方式,网络教育行业呈现出爆发
式增长态势。网络教育平台在为中小学生上网课提供便利的同时,也出现了
许多十分严重的不良信息问题,为未成年人保护带来挑战。基于此,结合
2020 年国家互联网信息办公室联合教育部对网络教育平台开展的"清朗"专
项治理行动,探讨网络教育平台内容治理的主体、法律依据以及监管手段。

一、针对网络教育平台的代表性治理行动

2020 年,国家互联网信息办公室在"清朗"专项治理行动中,联合教育部
共同推动了对涉及未成年人网课平台的专项整治工作,旨在依法严厉打击影
响青少年身心健康的违法违规信息和行为。[①] 在全国范围内,网信系统停止
更新相关板块功能的网站累计达到 99 家,电信主管部门取消违法网站的许可

---

① 中国网信网:《国家网信办 2020"清朗"专项行动暨网课平台专项整治依法查处第三批存
在问题网站》,2020 年 10 月 14 日,http://www.cac.gov.cn/2020-10/14/c_1604237734863301.html。

或备案或关闭违法网站 13942 家,有关网站平台依据用户服务协议关闭超过578 万个违法违规账号。

其中,典型案例包括四款学习教育类 APP 推送低俗色情和与学习无关内容:"12KM 作文"APP"文学原创"栏目存在低俗色情小说内容,"追星"专栏渲染早恋、吸烟等导向不良内容;"出口成章"APP 部分用户头像、账号名称及简介中包含低俗色情内容;"美术宝"APP 存在低俗色情帖文和跟帖评论,部分用户头像、账号名称甚至包含色情资源推广等有害内容;"万门中学"APP推送恋爱、股市等与学习无关内容。另外,还有三家网站平台的网课学习栏目推送游戏、直播、影视剧等与学习无关内容:"斗鱼直播"APP 及 PC 端网页"守护成长""教育"频道、"PP 视频"APP 及 PC 端网页"小学课堂""热播好课"栏目、"乐视视频"APP 及 PC 端网页"优质课程""中小学"栏目推送网络游戏、美女直播、低俗小说、影视剧等与学习无关的内容。

针对上述 APP 和网站平台存在的突出问题,国家网信办依据违规情节和问题性质,采取了不同的惩罚措施,包括约谈、责令限期整改、停止相关功能、全面下架等,旨在坚决打击损害未成年人合法权益和身心健康的违法违规行为。

二、治理重点:审核信息发布,设立用户分类

随着互联网技术的发展和人们对教育行业重视程度的提高,一大批网络教育平台应运而生,为用户提供专业教学服务。未成年人群体是网络教育平台的重要用户群。由于未成年人心智发展尚未成熟,注意力需要正确的引导,其在网络教育平台接触的信息需要尤其注意治理。目前在线网络教育平台的监督管理并无专门的规范性文件,但是其治理可以依据《网络信息内容生态治理规定》(以下简称《规定》)以及《网络安全法》进行。和本行动情况一样的涉未成年人网课平台治理,还应以《未成年人保护法》为重要法律依据。此行动包含以下特点。

第一,政府部门监督管理,严厉惩处不良导向内容以及与学习无关内容。

涉未成年人网课平台专项整治行动,属于国家网信办持续深入推进的 2020 "清朗"专项行动中的一环。主导行动的仍然是网信部门,这是因为各级网信部门和有关主管部门,对包括网络教育平台治理在内的网络信息内容治理起监督管理作用。① 同时,由于网络教育平台治理涉及教育行业,所以需要和教育部联合开展。可以看到,本行动中亟待治理的违法和不良信息包括低俗色情、吸烟追星等不良导向内容以及股市、恋爱等和学习无关的内容。由于存在于教育平台这一目的特殊的网络空间,这些信息不能发挥教育平台的应有价值,对青少年的身心健康更有极其不利的影响,所以政府部门采取的惩处措施相当全面和严厉,涵盖了约谈、责令限期整改、停止相关功能、全面下架等多个方面。根据《未成年人保护法》第六十四条规定,制作或向未成年人传播淫秽、暴力、凶杀、恐怖、赌博等音像制品、网络信息等的行为,主管部门将责令改正,同时依法予以行政处罚。② 同样,法律法规如《网络安全法》和《互联网信息服务管理办法》也明确规定了有关主管部门的处理措施。

此外,除了整改和关闭违法网站,本行动中全国网信系统还与电信主管部门合作,取消了违法网站的许可或备案,并公开披露了典型案例。这一做法符合《规定》第三十二条要求建立的平台违法违规行为台账管理制度的首要步骤,有利于日后互联网教育平台的系统性、规范化整治工作。③《规定》的第三十九条则提到了更进一步的措施,即网信部门会根据法律法规和相关规定,与有关主管部门合作建立完善的网络信息内容服务严重失信联合惩戒机制,对于严重违规的网络信息内容服务平台、网络信息内容生产者和网络信息内容使用者,将依法实施限制从事网络信息服务、限制网上行为、行业禁入等惩罚。④ 这

---

① 参见《网络信息内容生态治理规定》,2019 年 12 月 15 日中华人民共和国国家互联网信息办公室发布。

② 参见《中华人民共和国未成年人保护法》,2020 年 10 月 17 日全国人民代表大会常务委员会修订。

③ 参见《网络信息内容生态治理规定》,2019 年 12 月 15 日中华人民共和国国家互联网信息办公室发布。

④ 参见《网络信息内容生态治理规定》,2019 年 12 月 15 日中华人民共和国国家互联网信息办公室发布。

些政府部门措施,可以为关涉未成年人网课平台的长期监督管理提供思路。关涉未成年人保护的网络教育平台整改,只有采用足够严密的措施,才能达到彻底清洁相关网络空间的效果。

第二,网课平台规范责任,注重信息发布和用户管理。各类网课平台应当时刻牢记本平台内容管理的主体责任,尤其是涉及未成年人的教育平台更应树立正确的价值观导向。根据《规定》的第十三条,网络信息内容服务平台应开发适合未成年人使用的模式,提供适合未成年人使用的网络产品和服务,为未成年人获取有益身心健康的信息提供便利。[①] 而本行动中典型案例公布的许多平台并未履行这一责任,比如斗鱼直播、PP 视频和乐视视频三家网站平台,虽然专为未成年人设立了观看栏目,且名称如"小学课堂""中小学""守护成长"等明显针对未成年人教育,却推送了一些和学习无关的内容,其中甚至包含"美女直播"和低俗小说等不良信息。

从展示的典型案例中,可以看到网络教育平台在建立本平台内容生态治理机制时需要尤其注意两方面的审核:信息发布和用户管理。低俗色情等不良信息极易在平台推送的内容中成为"漏网之鱼",而缺乏审核的各类用户中也容易存在宣扬不良信息的个体。参考《规定》第三章对网络信息内容服务平台的要求,各类教育平台应当制定本平台的网络信息内容生态治理细则,实行信息发布审核、跟帖评论审核、版面页面生态管理,以及实时巡查、应急处置等制度,尤其对于如"文学原创"等容易出现无关信息的栏目,需要加强内容审核,必要时可以设立专门屏蔽机制或者委派专业人士审查。[②] 对于用户管理,需要落实用户注册制度和账号管理制度,设立"教师""学生"等相关用户分类,排除和教育平台目标无关人员的注册和发帖。如果网络教育平台可以真正担负起内容管理的主体责任,切实采取措施、创造规则,主动地规范内部

---

① 参见《网络信息内容生态治理规定》,2019 年 12 月 15 日中华人民共和国国家互联网信息办公室发布。

② 参见《网络信息内容生态治理规定》,2019 年 12 月 15 日中华人民共和国国家互联网信息办公室发布。

审核管理,就能在网络教育平台内容治理中采取主动,而不是像本行动相关案例一样,被政府部门大批约谈、整改、暂停功能、关闭下架甚至取消许可备案。

网络教育平台兼有"网络平台"和"教育平台"双重特性,其行业规范需要专门制定,以兼顾其网络信息服务者的身份和教育平台的目的。这样的双重特性要求网络教育平台自身承担较多的社会责任,一定程度上,因为缺乏有针对性的文件指导,也阻碍了平台对网络内容的有效自我管理。

在此次行动中,政府部门的监督管理职责发挥了主要作用,打击了网络教育平台领域影响未成年人身心健康的违法违规信息和行为,产生了良好的社会影响。但是,如何更好地让网络教育平台发挥自主管理的主体责任,是网络教育平台内容治理尚需解决的课题。

第十四章　网络内容治理体系中的内容生态建设

网络内容治理,不仅依靠强制性的举措和手段,也需要正向的内容引导,以"疏"代"堵",实现内容生态的正能量循环。要在错综复杂的网络环境中加强正能量的网络内容建设,必须引入网络生态学的相关概念,以生态系统的视角理解与分析互联网内容,了解网络内容的构成以及如何更好地对其评价,进而在生产层面、平台层面、用户层面等多层次积极推进网络内容生态制度与体系的建立。

第一节　生态学视角下网络内容的构成

生态系统的结构是由其组成要素——生产者、消费者和生产者之间的相互作用构成的,而生态系统结构上的平衡则是指其组成要素之间所建立起来的相互适应、相互协调的特定关系的总和。① 网络生态体系则是由内容生产者、消费者、管理者、内容本身、内容平台等要素构成。

根据自然生态系统的层级结构(个体—种群—群落—群体),网络内容体系的主体可分为四个层级,既有个体,也有网络社群。某一"个体"所处的社群一般都不是单一的,而这种多社群的身份使得网络社群之间会出现交叉。

---

① 参见钱俊生、余谋昌:《生态哲学》,中共中央党校出版社 2004 年版,第 42—43 页。

众多具有相同或者相似性质的网络社群又构成了更大的群落。在个体与个体之间、社群与社群之间、群落与群落之间、个体与社群之间、个体与群落之间、社群与群落之间,都有信息的互动和交换。其中,技术、信息、服务等网络资源是互联网内容体系能够稳定发展的基础。在这个互联网形态下的"社会",更多的是关注"群体中的个体"和"个体聚集为群体"。①

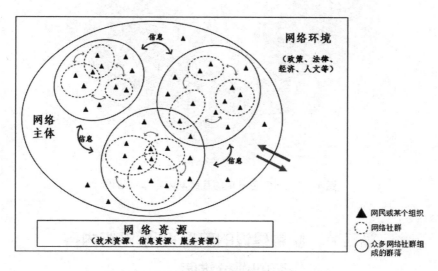

图 14-1　按层级呈现的互联网内容体系结构

互联网内容的主体是"人",不同的主体承担着互联网内容体系中不同的角色和功能,按此划分,呈现出图 14-2 所示的网络体系结构(network systems)。总的来说,网络主体由承担不同角色的个人或组织构成,分为信息的制造者、信息的观察者、信息的收集者以及信息的评论者和分享者,互联网内容体系离不开自然环境和社会环境的制约。这四类角色并不互相排斥,其身份也是在某个个体承担不同角色时,可能由"信息推送者"转换为"自主选择信息者"。而所有这些个人和个人之间交流的信息,在网络主体构成中起着至关重要的作用,这就是网管人员的管理。

---

① 参见段永朝、姜奇平:《新物种起源——互联网的思想基石》,商务印书馆 2012 年版,第94 页。

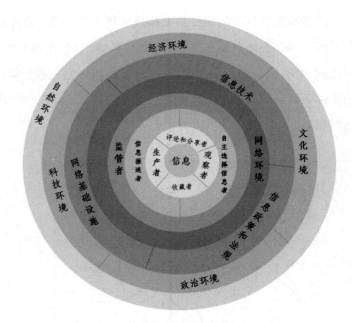

图 14-2　按角色呈现的互联网内容体系结构

第二节　质量建设的前提：了解网络内容
生态的评价维度

"为广大网民特别是青少年营造风清气正的网络空间"，习近平总书记在 2016 年网络安全和信息化工作座谈会上提出要建设良好网络生态。① 此后，网络生态治理和建设成为互联网治理的重中之重，也成为学界研究和关注的重点。已有研究侧重于管理学、传播学、法学等领域，多倾向于从理论高度阐释网络生态治理的重要性和必要性，总结我国网络生态治理的模式和经验，从学理角度分析网络生态治理的目标和路径，或为网络生态治理总结经验和教训，通过个案研究、比较研究提出对策和建议，从理论高度对网络生态治理的重要性和必要性进行评价。

---

①　中华人民共和国国家互联网信息办公室：《让互联网更好造福人民》，求是网 2021 年 4 月 21 日，http://www.cac.gov.cn/2021-04/21/c_1620581588103014.html。

整体而言,当前网络生态评价研究鲜有理论成果,具有代表性的研究如谢新洲、李佳伦于 2023 年出版的《互联网生态论:理论建构与实践创新》,该书从生态学视角入手,廓清互联网生态基本结构、原理及特征,深入剖析互联网生态演进机理,在此基础上绘制世界互联网生态画像,揭示中国互联网生态的特点,思考建设互联网生态文明的趋势及方法途径,通过剖析当前互联网生态建设存在的问题,提出对策建议,试图从互联网生态理论的视角为构建互联网治理的"中国方案"贡献智慧。除了理论研究外,网络生态领域主要是以应用研究为主,集中体现为定性地对我国网络生态现状进行宏观评价和定量地制定针对性评价指数以发布生态榜单。其中,基本以定量研究评价网络信息生态。由于信息是网络形成、运转、发展的核心,无论是政府的治理、平台的管理还是用户行为,均是围绕信息展开的。所以本部分会集中力量,对网络信息生态考核这方面的研究进行一个梳理。此外,互联网发展水平是网络生态形成、发展、演变的基础和重要驱动力,因而互联网发展评价指数述评也将纳入本部分。

一、网络信息生态评价研究

根据不同的应用程度,网络信息生态评估研究分为两大类:一类是学术研究(学术型指标),是围绕网络信息生态评价开展的,另一类是运行指标(应用指标),应用于实际生态评价。主要包括新闻客户端信息生态指数、网站信息生态指数、新闻客户端信息生态指数、网络媒体阳光指数等,前者由中国传媒大学互联网信息研究所发布,后者由温州市互联网研究中心牵头发布。评价目的、服务对象上存在的差异使这两类评价研究呈现出不同的指标建构思路。

涉及网络信息生态评价的学术研究主要集中在四个方面,包括定量验证或实证性成果的研究,包括以理论研究为主的信息生态系统评价、信息生态环境评价和信息生态链评价(如表 14-1)。其中,与网络生态评价最为相关的是信息生态系统评估和信息生态环境评估。

信息生态系统评价研究涉及五个方面:企业信息生态系统、教育类网站信息生态系统、高校图书馆信息生态系统、商务网站信息生态系统、电子政务网站信息生态系统。可以看到,在指标选择上,信息生态系统评价呈现出三种思路:一是从信息生态系统的基本构成要素——信息角度、信息人角度和信息环境角度,辅以反映系统功能的指标,构建指标体系。这种思路与生态评价中的要素/范围法类似,同时带有一定的系统论思想,是最为主流的建构思路,在企业信息生态①、政务网络信息生态②、网站信息生态评价③中广泛应用。又如,马捷等人建构的网络信息生态系统生态化程度评价体系除了选取信息人、信息、信息环境作为评价维度外,还将系统协同性、可持续发展潜力等体现系统功能和生命力的指标作为评价维度。④ 二是从系统结构——功能——价值(效益)的角度建构指标体系,如张海涛等人对商务网站信息生态的评价⑤、王翠翠对企业信息生态的评价等⑥。系统结构关注评价系统的物理结构特征,如网站的导航设置、栏目设置等,功能则聚焦评价系统是否实现预计的目的与效用上,价值或效益则往往从社会价值和经济价值两方面来考量,反映系统的影响力。三是受自然生态评价的启发,以生态基本属性来衡量系统的信息生态性能,如开放性、循环性、净化性、持续性等指标内容。

信息生态环境评价将评价范围聚焦到对信息人拥有直接影响的其他信息人、信息内容、信息技术、信息时空、信息制度上来。⑦ 在已有研究中,政策环境中的政策因素、经济环境和技术环境是主要测评维度⑧。由于相关研究往

---

① 参见曲晨竹:《企业信息生态系统的优化配置与评价研究》,吉林大学硕士学位论文,2011 年。

② 参见陈凤娇、杨雪、马捷:《政务网络平台信息生态化程度测度、缺陷分析与优化》,《图书情报工作》2014 年第 15 期。

③ 参见王晰巍、杨梦晴、邢云菲:《移动终端门户网站生态性评价指标构建及实证研究——基于信息生态视角的分析》,《情报理论与实践》2015 年第 6 期。

④ 参见马捷、魏傲希、王艳东:《网络信息生态系统生态化程度测度模型研究》,《图书情报工作》2014 年第 15 期。

⑤ 参见张海涛、张连峰、孙学帅、张丽、许孝君:《商务网站信息生态系统经营效益评价》,《图书情报工作》2012 年第 16 期。

⑥ 参见王翠翠:《基于信息生态学视角的企业信息化研究》,山东大学硕士学位论文,2009 年。

⑦ 参见娄策群、周承聪:《信息生态链:概念、本质和类型》,《图书情报工作》2007 年第 9 期。

⑧ 参见冷晓彦、马捷:《网络信息生态环境评价与优化研究》,《情报理论与实践》2011 年第 5 期。

往将微观网络信息系统作为评价对象,技术环境的测评主要体现为信息传输速度、信息更新率、信息冗余度①等体现技术性能的指标,难以用于评价更为宏观的技术环境。

应用型网络信息生态评价指数(如表14-2)指向某一类具体的网络新媒体,中国传媒大学互联网信息研究院发布的两个指数分别评价新闻客户端和新闻网站,温州市互联网研究中心发布的网络媒体清朗指数则是对微信公众账号的评价。这三类网络新媒体均为内容生产平台或媒体,因此在指标选取上存在共性:一是都注重对内容质量和影响力进行评价。内容形式、内容的优劣与网络信息生态是否良好有直接关系。新闻客户端信息生态指数和新闻网站信息生态指数对内容生产、传播、呈现形式均进行了全面评估,包括内容的数量、丰富性程度、页面设计以及多样化内容形态的使用程度。内容传播则体现在网络新闻媒体发挥舆论引导和导向功能上,用影响力指标来反映导向功能。网络媒体清朗指数建立在清博舆情开发的微信传播指数(WCI)上,其对内容的测量则侧重在影响力上,用不同层次上的阅读量、点赞量、转发量等来合成内容系数,内容质量则主要体现在信用系数上,通过人工编码对评价期间评价对象发布的文章内容进行评级打分,获得信用系数。二是将网络新闻媒体内部的管理纳入信息生态评价范围。该评价维度可以看作是信息生态要素中环境要素的组成部分。在我国网络内容的治理中,内部管理情况是平台或媒体落实主体责任的集中体现,因此成为应用型指数的测评重点。总体来看,内部管理维度主要包括对内容和用户两方面的管理,其中,内容管理体现在内容审核机制和功能设置情况(如不良信息举报功能、举报专区设置)以及对不良有害内容的监测情况(如与其他有关部门的联动响应、有关部门对其奖惩情况)。用户管理目前主要考察的是对用户账号的管理。

可见,两类网络信息生态评价研究建构指标的思路各不相同,却存在内在一致性,即最终操作指标的选取均是围绕具体某类平台、相关主体以及其所处

---

① 　参见马捷、韩朝、侯昊辰:《社会公共服务网络信息环境生态化程度测度初探》,《情报科学》2013年第2期。

的环境三个要素来展开,而这三个要素也是网络生态形成、发展、演变的基本构成要素。此外,两类评价体系在指标权重确定和评价方法的选取上也集中于主观赋值方法。应用型指数有明确的政策导向,并建立在大规模实地调研的基础上,因此以德尔菲法为主;学术型指数以信息生态理论为基础,评价目标较为模糊,多采用层次分析法和模糊综合评价方法,德尔菲法和灰色关联度法也有一定运用(如表14-1)。

二、互联网发展评价指数梳理

互联网发展是网络生态建设和发展的基础条件,同时某些方面的发展一定程度上也能表征网络生态的清朗程度。总体来看,已有的代表性的互联网发展评价指数可以分为整体评价体系、电子政务评价体系以及网络安全评价体系(如表14-3)。相关指数大都由国际组织或者我国政府主导,具有较强的权威性,对网络生态评价指标体系的操作化指标选取具有借鉴意义。官方统计数据和问卷调查为主要数据来源,如联合国发布的各国电子政府指数中的OSI指数数据就是通过向193个成员国进行全面调查获得的。相较而言,互联网发展评价指数的评价值确定方法较为简单,为所有操作化数据标准化处理后计算加权总和。

在评价维度和指标的选取上,互联网发展评价指数呈现出以下特征:一是涉及政府、企业、个人用户三个主体,体现互联网发展过程中的多主体参与。如网络就绪指数中的使用情况维度就是由个人使用情况、商业/企业使用情况、政府使用情况三个指标来体现。大数据城市网络安全指数也是从个人、企业、政府三个维度出发来建构的。在互联网治理中,这种多主体参与集中体现在政府、互联网企业以及普通网民各自发挥其主观能动性、落实各主体责任来维护良好的网络生态上。二是网络基础设施建设、互联网的普及覆盖程度、网络技术水平以及政府对互联网发展的支持程度,既是影响互联网发展的重要因素,也是互联网发展水平的集中体现。其中,网络技术水平主要以基本技术的实现程度、技术研发投入、创新能力等来表现。政府对互联网发展的支持程度则主要体现在政策制定、法律法规制定和创新环境提供上。三是政府对互联网的接受程度和使用能力是考察政府主体的关键维度。这种能力集中体现在电子政务的发展水平上,包括电子政务新媒体平台的搭建情况以及使用其进行服务的情况(如中国城市电子政务发展指数)。四是网络安全是互联网发展中不可忽视的重要部分。国际电信联盟提出的"全球网络安全指数"从法律、技术、组织、能力建设、国际合作五个维度出发来评价各国的网络安全状况,关注网络安全建设中的宏观环境部分。"大数据城市网络安全指数"则从微观层面的黑客攻击、木马拦截、漏洞修补等指标出发分别考察个人、企业和政府的网络安全指数。

对标到网络生态评价体系的建构,以上四个特征可以归纳为网络生态参与主体和环境两个要素,基础设施建设、互联网的普及覆盖程度、网络技术水平、政策法规制定均为环境维度的组成部分。电子政务建设发展是政府治理网络生态的渠道与手段。至于网络安全要素,习近平总书记在多个重要场合反复强调网络安全的重要性,提出"没有网络安全就没有国家安全,就没有经济社会稳定运行,广大人民群众利益也难以得到保障"[①]的重要论断。因此,这一要素将作为重要评价标准纳入对网络生态的整体考察评价中,并由各个主体的行为和行动指标来体现。

综上所述,现有的网络生态评价体系在指标选取上均体现了网络生态的构成要素——信息、网络参与主体、环境。不足之处在于网络信息生态评价指数过于关注内容的形式与传播和平台/企业主体,对政府主体关注不足。相应地,对环境的关注仅局限于平台自身的环境建设,对宏观环境如互联网发展水平、政府政策与支持的关注不足。在评价方法的选取上,德尔菲法、层次分析法的应用已经十分成熟,而这两种方法所带的主观性也将一定程度上影响评价指数的客观性和准确性。

---

① 习近平:《没有网络安全就没有国家安全》,求是网 2021 年 10 月 10 日,http://www.qstheory.cn/zhuanqu/2021-10/10/c_1127943608.html。

三、现有评价体系对网络生态评价指标建构的启示

通过对生态评价和网络生态评价研究的系统梳理,可以从评价层次建构、评价维度和指标选取、评价方法三个方面入手总结其对网络生态评价指标建构的启示。

首先,要构建多层次评价体系,兼顾整体生态状况与地区、行业差异。目前的网络生态评价研究,缺乏对中国网络生态全局的评价,而是都倾向于从网络信息生态、网络舆论生态等网络生态的某一微观角度着眼,把视角放在网络生态的某一方面;或者聚焦于网站生态,客户端生态,微信公众号生态等某一类平台。将网络生态整体切割为部分的网络信息生态、网络舆论生态、网络政治生态、网络文化生态研究进行评价研究,确实是一种生态系统视角。但值得注意的是,这种分类本身不互斥,也不能反映网络生态全貌,因此,子生态的评价体系并不能适用于整体生态的评价,而要建构多层次的评价体系,不同层次的生态评价指数指向不同的评价目的。该综合指数旨在对网络生态在全国范围内的状况进行总体评估。在综合指数之下,分别设置地区综合指数和互联网领域分类综合指数。区域综合指数以省为单位对全国23个省、5个自治区和4个直辖市的网络生态进行评估,重点在于发现区域网络生态差异、取长补短,推动各省市落实属地管理职责,有针对性地加强治理。互联网领域分类综合指数指向互联网生态治理重点关注的互联网领域,如社交媒体、网络视频、网络新闻媒体、网络游戏等,以具体某领域的具体平台或者产品为评估对象,形成生态指数榜单,压实互联网企业主体责任。

在评价维度和指标选择上,注重宏观环境要素的测量,应综合运用要素与目标导向两种方法。所谓要素法,是指构建评价维度,从我国网络生态构成的基本要素出发,对其进行评价。通过对我国网络生态特征的分析以及已有研究梳理可以看出,信息、互联网参与主体、技术发展以及社会环境是网络生态的基本构成要素,构成综合评价指数的一级指标。其中,网络参与主体主要考察参与网络生态建设和治理的政府、互联网企业以及网民。在综合评价指标

的划分中,网络生态以具体网络新媒体或平台为中心,信息要素体现为媒体或平台生产的内容,整体环境在分类指标中是相同的,因此,环境具体为平台加强生态建设而采取的一系列制度措施、治理行为等。

二级指标的选取则以网络生态建设目标为导向。学术型指标体系的评价维度和指标选取主要依赖已有的理论框架。任何评价体系都不能只建立在理论基础之上,而是要首先明确评价的目标。评价我国网络生态总体水平(生态恶化或良好)、发现当前生态建设中的短板和不足、促进网络生态改善,是网络生态评价体系的基本目标。中期目标是通过历时性的评价比较,勾勒出我国网络生态建设的发展演变图景。最终目标是推动我国网络生态不断净化、改善,维护网络安全,建设能让亿万民众受益的清朗网络空间。基于这样的目标,一方面,明确了各要素维度的二级指标建构方向即信息维度测量的是信息的清朗程度,主体维度测量的是各主体推进良好网络生态建设的意识与行为,技术维度测量的是维护网络良好生态的相关技术发展水平,社会环境维度测量的是构成网络生态建设基础的互联网发展水平、政策环境等;另一方面,网络安全建设贯穿网络生态建设始终,网络安全要素也被纳入二级评价指标,构成网络生态评价的重要方面。

在评价方法上,从表14-1和表14-2可以看出,生态评价已经形成了较为成熟的客观评价方法,能够使权重赋值和最终评价更为客观、准确。但在构建网络生态评价指标体系的操作中,一方面,相关研究尚不成熟,理论积累和数据积累尚处于起步阶段,不能满足个别客观定量方法对模型和数据的要求;另一方面,网络生态评价需要按照党和国家政府对网络生态建设提出的战略要求和目标,立足于我国网络生态治理和建设的现状,其指标选取也要为生态治理和建设实践服务,在指标选取过程中,相关领域的专家学者、政府管理人员等的意见尤为重要。因此,综合运用专家顾问法(德尔菲法)、模糊综合判定法和层次分析法,在使评估过程相对简单的同时,也能最大限度地保证充分量化评估过程,优化分类评估指标。

表14-1　网络信息生态评价研究学术论文列表

篇名	评价维度	研究方法							案例对象
		层次分析法	德尔菲法	问卷调查	模糊综合评价法	灰色关联度分析法	方差分析	群决策法	
网络信息生态系统评价指标体系构建方略	网络信息外生态健康评价、网络信息内生态健康评价	✓	✓						
网络信息生态系统生态化程度测度模型研究	信息人信息、信息环境、系统协同、可持续发展	✓	✓						
基于信息生态学视角的企业信息化研究	功能性、生态系统性、环境适应性	✓							
商务网站信息生态系统的配置与评价	从配置效率、配置能力、配置效益入手建构指标				✓				
商务网站信息生态系统经营效益评价	基础指标、应用指标、效益指标	✓							
网络游戏生态系统评价指标体系及评价模型设计初探	活力、组织力、恢复力	✓	✓						
低碳类门户网站信息生态系统的构建模式及评价研究	服务模式、互动模式、参与模式	✓							12个中外低碳门户网站
基于信息生态思想的网络平台运行效率评价研究	信息资源、信息环境、技术、能力、用户、信息生态平衡度	✓							为为网
社保基金信息生态系统的生态评价模型及方法研究	开放性、循环性、持续性、平衡性、进化性					✓			30个省级社保基金信息系统网络平台

续表

篇名	评价维度	研究方法							案例对象
		层次分析法	德尔菲法	问卷调查	模糊综合评价法	灰色关联度分析法	方差分析	解决策法	
我国电子政务网信息生态评价研究	开放性、循环性、持续性、平衡性	✓				✓			我国31个省、自治区、直辖市的政务网
网络信息生态指数及可视化技术应用研究	信息人、网络信息环境、网络信息资源		✓						
政务网络平台信息生态化程度测度、缺陷分析与优化	信息质量、信息人、信息环境、系统协同、可持续发展		✓						某省政府廉政网络平台
基于信息生态视角的企业信息生态环境成熟度研究	萌芽级、基本级、渗透级、成熟级、优化级								方法为软件能力成熟度模型
网络信息生态环境评价与优化研究	政治环境、技术环境、人文环境、经济环境	✓	✓						
社会公共服务网络信息环境生态化程度测度初探	信息丰裕度、信息更新率、信息传输速度、信息冗余度、信息真实度、信息链供需平衡度、社会效益与经济效益、可持续发展潜力		✓	✓					
网络信息生态链评价研究	基本构成情况、信息流畅性、网络信息生态的竞争力、价值、生态稳定性						✓		淘宝网和腾讯拍拍
网络信息生态链效能分析与评价	结构组成、信息流转、运行成本、功能价值、保障机制	✓							

续表

篇名	评价维度	研究方法							案例对象
		层次分析法	德尔菲法	问卷调查	模糊综合评价法	灰色关联度分析法	方差分析	群决策法	
基于信息生态链的高校图书馆定量评价研究	信息人、信息、信息环境	√							上海应用技术学院
网络信息生态链供需平衡度测评及教育网站实证研究	信息、信息传递渠道、信息价值转化、信息供需主体配置、信息外部环境	√		√	√				
企业信息生态系统的评价及评价指标构建研究	就绪度、成熟度、贡献度							√	
企业信息生态平衡的评价研究	内部结构、功能、外部环境	√							长安汽车
企业信息生态系统评价指标体系构建研究	系统结构功能良好、系统相对稳定、系统演进动力、系统要素水平	√							
企业信息生态系统的评价研究	企业信息生态系统构成、外环境、创造的价值	√	√						
企业信息生态系统评价指标体系构建研究	企业信息生态系统的组织、活力和弹性	√	√						
网络教育信息生态系统评价研究	系统结构功能优化、系统功能良好、系统演进动力、系统要素水平	√	√						
教育类网络信息生态指标评价体系研究	导航设计、检索功能、全面性、操作性、准确性、美观和效果	√							

续表

篇名	评价维度	研究方法							案例对象
		层次分析法	德尔菲法	问卷调查	模糊综合评价法	灰色关联度分析法	方差分析	解决策法	
高校数字图书馆信息生态系统评价	系统结构、系统活力、系统服务力	√							曲阜师范大学数字图书馆
高校图书馆信息生态系统评价研究	图书馆服务能力、用户、信息环境		√			√			山西财经大学档案系统
基于信息生态理论的高校数字档案系统信息流转能力评价研究	信息收集、信息处理、信息发布、信息利用、信息反馈		√						
高校数字图书馆信息生态系统健康评价研究	系统结构、系统活力、系统服务力	√			√				
移动终端门户网站生态性评价指标	信息人、信息和信息环境；网站安全、互动参与、信息有用性、信息易用性、网页设计和链接管理	√			√				
新型智库微信平台生态性评价指标	信息人、信息、信息技术和信息环境；信息真实性、信息时效性、信息独特性；用户使用性；易用性、互动性；用户使用安全、便捷性、精准性；服务性、拓展性、宣传性	√			√				

表14-2 应用型网络信息生态评价指数列表

指数名称	发布机构	评价维度	具体说明	评价对象
新闻客户端信息生态指数	中国传媒大学互联网信息研究院和艾利网信息生态智库(IRI)	信息内容生产、内容安全保障、信息传播导向、互动管理与响应	信息内容生产:内容丰富性(主题)、专题数量、页面设计丰富性、内容生产聚合能力、多样化内容形态;信息安全保障:标题党、低俗有害信息等的情况;信息传播导向:搜索、阅读、点击、评论等基本导向情况以及用户画像和新闻推送情况;互动管理与响应:不良信息举报功能、有害信息举报专区,与其他相关部门门的响应联动、平台监管情况等	主要的主流媒体客户端和商业网站新闻客户端
网站信息生态指数	中国传媒大学互联网信息研究院	信息发布传播、舆论引导、信息管理、用户管理、举报响应	信息生产传播与创新指数:页面设计以及新技术内容形式;内容安全保障指数:内容审核把关、低俗内容情况(弹窗广告);信息导向指数:发布时效性以及新闻评论导向能力;用户管理指数:用户行为、账号管理方面的规范;响应指数:对社会举报的处理速度及效果。	14家中央重点新闻网站和6家主要商业新闻网站
网络舆论生态指数	中国传媒大学互联网信息研究院	互联网普及与应用发展、互联网新闻生产与传播、网络舆情及突发公共事件的传播与应对、互联网内容安全管理、网民互动与评论引导	互联网普及与应用发展(头条号个数、微博认证账务号个数);电子政务建设情况(头条号个数、微博认证账务号个数);网络社会组织数量;网民规模及普及率;网络文化新闻产业发展情况;互联网新闻生产与传播:新闻媒体影响力、互联网表达能力、互联网新闻传播力、中央媒体对外传播力、互联网新闻创新、新闻新技术手段应用,时政新闻传播力、中央媒体对外传播力(点赞量、评论量、转发量);时政新闻导向力;重大网络舆情及突发公共事件的传播与回应:重大、突发事件的传播、回应能力、传播效应以及中央国家机关数量规模、处置的社会效应;网络不良信息举报与处置;网络新闻标题数量规模;互联网内容安全管理:网络专项治理行动效果;网站内容生态情况;舆论热点内发现象;网络传播效果重大差错情况;网民互动与评论引导:新闻舆论引导;新闻舆论热点的关注度、自发传播、建言献策等	整体舆论生态评价

指数名称	发布机构	评价维度	具体说明	评价对象
网络媒体清朗指数	温州市互联网研究中心	内容系数、管理系数、信用系数	内容系数:对文章内容进行评定; 管理系数:受到主管部门的奖惩情况; 信用系数:对前一段时间内的文章的"清朗"程度。	温州市各类互联网媒体,共总五个榜单:政务排行榜、政务榜、媒体榜、生根资讯榜、生活服务榜

表14-3 互联网发展评价指数列表

类别	具体指数	发布机构	评价维度	具体说明
整体评价	网络就绪指数 NRI	世界经济论坛	环境、就绪程度、使用情况、影响力	共10个二级指标；环境包括政策环境和商业及创新环境两个指标；就绪程度包括基础设施建设、可承担程度以及技能三个指标；使用情况包括个人、商业、政府使用三个指标；影响力包括经济影响和社会影响。
	中国信息化发展指数 IDI	国家统计局	基础设施指数、使用指数、知识指数、环境与效果指数、信息消费指数	共5个二级指标，10个三级指标；环境与效果指数以信息产业增加值占比、信息产业研发经费占比以及人均GDP来体现；信息消费指数反映居民在信息方面的消费比重。
	世界互联网发展指数	中国空间网络研究院	基础设施、创新能力、产业发展、网络应用、网络安全、网络治理	
	中国互联网发展指数	中国空间网络研究院	基础设施建设、创新能力、数字经济发展、互联网应用、网络安全、网络监管治理	
	国际电信联盟通信技术发展指数	国际电信联盟	ICT接入指数、应用指数和技能指数	共包括11个三级指标。
	互联网行业运行指数·网站指数	中国互联网协会、国家互联网应急中心	网站的访问热度、服务技术、网络安全、社会监督和第三方指标	服务技术：IPV6访问，网站CDN加速技术使用；社会监督：网民满意度；投诉或者举报次数/访问人次。

续表

类别	具体指数	发布机构	评价维度	具体说明
电子政府评价	联合国电子政务发展指数 EGDI	联合国经济和社会事务部	数据通信基础设施指数（TII）、人力资源指数（HCI）和在线服务指数（OSI）	共包括 9 个二级指标和对服务质量的调查。
	中国城市电子政务发展指数	国家行政学院	在线服务、电子参与和移动政务	共包括 6 个二级指标，分别对一级指标的成熟度和用户体验进行评价。
	全球网络安全指数	国际电信联盟	法律、技术、组织、能力建设、国际合作	共包括 25 个二级指标。
网络安全评价	大数据城市网络安全指数	大数据协同安全技术国家工程实验室等四个实验室	个人网络安全指数、企业网络安全指数和政府网络安全指数	共包括 20 个二级指标；引入城市的 GDP 因子对政府和企业网络安全指数进行修正（反映互联网发展水平、安全防护水平以及安全防护意识等）。

第三节　网络内容质量建设的发展策略

除了积极构建评价指标之外,网络内容建设与发展还需要在生产层、平台层、用户层积极实现不同的网络内容建设与发展规则。多方规则多管齐下,进行正面的网络内容引导,实现内容生态的良性运转。

一、生产层健全内容建设规则体系

从 Web1.0 时代的 PGC(Professionally-generated Content,专业生产内容)模式,到 Web 2.0 时代的 UGC(User-generated Content,用户生产内容)模式,用户内容生产和传播的主体性逐渐提升。

在 Web3.0 时代,人工智能、大数据、物联网、云计算的应用和普及,让内容生产不单单依赖于人,UGC 中的 PGC 内容生产价值开始逐渐凸显。当 UGC 越来越向专业化转变,从庞大的粉丝群体建立起社群之后,UGC 就变成了 CGC(Community Production Content)。通过大数据挖掘出的微博各类数据,远比 CGC 的形成和大数据的发展更能反映网络热点、舆论动向、内容本身在网络中的价值受到大数据的冲击等信息,而不是一些具体的微博内容。而微博也不再仅以社交媒体的身份,而是在 UGC 大潮中蜕变成 CGC 存活下来,发展成一个集网游,邮箱,音乐,搜索,写真集等产品线为一体的整合平台。此外,重新构建互联网内容生产生态的机器人编写、语音识别、智能客服等,也都是由智能机器作为主体的网络内容生产者。

信息流汹涌,内容待审查成为普遍现象。例如抖音、小红书等网络平台本身并不生产内容,而是搭建内容生产的技术和平台,提供内容展示和传播平台。网络空间内容生态的维护和治理不能仅仅从终端入手,内容质量要从生产源头上进行控制,防止一开始就受到污染。把控质量需要建立标准和规则,建立明确标准、严格规范、科学有效的网络内容建设规则体系。无论是针对 PGC(专业生产内容)、UGC(用户生产内容),还是 OGC(职业生产内容)、CGC

（社区生产内容）、MCN（多渠道网络），都需要针对这些机构的特点建立规则标准体系，要具有针对性，提高操作性，易于执行，从而对其内容生产过程进行指导。具体地说，可以在以下几个方面作出规定。

一是将内容治理主体责任前置，督促指导网络内容服务平台建立完善技术审核系统，由网络服务平台承担内容入口端的内容生产者审核责任和内容分发端的内容把关责任。内容入口端的把关原则，需要建立具体化的价值评价体系。具体化的操作标准能够帮助平台进行准确的尺度把握，不仅为平台明确指出内容审核的"底线""红线"，并且能为模糊性、争议性内容的处理提供细致的判别标准，为健康、优质内容提供价值引导的方向和方法。

二是对传播环节的网络平台运营者来说，需要压实平台的企业主体责任，现在已经不再是一套规则管一切平台的时候，应针对不同的网络平台制定使用对应的规则和标准，把平台的责任具体化、数据化、实时化，切实让平台主动承担起内容治理的社会责任。除了不同平台的规则外，当前网络内容类型多元，包括文字、图片、视频、游戏、虚拟沉浸内容等多种形态，也应针对不同网络内容类型进行规则制定。在不同类型网络内容的审核中，文字、图片审核相对较为成熟，短视频审核、游戏审核的技术也在不断发展，直播审核可能面临着较大的技术挑战和内容把关上的困难。当前不同类型内容的审核方式和技术也在彼此借鉴，例如将敏感词过滤、图片审核作为视频内容审核的手段，或是将传统内容审核中的播前审核引入直播内容审核中来。总体而言，不同类型的网络内容都有相应的审核机制和方式，相应的审核准则也在不断推出，如中国网络视听节目服务协会分别于 2017 年和 2019 年发布了《网络视听节目内容审核通则》和《网络短视频内容审核标准细则》，后者也于 2021 年进行了全面修订，进一步结合新的内容变化，修订了复习标准。①

三是要将内容监管要求数据化、智能化，运用管理软件技术及时分发给网络平台，提升内容审核与管理的效率和精准度。例如可以使用机器算法

---

① 参见朱垚颖、谢新洲、张静怡：《安全与发展：网络内容审核标准体系的价值取向》，《新闻爱好者》2022 年第 11 期。

审核技术,"机器审核以技术为导向,运用数据库、人工智能等现代技术进行实时高效的内容治理,极大提高了内容审核工作效率,推动审核工作的常态化开展"①。

二、平台层建立全媒体传播体系

在当今物质文明和精神文明高度发达的时代,"平台"一词具有非常广泛的内涵,泛指人与人之间交往、交易、学习等互动性较强的阶段。而与"互联网内容"相结合的"平台"更增添了几分科技化的意味。有学者认为,互联网内容平台(Internet Content Platform)是以数字多媒体内容为核心、基于硬件和软件系统环境的特定媒介形式,在内容和平台相结合后产生的一种既具有内容载体的媒介特征,又具有平台和网络的新性质的组织形式。一些研究者把互联网内容平台看作是信息中介的一种,是承担连接、中介、配套者、调节者等角色的虚拟内容库。②③ 网络内容平台是在现实社会中生存和活动的人进行信息传播和交流的平台,然而这个平台是借助"数字化"搭建起来的,虽然是虚拟的,但并非想象中的,而是一个现实中的虚拟空间(Internal Space)。互联网内容平台的内涵,无论从物质层面还是精神层面,都可见一斑。在物质层面,是指一套完整严密的软件产品和相关数据,为多类型内容提供服务,具有信息中介作用的虚拟载体、以内容为核心的互联网数字平台——互联网内容平台。在精神层面,围绕内容主体所形成的以内容为核心的精神世界,以内容平台为基础,对互联网内容体系所形成的虚拟空间进行多层次、多维度的重新解读,已成为社会生活的重要内容。④

---

① 朱垚颖、谢新洲、张静怡:《安全与发展:网络内容审核标准体系的价值取向》,《新闻爱好者》2022 年第 11 期。

② 参见周建青、张世政:《信息供需视域下网络空间内容风险及其治理》,《福建师范大学学报(哲学社会科学版)》2023 年第 3 期。

③ 参见张虹:《论平台内容的社会经济属性及逻辑机制》,《全球传媒学刊》2021 年第 4 期。

④ 参见周澄:《内容平台:重构媒体运营的新力量》,中国传媒大学出版社 2012 年版,第33 页。

　　结合前人对互联网内容平台的分类,从生态学的角度出发,互联网内容平台按照自组织的生态学现象,分为三大类:内容聚合平台、内容服务平台、技术平台。内容聚合平台是指不同内容聚合的门户网站、社交媒体、知识社区,主打内容的聚合生产、传播和共享。内容服务平台主要包括各类商务平台、市场推广平台、交易平台及即时通讯平台等。除了这些之外,还有以操作系统、AppStore、云服务平台、大数据应用平台等为主的技术平台,为内容聚合平台和服务平台提供技术支持。

　　网络内容平台,是网络内容体系的重要元素,也是内容质量建设的关键。这是因为一方面,内容平台提供了大量内容信息,让用户可以用它来浏览信息,分享互动;另一方面,互联网内容平台在潜移默化地影响用户信息选择的同时,也在一定程度上推动着信息内容的变革。互联网内容平台已经成为构成互联网内容体系的元素之一。互联网内容平台不仅要做到服务,也要做到监督,才能为平台和用户之间构建更健康的连接。具体来看,可以有以下做法:

　　一是利用新技术提升传播力。在互联网条件下,催生变革、推动发展的要素是技术。目前技术还在剧烈变革,大数据和 AI 技术已经作用于改造媒体,区块链技术和 5G 技术也会给媒体带来深刻的变革,这都是媒体必须考虑的技术变量。各类媒体要积极学习和运用移动互联网、云计算、人工智能、算法创新等先进技术,坚持移动优先战略,加强传播手段建设和创新,加大力度支持新媒体发展,开发各类新闻信息服务,如互动式、服务式、体验式等,实现新闻与信息传播的全方位覆盖、全天候延伸、多领域拓展,为做好新闻与信息传播工作提供有力支撑,努力提供各种用户终端传播主旋律弘扬正能量,为占领舆论新阵地而努力。

　　二是充分运用新兴技术提升引导力。面对海量的信息内容,人们面临的难题不是找信息,而是找到有效、有价值的信息。这就是人工智能和算法技术的优势,这两种技术能够根据用户的网络行为习惯进行算法分析,并自动推荐和分发对用户有价值的信息。传统媒体应跳出唯我独尊、单向宣传的传统思维,跳出凭借独家新闻、"一篇稿子闯天下"的陈旧思维,而要探索将人工智能运用在信息内容的采集、生产、分发、接收、反馈中,提供千人千面、特色有效的信息,将用户最需要、符合主流的信息分发给他,用主流价值观驾驭算法,把用户想看的与主流倡导的对接起来,切实提高舆论引导的精确制导能力。新媒体也应积极改进算法和平台规则,在实现平台影响力的同时更好地实现内容引导力。

三是以丰富的应用、优质的服务,先进的技术打造具有影响力的媒体平台。从互联网的发展来看,平台化是一个基本趋势。平台化主要是指将各种应用聚合起来,将相关资源整合起来,将多维度的服务提供给用户,从而提升平台对用户的友好和黏性。主流媒体要跳出只提供新闻信息服务的职能思维,通过扩大服务领域、提升服务质量、增加用户数量和黏性、提高使用频率等措施,积极利用先进技术搭建网络平台,在新闻信息服务的基础上,开发服务产品,增设金融服务、电子商务服务、金融科技服务、社会公共服务、文化消费服务等。只有有效地实现平台价值和影响力的提升,才能充分推动平台服务力、技术创新力的提升,最终实现良性循环。

三、用户层推进网络内容自律体系

在网络内容质量建设中,用户是非常重要的群体。一方面,当前中国网民用户数量极大,庞大的网民群体构成了网络内容生产的主力军。另一方面,网民群体中的意见领袖(Kol)、大V、自媒体等也成为引导网络舆论、影响网络内容生态的关键。尤其是像意见领袖,他们可以通过议程设置引导网络民意,以粉丝效应产生强大影响力,这种影响力通过"线上"向"线下"延伸,对现实社会也产生了诸多影响。此外,网络发展也催生了一些职业网络推手和水军团队,他们扰乱网络秩序甚至影响或左右现实社会中事件的发展趋势,通过制造话题,策划网络事件抹黑竞争对手,散布谣言混淆视听。在当前复杂的网络空间中,做一个具有数字媒介素养的网民是非常关键的。从中可见,在互联网时代,用户主观维度的媒体素养、技术认知、道德素养,以及客观维度的意见领袖、群体环境、其他行为责任确定都会对用户内容生产和传播带来影响。要想避免负面影响,除了生产层和平台层外,用户层面也应逐步建立网络内容自律体系。

一是有效约束用户上网行为,加强网络自律。网民的素质和行为对网络内容的生产者、网络平台的运营者、网络社会的发展趋势有重要的影响,需要网络平台运营者通过上网规则、平台约定、入网须知、技术限制等方式引导网民增强责任自负意识、依法上网意识、文明上网意识、个人隐私意识、网络安全与风险意识等,让每位用户都能够加强网络行为自律,从而促进网络空间良好生态。

二是逐步提升用户素养,加强网络文明建设。网民的素养包括文化素质、心理素质、道德素质等,在心理素质方面,由于社会节奏加快、竞争压力加大,很多网民有不同程度的心理问题,需要不断实现人格的完善,让自己在网络世界尊重人性、行为得体。而道德素质是和个人意志自由相联系的,个人意志实现在网络世界有更大的自由度,个人可以自由设置、自由选择、自由下载不同的内容①。中国互联网日益向低学历人口普及并呈现向下扩散的趋势,需要逐步在网络空间和现实环境中加强对网民素质的教育,例如加强针对网民的网络文明培训。近年来,中央网信办与教育部、人民银行、全国总工会、共青团中央、全国妇联等部门通力合作,开展"校园好网民""金融好网民""职工好网民""青年好网民""巾帼好网民"等系列的主题活动,分系统、分领域开展网络素养教育,推动好网民培育工作②。这就是有效的通过进行网民素质提升工作,实现网络环境和内容生态的优化。

三是加强对意见领袖(Kol)和大 V 的约束和管理。意见领袖作为特殊的网民代表,他们在互联网空间上有着更大的话语权、影响力,他们生产出的内

---

① 参见史波:《网络舆情群体极化的动力机制与调控策略研究》,《情报杂志》2010 年第 7 期。

② 参见黎梦竹:《从"知网、懂网"到"善于用网",多方协同加强网络素养教育》,光明网 2019 年 9 月 23 日,http://www.cac.gov.cn/2019-09/23/c_1570766800770710.html。

容传播速度快、传播广度更大,一旦出现负面信息,危害也更大。因此要加强在各大新媒体平台中对于大 V 群体的监控和管理,同时可以对其进行业务能力培训和综合素质培训。例如在 2016 年,上海就启动了上海市首期新媒体(自媒体)负责人培训班,首期活动就邀请了上海的 55 位粉丝量 10 万以上的公号大 V 走进上海市委统战部,学员既有像"上海观察""青春上海媒体中心""话匣子""新民晚报新媒体"等体制内机构的新媒体部门负责人,也包括像"一条""上海头条播报""魔都头条""乐活松江"等自媒体的负责人①。培训自媒体工作人员,让他们获得与官方媒体互动、交流、学习的机会,是极为有效的内容治理建设方式。此外,中央和各地方成立的一些新媒体行业协会也会积极主动吸纳大 V 用户作为协会会员,实现紧密沟通。这种方式也能有效提升大 V 生产内容的质量和自律意识。

---

① 参见澎湃新闻:《55 位大 V 被邀参加上海市委统战部培训班,部长专家授课交流》,2016 年 7 月 9 日,https://www.thepaper.cn/newsDetail_forward_1496158。

第四编
监管与执行:中国网络内容监管模式

　　网络内容监管是网络内容治理的重要组成部分。与网络内容治理所着重发挥的战略规划功能不同,网络内容监管主要聚焦于操作层面,且在处理负面内容时多以强制性手段为主,其执行既离不开政府监管责任的落实和强化,也需要技术、法律、伦理等多领域的交叉合作。面对危害国家安全、暴力恐怖、盗窃欺诈等不良网络内容以及人工智能、区块链等技术所带来的新挑战,有力的网络内容监管措施,无论是适应信息时代的变革,还是在保障公共利益、维护社会秩序和个人权利等方面都具有重要意义。本编以监管与执行为切口,从网络内容监管的概念界定、方式与举措、平台角色、典型案例分析等方面对中国网络内容的监管模式进行了介绍。

　　第十五章系统归纳网络内容监管的基本属性。通过辨析网络内容治理与监管的关系,进一步明晰了网络内容监管在保障网络内容治理切实落地方面的重要地位,并从监管主体的权威性、监管对象的明确性、监管手段的强制性三个方面归纳了网络内容监管的特征。随着网络内容监管从最初的简易监管到后来的重视监管,再到现在依赖先进技术手段和职能细分的优化监管,这些变化既可见中国网络内容监管发展的延续性,亦可见中国政府和企业在面对新的网络形态和挑战时所作出的不懈努力。

　　第十六章聚焦中国网络内容监管的方式与举措。在对政府主管部门现行的政策、措施和监管思路进行梳理归纳的基础上,将网络内容监管分为对信息内容的监管、网络内容主体资质的监管、违法违规平台主体的运动式监管、多主体监管的协作监管机制四个部分,并从具体监管方法、措施和机制、监管模式的实践逻辑等角度入手对上述四个部分作进一步分析。

　　第十七章着重就网络平台的内容监管进行阐释。通过对平台在内容生产环节、审核环节、分发环节和传播环节监管手段的分析,探究我国网络平台的内容监管在技术依赖与技术局限、审核效率与审核成本、平台监管与用户权益、内容监管与内容自由等方面的困境。

　　第十八章主要关注新技术环境下网络内容治理在特殊领域所面临的难题及其在实践中的治理现状。包括如平台数据垄断、个人隐私信息保护、内容算法分发、数字版权保护、数字遗产继承等。

　　第十九章是对中国网络内容治理的对策与展望。基于网络强国建设的战略需要结合中国特殊国情和网络内容发展状况，在国家治理体系框架下展开治理，提高技术治理的效率与智能化水平，形成"政府、协会、企业、网民"互动协作机制，针对"生产、审核、传播、评估"落实举措，完善互联网内容治理法律体系的五个方面，对中国网络内容治理的未来发展提出相应建议。

第十五章　网络内容监管的地位、特征与实践

网络内容监管是构成网络内容治理的重要组成部分。中国的网络内容监管虽在全球范围内处于领先地位，但也面临着一些问题和挑战。对网络内容监管进行研究，一方面是为了探讨如何规范和管理网络内容，即如何在保护网络用户合法权益的同时，维护网络空间的安全和秩序，从而更好地发挥互联网在日常生活中的便利性；另一方面也可以促进互联网行业的发展和进步，为政府和互联网企业完善网络内容监管路径提供参考和借鉴。

第一节　网络内容监管与内容治理的关系

网络内容监管作为一种具有强制性的治理手段，在网络内容治理中具有重要的调节和保障作用。网络内容监管，往往由政府或相关机构执行，其主要目标是对不良信息、违法内容等进行审查和打击，在保护用户合法权益的基础上，确保网络空间的和谐发展。网络内容治理则是一套由政府、社会、企业等各方面参与的，更加完善的、系统性的管理网络内容的制度和规范体系。相较而言，网络内容治理侧重于战略规划和顶层设计，更具宏观性和前瞻性，是对网络内容监管进行全面规划、协调和管理的总体性框架；而网络内容监管作为网络内容治理体系的重要组成部分，则主要是确保网络内容治理体系能够落地的可操作化抓手和具体执行方式，是筑牢网络内容治理的底线。

一、网络内容治理与内容监管之概念辨析

所谓监管,是指"某主体为使某事物正常运转,基于规则,对其进行的控制或调节"[1]。而治理则更侧重控制、引导和操纵,可理解为在特定范围内行使权威。这其中隐含一个政治进程,"即在众多不同利益共同发挥作用的领域建立一致或取得认同,以便实施某项计划。"[2]通过定义可以看出,"监管"主要强调的是手段的强制性和主体的相对单一性,治理主要强调主体的多元性和手段的协同性。对于网络内容而言,网络内容监管,可理解为政府主管部门、网络内容平台或某一个具有权威性的单一主体,为维护网络内容生态的天朗气清,基于相关政策法规对网络内容生产传播主体及内容信息本身的管控、干预和规范[3]。网络内容治理,可理解为由政府主管部门、网络内容平台、网络用户等多方利益关系主体,为维护网络内容生态健康发展而形成的多主体、多方式的协同合作管理机制,其核心意涵是对生产、传播、使用等环节的网络信息进行质量监控。[4]

网络内容治理与网络内容监管之间的差别主要表现为网络内容治理是战略规划,而网络内容监管则是可操作化的手段。就内容而言,治理聚焦的网络内容更为全面,既包含有正面的引导,也包含有负面的惩处;而监管则主要针对的是网络上的负面内容。就采用的手段而言,网络内容的治理手段通常是"刚柔相济",而网络内容的监管则以强制手段为主。就主体而言,网络内容的治理侧重于多主体的协同性,而网络内容的监管则以具有权威性的主体为主。

---

[1] 马英娟:《监管的语义辨析》,《法学杂志》2005 年第 5 期。

[2] 俞可平:《治理与善治》,社会科学文献出版社 2000 年版,第 16—17 页。

[3] 参见任昌辉、巢乃鹏、李永刚等:《中国网络内容监管与治理研究:图景与展望》,《中国网络传播研究》2017 年第 2 期。

[4] 参见何明升:《网络内容治理的概念建构和形态细分》,《浙江社会科学》2020 年第 9 期。

二、网络内容监管在网络内容治理中的地位

网络内容监管通常可理解为一种以"不良内容清单"为尺度的被动性管理方法①,包含内容过滤、平台审查、流量监控等多种手段。其落实离不开网络内容治理体系在法律法规、政策文件、自律规范等多方面的支持。

一方面,网络内容监管是网络内容治理的源起。在我国互联网发展早期(20世纪90年代中后期),我国政府部门就开始有了针对网络内容的监管意识,监管的主要对象指向的是计算机、信息化系统等特定信息内容领域。② 随着《中华人民共和国计算机信息系统安全保护条例》《计算机信息网络国际联网管理暂行规定》等相关行政法规的出台,针对互联网内容的多部门(中共中央对外宣传办公室、国务院新闻办公室、信息产业部、公安部等)分头管理模式开始确立,网络内容管理的法制环境逐步建成。③ 2000年起,行业协会、网络企业、网民等开始辅助政府部门的网络内容监管,并成为网络内容治理的主体。2018年,习近平总书记在全国网络安全和信息化工作会议上的讲话正式明确了党委领导、政府管理、企业履责、社会监督、网民自律等多主体参与,经济、法律、技术等多种手段相结合的综合治网格局。

另一方面,网络内容监管是网络内容治理切实落地、行之有效的保障,是构成我国以政府为主导的网络内容治理的重要方面。首先,网络内容监管牢守网络内容治理的底线。具体而言,网络内容监管主要是指向网络内容生态中的违法不良信息及其生产传播主体,通过资质监管、内容审核与运动式监管等强制性震慑和惩处手段对暴恐、色情等有害信息进行限制、整顿、清理。其次,网信办、工信部等政府主管部门对网络内容生产主体与内容信息本身具有制定相关政策法规、采取监管措施的监管权能。网络内容平台在用户账号管

---

① 参见何明升:《网络内容治理的概念建构和形态细分》,《浙江社会科学》2020年第9期。
② 参见谢新洲、朱垚颖:《网络内容治理发展态势与应对策略研究》,《新闻与写作》2020年第4期。
③ 参见方兴东:《中国互联网治理模式的演进与创新——兼论"九龙治水"模式作为互联网治理制度的重要意义》,《人民论坛·学术前沿》2016年第6期。

理、信息发布和评论审核、网络谣言和虚假信息清理等方面同样担负着网络内容监管的重要责任。①

第二节　网络内容监管的特征

网络内容监管是网络内容治理的源起和核心部分,与网络技术的发展密切相关。对网络内容监管的特征进行归纳,不仅可以更好地理解我国的互联网环境及政府的管理实践,还可以增进人们对监管目标、网络安全等重要议题的认识和理解,从而更好地发挥其在虚拟世界中保障网络用户合法权益的积极作用。

一、网络内容监管主体具有权威性

所谓权威性,即意味着监管机构或政府机构在互联网内容监管领域具备合法、正式和被广泛接受的权力和地位。它是网络内容监管主体有效行使权力的基础,确保了监管机构在互联网内容管理领域的合法性和可信度。与网络内容治理的多利益相关主体有所不同,网络内容监管的主体主要为政府主管部门和网络内容平台此类具有权威性的主体,其权威性主要体现为两点:一是可以制定内容监管的相关规则。政府部门有权制定相关部门规章和政策法规来对网络内容监管作出宏观规定,网络内容平台依据相关法律法规制定用户管理规定、平台公约等相关规则来规定该平台中内容的生产传播和用户行为;二是具有强制执行力,政府部门和网络内容平台可依据相关法律法规对网络内容作出一定的警告和处罚。

二、网络内容监管对象具有明确性

监管机构在实施监管措施时会明确监管的对象或范围,即确定需要监管

---

① 《网络信息内容生态治理规定》第九条,2019 年 12 月 15 日国家互联网信息办公室发布。

的特定主体、平台、网站、应用程序或内容类型。网络内容监管的明确性通常建立在法律和政策框架的基础上。针对禁止和抵制生产、传播的违法不良信息及其内容主体,网络内容监管的任务主要是守住网络内容治理的底线。具体而言,其监管对象主要指向相关法规和标准下的十一类违法①和九大类不良信息②及其生产传播主体。另外,我国推行的实名制上网也可以确保监管机构能够明确追踪和监管特定用户或内容提供者。通过明确定义监管对象,监管机构可以更有针对性地实施监管措施,确保互联网内容符合法律、道德和社会标准。同时,明确性也有助于平衡监管目标与个人权利之间的关系,并避免滥用权力或监管措施的情况。

三、网络内容监管手段具有强制性

网络内容监管的手段具有强制性是指监管机构或政府机构在实施监管措施时,具备强制执行的权力和能力。网络内容浩如烟海且增速极快,鉴于正面清单模式(主要规定政府允许和鼓励的内容生产、复制、传播的范围和类别)往往跟不上网络内容体量的增长速度,甚至可能阻碍网络内容创作与内容技术发展,很难在实践方面适应网络内容监管。因此我国的网络监管主要采用的是负面清单模式(规定禁止生产、复制、传播的信息内容领域和类别)③,即主要划定网络内容的底线标准,通过强制性震慑和惩处手段更好地推动监管实践的落实。

具体而言,与网络内容治理奖优惩劣并施,服务与管理并济的手段不同,网络内容监管手段多以资质管理、内容审核、专项行动等具有强制力保障实施的手段进行,以此保证网络内容空间清朗。网络内容审核在内容监管过程中发现违法不良内容会将其自动过滤屏蔽,或在之后的追踪监察环节巡查到此类内容时将其强制删除、下架。例如,微信平台在监测到群组讨论的敏感内容

---

① 《网络信息内容生态治理规定》第六条,2019 年 12 月 15 日国家互联网信息办公室发布。

② 《互联网信息服务管理办法》第十五条,2011 年 1 月 8 日国务院发布。

③ 参见何明升:《网络内容治理:基于负面清单的信息质量监管》,《新视野》2018 年第 4 期。

时,通常会与主管部门配合,采用"前置拦截+后置管理"的处理方式。前置拦截指的是,如果平台系统识别出敏感有害的政治话题,会对其直接进行拦截,防止其大规模扩散。后置管理指的是,平台在接到主管部门通报,或者平台通过一些公开渠道发现一些有害敏感的言论时,会把它提炼出来放到干预传播的系统里,然后对其传播进行干预。① 值得注意的是,网络内容监管的强制性手段虽然能够确保监管机构对违规内容和行为的实质性干预和处罚,但也需要将其建立在合理性、透明性和对个人权利的尊重之上。

第三节　中国网络内容监管的发展

中国网络内容监管的出现可以最早追溯到互联网甫进入中国的历史阶段。当时,针对网络内容的监管措施主要是通过对互联网服务提供商进行控制来实现的,例如控制接入互联网的网关,对网站的访问进行过滤等。随着时间的推移,政府逐渐意识到这种控制手段的局限性,并开始采取更加复杂的手段和措施来监管网络内容。

一、奠基阶段:简易监管措施的出现

1994 年至 2000 年期间,中国的互联网规模较小,政府主要通过对互联网接入和网站的审查等手段来控制网络内容。此时主要关注的是互联网技术的应用和发展,对内容监管的需求还不够强烈。1996 年,"国务院信息化工作领导小组"正式成立,并于 1999 年改名为"国家信息化工作领导小组"。网络信息安全的管理工作由国务院负责领导协调。邮电部、电子部、教育委员会、中国科学院这四个主要的网络主管单位再加上公安部承担具体的监管工作,主要负责联网的接入管理和内容管理②。通常情况下,这些单位或部门都是相

---

① 访谈对象:金璇(腾讯公司微信安全风控中心专家)、徐涛(微信网络舆情公关),访谈时间:2020 年 3 月 4 日。
② 参见王融:《中国互联网监管的历史发展、特征和重点趋势》,《信息安全与通信保密》2017 年第 1 期。

对独立地进行监督管理,配合较少。在立法层面,《计算机信息网络国际联网管理暂行规定》(1996 年发布)、《计算机信息网络国际联网安全保护管理办法》(1997 年发布)、《计算机信息网络国际联网管理暂行规定实施办法》(1998 年发布)的出台,分别对国际出入口信道的联网、联网接入的许可和备案、计算机系统安全等级的保护等进行了规定,有些规定甚至沿用至今,这为中国网络内容的监管提供了依据。不过,虽然政府已具备了网络内容监管的意识并提出了相应的监管要求,但鉴于我国当时的信息基础设施建设和信息化发展实乃更为紧迫的任务①,因此,网络内容监管模式的打造并不处于绝对的优先级位置,更多是作为互联网发展的前提或者辅助手段存在。

二、重视阶段:多部行政法规的出台

2001 年至 2010 年,我国开始重视对互联网内容的监督和管理,监管所覆盖的对象更加全面,所涉及的领域也更多并逐渐规模化。2001 年前后,中国电信、中国网通对宽带网络的建设规模进行了扩张。中国电信建成的贯穿全国的"八纵八横"②网络,成为中国通信最主要的光缆干线网络。③ 这为宽带不断融入人们生活提供了重要的推动力。随着互联网发展速度的加快,网络内容生产从专业组织把关式的生产扩展为自我把关式的生产④,随着用户数量和内容数量的增长,盗版和侵权、政治敏感信息、虚假信息等使中国的网络安全问题面临更多挑战。不只是在中国,这一时期,与网络安全相关的话题同样进入了国际视野。2003 年和 2005 年举行的全球信息社会峰会(World Summit on the Information Society,简称 WSIS)就讨论了与互联网治理、网络安全和隐私

---

① 参见 Wei,Wu.Great leap or long march:Some policy issues of the development of the Internet in China.*Telecommunications Policy*,1996,20(9):699-711。

② 王鸥:《重复建设的严峻现实与历史分析——以中国通信业为例》,《中国社会科学院研究生院学报》2011 年第 6 期。

③ 参见李杰伟、吴思栩:《互联网、人口规模与中国经济增长:来自城市的视角》,《当代财经》2020 年第 1 期。

④ 参见彭兰:《Web2.0 在中国的发展及其社会意义》,《国际新闻界》2007 年第 10 期。

保护等相关的议题。中国作为该峰会的参会国之一,提出了网络治理应遵循"政府主导,多边参与,民主决策和透明有效"的基本原则①。网络内容监管的重要性较之上一阶段有了较大提升。

具体而言,这一时期我国网络监管主要关注的是对网络信息(特别是敏感信息和不良信息)的规范和管控,并出台了多项行政法规加强对网站、贴吧等网络平台的监管。2000年,以《中华人民共和国电信条例》《互联网信息服务管理办法》为基石,中国互联网监管开始从渠道层向应用层深化,中央对互联网监管的领导协调作用进一步加强。2006年随着《互联网站管理协调工作方案》的出台,中宣部、信息产业部、国新办等16个国家部委的监管职责和协调机制得到了进一步明确,这可视为我国的网络内容监管机制趋于成熟的标志:其中既包括合法经营主体公示,上网信息记录、违法信息保存与报告等举措②,亦涵盖事前(以许可为主)、事中(以监测、应急为主)、事后(以删除内容、关闭网站、注销账号为主)各阶段相承接的方法体系。③

三、优化阶段:监管的技术化与职责的明确化

2010年至今,随着互联网技术的不断发展,政府开始采用更多先进的技术手段对网络上的非法、有害、虚假、侵权等内容进行监督和管理,以网治网。网络内容监管技术的可实施性,主要得益于技术的多元性以及不同技术之间的相互配合。现在较为常见的监管技术大体可分为三类。其一是对网络内容进行过滤或限制的技术。如基于服务器端的过滤技术可通过关键词过滤、网址过滤等方式对源头信息进行限制。其二是对网络状态进行监控的技术,如

---

① 参见 World summit on the information society:second phase of the wsis.statement by vice premier huang ju the state council of the people's republic of china,2005.11.17,https://www.itu.int/net/wsis/tunis/statements/docs/g-china/1.html。

② 参见王融:《中国互联网监管的历史发展、特征和重点趋势》,《信息安全与通信保密》2017年第1期。

③ 参见谢新洲、石林:《基于互联网技术的网络内容治理发展逻辑探究》,《北京大学学报(哲学社会科学版)》2020年第4期。

网络数据监听技术、截获技术等。该技术多由公安部门采用，其目的是借助技术手段，对违法犯罪分子发送的违法信息进行精准打击，以维护社会稳定和国家网络信息安全。其三是对互联网用户行为进行规约的技术，如智能识别技术、入侵检测技术等。如智能识别技术，通过对图像的颜色、形状、纹理等视觉特征进行多维度的提取和鉴别，可在一定程度上实现对不良图片、音视频内容的限制。入侵检测技术主要针对不良入侵。通过对网络系统中若干关键点收集到的信息进行识别、记录、自动分析、安全比对等方式，在不影响网络性能的前提下，对未经授权或数据异常的信息内容作出警示、删除、阻隔等处理。

以平台监管为例，一下科技在对视频平台的内容进行监管时，首先会研判发布内容的用户特征，即判断该用户是否为机器注册用户、敏感人物、黑名单用户等风险身份，并对其进行限制。其次，机器会对进入数据库的视频进行过滤前的技术准备，如计算出视频对应的 MD5 值[1]、指纹字符串[2]等，并遵循一些算法对其进行抽帧（将视频转化为一张一张的图片）。再把对应的数据跟对应的接口和模型进行比对，比如 MD5 值就会跟后台 MD5 值的数据库进行比对，视频指纹就会跟后台视频指纹的特征库进行比对，看是否能同一些有害或违规内容匹配上。这些过滤完之后，还会对视频标题和关键词进行检测和识别，一旦发现其涉及色情、赌博等内容，就会将其列入特定队列（如优先级最高的高危审核列表），或者由机器直接处理，或者再进行人工复审。[3] 另外，在这一时期网络监管主体的职责也得到进一步明确。新组建的国家互联网信息办公室负责全国互联网信息内容的管理协调和监督执法工作[4]，工业和信息化部对基础网络行业加强管理[5]，公安部重点打击互联网上的违法犯罪行

---

① 　MD5 值，即 MD5 信息摘要算法（英语：MD5 Message-Digest Algorithm）。这是一种被广泛使用的密码散列函数。

② 　一种基于散列的字符串查找算法。

③ 　访谈对象：陈太锋（一直播高级副总裁，2013 年加入一下科技创始团队），访谈时间：2020 年 3 月 3 日。

④ 　参见周汉华：《习近平互联网法治思想研究》，《中国法学》2017 年第 3 期。

⑤ 　参见奚国华：《加强基础网络行业管理　营造绿色文明网络环境》，《信息网络安全》2010 年第 2 期。

为。整个互联网监管体制的架构变得更为立体。

总体而言,中国网络内容监管的发展一直处于不断调整和优化的状态,政府在面对新的网络形态和新的挑战时,既会采取不同的监管手段和策略,也在不断探索和尝试新的监管方式,以维护国家安全和社会稳定。

第四节　中国网络内容监管实践

中国的网络内容监管在实践中遵循禁止发布违法信息、保护公民隐私、防止虚假宣传、维护知识产权、加强安全管理等多项原则,采用中央政府指导、地方政府执行、企业主体肩负监管责任等方式,旨在保证网络上的信息质量、保护网络用户的合法权益以及增强网络安全防护能力。

一、中央政府指导、地方政府执行

中央和地方政府在网络内容监管方面存在着密切的合作关系。中央政府在网络内容监管方面具有整体的指导和协调职责,而地方政府则承担具体的属地管理和执行责任。

在政策制定和法律法规方面,中央政府负责制定网络内容监管的政策框架、法律法规和规章制度,为地方政府提供属地管理的依据,以确保网络内容监管的一致性和统一性。在指导和督导方面,中央政府通过国家互联网信息办公室等相关机构对网络内容进行指导和督导并向地方政府传达网络内容监管的要求,协调和推动各地方政府的工作,确保监管措施的落实和执行。在资源支持方面,中央政府既会为地方政府提供人力、技术、资金等方面的支持;也会同地方政府共享违规信息、举报线索等相关数据;还会通过举办培训班、发布通知等方式,对地方政府进行网络内容监管的教育培训和宣传引导,从而帮助地方政府增强监管人员的能力和素质,提升网络内容的监管水平。

在我国,专门规避监管的"暗网"变化多端,加上我国地域辽阔、网民众多,这使中央政府面临不小的监管难度。因此,在网络内容监管中赋予地方政府一定的自主管理权限,具有正当性、可行性和现实性。

正当性表现为各国无论奉行何种管辖理论、遵循何种管辖依据,网络监管的自主管理权限在一定程度上都需要以某种属地主权观念为根基。[①] 也就是说,当网络活动发生在国家领土内、涉及有形物体并且是由个人或实体实施的,国家可以对此行使主权权利。[②] 网络空间,在我国发布的《国家网络空间安全战略》中已被界定为"国家主权的新疆域"。由于网络犯罪和网络侵权摆脱了传统犯罪和侵权对地域的依赖,侵害过程对客体的"接触"也不复存在,故而极易造成管辖的混乱。有效控制属地管辖原则的无限扩大,是保障属地网警解决网络犯罪、网络侵权管辖权冲突问题的重中之重。[③]

可行性表现为,匿名性尽管是网络的天然属性,但是仔细推敲,互联网留痕也是其特性,现有技术完全可以通过技术追踪对其进行定位,因此根本不存在实质匿名性。即使网络空间具有虚拟性,但根据 IP 地址同样能够确定行为人的地址,网络行为也并非毫无逻辑和规律。在不违背网络技术的内在逻辑下,地方政府在中央政府的指导下承担网络内容监管的执行责任,实为有效应对我国网络内容现状的不二之选。

现实表现为,在网络犯罪案件中,犯罪人员的服务器所在地、其所侵入的计算机终端设备所在地等均归属于属地管辖的范畴。[④] 以打击"暗网"为例,"暗网"的管理无论在国外还是国内,都严格遵循属地管理原则。在"暗网"犯罪活动几乎遭到全球各主权国家的曝光和严厉打击的背景下,我国规制"暗网"的路径是通过网络服务提供者的市场准入制度开始的。例如,北京市公安局网安总队在 2016 年成功打掉了一个利用"暗网"传播儿童淫秽信息的团

---

① 参见孙尚鸿:《中国涉外网络侵权管辖权研究》,《法律科学(西北政法大学学报)》2015年第 2 期。

② 参见[美]迈克尔·施密特:《网络行动国际法塔林手册 2.0 版》,黄志雄等译,社会科学文献出版社 2017 年版,第 58 页。

③ 参见李佳伦:《属地管理:作为一种网络内容治理制度的逻辑》,《法律适用》2020 年第21 期。

④ 参见崔明健:《网络侵权案件的侵权行为地管辖依据评析》,《河北法学》2010 年第 12 期。

伙,并将 8 名犯罪嫌疑人抓获。这不仅成为我国破获的首例境外隐秘网络犯罪案件①,也是北京市公安部门有效落实监管职责的成功体现。

二、企业主体责任制

监管海量的网络内容是一项巨大的挑战,鉴于政府无法有效跟进和审查所有的信息,为了维护网络空间的良好秩序和健康发展,我国出台了《网络安全法》《数据安全法》等法规文件,明确了网络内容监管企业主体的法定义务要求。② 所谓网络内容监管的企业主体责任制,是指网络服务提供者应承担一定的管理和监管责任,主要包括两个方面:一是制定完善的内容审核机制和管理制度,对用户上传内容的审核和管理,防止不良信息和违法违规内容的出现;二是发现问题内容后采取有效措施进行处理,例如及时删除、屏蔽或下架问题内容并及时向有关部门报告,避免这些不良内容对公共利益和社会秩序造成危害。

首先,企业主体责任的必要性来自当前由网站和网络平台主导的信息传播环境。当互联网平台逐渐成为社会信息的聚集地和舆论场,平台的内容质量、观点立场、价值导向都可能对公众产生切实影响,进而关乎网络空间和社会的稳定发展。因而,企业作为网络平台的管理者,必须高度重视网络内容的监管工作,保证平台信息的有用性和真实性,积极营造健康清朗的网络环境。社交媒体平台不仅需要对用户发布的内容进行审查和过滤,在必要时刻还需要配合政府对特定事件和话题进行舆情管控。其次,随着互联网技术的发展以及平台化理念的不断深入,网络平台功能也经历着集通信、支付、娱乐、购物、信息③等功能于一体的综合性转型,这为网络平台的内容监管工作提出了更高的要求。在特殊时期,企业作为经营主体更应坚守平台内容底线,确保平

① 参见刁世峰:《"暗网"毒瘤,得全球联手铲》,《人民日报》(海外版)2019 年 7 月 22 日第 1 版。
② 参见唐仁志:《首席合规官更须合规》,《企业管理》2022 年第 11 期。
③ 参见易南冰:《数据管理成为档案服务新领域》,《中国档案》2016 年第 8 期。

台信息的真实性,通过有效监管消减影响社会安全稳定的因素。例如,新冠疫情期间,新闻平台、自媒体平台、短视频平台等内容平台应积极发布疫情防控相关的真实数据、举措、政策等信息,科普医疗常识,积极引导舆论,发挥出减少民众恐慌的积极作用。

与此同时,企业对于网络平台的管理具有直接性,能够形成有效的管理系统和机制。首先,企业掌握着自身网站及网络平台的基础技术与数据,不仅对互联网内容动态的实时监测和关注更为便捷,而且对平台内容的监管和引导具有较大的可操作性和干预空间。其次,企业内容监管与企业发展之间具有协同关系,对平台内容进行监管既是企业应当承担的责任,也是企业完善和提升自身平台内容品质,构建良好内容生态的必然要求。最后,企业在行使监管职责时,还能够成为政府在执行监管任务上的合作伙伴,从而实现从传统的被动监管向主动自我监管的转型。[1]

网络内容监管的企业主体责任制,既对网络服务提供者的管理和监管提出了明确要求,也为社会公众提供了较为便捷的投诉、举报等监管途径。还能够促进企业自身竞争力和平台吸引力的增强。在此基础上,政府部门也能够更加有效地管理网络空间,维护国家安全和社会秩序。

中国现阶段的监管实践,一方面提升了我国网络内容监管的效率。我国建立了从源头到终端的全方位网络监管机构体系,由国家网信办、公安机关、文化和旅游部等多个部门共同负责网络内容的监督和管理;同时还采取了多种技术手段来加强网络内容的监管,如大数据分析、人工智能等技术;另外,中国各地的监管部门也会对不同类型的网络信息采取不同的监管措施和手段,从而实现精准监管和精准打击。例如,对于传播涉黄信息的网站和平台,监管部门会采取封禁、查处等措施;对于传播谣言的网站和平台,监管部门会采取辟谣、删除等措施。另一方面,我国网络监管也照顾到了网络内容的广泛性。其一,监管范围几乎涵盖了所有的互联网内容,包括新闻、公告、博客、论坛、微

---

[1]　参见杨立新:《网络交易法律关系构造》,《中国社会科学》2016 年第 2 期。

博、社交媒体、移动应用程序等。其二，监管对象不仅针对个人，还包括媒体、企业等机构，包括对国外互联网企业的监管，如谷歌、Facebook、Twitter 等。这些国外网站虽然在中国被限制登录，但仍然有机会通过其他方式进入中国市场传播过激言论，对中国的主权和利益造成威胁。其三，监管内容涉及政治、宗教、民族、色情、暴力等多个方面以及文字、图片、视频、VR、AR 等多种形式。

然而，这在某种程度上也提升了我国网络内容监管的成本。首先是较高的人力成本。网络内容监管需要投入大量的人力资源进行信息审核、技术研发、监管执法等工作。因此，我国网络内容监管人员不仅需要掌握一定的技术和法律知识，能够辨别出哪些信息是违法的、有害的或不良的；而且还需要通过不间断的培训来更新相关知识、提升监管实践水平，以适应互联网的快速发展和变化。

其次是较高的技术成本。网络内容监管建基于一定数量的网络服务器、软件系统、网络监测设备、过滤设备、防火墙等技术手段之上。其中网络服务器通常用于存储和处理互联网上的各种信息，网络监测设备主要发挥对流量、访问量、搜索词等的监测功能。过滤设备和防火墙设备主要用于保护互联网上的各种信息和网络设备免受攻击和侵害。此外，网络内容监管设备的正常运行还离不开定期的更新和维护，以及对新的技术手段和应用程序的研发和拓展。这些均离不开物力成本的支撑。

中国网络内容监管的地位和特征决定了其对于网络空间秩序和公共安全的重要作用。未来，随着科技的不断进步和网络形态的不断变化，中国的网络内容监管既需要进行体制机制的创新，充分发挥各部门之间的协同作战作用；也需要进一步完善网络空间监管的法律法规，为网络内容监管提供有力法律支持，促进网络内容监管体系和监管模式的协调有序运行，以不断适应新形势，更好地保障公民的合法权益。

第十六章　网络内容监管的方式与举措

网络内容监管是网络内容治理体系最直接的治理手段,往往依托于某个政府主管部门,落实网络内容监管的政策,建立网络内容监管机制,明确政府部门及各类网络内容主体的权利和义务。当前,我国的网络内容监管的方式和举措正逐渐迈向制度化、常态化、精细化,主要由对信息内容的监管、网络内容主体资质的监管、违法违规平台主体的运动式监管("清朗"运动、约谈)、多主体监管的协作监管机制等四部分组成。其重点在于全面考量信息传播过程,充分考虑各主体在监管各个环节中的审查权限和技术能力,将复杂得多主体的治理体系细化为具体监管对象、监管主体、执行结构、监管方式,从而完善内容监管规则,强化内容监管的程序性和透明度,促进各主体的有效配合。

第一节　针对信息内容的直接监管

网络内容纷繁复杂,良莠不齐,在对内容生产主体进行监管之外,对网络信息内容本身的监管更为必要。在内容监管的实践过程中,政府主管部门、网络内容平台等监管主体,依据法律界定了违法不良信息的内涵,并建立了相应的处置机制和内容审核机制,通过程序性举报、事前网络舆情监测和事后技术监管方式,确保在信息内容传播的各个环节及时发现违法不良信息内容,维护风朗气清的网络空间。

一、违法不良信息内容的实体性界定与程序性举报

现行生效的相关法律法规对网络信息内容的监管设定了基本的底线标准，对禁止生产、复制、传播的信息内容领域和类别做出了明确界定。考虑到网络内容的特点及监管的经验总结，网信办颁布的《网络信息生态治理规定》在第 6 条明确了内容生产者不得制作、复制、发布的十一类违法信息内容①，在第 7 条明确了应当采取措施来防范和抵制的八大类不良信息内容②，为网络信息内容的监管划定边界。同时，监管部门依据《中华人民共和国网络安全法》等法律法规的规定与要求建立了针对违法和不良内容的监测预警应急处置机制。

违法和不良内容的监测预警应急处置是为了在网络空间中及时发现和处置不良内容，降低安全风险，采取的内容监管措施。其关键在于及时发现违规和不良内容并对可能产生的风险点加以预判和应对。建立完善的监测预警应急处置机制既是确保网络空间风朗气清的必然要求，也是网络内容产业健康发展的重要保障。目前，我国网络内容监管的监测预警应急处置主要有：举报投诉处理机制、异常流量监测机制、不良信息巡查和谣言监管等具体管理方法。

---

① 《网络信息内容生态治理规定》第六条规定，网络信息内容生产者不得制作、复制、发布含有下列内容的违法信息：(一)反对宪法所确定的基本原则的；(二)危害国家安全，泄露国家秘密，颠覆国家政权，破坏国家统一的；(三)损害国家荣誉和利益的；(四)歪曲、丑化、亵渎、否定英雄烈士事迹和精神，以侮辱、诽谤或者其他方式侵害英雄烈士的姓名、肖像、名誉、荣誉的；(五)宣扬恐怖主义、极端主义或者煽动实施恐怖活动、极端主义活动的；(六)煽动民族仇恨、民族歧视，破坏民族团结的；(七)破坏国家宗教政策，宣扬邪教和封建迷信的；(八)散布谣言，扰乱经济秩序和社会秩序的；(九)散布淫秽、色情、赌博、暴力、凶杀、恐怖或者教唆犯罪的；(十)侮辱或者诽谤他人，侵害他人名誉、隐私和其他合法权益的；(十一)法律、行政法规禁止的其他内容。

② 八大类不良内容是(一)使用夸张标题，内容与标题严重不符的信息内容；(二)炒作绯闻、丑闻、劣迹等信息内容；(三)不当评述自然灾害、重大事故等灾难的信息内容；(四)带有性暗示、性挑逗等易使人产生性联想的信息内容；(五)展现血腥、惊悚、残忍等致人身心不适的信息内容；(六)煽动人群歧视、地域歧视等的信息内容；(七)宣扬低俗、庸俗、媚俗内容的信息内容；(八)可能引发未成年人模仿不安全行为和违反社会公德行为、诱导未成年人不良嗜好等的信息内容。

举报投诉处理机制是违法不良内容监测预警应急处置的基本配置,也通常为大部分违规信息处理的起点。首先,行使举报的主体覆盖全网,所有网民在发现网络中存在违规、不良内容均可以发起举报或投诉。其次,我国网络信息举报投诉的渠道和受理内容都非常丰富和广泛。在投诉渠道上,网信办已成立违法和不良信息举报平台,并在全国各地网信部门配备相应的举报渠道。在投诉内容上,政治类、暴恐类、诈骗类、色情类、低俗类、赌博类、侵权类、谣言类、其他类等多类针对网络有害信息的举报均为受理内容。最后,举报投诉处理机制一般包含受理、判定、处置、公示等环节,每个环节都有明确的处置标准和操作流程。

举报平台	平台入口
中国互联网联合辟谣平台	http://www.piyao.org.cn/
中央网信办违法和不良信息举报中心	http://www.12377.cn
网络违法犯罪举报网站	http://www.cyberpolice.cn/wfjb/
12321 网络不良和垃圾信息举报受理中心	https://www.12321.cn/index.html
互联网信息服务投诉平台	https://ts.isc.org.cn/

图 16-1　网络内容举报平台及入口

二、事前网络舆情监测

异常流量监测机制是违法不良内容监测预警应急处置即时化、自动化、动态化的"警报器"。该机制一般由网信部门、网络内容平台和相关机构运用新型技术手段对网络内容传播环节进行流量检测并通过设置异常流量预警线等方式,发现及预判新增内容风险点的一种风险预警方法,平台可采用蚁坊等监测工具对全网信息实施 7×24 小时的全方位监测与过滤,软件可自动将捕捉到的信息进行聚类后再把数据归纳和分类,基于相似性算法和自动聚类技术,相似的内容会被按照不同类别自动进行归档,同时软件也支持警告关键词等设定。此外,这类软件在面对处理重大突发事件的舆情管理时也起着非常重要的作用,这类软件不仅可以实时跟踪事件发展进程,还可以提炼出高热度的网民评论,及时发现在传播过程中的谣言和煽动情绪的不良言论,基于信息和数据分析给予合理研判,提升处理突发事件的效率,方便在舆论还未发酵之前就采取科学的引导措施有效防止负面舆论的扩散。异常流量监测标准通常以相关或同类账号或内容的历史流量数据为参照,对突发性流量陡增的网络内容进行预警,为网信部门、网络平台针对网络不良内容及时处理和应对重大突发事件提供及时可靠的"情报"。

不良信息巡查机制在监测预警应急处置机制中发挥"扫雷手"的作用。在浩如烟海的网络内容中,要将所有不良有害内容穷尽是极为困难的,为尽可能杜绝网络空间中所存在内容隐患防止重大风险的发生,不良信息巡查发挥着至关重要的作用。不良内容巡查机制由网信部门、网络平台等运用技术手段通过关键词检索或按比例抽查等方式,对已发布的内容进行复查,来发现网络空间中"残余"的违法不良内容。

在监测预警和应急处置机制中,谣言监管机制扮演着重要角色。与其他不良信息有所不同的是,网络谣言具有较高的社会公共危害性,因此对网络中的谣言内容不仅要及时发现、删除,更要在第一时间做好辟谣工作。基于谣言的特殊性,我国网信部门、网络内容平台等在谣言综合监管方面进行了大量探索。目前,全国多个网信部门、媒体企业纷纷上线互联网辟谣平台并加入全国辟谣联动机制。例如,微博、微信等平台纷纷上线了专门的辟谣平台,针对谣言的发现、甄别、辟谣及辟谣信息传播等环节进行了系统设计,并引入第三方专业机构力量参与谣言的甄别判定和辟谣内容创作,积极推动辟谣内容传播,最大限度降低谣言的社会不良影响。

三、事后技术监管方式

目前政府部门的技术监管方式主要分为设立黑名单和建立防火墙两种方式。黑名单制度是由行政机关、司法机关以及其他相关政府部门依法汇编严重违法用户或组织信息,随后向社会公开展示的一份记录清单。2022 年 11 月,国家网信办印发的《互联网跟帖评论服务管理规定》中第八条明确规定:

"跟帖评论服务提供者应当建立用户分级管理制度,对用户的跟帖评论行为开展信用评估,根据信用等级确定服务范围及功能,对严重失信的用户应列入黑名单,停止对列入黑名单的用户提供服务,并禁止其通过重新注册账号等方式使用跟帖评论服务。"本质上是通过清单的形式,公开违法行为,在约束和限制失信用户行为的同时,构建惩戒格局,创造清朗的网络空间。

在确保网络安全的底线监管措施中,设置防火墙显得尤为重要。随着互联网在社会中的广泛融入,全球化已经成为不可逆转的趋势。我国在迎接时代发展机遇的同时,同样也面临着对网络安全的巨大考验。尤其对于保障关键信息基础设施供应链方面,需要建立防火墙这类前置性的源头管控规定。2022 年,经国家互联网信息办公室等十三个部门共同修订,《网络安全审查办法》通过对网络领域国家安全评估指标体系进行翔实完善,构建了更为紧密的国家安全屏障,从制度层面巩固了国家数据安全的"防火墙"。一方面,加强了网络领域数据安全的穿透性审核,对于开展数据处理活动的网络平台运营者,采取数据审查制度,并且审查其从旧版的 45 个工作日修改为 90 个工作日;另一方面,完善针对网络平台经营者赴海外上市的数据安全监管机制。对于掌握关键基础信息设施的网络运营商,需要评估核心数据、重要数据或大量个人信息被外国政府影响、控制、恶意利用的风险。

第二节　针对网络内容主体的资质监管

随着数字经济的发展,新产业、新模式和新业态不断涌现,各种创新应用层出不穷,为防止平台垄断、数据不安全等问题的恶化以及资本的无序扩张,对平台资质进行审查变得越发关键。2019 年 12 月,网信办发布的《网络信息内容生态治理规定》中明确了网络内容的三类主体,分别是网络信息内容生产者、网络信息内容服务平台、网络信息内容服务使用者,①其中平台具有不

---

① 国家互联网信息办公室:《网络信息内容生态治理规定》,2019 年 12 月 20 日,http://www.cac.gov.cn/2019-12/20/c_1578375159509309.html。

可替代的地位和作用,2021 年网信办发布的《关于进一步压实网站平台信息内容管理主体责任的意见》中明确指出,平台作为信息生产与传播的重要渠道,兼具了社会属性和公共属性,不仅传递知识、提供咨询,也提供娱乐交流途径,肩负着传播正确价值取向、维护网民合法权益、保障网络内容安全的重要责任。[①] 平台作为市场的主要参与者,它有企业的经营性与逐利性这种一般属性的同时,还具有既扮演市场参与者又扮演市场组织者的特殊属性,平台不仅能在一定程度上制定线上活动的规则,甚至还能决定市场的资源配置。信息传播呈现出去中心化的趋势,原来传播中的受众也可以成为新的信源,尤其伴随着 Web2.0 时代的到来,任何人都可以低成本、快捷的方式去发表观点,造就了"人人具有麦克风",人人都是信息中心的全民参与、共同创造的新局面,一个又一个独立且分散的信源钩织了一张扁平的信息网络,平台因此成为内容生产的主要阵地。对网络内容主体的资质监管是网络内容监管的第一道"门槛",其中包含针对网络内容平台的接入管理与准入管理,也包括针对网络内容生产主体及网络用户的特殊资质管理与实名制管理。

一、内容平台网络接入监管

网络接入管理,即对如网站、网络平台等经营性或非经营性的提供互联网信息服务和增值电信业务的相关主体进行"入网"资格管理,是针对网络内容主体资质监管的第一道门槛,也是网络内容监管的前置审批性举措。目前,内容平台网络接入管理主要包含许可和报备制度。

我国所施行的互联网信息服务许可和报备制度主要针对经营性的网络信息服务商(Internet Content Provider,简称 ICP)和非经营性的 ICP。经营性 ICP 主要指通过网上广告、代制网页、出租服务器内存空间、主机托管、提供特定信息内容收费服务、电子商务以及其他网络应用方式获取收入的 ICP;非经营性

---

① 国家互联网信息办公室:《关于进一步压实网站平台信息内容管理主体责任的意见》,2021 年 9 月 15 日,http://www.cac.gov.cn/2021-09/15/c_1633296790051342.html。

ICP 则主要包括政府上网工程中的各级政府部门网站、新闻机构的电子版报刊以及企事业单位的公益性网站，还有为宣传产品或业务而设立的网站等。根据 2000 年 9 月公布的《中华人民共和国电信条例》和《互联网信息服务规定》，目前的网络内容平台等利用公共网络基础设施提供服务的电信与信息服务业务均属于增值电信业务的范畴。因此，必须取得省级电信管理机构审查批准的《增值电信业务许可证》，或者获得国务院信息产业主管部门审查批准的《跨地区增值电信业务经营许可证》，同时持有互联网信息服务增值电信业务经营许可证，方可开展经营活动。对于从事非经营性 ICP 的情况，只需要向省级的电信管理机构或国务院信息产业主管部门办理备案手续，只要备案材料齐全，即可获得备案编号。

二、内容平台行业准入监管

互联网与人们社会生活关系的日益紧密及网络内容的多元发展，使网络内容平台的种类日渐丰富，网络直播、短视频等全新业态应运而生。为适应网络内容的变化与内容产业的发展，政府部门对网络内容主体的监管除统一性和基础性的网络接入管理外，还需对其所属行业和内容的生产呈现形式等进行具有针对性的行业准入资质管理。基于此，我国网信部门、广电部门、文旅部门、公安部门、卫生部门和测绘部门等均根据其职权范围和监管目的分别制定了不同网络内容平台的行业准入资质门槛，对网络内容平台进行较为垂直的监管。表 16-1 列举了不同领域的网络内容平台所需具备的部分主要行业准入资质。

值得注意的是，当下的网络内容平台所涉领域十分多元，平台通常集网络视频、网络文学、网络直播、网络新闻等内容形式于一体，政府在网络内容平台行业准入监管的过程中往往采取多部门复合式监管，一个网络内容平台需同时受到多个部门的监管并获得多个领域的授予的行业准入资质。

政府对网络内容平台的多部门交叉式监管与多准入资质复合式管理在一定程度上依据各主管部门职权的不同对网络内容平台进行精细性监管，但与此同时也存在一些问题。一方面,繁杂的资质监管使平台的行业准入门槛过高,多种资质的重复申请使以企业为主的网络内容平台面临着十分繁重的负担与压力,在监管不及时、不全面的情况下许多平台会利用技术手段在监管漏洞中建立"黑网站""黑平台",阻碍网络内容平台合法化进程的推动;另一方面,目前的行业准入资质申请流程繁琐且漫长,资质申请审批时间往往需要数十天。较长的审批时间不符合网络内容的生产与传播规律,在一定程度上阻碍了网络内容的发展。

表 16-1　网络内容平台行业准入的部分主要资质

资质名称	分类	审批机构	法规依据
网络文化经营许可证	经营性网络文化经营许可证	文旅部门	《互联网文化管理暂行规定》
	非经营性网络文化经营许可证	文旅部门	
互联网出版许可证	—	新闻出版部门	《网络出版服务管理规定》
广播电视节目制作经营许可证	—	广电部门	《广播电视节目制作经营管理规定》
信息网络传播视听节目许可证	—	广电部门	《互联网等信息网络传播视听节目管理办法》
互联网新闻信息服务许可证	新闻单位设立的登载超出本单位已刊登播发的新闻信息的单位	网信部门	《互联网新闻信息服务管理规定》
	非新闻单位设立的转载信息的单位	网信部门	
	新闻单位设立的登载本单位已刊登播发的新闻信息的单位	网信部门	
互联网药品信息服务资格证书	经营性互联网药品信息服务	省级药监部门	《互联网药品信息服务管理办法》
	非经营性互联网药品信息服务	省级药监部门	

资质名称	分类	审批机构	法规依据
互联网药品交易服务机构资格证书	为药品生产企业、药品经营企业和医疗机构之间的互联网药品交易提供服务	国家药监部门	《互联网药品交易服务审批暂行规定》
	药品生产企业、药品批发企业通过自身网站与本企业成员之外的其他企业进行的互联网药品交易服务	省级药监部门	
	药品生产企业、药品批发企业向个人消费者提供互联网药品交易服务	省级药监部门	
互联网医疗保健信息服务审核同意书	经营性互联网医疗保健信息服务	卫生主管部门、中医药管理部门审核	《互联网医疗保健信息服务管理办法》
	非经营性互联网医疗保健信息服务	卫生主管部门、中医药管理部门审核	
互联网地图	甲级	国家级测绘主管部门	《测绘资质管理规定》《测绘资质分级标准》
	乙丙丁级	省级测绘主管部门	

三、重点领域用户资质监管

政府针对网络内容生产主体资质的监管不仅包含网络内容平台的接入和行业准入;也包含具有较大影响力的内容生产者,即明确重点领域内容生产用户的许可范围与权限。2017年5月,国家网信办发布《互联网新闻信息服务管理规定》,明确要求通过互联网站、应用程序、论坛、博客、微博客、公众账号、即时通信工具、网络直播等形式向社会公众提供互联网新闻信息服务,应当取得互联网新闻信息服务许可,禁止未经许可或超越许可的范围开展互联网新闻信息服务活动。为顺应政府部门对重点领域内容的监管,网络内容平台针对新闻信息等特定领域内容生产用户进行相应的资质限定,在用户注册时需要提交特殊资质证明并通过平台审核,才能获得发布有关内容的权限。

网络内容平台所限定的机构用户资质通常包括:发布有关政治、经济、军事、外交等社会公共事务以及有关社会突发事件的报道、评论等新闻信息的内容生产传播主体,对于未取得互联网新闻信息服务许可的单位和用户,则不能发布、转载新闻信息,保证平台中进行新闻信息采编发布、转载的机构用户具备且符合相应资质,否则平台将受到监管部门处罚。同时,通过特殊资质的限定管理,内容的安全风险将转嫁至特殊内容生产机构用户自身,在一定程度上减轻平台的审核压力。

此外,一些网络内容平台还会对发布医药、军事等专业领域内容的用户进行资质限定。例如,百度旗下内容平台"百家号"平台用户注册时需要先确定内容领域,注册医疗健康、金融类信息的账号需要提交相应的执业许可证明,否则平台审核将不予通过。通过这种资质限定的方式限制非专业人士生产专业性内容,以确保相关专业领域内容的权威性。

四、用户实名制监管

我国自 21 世纪初就对网络的实名制管理开始重视,2000 年国务院《互联网信息服务管理办法》和全国人大常委会《关于维护互联网安全的决定》先后出台,对互联网实名制管理提出了明确要求;2004 年已有采取全站实名制的网站出现;2007 年互联网协会联合新浪、搜狐、网易等多家博客平台签署《博客服务自律公约》,鼓励博客实施实名制。经过长期探索,2015 年中央网信办《互联网用户账号名称管理规定》的出台明确规定互联网信息服务提供者应当按照"后台实名、前台自愿"的原则要求用户实名注册账号,标志着实名制管理正式成为网络平台普遍采用的用户管理基础手段;2022 年国家网信办发布了最新的《互联网跟帖评论服务管理规定》,对 2015 年颁布的《互联网账号名称管理规定》进行了细致和完善,持续贯彻实名制原则的同时,更加强调了对用户个人信息的保护。

实名制管理既包括对个体用户的实名要求,也包含对机构的实名认证要求。推行实名制本质上是督促用户对自己的网络言行负责,并对追责违法违规行为提供便利,在心理层面让用户更加审慎,以达到从源头遏制不良内容生产和传播行为的目的。刘德良认为,网络实名制有助于鼓励网民审慎言行,对自身言论负起责任①,胡平平指出网络实名制管理可以增强网民的公民意识,对净化网络环境起到重要作用②。

与此同时,实名制管理方式下,通过实名认证的用户可以享受更好的服务和权益。如抖音、网易云音乐等网络内容平台规定,未实名认证的用户不得使用跟帖评论、发布信息或转发信息等功能。也有一些平台通过给予特别权限鼓励用户进行实名认证,例如微博会对通过认证的个人和机构用户给予"加V"展示,微信公众号则是经过实名认证,机构用户可以获得更加丰富的高级接口功能。

第三节　针对违法违规内容和主体的专项行动监管

网络内容监管具有监管主体的权威性、监管对象的明确性、监管手段的强制性以及监管流程的"自上而下"性等四点特征,而专项行动是这四点特征的集中体现。针对网络空间中违法和不良内容屡禁不止的问题,我国网络内容监管主体自 2014 年"净网"行动起每年都开展了众多网络内容监管专项行动。从本质上看,网络内容监管的专项行动就是一种专项行动监管。

早期的专项行动监管是一种类似于政治运动的具有较高政治意识形态属性的监管工具,冯志峰将其定义为"由占有一定政治权利的政治主体如政党、国家、政府或其他统治集团凭借手中掌握的政治权利、行政执法职能发动的维护社会稳定和应有秩序,通过政治动员自上而下地调动本阶级、集团及其他社会成员的积极性和创造性,对某些突发事件或国内重大的久拖不决的社会疑难问题进行专项监管的一种暴风雨式的有组织、有目的、规模较大的群众参与的重点监管过程,是监管主体为实现特定目标的一种政治工具"③。改革开放之后,随着市场经济在社会中的不断深入,专项行动监管的政治运动色彩和意

①　参见刘德良:《网络实名制的利与弊》,《人民论坛》2016 年第 4 期。
②　参见胡平平:《试论网络实名制与网络政治参与的发展》,《牡丹江大学学报》2016 年第 3 期。
③　冯志峰:《中国运动式治理的定义及其特征》,《中共银川市委党校学报》2007 年第 2 期。

识形态属性逐渐淡化。叶敏将当前的专项行动监管界定为各级政府、政府部门或领导干部主导,以干部为主要动员和参与对象,针对政府监管中关键和复杂问题发起的临时性行动。

一、专项行动监管的监管主体

网络内容的专项行动监管是网络内容监管模式的组成部分,宏观来看,也是政府专项行动监管在网络内容层面的重要应用。然而,网络内容的专项行动监管在监管主体、监管对象与监管方式等方面较上述的政府专项行动监管而言具有一定的特殊性。对于网络内容的监管与整个网络生态环境的监管而言,更加强调各个要素和环节的协同监管与顶层设计;网络内容的专项行动监管则更为侧重执行手段的可操作性。监管主体主要由网信部门、广电部门、文化部门等政府主管部门及以企业为主的网络内容平台构成。在当下数字经济时代,需要突破传统的政府和市场二元对立的主导模式,使政府充分发挥监管作用,平台切实履行应尽义务,鼓励社会监督。具体而言,政府作为法律政策的实施者与监管举措的开展者,会划出禁区,明确互联网产品生产、互联网信息传播和互联网内容使用的范围与边界;2020 年,《网络信息内容生态治理规定》由国家网信办发布并开始实施,该规定不仅明确了政府、企业、社会、网民等多元主体的协同治理模式,还特别强调了信息内容平台企业不仅是服务提供者,同时也是行业秩序的维护者。针对网络内容中部分乱象与问题,平台企业有着不可推卸的责任,理应履行应尽义务,依法运营,严格落实好信息内容管理的主体责任。①

二、专项行动监管的监管对象

在监管对象上,网络内容专项行动监管的对象具有明确的范围,即网络空间中的违法和不良信息内容。除此之外,在具体的执行层面,专项行动监管也

---

① 人民网:《人民来论:读懂最严网络内容信息治理规定》,2020 年 3 月 3 日,http://opinion.people.com.cn/n1/2020/0303/c431649-31615402.html。

会根据每次专项行动的主体和主题而指向不同监管对象,例如专门指向未成年人保护的"护苗"行动,由政府、司法、平台、社会联合家庭、学校六大部分共同组成的保护体系严厉打击危害青少年身心健康的有害信息和出版物,在北京、上海、广东等多个地方组建"护苗联盟",打造"护苗"教育基地,鼓励互联网企业设立"护苗"工作站,积极引导和培养未成年人正确的上网行为,主动远离和抵制各类网络上的文化垃圾。在"护苗"专项行动的重拳出击下,涉及"黄暴毒"和宣传邪教迷信的网络直播、网络文学、网络漫画、网络游戏等多领域可能侵害未成年人的非法有害信息得到清理。

三、专项行动监管机制的完善

网络内容专项行动监管的方式较为单一,以专项行动为主要方式。从行动频次与周期上来看,网络内容专项行动监管与"暴风雨式""突击式"的政府专项行动监管不同之处在于其更趋于常态化,以一年一次或一年多次的专项行动为主。基于此,根据上述学者对政府专项行动监管的定义和网络内容监管的具体特殊性,本书认为网络内容的专项行动监管做出如下定义:网络内容专项行动监管是由各级各类政府主管部门和网络内容平台等其他内容监管主体,通过定期组织专项行动的方式,针对网络空间中的违法不良信息内容和其生产传播主体以及相关重大问题而展开的一种常规化的监管运动。

随着网络内容专项行动监管的不断深入,其监管机制日益完善(如图16-2)。2019 年,国家网信办实施的网络生态治理专项行动坚定遵循"谁主管谁负责,谁主办谁负责"的原则,强化责任落实,并将监管机制划分为启动部署、全面整顿、督导检查、总结评估四个关键阶段。其中,启动部署阶段主要为政府主管部门对此次行动的顶层设计,对行动任务、行动对象、行动措施等方面作出整体要求;全面整治阶段主要为执行部门和网络内容平台对上级指示的具体落实,各级政府部门依据自身权能组织动员其负责的网络内容平台和网民作出具体监管实践;督导检查主要为上级部门对下级主体在监管效果和监管程序上的巡查,检验下级部门的行动实践是否有效,其在监管程序上是否符合相关政策法规和上级要求;总结评估是监管行动结束后由上级、下级共同对此次行动作出整体评估,总结经验教训后以供上级部门为下一次专项行动作出指导。

从顶层设计、提出对任务的整体要求,到各级各部门的具体落实,让监督与被监督形成习惯,再到对监管行动的总结评估,从中吸取经验教训的划分使网络内容运动式监管实践中的每一步骤工作更加具体,明确了每个阶段的重点与最后的效果检验机制,形成了完整的闭环,对日后针对违法不良信息内容的专项行动和网络内容专项行动监管在整体思路和程序上具有重要的指导意义。

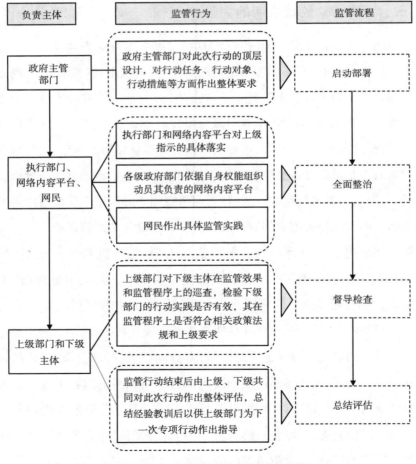

图 16-2 运动式监管机制流程完善图

第四节 针对多主体监管的协作监管机制

针对多主体监管是在去中心化的网络结构下的监管格局。用户、企业、行业依据自身在网络社会中的资源和角色,通过自我约束、他人监督、资源共享、即时沟通等方式,构建了动态化、前置化、协同化的协作监管机制。

一、依托广大用户,畅通举报渠道

作为互联网主体,用户的力量不容小觑。互联网提供大量信息已成为一种社会现实,区分事实和虚构的责任在一定程度上推给了个人。用户的主动性与主导性愈加显著,从被动的信息消费者到主动的内容创造者,并逐渐应用在内容监管中。具体而言,用户在接触谣言或虚假信息后会通过社会心理影响路径形成谣言信息删除行为、辟谣信息分享以及举报行为[①]。

目前,用户主体可以进行举报、投诉网络内容的主要平台包括中国互联网联合辟谣平台(http://www.piyao.org.cn/)、中央网信办(国家互联网信息办公室)违法和不良信息举报中心(http://www.12377.cn)、12321 网络不良与垃圾信息举报受理中心(https://www.12321.cn/index.html)、互联网信息服务投诉平台(https://ts.isc.org.cn/)等平台。以中国互联网联合辟谣平台为例,该平台是中央网信办(国家互联网信息办公室)违法和不良信息举报中心主办的权威辟谣平台,旨在为广大群众提供辨识谣言、举报谣言的权威平台。广大网民群众可以在平台上的"谣言线索提交"版块提交用户发现的网络谣言内容线索,平台也会提供"辟谣信息查证"及"今日辟谣榜""阅读辟谣榜"等渠道帮助用户获得更多的网络谣言信息。

用户除了在各大官方辟谣或投诉平台进行内容信息的举报外,也可以在互联网平台上对有害信息进行一键反馈。目前微博、微信、抖音、快手等内容

---

① 参见谢新洲、胡宏超:《社交媒体用户谣言修正行为及其影响路径研究——基于 S-O-R 模式与理性行为理论的拓展模型》,《新闻与写作》2022 年第 4 期。

平台均设置了用户举报功能,当用户在浏览各大平台上的内容时,一旦发现了有害信息、谣言信息、侵权信息等时,可以通过内容举报的方式让平台知晓,当举报的次数达到了一定级别后,平台可以针对性地对相关内容进行处理。2023 年 8 月 31 日,中央网络安全和信息化委员会办公室出台的《关于进一步加强网络侵权信息举报工作的指导意见》指出,网络侵权信息举报工作是网信部门践行网上群众路线的重要举措,是保护网民网络合法权益的重要手段,对促进形成积极健康、向上向善的网络文化具有重要意义。该《意见》也明确了要强化举报平台服务功能,提供集"举报投诉""举报指南""典型案例""法律法规"等多功能于一体的举报服务产品。加强举报渠道建设,依法依规制定举报指引,明确举报要件,方便网民有效准确举报。建立投诉维权矩阵,为网民引入法律咨询、司法救济、公益诉讼、网络调解等渠道,拓展社会力量积极参与网民权益维护保障工作。

综上所述,用户作为具有主观能动性的主体,对辟谣信息感知可信度以及个体规范在用户谣言修正行为中发挥重要作用,为辟谣者提供了策略帮助,可以通过提高辟谣信息的可信度和加强个体用户的道德约束加强辟谣效果,并寻找检验相应的操作方法。

二、依托企业监管,与企业建立联络机制

互联网企业凭借技术能力和用户基础,持续向外拓展着功能边界和社会连接。越来越多的资源和服务都聚集到了企业上,企业超越原有职能而进阶为信息内容服务主体,成为网络空间乃至现实社会最主要的功能载体,呈现出极强的社会影响力和跨业辐射力,直接影响了网络内容监管的基础环境和底层逻辑。[①] 政府越来越多地将平台视为监管的主阵地,与企业建立有效的联络机制和监管规则,形成"由政府主导,企业执行"的沟通协作机制。在保障网络内容安全的前提下,提高政策制定与执行的有效性。

---

① 参见谢新洲、石林:《国家治理现代化:互联网平台驱动下的新样态与关键问题》,《新闻与写作》2021 年第 4 期。

一方面,政府作为网络内容监管的主体,建立相关法律法规和常态化的政府与企业对话机制。政府把握互联网发展规律,不断完善网络法律制度建设,让企业监管有法可依,增强平台监管的系统性和整体性。同时,由于互联网内容传播具有传播范围广、传播速度快等特征,政府作为宏观把控的监管总阀,应当不断完善舆情治理预警监督机制,依据热点事件及时更新关键词词库,并畅通企业反馈的通道,密切关注重大事件的发展进程,根据情况变化,随时调整预警级别。

另一方面,企业作为内容监管的直接责任人,在及时响应政府需求的前提下,需要不断完善企业自治的工作规则。针对监管过程中存在的风险要点和薄弱环节,强化管理和监督。在发现不良舆情苗头时,应及时向主管部门汇报,并通过平台算法等技术手段,阶梯式地对不法行为予以惩罚。同时,企业作为用户数据的集散地和管理用户的负责人,强化自身舆情监测和用户的沟通,记录用户的诉求。重点关注意见领袖(Kol)的账号,形成清单,在与政府沟通后,通过集中培训的方式进行鼓励、引导、弘扬主旋律,传播正能量。

三、依托行业监管,加强行业自律

在互联网内容的监管主体中,行业协会作为"政府"和"非政府"互动关系的中间者,是构建互联网治理综合体系的重要主体,在加强行业自律方面发挥着重要作用。行业协会往往具有政府和社会组织双重属性。一方面,它带有官方政府机构主办和主导的政府特性。行业协会往往是在当地网信办授权指导或是某个政府部门作为业务主管单位负责建立的,因此具有官方立场带来的天然权威性和公信力;另一方面,又可作为行业性的、非营利性的社会组织来联系,协会成员代表表达意见、获取资源、进行交流,因此,在定位上又与传统政府部门角色迥异,具有沟通、互动政府和自媒体账号的"中介者"和"协调者"的作用。[1]

---

[1]　参见高庆昆、朱垚颖、宋琢:《网络内容治理中的行业协会:中介地位与协作治理》,《黑龙江社会科学》2022年第5期。

目前,行业协会这一治理主体主要用成员的自我强化代替自上而下的单向控制,主要存在行业监管和行业自律两种主要形式。在行业监管层面,行业协会本身并不具备直接审核和治理的权力,通常以协会章程、行业自律、共同发展的名义将原则内化到会员的内容生产逻辑中,确保会员的传播活动符合相关的法律法规。例如,成立于 2001 年的中国互联网协会是由 70 多家互联网从业者共同发起成立的,经政府有关部门授权,参与制定互联网有关的国家标准和行业标准。很多时候,在尚未建立明确的法律依据直接进行管理的情况下,协会通过协会准则和行业公约等方式,使得强制性、强约束力的做法转为更柔和的社团内的规则约束、自我规范,将可能导致利益冲突和潜在矛盾的治理主体关系转化为同业人员之间的劝解和调解,若有行业公约成员单位违反公约,所有成员单位都有权对公约执行机构的合法性和公正性进行监督。该形式充分利用了软性治理手段,完成了不同治理手段之间的融合。

在行业自律方面,有了行业协会作为治理主体的参与和加入,政府和互联网平台的关系不再是简单的治理与被治理、管理与被管理的关系。受协会成员专业优势的影响下,协会成员会更加自发地提出自律性倡议,主动充实网络空间中的正面内容。特别是在对平台和自媒体领域的"大 V"治理中,行业协会采用更多软性手段,主要通过教育、劝诫和引导来激发个体自律,遵守职业道德规范,促进清朗网络空间的建设。

可见,行业协会已经成为我国网络内容监管的重要主体,在行业协会的中介作用下,网络内容的整体控制手段更加丰富,网络生态环境更加健康有序。

只有在协会的治理手段未能充分发挥作用的情况下,才会采取企业约谈、封号等强制手段。这一过程中,协会与政府呈现出一种"依附式合作"的关系[①]。一方面,协会分担了部分从政府处转移来的宣传和管理职能,能够防范风险,将一些矛盾和不稳定因素消弭在组织内部,降低了治理成本;另一方面,协会运转也依赖网信办等部门提供的资源,以软性手段提升内容治理水平。

---

① 参见张小劲、李春峰:《地方治理中新型社会组织的生成与意义——以 H 市平安协会为例》,《华中师范大学学报(人文社会科学版)》2012 年第 4 期。

第十七章　内容监管中的平台角色与监管实践

互联网平台凭借其技术能力和信息优势,形成新的信息枢纽,是网络内容监管过程中的重要主体。尤其对于超级网络平台而言,在提供广泛内容服务的同时,也在扩张自身的监管权限。基于平台的公共性和商业性的双重属性,平台在网络内容监管中主要扮演着"合作把关人"的角色。一方面,平台通过开放式接口(如 API)等技术框架以及信息资源管理系统,整合信息、用户、技术等方面资源,同时调和协同治理体系下各监管主体的关系,加强内容监管的统筹和全局性;另一方面,平台作为网络内容生产的主要载体和管理者,有义务对网络内容进行全链条监管,当发现异常流量时,第一时间直接阻隔、干预,并提醒政府相关部门。在网络内容监管过程中,平台在禁止底线内容、促进繁荣文化方面具有直接的影响作用。为最大限度地顺应政府主管部门的要求,同时维护平台自身的内容生态,平台既要压实内容监管责任、明确监管环节步骤,又要兼顾自身发展、保障用户权益。

第一节　内容监管中的平台角色

平台监管的相关问题涉及政府、平台、用户等多主体之间的关系,平台的自我规制和政府规制之间的冲突调节成为平台监管中的重点问题。从系统观的视角明确平台在内容监管中的"看门人"身份,挖掘平台连接各监管主体的桥梁作用,既能保障内容监管体系的有序进行,也能维护用户内容生产和消费的权益。

一、连接监管主体的桥梁

在监管主体上,网络内容监管指向"科学"和"协调",强调多元主体协同参与,注重多主体、层级间有机联动,形成专业化分工。互联网平台在主体协同体系中扮演"桥梁"的角色。一方面,平台在信息、用户、技术等关键资源上具备资源优势,其"公共性"凸显;另一方面,平台借助开放式接口(如 API)等技术框架以及信息资源管理系统,搭建多元主体相互协调、充分沟通的公共服务供给结构。以主体协同带动资源协同,以开放平等的技术环境维系主体性和创新性,公权力机关间以及政府、市场、社会间的利益关系得到调和。在纵向上,平台整合基层治理资源、畅通从中央到地方的资源输送通道,避免陷入内容监管"内卷化"困境。平台的连接和组织能力增强了内容监管的统筹性和全局性。

尤其对于超级平台而言,它们具有技术迭代快、业务规模广、业务影响力大等方面的特征,他们在提供中介服务的过程中,逐渐成为社会的关键基础设施,制定着数据流通的规则。在重大社会事件发生时,有赖于平台的连接能力,将用户、政府整合在一起。以 2023 年 8 月腾讯上线的"全国暴雨积水点共建地图"为例,该应用以平台为效能载体,与政务、卫生、通信、应急、宣传、网信等多部门联动,实时记录和展示全国范围内的暴雨积水点,为公众及时提供当前灾情和道路情况。同时,该应用接入了"华北地区暴雨救助信息上报平台",提供受灾群众上传求助信息的渠道,构建了华北地区的救援网络,标记信息的紧急程度和地理因素,降低了政府、用户等多主体间的沟通成本和难度,救援团队能够第一时间获取受灾群众的数据,提高救援的精准性,尽可能地减少灾害造成的风险和损失。"全国暴雨积水点共建地图"救援效果显著,调动了众多支援者参与救援行动,充分彰显了超级平台在主体协同方面的结构张力与连接力量。

二、创新监管方式的"合作守门人"

尽管互联网平台具有强大的资源整合能力,借助用户调研、意见反馈以及舆情数据,可以第一时间通过直接的监管方式对内容的传播进行阻隔、干预,但并不意味着平台主导内容的监管。伴随着"多主体"协同监管的不断探索,目前普遍认同的是平台在监管中担任"技术守门人"和"合作守门人"的角色。区别于传统的"守门人",平台具有公共性和商业性双重属性。因此,平台在内容监管中主要发挥监测和提醒义务。当平台监测到舆情的异常流量时,应当匿名提醒政府相关部门,关注到网络重大舆情,获得相应的豁免权。反之,平台若未发挥及时监测和提醒义务,将面临相应的民事制裁。这本质上是通过事前制裁的威慑,为平台划清权利与义务、合法与不合法的边界①。

此外,平台对网络有害信息的判断存在一定的局限性。现行的网络内容审核的相关法律和政策仍在初期发展阶段,对于网络审核的有害信息定义相对宽泛。如关于"泄露国家秘密"的有害信息,是否属于《中华人民共和国保守国家秘密法》第 2 条所规定的秘密事项,即便是法律专业人士也未必能作出准确判断,更何况是主观判断能力有限的网络平台。可以看出,平台在面对关键舆情与关键词抓取上存在视角局限、经验不足的问题,因此需要政府相关部门对规则进行逐一细化。目前应用最广泛的政府—平台的合作方式是构建负面清单,由政府相关部门对有害信息进行把关,这样一方面可以防止平台过度审核,阻碍言论自由;另一方面也能预防平台遗漏重要舆情,损害公共利益。

三、维护用户权益的"践行者"

互联网平台的核心功能是搭建内容与服务的生产和传播的空间,维护用户的言论自由权。面对红线思维和底线思维的监管目标,平台需要准确识别

---

① 李玉洁:《网络平台信息内容监管的边界》,《学习与实践》2022 年第 2 期。

内容,并采取适当的方式加以处置,促进平台的可持续发展。目前平台主要采用建立清晰标准、提供质疑途径等两种手段。对于前者而言,平台基于舆情的发展,推动运动式监管的机制性升级,确立公共服务的动态稳定机制。对特定舆情事件评估舆情风险等级,当舆情不再影响社会稳定时,适当放宽关键词的监测标准。

与此同时,平台提供明确的上诉机制和通道。对于意见领袖的用户,平台建立了专人沟通渠道,定期对监管规则予以讲解,并依据用户的反馈,及时进行调整;针对普通用户对于监管实践的质询,平台依照已经公开的监管规则,依托用户数据资源,重新评估内容的危害性和传播效果,对监管手段与结果予以调整。在现有的质询手段中,比较具有代表性的是新浪微博的社区委员会制度。按照《微博社区公约》的规定,新浪微博的社区管理是由站方和社区委员会共同完成的,对于可以明显识别的违规行为,由平台直接处理,其他违规行为则由社区委员会判定后进行处理。在出现其他违规情况时,社区委员会会在规定时间内通过多数表决形成判定结果,平台会根据此结果进行处理。社区委员会可以分为两类,一是普通委员会,负责裁定用户纠纷;二是专家委员会,负责判定不实信息和复审举报,这两类委员会的成员均通过公开招募方式产生。豆瓣的社区指导规则同样明确了一些用户自我管理的内容,一般来说,小组管理员有责任和义务及时删除小组内不受欢迎、不允许的内容。小组内发生的争议也应由小组成员和小组管理员协商解决,平台的工作人员不参与此类事项;然而,对于豆瓣所不允许的内容以及小组之间的争议,豆瓣的工作人员有权干预。不过,从各大平台的管理模式来看,由平台直接进行处理是一种更为普遍的做法,比如知乎的社区管理就明确提出"违规的信息由知乎站方根据本规定直接处理"。①

---

① 李欢:《重思网络社交平台的内容监管责任》,《新闻界》2021 年第 3 期。

第二节　网络内容监管中的具体实践

在去中心化的网络平台中,内容的生产主体十分多元,题材更是纷繁复杂,若要使网络平台风清气正,就必须全流程监管,把控好生产、审核、分发、传播四个环节,从而实现实时监测、及时发现通过审核的"漏网之鱼",维护网络内容生态的健康发展。

一、生产环节:内容生产主体社会身份及行为监管

在"人人都握有麦克风"的网络结构中,把控好网络内容的生产环节就是抓住了网络内容传播流程源头。作为平台内容监管的第一道"关卡",管理内容生产环节的核心思路便是通过制定规定、建立标签和信用体系来对用户进行社会身份和行为上的监管。

制定用户管理的相关规定是在网络内容平台对用户行为进行约束的第一道关口。网络内容平台在网络内容法治和网络内容治理体系下,通过出台账户管理规范、社区自律公约、行为规范、操作细则或与用户签订服务协议等方式,告知用户使用平台服务享有的权利义务和责任追究等规则,从而加强源头治理、规则治理。

平台对用户管理相关规定的制定通常反映了平台内部管理取向,是平台自律和他律要求的集中体现。用户签订或同意平台相关规定,则视为用户对平台规则表示认可并就遵守平台规则作出承诺,对因违反平台相关规则而被平台处罚的可能性后果表示知情和认可。

用户标签体系建设则是网络内容平台将用户管理向精准化、细分化的方向推进的重要举措。平台根据用户特征及行为建立了用户标签体系,创建"用户画像"(Personas)。即按照用户的社会属性、个人行为、偏好兴趣等信息凝练出一个或一类用户标签,并从海量的用户行为数据中提取出最有价值的信息,全面详细地勾勒出用户的情况。用户标签大体上可以分为用户属性和

用户行为两大类：用户属性主要涵盖人口属性、社会属性、生活方式和心理特征，例如用户的性别、年龄、地区、教育背景、职业和性格特点等；用户行为则分为使用场景、使用媒体、使用路径三类，主要包括访问设备、对象、时段、时长、频次等。

对用户的标签化分类可以在基础层面、业务层面和决策层面三个维度加以应用，提高内容平台的监管效率。首先，在基础层面，平台通过分析用户标签可以了解用户的需求特点和行为偏好等个人特征，并依据这些特征采用聚类分析方法对用户进行分类，为分类管理和管理奠定基础；随后，在业务层面，平台可以为不同的用户群体设计个性化内容推荐和搜索服务，并针对潜在风险实施特别管理；最后，在决策层面，平台可以通过更深入的数据分析，复盘内容质量管理活动的效果和存在问题，为内容质量管理机制的优化创新提供决策支持。

用户信用体系管理是网络内容平台为惩戒用户不良行为，通过一定规则将违规行为转化为信用积分，依据信用积分配置用户权限和权益，从而达到规范内容生产传播生态和秩序目的的一种管理方式。平台可以将不鼓励的用户行为按照恶劣程度赋予对应信用分值。当用户出现违规行为时扣减相应积分并根据信用积分结果划分用户所处的信用等级。对于严重失信用户，平台将及时向网信部门报告，由网信部门统一列入黑名单，进行跨平台的延伸审核。

信用积分的应用主要体现在两方面，一是可用于遏制用户内容生产传播不良行为，对积分较低用户的权限进行管理，例如限制发布内容或对账号予以冻结等；二是可作为用户分级管理的基础依据，运用于内容审核、分发及传播等内容质量管理环节，对信用积分偏低的用户在内容审核时给予重点关注，在分发时对分发可见范围进行限定，在传播时进行流量控制。

二、审核环节：信息内容审核监管

在网络平台内容监管中，审核环节扮演着核心的角色。可以说，网络平台的内容审核环节掌握着一条内容是否可以见于网络的"生杀大权"。内容审核环节的核心监管思路是通过分级分类的内容审核发挥平台"把关人"角色，及时发现和拦截风险内容，在尽可能降低平台内容安全风险的同时降低平台审核成本，以求达到风险可控成本最低。网络平台的内容审核主要采用"机器初审+人工审核+社区审核"的方式进行。

机器审核是网络平台内容审核的主力。网络平台人工审核的团队规模有限且审核效率较低，一名审核员一天最多能审核 1000 篇左右的文章[1]，1250 条视频[2]。而机器审核能够快速处理大规模数据，一条视频内容的审核速度以秒为单位计算，极大地提高网络平台内容审核的效率。审核效率的提高意味着更多分担了对人工审核需求，能够有效缓解企业人力成本和管理压力。因此，在实际操作中，网络内容平台往往以机器审核作为内容审核主力，将绝大多数内容交予机器审核，只对敏感度较高的和审核中存在疑问的内容进行人工审核。头部网络内容平台机器审核占到 90%[3]。

机器审核主要完成四类内容的审核：一是有害内容识别，重点识别过滤政治敏感内容、涉领导人内容、涉黄涉暴及未成年人有害内容等违法内容；二是来源分析与版权核查，通过分析信息来源和比对版权库来识别侵权内容；三是反内容审核的技术识别，借助机器的大数据存储、提取分析能力识别图片、音频、视频中的深度伪造痕迹，阻止基于技术的虚假有害内容的扩散传播；四是流量监测与动态内容阻断，对流量波动异常的内容进行重点监测和阻断预警。

尽管当下人工智能、大数据、算法技术日新月异，在很大程度上提升了网络平台的内容审核效率，降低了内容审核成本。但面对复杂的网络环境和包罗万象的网络内容，机器审核的技术内在逻辑决定了它的审核精准度存在一定的局限性。机器审核依赖于预先设定的关键词、敏感词库、各类违禁图片

---

① 36 氪：《在互联网行业做审核员，他见了太多人性的黑暗面》，2018 年 5 月 25 日，https://36kr.com/p/1722526253057。

② 每日人物：《大厂审核员，走进残酷数字游戏》，2022 年 2 月 16 日，https://m.thepaper.cn/baijiahao_16721468。

③ 投中网：《我，鉴黄师，做审核生意年入几千万》，2021 年 4 月 4 日，https://www.huxiu.com/article/419591.html。

库,对技术处理后的内容进行比对和判断。在这一逻辑下,用于比对的样本库的数据量、数据维度等都将影响机器审核的质量。

在此背景下,人依然是网络内容审核最能动、最可靠的"守门员",人工审核在网络内容审核中占据无可替代的地位。人工审核主要指由具备内容审核相关知识和技能的人员根据内容审核规则对体量庞大的网络信息展开的人工筛查①。这一审核方式以"劳动密集型"为主要生产形式,并将官方制定的法律法规与平台规则作为主要的行动原则。用户在平台上发布内容时,机器会对即将发布的内容进行负面关键词初步匹配,如果被机器判定可能存在风险,这一内容会进入人工复审环节,一些在第一轮人工审核时仍有模糊性的内容则会进入二轮人工审核环节,直到被确定发布或是被封禁及删除。

人工审核解决的是审核的精度和深度问题。一方面,在审核标准中,很多标准需要进行价值导向判断,很难通过机器的样本化审核进行精准把控;另一方面,许多有害内容为了规避审核会以较为隐蔽的方式出现,以至于机器审核难以准确理解隐藏在文字、图片背后的深层含义,从而导致审核失败。在这种情况下人工审核必不可少,人工审核不仅揭穿有害内容的"障眼法"从而有效减少有害信息的传播降低平台的外部风险,还可以对机器审核的结果进行抽查、校验,避免机器审核"误杀"符合规定的内容,保障了用户和内容创作者的使用体验。

此外,在具有社区属性的网络内容平台中,社区用户因经济利益、兴趣爱好等共同点聚合在一起进行交流和互动②,社区用户是网络平台内容的主要生产者、传播者,更是整个网络社区关系的运作者和维护者。网络内容平台的社区监管在制定相关管理规定和建立信用体系之外,更要向用户赋能,赋予用户一定的管理权限,激励用户参与到社区审核中去,实现网络内容平台的"自治"。用户参与管理具体可以分为用户自主管理和用户志愿行动两类。

---

① 朱垚颖、谢新洲、张静怡:《安全与发展:网络内容审核标准体系的价值取向》,《新闻爱好者》2022 年第 11 期。

② 朱瑾、王兴元:《网络社区治理机制与治理方式探讨》,《山东社会科学》2012 年第 8 期。

第一类是用户自主管理。用户自主管理有两种典型模式,一是以贴吧为代表的社区自主管理,例如百度贴吧通过赋权"吧主",由"吧主"自主管理贴吧内部内容质量和传播秩序;二是以社交网络平台为代表的主页自主管理,例如微博平台向头部用户和正式会员开通了用户评论审核功能,微信平台为公众号开通了评论选择性展示功能,让用户能够自主筛选评论信息,给予了他们自主过滤评论的权限,以便约束部分网友的恶意评论等行为。

第二类是用户志愿行动。用户志愿行动主要是指招募志愿者用户参与平台社区监管的活动,志愿行动主要应用在不良信息的发现和举报环节,如搜狐的举报小组和微博的社会监督员等。以搜狐号平台为例,搜狐号在全国招募了一批由普通用户和搜狐号作者组成的举报小组,针对搜狐号上出现的各类低俗、营销广告、博彩以及涉政有害信息等内容进行监督举报,平台根据举报查实率等对举报小组成员给予一定的物质奖励,从而实现了以较小成本获取更好的不良内容监督效果。

三、分发环节:内容传播路径和范围监管

在经过审核环节的人工审核、机器审核之后,绝大多数的违法不良内容已经被网络平台所屏蔽、删除,但一些内容质量较差,却尚不构成删除条件的内容仍可以发布至平台空间。基于此,网络平台在内容分发环节的把控主要起到"扬清抑浊"的引导作用。网络平台把控内容分发环节的核心思路是通过针对不同内容采用差异化流量配置的分发控制内容传播路径和传播范围,并根据用户群体特征进行个性化推送,突出对优质内容的展示,限制展示不良内容,合理引导优质内容成为网络内容生态的主流。

平台基于内容分类的差异化分发主要依托"机器算法+人工编辑"的方式将审核环节所送来的内容进行分类、筛选、分发,主要包含两个把控方向:一是对优质内容进行突出展示;二是对不良内容进行限制展示。在平台审核流程中具体分为以下三个基本步骤实施:

第一,平台通过机器算法的方式识别并分析内容的信源信息(如创作者

信用等级、信源是否为权威机构等)和内容信息(如所含关键词、主体热度等)等标签信息特征,初步确定目标内容所属类别和质量级别。

第二,平台通过人工团队筛选信息内容并将其中的优质内容放入资源池。具体来说,人工团队会根据平台议程设置、平台定位以及内容本身的质量进行匹配,挑选符合平台要求的优质内容放入内容资源池。当优质内容被放入资源池之后,平台通常通过粗筛选、细筛选和精筛选三个环节对内容进行再分类。粗筛选环节主要通过机器审核+人工审核的方法将资源池"去噪",过滤掉在之前内容审核环节中未被发现的不良内容和不符合资源池标准的内容;细筛选环节是结合具体的推荐场景和目标进行人工干预保障平台内容生态的高水平和多样性;精筛选环节主要通过算法机制和人工调配保障平台内容分发的精准度。

第三,平台会对优选内容根据相应算法进行分发。在内容被分发之前,有些平台会安排编辑团队对标题等信息进行调整修改,也有的平台会为特定内容增加"精华帖""主页展示""头条展示"等标签,为优质内容提供更好的版面资源,增加其曝光量。与此同时,平台也会将不良内容或不符合平台要求的一般性内容采取分发限制,使其进入"沉默"状态。

此外,针对个性化推送和风险内容的"限流"分发将进一步引导网络内容的向上向善发展。针对不同用户群体的个性化推送(又称定制化推送),本质上是对推荐算法的一种再优化,主要适用于满足特殊群体的个性化内容需求,为用户提供精细化、智能化的内容推送服务。

与审核环节中立竿见影地过滤和屏蔽不良内容的做法不同,平台对风险内容的"限流"分发主要针对一些信用级别较低、经常发布不良信息的内容或尚不构成删除过滤条件但存在一定安全风险的内容,这种方法通常不会使用户感到明显的"被限制感",在照顾用户体验的同时将网络内容风险降至最低。

对内容的流量限制主要通过对内容的版面位置的调整和出现频次以及转发、评论等权限加以限制,降低该内容的"曝光率",使其在海量的网络内容中"沉寂"。

四、传播环节：风险内容管理（应急敏感）

网络平台对传播环节的把控是平台内容审核流程的最终一环，也是维护平台内容生态的最后保障。平台对内容传播环节把控的主要目的和主要任务是实时监测、及时发现通过审核的"漏网之鱼"，对不良内容或其他内容问题进行处理，同时根据监管部门指令进行对不良内容的应急处理。具体而言，网络平台在传播环节的把控主要包括风险内容监测及发现、不良内容快速响应和争议内容协调处置三个环节。

第一，对于风险内容的检查巡查，网络内容平台建立了举报投诉机制、不良信息巡查和异常流量监测三种手段，每种手段各有侧重，互相配合，共同构成了一个行之有效的风险内容监测发现体系。举报投诉是内容传播环节发现不良内容的主要方式之一，也是实现平台与用户共同监管的重要手段，对许多内容平台而言，用户举报和投诉构成了删除、禁止转发、限制传播相关内容的主要原因。此外，平台还会通过与第三方权威机构合作健全平台自身的内容举报投诉机制。平台的不良信息巡查主要是对内容审核结果的检验，目的在于发现已经进入传播环节的不良内容。平台多以专项行动的形式进行不良信息巡查，根据巡查任务主题和目的的不同调配不同的巡查力度与整治手段。例如新浪微博平台就曾多次开展包含"蔚蓝计划""护苗计划"在内的多次不良信息巡查专项行动，集中整治平台内所存在的恶意营销、低俗色情等违法不良内容。异常流量监测主要作为内容审核环节的补偿，用于对原本经过简单审核的低风险内容进行流量跟踪，当出现明显流量异常时将触发自动报警机制，自动对该条内容进行风险判定，并对存在风险的内容实施删帖处理或退回至人工审核环节再次审核。

第二，不良内容的应急处置主要应用于对用户举报投诉、平台监测巡查发现的不良内容的处置之中，同时也是落实监管部门最新指令最快速、高效的手段。不良内容应急处置主要包括不良内容和突发事件处理应急预案、谣言处理和辟谣机制和争议内容协调处理三个部分。平台会预先制定针对网络不良内容或突发事件的应急预案,根据不良内容的主题、信源、影响力进行梳理分类同时对平台中产生的突发事件的严重程度进行分级。并根据所分级别和类别采取不同的应急处置措施,如内容删除、撤回、账号封停等。谣言信息也属于网络违法和不良内容的一部分,若不及时处理加以辟谣便有引发重大舆论事件的风险。平台会根据用户的举报投诉、异常流量监测和内容巡查及时发现网络谣言并通过与第三方专业机构的合作对网络谣言进行处理并开展辟谣工作。

第三,除违法、不良内容之外,平台中也存在着大量具有较大争议的内容,影响着网络内容生态。这些内容通常包括版权争议等其他侵权纠纷。为使上述内容得到处理解决,平台基于尊重知识产权、鼓励优质内容创作以及维护良好平台内容生态方面的考量,主要采取协调仲裁的处理方式。平台在争议内容协调处理中通常以中立者身份自居,因此常常与第三方专业机构合作或随机选定内容创作人群参与形成"委员会"式的合议小组调解纠纷,最终以投票的形式裁判出争议中是否存在抄袭剽窃、权力侵害等情况。这种合议小组的争议内容协调处理机制虽然能在一定程度上化解网络内容纠纷,但也存在着如评判标准不清晰、评判人员不专业等问题,目前尚处在"摸着石头过河"的阶段。

第三节 平台内容监管的困境

网络平台为顺应政府主管部门的要求和维护平台自身的内容生态已经建立了较为完善的内容监管机制。但是,在错综复杂的网络空间中平台内容监管机制并不能完全做到对违法违规等有害内容一网打尽。从本质上看,在于目前网络内容平台的网络内容监管存在四大矛盾:技术依赖与技术局限之间的矛盾、审核效率与审核成本之间的矛盾、平台监管与用户权益之间的矛盾、内容审核与内容自由之间的矛盾。

一、技术依赖与技术局限之间的矛盾

人工智能、大数据等技术不断兴起确实能够有效提升网络内容平台的审

核效率,以应对海量信息带来的监管压力。网络内容平台往往将机器审核作为内容审核的主要力量,以机器审核来满足政策规定的"先审后发"要求的同时保证用户的使用体验和内容"高产"需求。

然而,网络平台对机器审核的技术依赖并不能完全满足内容监管的需求,将违法违规等有害内容全部过滤。而人工审核较高的成本又使得平台迫于自身发展不得不依赖于机器审核的技术。从技术发展现状来看,机器识别技术现在只能通过已知模型去解决一些已经明确界定的内容,机器审核中的人工智能技术则还处于音频、视频、文字浅层意义把关的"弱智能"阶段[1],无法识别、理解价值导向内容或隐晦、有深层含义的文本。因此,机器审核技术远未达到能够取代人的程度,机器审核只是人工审核的重要辅助力量。解决海量信息审核对技术的依赖与技术弱智能之间的矛盾是网络内容平台提升内容监管能力和效率的关键。

此外也应当关注到,人工智能技术在发展中需要平衡技术创新与数据保护。2020 年 6 月 1 日发布的《网络安全审查办法》就已经明确指出,在面对多变的经济形势和严重的网络安全问题下,应当鼓励人工智能创新,加强知识产权保护,以此不断提高网络安全水平。一方面,尽管人工智能技术的发展依赖于大量数据训练,但也需要尊重头部机构数据保护的需求,采取自主研发的手段;另一方面,参与网络安全审查的相关机构和人员在审查过程中也应保护企业商业秘密和知识产权,承担保密义务。

二、审核效率与审核成本之间的矛盾

目前,网络内容平台多是互联网企业在运营。降低成本、提高效率自然是任何一家企业的"天职"。从网络平台的内容审核角度来看,在提升审核效率与效果的同时尽可能降低审核成本,保持内容审核效率、效果与成本之间的平衡是网络平台内容审核的理想状态。然而,维护二者间的平衡并非易事,调节

---

① 谢新洲、朱垚颖:《网络内容治理发展态势与应对策略研究》,《新闻与写作》2020 年第 4 期。

审核效率与审核成本之间的矛盾是互联网内容平台在维护内容生态风清气正的同时追求利润最大化的关键所在。

从提升审核效率和效果来看,提升机器审核准确率、拥有充足的高素质审核人员是确保审核效率与效果的根本之道,但这两种方案都将增加审核成本。一方面,在算力成本上,提升技术准确率需要大量的机器训练样本,这些样本仅仅靠平台内部的数据人员进行收集远远不够,还需要向数据标注公司付费购买大规模数据;另一方面,在人力成本上,一定时间范围内人工审核的速度是难以迅速提升的,要提升人工审核的效率就必须支付更多人力成本以扩大人工审核团队规模,审核人员职业素养也影响着人工审核效果,要提升人工审核的质量意味着需要花费高昂的时间成本或金钱成本对审核人员进行培训或引入职业素养较高的专业人才。

三、平台监管与用户权益之间的矛盾

内容监管的初衷是为用户营造良好的平台氛围和内容生态。因此,网络内容平台进行内容监管既要及时拦截违规内容,又不能对用户造成使用体验落差;既要满足监管部门的要求,又要保护用户的相关权益。究其本质,网络平台作为信息的集散地已成为重要的网络公共领域,需要兼顾内容监管义务和网络内容发展之间的平衡,同时保障网络安全与用户的言论自由权和隐私权。

对于言论自由权利而言,在社会化媒体时代,微博、微信公众号、短视频平台等已成为公民发表言论的主阵地。互联网不是法外之地,用户的言论自由权在网络中理应得到保障,但同时需要接受舆论的监督。然而,在平台监管的边界上,由于政府主管部门下达的审核任务强度过高、网络平台自身对政府监管政策理解不到位、内容审核技术不完善等原因,往往选择"一刀切"的从严审核办法——只因文字、视频等内容中存在敏感关键词或部分视频帧中含有敏感信息而进行删除过滤,不从内容总体和立意角度审核——造成对良好、合法内容的"误伤",破坏了用户的使用体验,损害了用户的合法权益。

此外,平台对用户信息及行为数据的挖掘和对用户私密内容的监管在平

台审核与用户隐私权的矛盾中尤为突出。为使网络内容风险降到最低,平台通常会对用户的身份信息、行为数据进行掌握和把关。然而,对用户身份信息和历史数据的过度挖掘势必会对用户的隐私权造成侵害,更有甚者会导致用户的隐私信息泄露造成十分严重的后果。近年来关于平台侵犯和泄露用户隐私的案例屡见不鲜,如何在不侵害用户隐私的前提下对用户身份信息和行为数据进行把关是平台内容审核亟须解决的重要问题;此外,如何在保障用户隐私权的同时对私密内容进行监管也是平台所面临的问题,如即时通讯平台中点对点聊天的内容监管,又如在微博、微信朋友圈中发布"仅自己可见"的内容等。尽管一些平台声称会根据用户使用场景的开放性程度来设定相关的监管干预程度(例如微信中点对点的即时通信属于隐私场景,平台不会进行人工干预和机器干预;群组是半公开场景,平台会加以机器审核,但不会进行人工干预;视频号、公众号等公众平台则属于完全开放的场景,需要进行机器+人工双重审核的介入)。但在用户实际使用之中,即时通信场景中依然会出现某些词语、视频等内容无法发送成功的现象,用户隐私权益在内容监管中是否得到有效保护,用户权益是否让位于内容监管,是平台监管过程中需要权衡的重要关系之一。

四、内容审核与内容自由之间的矛盾

内容审核与内容自由间的矛盾既是网络平台内容审核中存在的困境,也是网络内容平台自身发展所面临的挑战。一方面,内容自由是网络内容平台产生、释放活力的源泉,也是网络平台吸引用户获得流量重要途径;另一方面,内容审核是网络平台顺应政府主管部门和维护网络内容生态良好的必要举措,也是保障平台自身长远健康发展的必然之举。平台内容审核尺度过于严格必将侵害平台的内容自由,过于宽松则会破坏平台内容的良好生态为平台发展制造风险。二者之间的矛盾主要体现在网络平台对内容生产者限制、对内容本身的审核和对用户行为的把控上。

从对内容生产者的限制方面来看,平台根据内容生产者身份属性和历史行为属性的审核过于严苛,可能会限制内容生产者创作的积极性,长远来看可能影响平台以后的内容供给。但若对内容生产者的身份、资质不予把关更容易造成网络空间鱼龙混杂,影响甚至破坏网络空间的生态。

从对内容本身的审核方面来看,平台若对于内容题材、表现方式等因素过于限制会导致平台内容"千篇一律",无法满足用户对多元网络内容的需求,使用户对平台的兴趣度降低,造成用户流失和流量流失。然而,内容审核尺度若过于宽松便会为违法、不良内容提供"栖息之所"和传播"舞台",直接威胁平台的长久健康发展。例如,一些网络主播为吸引流量,开展"大胃王"直播、高楼跑酷直播等活动,如果未能及时限制,很容易误导网民在现实生活中的行为。

此外,用户参与是平台生命力的重要源泉。平台中用户行为是否活跃是该平台生命力的直接反映,用户的部分行为也是网络内容的一种。平台若对用户行为规制过严监管过重,便会打击用户的活跃度,影响平台的发展。但是平台若给予用户行为太高的自由度,便会使稳定和谐的网络氛围难以维持,助长网络戾气,甚至成为违法犯罪活动的温床,为平台和社会带来巨大风险。规制与自由间的矛盾是人类社会恒久面临的古老问题,具体在网络平台内容审核中格外凸显。找到内容自由与内容审核间的平衡点是网络内容平台获得长久健康稳定发展的核心问题。目前我国数据安全及网络安全审查工作进入机制化、体系化的新阶段,网络内容审核逐渐由"安全第一"向"发展优先"转化。在转变过程中,目前仍存在责任归属不明确、管理尺度难把握、审核机制不健全、技术标准不全面等问题。为了兼顾安全与发展两方面,达到内容自由与内容审核间的平衡,应从以下三个方面入手。从制度上看,可以完善相关规定、细化责任分工、推出简单易行的操作标准;从技术上看,可以加强机器学习、完成技术升级;从个人角度看,可以提高用户素质、激发用户能动性、培养用户的主人翁意识,从而实现平台与用户的双赢①。

---

①　参见朱垚颖、谢新洲、张静怡:《安全与发展:网络内容审核标准体系的价值取向》,《新闻爱好者》2022 年第 11 期。

第十八章　特殊网络内容的治理难题与现实解决

　　互联网技术与现实生活愈发紧密深刻的互相嵌入状态全面拓展了网络内容的边界和适用场景,使网络内容生态更为多元复杂,与此同时也衍生了许多由于新技术与旧制度、旧观念不匹配所导致的治理难题,如个人隐私信息保护、平台数据垄断、内容算法分发、数字版权保护、数字遗产继承等。本章将聚焦于新技术环境下网络内容治理在特殊领域所面临的难题,并探讨其在实践解决中的治理现状。

第一节　网络内容来源合法性:个人隐私信息治理难题与现实解决

　　随着大数据技术的不断发展与数字经济版图的日益扩大,用户信息数据的挖掘和应用日益受到重视。对于网络内容而言,平台可基于用户信息数据判断用户的兴趣喜好和内容需求,实现细分化内容生产和个性化内容分发,为用户提供更好的网络内容服务。然而,用户信息数据包含用户的身份信息、网络历史行为信息等多个方面,其中一大部分信息数据涉及用户的个人隐私。平台出于商业利益的过度挖掘、现有隐私保护机制与技术的不足以及用户隐私保护意识尚未成熟等因素使用户个人隐私信息泄露或遭到恶意挖掘等情况在网络空间中屡见不鲜。

一、个人隐私信息的治理难题：隐私悖论与保护困境

伴随着大数据技术和移动互联网时代的到来，互联网技术已全面嵌入人们的社会生活，网络空间成为了与现实空间并存、平行且交织的生活空间，人们的一举一动均被化为数据记录、流通在网络之中。与此同时，数字经济时代下用户数据的价值日益显现，许多企业、平台处于商业获利角度恶意挖掘、非法交易用户的信息数据，为互联网个人隐私信息治理带来难题。

第一，网络空间中用户的隐私边界难以确定。互联网消融了传统意义上公领域与私领域的边界，使二者间的关系日益模糊，传统意义上"凡私皆隐"的隐私保护由于没有现实空间中的物理屏障而难以奏效。与此同时，无处不在的数据采集终端和场景使网络用户的个人身份信息、历史行为信息，甚至是人脸信息、指纹信息、声音信息、虹膜信息乃至基因信息等生物信息均被全部记录在网络空间之中，用户难以控制自己的隐私暴露对象与程度。此外，网络对于用户的隐私信息采集往往是在用户不知情的情况下进行，用户也难以获知其隐私信息被谁所有并用在何处。在此之下，由于网络用户隐私边界的模糊使合法采集用户信息数据与恶意挖掘用户隐私信息二者难以区分，为网络个人隐私治理带来困境。信息采集者的数据采集和处理行为很难被监督。合理使用与侵犯隐私之间存在着法律无法触及的灰色地带。

第二，平台出于商业利益过度采集、滥用用户信息。当下，微信、微博等网络平台已是用户网络生活的主要空间，截至 2022 年 12 月，我国即时通信用户规模达 10.38 亿，较 2021 年 12 月增长 3141 万，占网民整体的 97.2%。[①] 这些平台在为规模巨大的网络用户提供更为便捷、优质服务的同时，也成为网络用户个人身份数据的主要掌握者、采集者和使用者。用户在获得平台服务之前不得不进行实名制验证，在平台内填写其个人身份等相关信息。同时在使用如网络电商、外卖等平台时还需将其住址信息、电话通信信息主动地提交给网

[①] 中国互联网络信息中心（CNNIC）：《中国互联网第 51 次发展报告》，2023 年 3 月 2 日，https://www.cnnic.net.cn/n4/2023/0303/c88-10757.html。

络平台。与此同时,网络平台为向用户提供更好的服务和使用体验,通常会采集、记录和挖掘用户的相关信息,来判断和预测用户的兴趣点和喜好为用户提供更为精准的网络内容服务。然而,当用户主动向平台所提供的信息和被动由平台采集到的信息若得不到有效的监管,便会造成用户隐私信息被恶意挖掘、泄露甚至是变卖的恶劣情况。平台致使用户隐私信息受到侵犯主要有以下两点原因:一是网络平台出于商业获利考虑,过度挖掘和滥用用户个人信息。二是网络平台由于自身管理不力而导致内部员工泄露用户隐私信息,或是数据安全保障不足导致数据被外部抓取、对外泄露。

第三,用户个人隐私信息安全技术防御力度赶不上"黑客""黑产"攻击力度。网络"黑产""黑客"对网络内容生态和用户隐私的威胁日益严重。根据国家互联网应急中心(CNCERT)《2019 年中国互联网安全报告》,2019 年针对数据库的密码暴力破解攻击次数日均超过百亿次,数据泄露、非法售卖等事件层出不穷,数据安全与个人隐私面临严重挑战。国内多家企业上亿份用户简历、智能家居公司过亿条涉用户信息等大规模数据泄露事件在网上相继曝光。2019 年监测到各类网络黑产攻击日均 70 万余次,电商网站、视频直播、棋牌游戏等行业成为网络黑产的主要攻击对象。①

第四,网络用户个人隐私保护意识不强。社交媒体等网络平台在为用户自由表达观点、分享生活提供便利的同时,也带来了用户个人隐私泄露的隐患。一方面,网民素养和网络隐私保护意识的不成熟使网络用户往往未能对自己所发布的内容做及时的隐私保护处理,导致在分享自身生活的同时也暴露了其个人信息;另一方面,用户除了泄露自身的隐私之外,很多时候还会通过社交网络泄露他人的隐私。有时用户在未经人允许的情况下发表的只言片语或上传的某张图片,都可能在有意或无意间泄露他人的重要隐私,给他人造成困扰甚至带来损失。

---

① 国家互联网应急中心:《2019 年中国互联网网络安全报告》,2020 年 8 月 11 日,https://www.cert.org.cn/publish/main/46/2020/20200811124544754595627/20200811124544754595627_.html。

二、个人隐私信息治理难题的现实解决:加强保护个人隐私力度

近年来,我国网络内容治理都高度重视个人隐私信息的保护,依法治网在个人隐私信息的治理中日益深入,相关立法、行政执法工作日益完善,以企业为主的网络内容平台不断强化自身的责任意识并联合行业协会等治理主体深化行业自律,网络用户的隐私保护意识在政府、企业、协会等的宣传培养下得到了进一步提升。

第一,个人隐私信息保护的相关立法工作得到推进。为规范网络平台的用户个人信息采集与使用,打击涉及个人隐私信息的违法犯罪行为,我国十分重视个人隐私信息保护的立法,相继出台了多部相关法律法规。2012 年《全国人民代表大会常务委员会关于加强网络信息保护的决定》、2014 年实施的《消费者权益保护法》、2017 年实施的《网络安全法》等法律法规均对个人信息的采集和使用作出规定。2020 年 5 月通过的《中华人民共和国民法典》较于《民法总则》而言,更重视个人信息保护。2017 年开始实施的《民法总则》仅在第 111 条中对自然人的个人信息受法律保护作出了原则性的规定,该条款在《民法典》的第 111 条继续沿用。除此之外《民法典》在第四编人格权编的第六章中独立设置了隐私权和个人信息保护,从个人信息的定义、个人信息处理的原则和条件以及个人信息处理者的安全保障义务等整体角度分别作出规定。2020 年 10 月《个人信息保护法(草案)》经第十三届全国人大常委会第二十二次会议审议,在中国人大网上向全社会征求意见,该法案已于 2021年 8 月 20 日通过,自 2021 年 11 月 1 日开始施行。《中华人民共和国个人信息保护法》的颁布在网络个人信息保护法治工作中具有里程碑式意义,也使全面依法治网工作更进一步。

第二,政府主管部门开展专项行动联合治理网络个人信息保护问题。2019 年 1 月,中央网信办、工信部、公安部、市场监管总局联合发布《App 违法违规收集使用个人信息专项治理行动》的公告,在全年范围内开展 App 违法违规收集使用个人信息专项治理行动,并委托相关单位成立专项治理工作组。截至 2019

年 8 月 31 日,专项治理组通过微信公众号"App 个人信息举报"已收到 8000 余条群众举报,选取近 600 款用户数量大、与民众生活密切相关的 App 进行评估,督促问题严重的 200 余款 App 进行整改,涉及整改的问题点达 800 余个,无隐私政策、强制索权、超范围收集个人信息等问题得到显著改善。①

第三,网络企业制定个人信息保护方案并联合发起行业个人信息保护倡议。以企业为主的商业网络平台是当下网民进行线上交流、活动的主要空间,同时网络平台也是互联网治理的重要主体之一,对用户个人信息保护而言,网络平台担负着十分重要的责任。一方面,网络平台结合自身平台属性和技术优势制定并实施了用户个人信息的保护方案。以阿里巴巴旗下的电商购物平台淘宝为例,阿里巴巴于 2017 年 7 月成立了"个人信息保护小组",以全局把控个人信息安全风险并制定系统化的解决方案。以淘宝网为试点,对淘宝隐私条款和设计进行了全面的梳理和改进。快速完成了淘宝网主要功能与附加功能的分离、淘宝网隐私条款的重构、用户权利与数据保存等承诺事项的升级,以及相应的淘宝网网页端、H5 页面端与 APP 端产品实现形式的改造。另一方面,为了更好地承担起网络企业的个人信息保护责任,我国多家互联网"巨头"企业与电信运营商联合发起了有关保护用户信息保护的倡议书,在整个行业的层面作出规范。在抵御网络"黑客""黑产"等技术层面,阿里巴巴、网易等 12 家互联网公司承诺将遵照国家相关标准要求,采取充分有效的安全技术和管理措施,防止个人信息泄露、毁损、丢失,加大个人信息保护技术的创新,加强网络安全产品的研发和应用。

第四,个人信息保护教育宣传工作广泛开展。网络用户是网络空间的绝对主体,同时也是用户个人信息的重要保护者和保护对象。然而,我国网民目前普遍还在网络素养和隐私保护意识等方面尚未成熟。基于此,我国政府主管部门、互联网企业等网络治理主体大力开展有关个人信息保护的宣传教育工作,并将每年的 9 月 20 日定为个人信息保护日。此外,针对青少年,中央及

① 新华网:《2020 年 App 违法违规收集使用个人信息治理工作启动》,2020 年 7 月 25 日,https://baijiahao.baidu.com/s? id=1673172694476977560&wfr=spider&for=pc。

各地网信办也展开了一系列宣传教育活动提升青少年网络安全防范意识,加强自我保护能力,自觉做到文明上网、健康上网、安全用网。

第二节　网络内容持有有据性:数据垄断治理难题与现实解决

随着移动互联网、人工智能、物联网等新兴技术的发展,大数据技术日益受到重视。2020 年 4 月 9 日,中共中央、国务院印发《关于构建更加完善的要素市场化配置体制机制的意见》,将数据定义为一种新型生产要素,与土地、劳动力、资本和技术要素并列。对于网络内容而言,网络用户在网络上的所见、所闻、所言、所行均被化为一条条数据汇流在网络内容大数据的汪洋大海之中。同时,大数据技术也为网络内容智能分发、机器审核、舆情分析等多个方面提供技术支撑,在使网络内容呈现方式和传播方式更加多元的同时,也为网络内容治理带来了有力支持。然而,正是因为数据具有极高的价值,而掌握数据的平台多以企业为主具有商业属性,才造成了数据垄断问题。

一、数据垄断的治理难题:超级平台垄断

在网络内容产业的日益扩大和新兴技术的日新月异的今天,腾讯、阿里巴巴、百度、字节跳动等以企业为主的超级平台几乎"主宰"网络内容市场。这些超级平台既是用户获取网络内容服务的主要提供者,也是目前网络数据的垄断者。超级平台对数据的垄断和控制提高了市场进入壁垒,转换成本造成了"赢者通吃"的局面,这为网络内容生态及其治理带来挑战与难题。

平台数据垄断导致"信息孤岛"问题。"信息孤岛"可以理解为网络空间中相对独立的不同领域、不同平台、不同业务下的信息数据因技术局限、行业区隔、商业壁垒和业务脱节等缘由相互封闭,犹如一个个分散且独立的孤岛般无法进行信息数据的交流与共享的现象。对于网络内容而言,技术的发展和超级平台全领域、全业务、全矩阵化的扩张使"信息孤岛"中的技术、业务壁垒

得以消除,超级平台间因商业利益而导致的数据垄断、数据割据成为网络内容"信息孤岛"的主要原因,可以说网络内容"信息孤岛"的本质是超级平台的数据垄断。

平台数据垄断下的不良竞争问题。超级平台间在数据垄断且互不共享前提下的不良竞争导致用户面临"平台二选一"的困境,破坏用户的网络使用体验。近年来随着平台间的竞争的日益激烈,平台为抢占市场份额商主体利用自身优势地位,滥用市场优势力量,实施与竞争对手网络产品互不兼容的策略强迫用户进行"二选一"的新闻屡见不鲜。例如,2010年腾讯与奇虎360进行的"3Q大战"。2010年9月27日,360发布了其新开发的"隐私保护器",专门搜集QQ软件是否侵犯用户隐私。随后,QQ立即指出360浏览器涉嫌借黄色网站推广。2010年11月3日,腾讯宣布在装有360软件的电脑上停止运行QQ软件,用户必须卸载360软件才可登录QQ,强迫用户"二选一"。阿里巴巴另外要求入驻平台的品牌商家"二选一",不得在其他电商平台上开设店铺经营。超级平台均具有庞大的网络内容规制能力并掌握着一定的"议程设置"权力,在平台间的不良竞争中会导致平台借用自身的内容渠道进行相互"攻击",甚至是以编造谣言的形式进行互相诋毁,更为严重的是平台还会依据自身的网络生态对竞争对手进行全方位的打击,严重影响网络用户的使用体验,破坏了网络内容生态的良好环境。如2018年腾讯与字节跳动两家超级平台间的"头腾大战"之中,两家平台不仅对用户进行了"二选一"裹挟,还在彼此的内容平台中发布和传播如"传播恶意网址比例超80%说法纯属造谣,腾讯平台也有大量违法赌博内容""今日头条含大量诈骗信息"等内容对对方进行诋毁和攻击。

平台数据垄断阻碍中小平台发展为网络内容治理带来挑战。一方面,网络内容平台的发展存在十分明显的"马太效应",超级平台因对海量数据的垄断会使其在技术研发、服务质量提升方面具有巨大优势来增强用户使用黏性,用户使用黏性的增强和用户规模的扩大也为平台获取更多数据提供来源,形成良性循环。然而对于未实现数据垄断的中小平台而言,数据的匮乏使其发展空间越来越小,要么被数据垄断平台所收购,要么走向失败。而网络内容平台常常是推动网络内容发展的重要阵地,中小平台的缺失势必会为网络内容发展带来阻碍。另一方面,在"一家独大"或"几家称霸"的格局之下,垄断数据的网络平台将会对用户进行进一步"裹挟""妨碍性滥用性行为"。如果一个优势企业掌握了关于网络用户的充足数据,则平台可以强迫用户接受某些非用户意愿条件,一旦数据显示对方没有按平台的要求进行操作就停止与其交易或服务。更有可能提高平台侵犯用户隐私、网络版权等问题的风险。

二、数据垄断治理难题的现实解决:法治与技术的双重保障

随着平台数据垄断现象的日益凸显,我国立法机构、政府主管部门、企业平台、行业组织、科研机构等多个互联网治理主体与市场治理主体对网络平台反垄断的探索不断深入。本节将从立法、数据共享机制建设和区块链技术三个方面讨论数据垄断的现实解决路径。

首先,在立法方面,因互联网平台的特殊属性与数据的特殊性质,我国之前的相关反垄断法律无法具体地对互联网平台的相关垄断行为进行规范。在此背景下,国家市场监督管理总局于 2020 年 11 月发布了《关于平台经济领域的反垄断指南(征求意见稿)》(以下简称《指南》),《指南》指出具有市场支配地位的平台经济领域经营者,可能滥用市场支配地位,无正当理由对交易相对人进行限制交易,排除、限制市场竞争。而这类限制交易行为可通过电话、口头等方式实现,还可通过平台规则、数据算法以及技术等方面设置限制。同时《指南》明确了对平台经济领域开展反垄断监管要坚持营造公平竞争秩序、加强科学有效监管、激发创新创造活力、促进行业健康发展和维护各方合法利益的原则。此外,《指南》对互联网平台"二选一"的问题和行为作出明确限定,弥补了《反垄断法》在执法上的空白,更利于制止平台经济领域出现垄断行为并规定了认定是否构成限定交易重点考虑的两种情形,一是当平台经营者通过惩罚性措施实施限制从而产生直接损害时,一般可认定构成限定交易行为;二是当平台经营者通过激励性方式实施限制,虽然可能会具有一定的积极效

果,但如果具有明显的排除、限制竞争影响,也将被认定为限定交易行为。

其次,在数据共享机制的建设方面,解决数据垄断和"信息孤岛"的方法主要是建立数据市场交易平台和共享平台。2015 年国务院印发的《促进大数据发展行动纲要》指出,"建立市场化的数据应用机制,在保障公平竞争的前提下,支持社会资本参与公共服务建设。鼓励政府与企业、社会机构开展合作,通过政府采购、服务外包、社会众包等多种方式,依托专业企业开展政府大数据应用,降低社会管理成本。引导培育大数据交易市场,开展面向应用的数据交易市场试点,探索开展大数据衍生产品交易,鼓励产业链各环节市场主体进行数据交换和交易,促进数据资源流通,建立健全数据资源交易机制和定价机制,规范交易行为"①。在此指导下,全国建立了多个大数据交易和共享的平台,如全球第一的贵阳大数据交易所、上海数据交易中心、武汉东湖大数据交易中心、西咸新区沣西大数据产业发展平台等;在企业平台方面,京东万象、数据宝、百度智能云云市场等数据交流平台亦在为联通"信息孤岛"、打破数据垄断作出推动。

最后,在技术方面,区块链技术的出现为打破数据垄断和联通"信息孤岛"提供可能。区块链是具有不可篡改性和可追溯性的"去中心化"分布式数据存储技术。在以往的平台垄断中,技术的局限导致分布式数据库的构想难以实现,网络平台通常使用中央数据库存储数据,进行处理、运算和交易。在此背景下,作为垄断者的网络平台掌握着数据库的绝对控制权并管理着对数据库的访问和更新权限,不仅限制了透明度和可扩展性,也使得外部人士无法分辨数据是否真实。而随着区块链技术的问世,以及计算机通信、加密等技术的不断进步,分布式数据库将得到广泛的应用。网络中的每一位用户都可以作为链上的一个节点,由各节点共同参与记录和验证数据。无论是平台还是用户都不可能单方面改变链上的数据,有效维护了数据的完整性,防止了任何形式的数据操纵和欺诈。另外,基于区块链可追溯的特性,数据从采集、交易、流

---

① 新华网:《国务院印发〈促进大数据发展行动纲要〉》,2015 年 9 月 25 日,http://www.xin-huanet.com//politics/2015-09/05/c_1116464516.html。

通,到计算分析的全过程得以完整存储在链上,不但可以规范数据使用、提高数据质量、获得强信任背书,还保证了数据挖掘效果及分析结果的正确性。脱敏后的数据交易流通,则有利于突破"信息孤岛",建立数据横向流通机制,并依托于区块链的价值转移网络,逐步推动形成依托于全球化的数据交易场景。

第三节　网络内容服务合规性:内容算法治理难题与现实解决

随着大数据和人工智能技术的发展,算法技术(Algorithm)相辅相成地被应用在网络空间的方方面面。大数据技术所抓取、收集、存储的数据本身不具有任何意义和价值,只有通过算法技术对数据进行提出、处理、加工和分析才得以让浩如烟海的数据为 AI 所用。而对于网络内容而言,算法技术所带来的最大影响莫过于算法推荐技术(Recommendation Algorithm)对内容分发与推送的改变,智能化的内容分发模式以用户需求为"导向",基于用户的使用习惯和偏好运用"智能算法"技术实现从"千篇一律"的粗放式传播到"私人订制"式的精细化传播的转变,满足了用户需求。

一、内容算法的治理难题:算法决定内容生态

内容算法推荐技术几乎渗透至网络内容生态的方方面面,短视频、社交媒体、网络新闻、网络音乐等平台均是依托内容智能算法为用户提供精准化、个性化的网络内容服务。然而,内容算法技术也因其自身在技术上的不成熟和算法设计使用者出于商业目的等种种原因,造成了算法黑箱、信息茧房、算法偏见等问题,为网络内容治理带来难题。

算法黑箱问题。算法黑箱(Algorithm Black-Box)指由于技术本身的复杂性以及网络内容平台、技术平台出于商业方面的需求使算法犹如一个未知的"黑箱"一般不对外公开其算法设计逻辑和运行流程,使除算法所有者、设计者、应用者以外的人无法了解算法的目标和意图,也无从获悉算法设计者、所

有者以及机器生成内容的责任归属等信息,难以对其进行监管和治理。可以说,算法黑箱问题也是使"信息茧房"和算法偏见问题难以治理的主要缘由之一。

"信息茧房"问题。"信息茧房"(Information Cocoons)通常指人们在信息领域会习惯性地被自己的兴趣所引导,从而将自己的生活桎梏于像蚕茧一般的"茧房"之中的现象,"我们(用户)只听我们选择的东西和愉悦我们的东西的通讯领域"。推荐算法的出现是为了解决信息过载,技术本身就带有信息过滤的意味。计算机界的学者在 21 世纪初就意识到算法可能会让用户得到信息量为零的推荐,从而导致用户视野窄化的问题。

算法偏见问题。算法偏见(Algorithm of Prejudice)是指因为训练数据不完全、算法本身设计不健全、技术开发或是与人类交互过程中存在偏见等问题,误导或投射到算法输出结果中,使之带有歧视性,算法推荐的歧视结果导致用户接收不公正、片面加强或偏差的信息。一方面,算法偏见由技术本身的缺陷所导致,例如 2015 年美国谷歌旗下的 Photos 平台因其算法的图像识别能力和人像标注能力存在一定缺陷而造成误把两名黑人标注为"大猩猩"的"乌龙";另一方面,算法由人制定,而算法设计者和应用者的价值观会引起算法偏见。更为严重的是,平台的立场和偏向也可以通过算法推送给用户从而影响用户态度,形成操纵效应。

二、内容算法难题的现实解决:健全法制、规范平台、提升用户素养

面对上述内容算法的治理难题,既需要从国家层面加强对规范网络算法的立法工作,也需要网络平台加强企业自律与社会责任主动将算法机制透明化,还需要网络用户提高自身的网络素养加强对算法中不良内容的监督举报意识。本节将从国家立法、平台自律和提升用户网络素养三个层面介绍我国网络内容治理对内容算法难题的现实解决。

第一,在国家立法层面。目前,我国已出台多部涉及算法技术的相关法律法规,如《民法》《刑法》《网络安全法》《电子商务法》等法律以及《网络信息内

容生态治理规定》《数据安全管理办法》《网络短视频平台管理规范》《信息安全技术个人信息安全规范》等行政法规和部门规章。其中,有多部法律法规专门设定了专属条款对算法技术和网络内容推荐机制进行规范,例如《网络信息内容生态治理规定》第十二条规定网络信息内容服务平台采用个性化算法推荐技术推送信息的,应当设置符合本规定第十条、第十一条规定要求的推荐模型,建立健全人工干预和用户自主选择机制;《数据安全管理办法》第二十三条网络运营者利用用户数据和算法推送新闻信息、商业广告等(以下简称"定向推送"),应当以明显方式标明,为用户提供停止接收定向推送信息的功能;用户选择停止接收定向推送信息时,应当停止推送,并删除已经收集的设备识别码等用户数据和个人信息。值得注意的是,于 2020 年 11 由国家市场监管总局发布的《关于平台经济领域的反垄断指南(征求意见稿)》(以下简称《指南》)特别关注平台算法问题,"算法"一词在《指南》中出现共 10 次。并且,《指南》首次对平台基于算法的"大数据杀熟"行为进行规定,将"大数据杀熟"定义为基于大数据和算法,根据交易相对人的支付能力、消费偏好、使用习惯等,实行差异性交易价格或者其他交易条件;对新老交易相对人实行差异性交易价格或者其他交易条件;实行差异性标准、规则、算法;实行差异性付款条件和交易方式等。

第二,网络内容平台加强企业自律与社会责任意识。网络内容平台是算法技术的主要设计者和应用者,也是导致算法黑箱、"信息茧房"和算法偏见问题的根源所在。在此之下,我国网络内容平台的自律意识和企业社会责任感得到加强,主动为内容算法治理问题提供解决方案。以字节跳动旗下的今日头条网络内容平台为例,2018 年 1 月,今日头条首次对外分享了今日头条推荐算法的基本原理、算法模型设计与算法策略,并对外介绍了今日头条算法所依靠的三个维度变量:一是内容特征,图文、视频、UGC 小视频、问答、微头条等,每种内容有很多自己的特征,需要分别提取;二是用户特征,包括兴趣标签、职业、年龄、性别、机型等,以及很多模型刻画出的用户隐藏兴趣;三是环境特征,不同的时间、不同的地点、不同的场景(工作/通勤/旅游等),用户对信息的偏好有所不同。与此同时,今日头条也为"信息茧房"问题提供其平台的解决方案。一方面是推荐策略上,在今日头条的推荐系统设计中会采用一些策略帮助系统避免内容窄化,包括消重策略、打散策略;另一方面,今日头条的推荐模型本身会针对性地做一些探索拓展用户兴趣、提升内容多样性的设计。今日头条的内容分发已不完全依赖算法推荐,而是一个综合"算法+热点+搜索+关注"的通用信息平台,以帮助用户拓展兴趣。用户还可以选择关闭"个性化推荐"按钮或"永久清除历史行为",自主选择获取信息的方式。

第三,网民用户应提高自身网络"算法"素养,加强其网络信息搜寻、获取和批判思考的能力。网民对于网络各大算法推荐的内容,不能一概全信、全盘接收,而是要先建立起对信息的基本批判和筛选能力,对一些明显的谣言信息、有害信息、低质量信息能进行批判思考,主动排除信息对自身的不良影响。其次,网民用户还可以有意识主动去接触权威媒体内容,尽可能对权威媒体、自媒体等不同类型平台发布的信息内容都有接触,主动搜索高质量信息,提高自己的信息获取能力,从而获得不同观点和看法,主动打破算法推送带来的"信息茧房"困境。再次,用户获得信息不能仅从单一平台获取,要有意识积极地从不同平台、不同渠道去获取信息,避免单一平台的价值取向对自身的影响。最后,用户在突破内容算法难题的时候,要想真正实现媒介素养的培养,还需要帮助增强对算法风险的知觉意识、提高防范能力①,只有当用户真正意识到算法推送会导致信息茧房或回音壁的诞生并让自己身处"信息陷阱"之中,才能让用户树立防范意识,打破算法壁垒,获得更为多元、多样的信息内容。

第四节　网络内容归属争议:数字版权治理难题与现实解决

网络版权保护是维护网络内容生产者合法权益和激发其创作积极性的保

---

① 彭兰:《导致信息茧房的多重因素及"破茧"路径》,《新闻界》2020 年第 1 期。

障,在促进网络内容产业有序发展维护各方权益中起着重要作用,推动着网络内容生态的创新和发展。

一、数字版权的治理难题:权利保障之难

新媒体颠覆了传统内容的生产与传播模式,同时也产生了全新的网络文化,为数字版权治理带来了如下难题:

互联网"参与式文化"下数字版权的侵权边界更为复杂。在 Web 2.0"人人都握有麦克风"的时代下,UGC 成为了网络内容生产的主要模式,催生出了许多具有鲜明"参与式文化"特征的网络内容形态,如影音杂糅(mash-up,remix,fanvid)、游戏引擎电影(mashinima)、粉丝文学创作(fan fiction)等,这些多为在原作品上二次创作的网络内容使数字版权的侵权边界更为复杂。以近年来在网络视频平台上火爆的电影解说类视频内容为例,版权保护中"合理使用"主要有四个要素,即使用作品的目的和性质是否具有营利性、使用的作品性质是否合理、使用作品的数量和程度、被使用作品的市场影响四个维度。首先,电影解说类内容是否具有营利性质难以确定。在"流量为王"的时代下,通过电影剪辑类内容获取大量粉丝关注、转发和评论而得流量在某种意义上就是为获取经济利益提供可能。然而,网络内容创作者的变现手段十分多元且隐蔽,通常并不以植入广告等方式出现在某个电影解说的内容之中,难以判断其使用作品的目的和性质是否具有营利性。其次,在使用作品的数量和程度上,电影解说类内容往往将一部电影解构成数个碎片而将其整合成 5 至20 分钟左右的视频并进行解说,然而其所截取的电影片段基本都是来自影视作品中为最核心的部分,是否构成著作权法中的"适当引用"难以确定。再次,从电影解说内容是否对被使用作品造成市场影响上来看,一方面电影解说内容对被解说的视频而言存在是否的替代性,用户是否在观看电影解说内容后不去观看电影原片难以确定;另一方面,电影解说类内容是否对电影原片的观众口碑和评价造成影响也难以被证实。

新兴技术加大的数字版权治理难度。随着人工智能技术的发展,网络内

容的智能化趋势越发明显,新兴技术在使网络内容生产传播更为高效、内容形态更为多元的同时也为数字版权治理带来难题。第一,人工智能技术使盗版内容更加"高产"。如本书在之前章节中所述,在人工智能的加持下一篇新闻内容的生产时间以秒计数,这是传统内容生产所不可企及的速度,若将之用于盗版网络内容的生产和传播之中,当下的数字版权保护机制很难奏效。第二,新技术使盗版内容更为隐蔽。一方面,人工智能技术将原有作品的内容进行篡改、重构或替换,但内容核心上与原作品并无区别,实质上构成了剽窃和抄袭,但版权治理主体难以发现。比如对原视频进行分割而得到的"切片视频"就可能构成侵权,但责任人很难确定。另一方面,即便版权治理部门发现了人工智能的侵权行为,而因其技术的隐蔽性和使用的后台性无法找到实施侵权行为的责任主体,无法对其进行追责。

版权垄断和"版权蟑螂"问题。除上述互联网技术为网络版权保护所带来的挑战之外,数字版权治理还存在一定的"合法漏洞"阻碍网络内容的发展。一是版权垄断问题。随着网络内容产业的不断扩大其市场竞争也越发激烈,在一些领域中网络内容之争和流量之争逐渐变成了版权之争,谁拥有了网络内容的版权谁就拥有了市场竞争的壁垒。在此背景下,超级平台凭借其资本优势和技术优势对网络内容进行版权垄断,破坏了网络内容市场的良性竞争也给网络用户带来许多不便。以网络音乐市场为例,当下网络内容市场已形成"巨头林立""版权割据"的局面,QQ 音乐平台手中掌握了如周杰伦、BLACKPINK 等一线"顶流"艺人的独家版权,网易云音乐平台持有许多原创优质音乐人的独家版权使得网络用户在使用的过程中往往为了收听不同的歌曲而不得不在多个网络音乐平台中反复切换。二是版权蟑螂问题。"版权蟑螂"(Copyright Troll)或称"版权流氓",是一种通俗意义上的贬称,它是特指那些专门通过向他人发起版权侵权诉讼或者以发起版权侵权诉讼相要挟,以获得利益的维权主体。"版权蟑螂"行为从法律角度来讲其行为本身并不违法,但会严重破坏网络内容生态的秩序与创新。一方面,"版权蟑螂"虽不违法但其并不能满足网络用户的内容需求,甚至如"碰瓷"行为类似会使网络用户在生产、传播网络内容时在心理上存在不必要的芥蒂,阻碍内容创新;另一方面,"版权蟑螂"会引发大量的滥诉行为,甚至会通过"维权"来进行自我营销,败坏网络内容风气。

二、数字版权治理难题的现实解决:版权保护的全面落实

当下,我国网络版权产业规模得到空前发展。2020年,中国网络版权产业市场规模首次突破一万亿元,达到11847.3亿元。中国网络版权产业盈利模式主要包括用户付费、版权运营和广告收入三类。其中,广告及其他收入达6079亿元,用户付费规模达5659.2亿元,版权运营收入规模达109.1亿元。[①]由此可见,我国数字版权治理的成效十分显著。本节将从国家、平台企业和技术三个方面介绍我国数字版权治理的相关举措。

首先,从国家层面来看,我国依法治理版权问题得到深入,相关立法工作得到加强,版权保护执法工作取得常态化进展。在立法工作方面,《著作权法》是规范版权行为和进行版权保护的主要规范和依据。随着互联网技术的发展与网络内容生态的复杂催生出了全新的网络内容形态与业态使网络版权的边界变得模糊,也使我国传统的版权保护相关法律难以规范。在此背景下,党的十三届全国人大常委会第二十三次会议表决通过关于修改《著作权法》的决定,并于2021年6月施行新《著作权法》。一方面,这次修改增加了惩罚性赔偿制度,并扩大了赔偿金额的"上限"和"下限"。新《著作权法》规定,"对故意侵犯著作权或者与著作权有关的权利,情节严重的,可以在按照上述方法确定数额的一倍以上五倍以下给予赔偿。"著作权法中增加惩罚性赔偿制度意味着,在知识产权领域惩罚性赔偿制度已经较为全面的建立。与此同时,新版《著作权法》将法定赔偿上限提高到500万并明确法定赔偿数额下限为500元,为著作权侵权案件适用酌定赔偿、法定赔偿提供了新动力。另一方面,新《著作权法》将网络版权治理对象的边界得到明确和扩展,例如此次修

---

① 国家版权局:《2020中国网络版权产业发展报告》,2021年6月17日,https://www.ncac.gov.cn/chinacopyright/upload/files/2021/6/9205f5df4b67ed4.pdf。

改将原先的"电影作品、电视剧作品及其他视听作品""电影和以类似摄制电影的方法创作的作品"统一改称为视听作品。又如,此次修法将原法中"时事新闻"不适用《著作权法》,改为"单纯事实消息"不适用,指向以"搬运新闻"的算法类网络新闻平台的版权问题。在执法方面,自 2005 年起,我国国家版权局联合网信办、工信部、公安部等部门连续开展打击网络侵权盗版的"剑网行动",取得显著成效,互联网版权环境得到明显改善,截至 2023 年该行动已持续开展 19 次。

其次,我国网络内容平台企业数字版权治理机制得到完善。网络内容平台是数字版权内容进行生产、存储、传播,甚至是变现的主要场所,对于数字版权的保护而言,网络内容平台担负着较高的使命。在此背景下,我国网络内容平台在盗版内容审核、激励和解决版权争端等方面逐步完善平台版权治理机制。在盗版内容审核方面,我国网络内容平台将来源分析和版权核查列入了网络内容审核机制之中,同时还有一些网络内容平台搭建了版权库、版权池,以通过版权库数据比对识别侵权内容。此外对于一些特定网络内容领域而言,网络内容平台还会要求所有内容明确其参考文献或引用来源,如百科类内容等。同时,网络内容平台中通常会出现抄袭、盗版、侵权等行为及其用户之间的纠纷和争议,为使上述问题得到处理和解决,平台基于尊重知识产权、鼓励优质内容创作以及维护良好平台内容生态方面的考量,主要采取协调仲裁或纳入第三方机构等处理方式。

最后,区块链技术为数字版权治理提供新路径。区块链的去中心化、可追溯、不可篡改和删节的技术特性为数字版权的保护和治理提供高效且可靠的技术方案。目前,我国已有多家法院、政府部门、网络平台等数字版权治理主体在区块链版权治理方面进行实践,成效显著。以腾讯旗下的"至信链"为例,"至信链"旨在打造版权全生命周期的保护方案,将内容生产平台与"至信链"对接,使内容创作者在内容平台创作完成时,发表即上链,固定权属信息。在具体实践中,网络内容平台可通过"至信链"提供的开发工具包(Software Development Kit,简称 SDK)对业务系统产生的电子数据/证据进行实时哈希运算,将得到的哈希值实时上链存证。版权作品上链后也可以由作者自行选择借助链上版权机构进行作品登记、作品认证等行为。当作品版权发生授权、转让、质押等权属变动时,相关信息均可以在"至信链"上留痕,便于后续的信息溯源。同时,作者还可以利用"至信链"所提供的版权监测服务,全网全品类全时段地对版权作品进行侵权监测,当发生侵权行为时,可以使用"至信链"所提供的版权取证能力固定侵权内容。后续当作者诉诸法律维权时,可以将已固定的权属信息及侵权内容作为证据腾讯主导建设的"移动微法院"平台等网上立案通道直接提交至法院,法院可通过"微法院"进行在线诉讼,相关证据可以在至信链提供的证据校验平台进行。

第五节　网络内容继承争议:数字遗产治理难题与现实解决

随着互联网与人类社会生活的全面嵌入,网络空间成为了与现实生活空间所并存、平行且交织的空间,人们对于财产的定义不再局限于"看得见摸得着"的实体物,存在于网络空间中的虚拟财产亦被纳入财产的范围之中。在此背景下,当网络用户去世之后,其曾在网络空间中拥有的虚拟财产转变为数字遗产。然而,网络空间也因与现实空间的不同之处为数字遗产的归属、继承、保护等带来诸多问题,受到社会各界的广泛关注。

一、数字遗产的治理难题:特殊内容的保护难题

财产种类的增加,必然促进有关它的所有权和继承权的某些规则的发展。而这些规则与当时的社会生产力发展水平、社会生产关系的状况有关。网络社会的崛起使传统意义上的"财产""遗产"的内涵得到延伸,虚拟财产、数字遗产等新种类的出现使原有的《继承法》等法律法规难以完全适用。本节将围绕数字遗产所产生的新变化和新特征探讨其在治理过程中所带来的难题。

第一,数字遗产的边界难以确定使传统《继承法》难以适用。互联网技术的

到来为人们提供了畅所欲言分享生活的空间,互联网产业的兴起也使 Q 币、游戏装备等虚拟财产成为客观普遍的存在,在此背景下,虚拟财产的边界得到广泛延伸。刘智慧认为,当下的虚拟财产可分为三类:一是如游戏装备、Q 币、QQ 秀及网店等本身能够反映出的数字财产;二是自然人在网络上形成的与知识产权相关的微博、照片、短视频、音频等数字资源作品;三是自然人在网络上所拥有的 QQ 邮箱、网络论坛等相关的账号信息等。对于数字遗产而言,我国现行的《继承法》第三条所规定的遗产范围难以适用于数字遗产产生的变化。① 一方面,数字遗产是基于互联网技术产生且存在于网络空间之中的虚拟财产,与传统意义上对财产的定义有所不同;另一方面,数字遗产除了如 Q 币、虚拟货币等财产之外还包括如用户创作的短视频等作品、用户分享的朋友圈信息内容以及用户个人信息等数据,这些信息和数据通常作为"无形资产"且存在一定的隐私保护争议,对于其是否可以作为真正意义上的遗产继承有待定论。

　　第二,数字遗产具有双重占有性。与传统意义上的遗产不同,数字遗产往往是用户生前通过互联网技术在网络平台中注册账号密码并登录后占有、使用、支配和处分形成的,某种意义上是网络平台和用户共同创造的,双方的权利义务通过网络平台事先拟定的服务协议予以调整和规范。数字遗产的双重占有性意味着网络用户对账号仅拥有使用权而账号的所有权在平台受众,同时数字遗产在进行继承或使用过程中既要遵照用户生前的意愿也要符合其与平台所签约的用户协议,例如网易邮箱与用户签订的《网易邮箱账号服务条款》中规定网易邮箱用户拥有网易邮箱服务的使用权,其账号的所有权归网易公司所有。在实践过程中,数字遗产的双重占有性也为其继承与使用带来障碍。一方面,数字遗产中有可能存在大量含有用户隐私信息,甚至含有其他用户的隐私信息,在继承过程中将违反平台与用户签署的包括个人信息保护协议在内的用户协议;另一方面,数字遗产会为网络平台增加运营成本。随

---

① 刘智慧:《论大数据时代背景下我国网络数字遗产的可继承性》,《江淮论坛》2014 年第6 期。

着互联网的不断发展和网络用户的不断增多,死亡用户和数字遗产的数量将超过实际使用的网络用户造成大量的数字冗余,为平台的发展与运营带来较大的成本。与此同时,网络平台在用户数字遗产的继承中还需抽调专门的数字遗产保护人员对遗产继承人身份进行审查并对数字遗产内容进行筛选,提高了平台的人力成本。

第三,数字遗产难以整合。数字遗产既具有网络内容的基本特征,也具有用户与平台双重占有性特点,这些特点为数字遗产的整合带来困境。一方面,数字遗产同互联网内容一样,其所涵盖的信息数据十分海量多元,碎片化地分布于多个网络平台之中,有些随着时间的流逝而被海量网络内容所淹没;另一方面,数字遗产所分布的不同平台均有其对数字遗产的继承和使用设有不同的标准且用户生前与这些平台签订的用户协议亦存在差异,这同时也为数字遗产的整合带来困境。

二、数字遗产治理难题的现实解决:前瞻立法,多方协调

数字遗产是伴随着互联网的发展而出现的产物,中国自1994年接入互联网以来,实际面临数字遗产难题的时间有限,我国有关数字遗产的保护、继承以及治理的相关机制尚未健全。尽管如此,随着数字经济的发展和数字遗产问题日益突出,我国立法机构、政府部门、网络平台企业等治理主体不断深入探索数字遗产的治理之道,从直接或从间接的角度为数字遗产治理提供现实解决路径和方案。

在立法层面,2020年5月十三届全国人大三次会议表决通过了《中华人民共和国民法典》(以下简称《民法典》)并于2021年1月1日起施行,《中华人民共和国继承法》(以下简称《继承法》)同时废止。《民法典》的第127条明确规定虚拟财产属于法律保护的范畴:"法律对数据、网络虚拟财产的保护有规定的,依照其规定。"与此同时,《民法典》继承编将《继承法》第三条所规定的遗产范围"公民的收入、房屋、林木、文物、著作权"等七大类一一列举的方式删除,概括性定义为"遗产是自然人死亡时遗留的个人合法财产",即只

要是自然人合法取得的财产,都属于可以被继承的遗产。可以说,《民法典》的颁布使数字遗产在立法层面得到认可和保护,网络用户的数字遗产只要符合《民法典》规定的数据、网络虚拟资产范畴之内,均可作为真正意义上的遗产进行继承。

在网络平台企业层面,网络平台企业既是用户协议的规则制定者,也是用户数字遗产的占有主体之一。随着数字遗产治理需求的日益扩大,我国一些互联网平台企业推出了相关政策与机制来解决数字遗产的继承与治理难题。例如,2020 年 9 月,微博管理员发布关于“保护逝者账号的公告”并指出,对于用户反馈的疑似逝者账号,微博将要求该反馈用户提供个人身份证明、与逝者之间关系证明、逝者死亡证明等证明材料,相关材料一经审核确认,站方将对该账号设置保护状态。对于确认为“逝者账号”的,将不可新发、删除内容,也将限制账号登录及状态更改。如有被盗,微博确认信息后可对账号内容保护并为其恢复还原个人信息,并设置保护状态。网络平台推出对逝者账号的保护举措,也意味着随着互联网的不断发展,对网络内容遗产继承问题将逐渐被各大平台重视并保护起来。

第十九章　中国网络内容治理的
对策与展望

　　通过对中国特色互联网内容治理体系的基本理论问题阐释、现实发展分析，研究进入总结与展望部分。通过梳理中国特色的互联网内容治理体系，可见我国政治、经济、文化、网络技术应用、互联网内容生产等发展状况，与西方国家有着很大的不同。在管理制度、法律规范、执法实践、治理理念的演变上，我国网络内容治理有着自身的独特性，也在各个发展阶段面临着新的难题。互联网内容治理事关网络综合治理体系的建设和互联网的长远发展，需要主动迎接挑战，在制度建设、主体合作、技术发展、内容举措、环境建设等方面积极探索网络内容治理的长远发展之道。

　　网络内容治理并非单一举措或阶段性任务，而是网络综合治理体系中的动态发展对象，而且也成为当前网络强国建设的重要内涵之一。2023 年 7 月，习近平总书记在对网络安全和信息化工作作出重要指示时指出，党的十八大以来，我国网络安全和信息化事业取得重大成就，党对网信工作的领导全面加强，网络空间主流思想舆论巩固壮大，网络综合治理体系基本建成，网络安全保障体系和能力持续提升，网信领域科技自立自强步伐加快，信息化驱动引领作用有效发挥，网络空间法治化程度不断提高，网络空间国际话语权和影响力明显增强，网络强国建设迈出新步伐①。

---

　　①　参见新华社：《习近平对网络安全和信息化工作作出重要指示强调：深入贯彻党中央关于网络强国的重要思想　大力推动网信事业高质量发展》，2023 年 7 月 15 日，https://www.gov.cn/yaowen/liebiao/202307/content_6892161.html。

网络内容治理的对策建议,需要高度意识到网络强国建设的战略需要,结合中国特殊国情和网络内容发展状况不断调整,及时转变治理理念,全面推进网络内容治理工作。

第一节　重视网络内容治理,在国家治理体系框架下展开治理

十八大以来,党中央提出一系列网络空间治理的新理念、新思想、新战略。党的十八届三中全会上,首次提出"推进国家治理体系和治理能力现代化"重大命题,并把"完善和发展中国特色社会主义制度、推进国家治理体系和治理能力现代化"确定为全面深化改革的总目标。党的十九届四中全会正式发布《中共中央关于坚持和完善中国特色社会主义制度、推进国家治理体系和治理能力现代化若干重大问题的决定》,"治理体系和治理能力现代化"的战略高度进一步提升。党和政府高度重视治理体系的建设和现代化治理能力的提升,这也为网络内容治理释放出了重要信号。从相关文件和《网络信息内容生态治理规定》的出台可以看出,网络内容这一事关人民利益、舆论引导、产业经济、网络生态等诸多方面的复杂场域,越来越受到党和国家的重视。党和政府应进一步重视网络内容治理的地位,明确网络内容治理是网络综合治理体系的关键所在、国家治理体系的组成部分。

目前,建立中国网络内容治理体系、健全网络内容治理制度的工作迫在眉睫。中国网络内容治理体系的建立建设,首先需要继续构建由党组织领导、政府管理为核心的治理体系,构建起网络内容领域科学化、高权威、标准化、实操性强的法律体系,这也是"网络管控向网络法理法制转型跨越"的重要举措;其次,要继续发挥网信办"中央—地方—基层"治理系统的作用,保障网络内容治理在各级政府中的有效落地;再次,加强"属地管理"和"中央调控"的合作配合,通过各地区网络内容治理工作的有效开展,铺开建成网络内容治理体系的全覆盖网络;最后,围绕我国现阶段舆论宣传主线,以各级政府舆论宣传

与管理部门为核心,由主流媒体和具有较强社会责任的网络内容平台为支持,形成网络内容建设体系,以内容的建设发展促进治理效果的提升。

中国特色互联网内容治理体系的建立,既是网络治理体系的关键,也是国家治理体系构建形成的重要组成部分。发展网络内容治理,需要明确互联网内容对于国家社会安全和稳定的重要意义,将其纳入国家治理体系和治理能力现代化的范畴之中。

第二节　强调技术安全发展并重,提高技术治理的效率与智能化水平

网络内容发展动力来自技术革新,网络内容治理不能逃避技术本身,需要在"以技术应对技术、以技术治理内容"的思路下开展工作。

在技术治理的类别上,目前技术治理多为事后处理技术,但结合前文分析,可以看出事前预警技术和事中产审发技术的重要性其实对建设较好的互联网内容环境有着基础性的技术决定作用,更为强调技术对于内容发展的影响。未来需要进一步重视互联网内容预警技术,以及各个内容发布审核环境的算法推荐、技术分发等技术。

在技术治理的标准上,需要建立多维度标准,强调安全与发展并重。在技术的社会属性上,技术制度决定着技术的价值偏向。目前网络内容治理技术标准固化,以内容是否违法违规为标准,对网络内容"红线"关键词信息进行识别标记并处理,体现"安全"技术理念。未来网络治理技术需要建立"底线、红线、高压线"等不同标准,对不同类型网络内容进行技术处理,对优秀网络内容进行技术上的推送、分发支持,在"发展"价值偏向下增加正能量网络内容的传播。

在治理技术的应对速度上,提升网络内容治理发展技术,提高治理效率。治理技术的速度决定着网络内容的生态净化效率,一方面要提升内容处理速度,将目前以"天""小时"为单位的内容处理速度缩短为"分""秒";另一方面

要提高治理技术的更新换代速度,及时应对飞速发展的内容技术。

在治理技术的长远发展上,加强网络内容治理技术的智能化趋势。智能化网络综合治理体系的关键之一是技术所发挥的技术功效,目前网络内容治理的弱智能化阻碍了治理技术的广泛应用。网络治理技术应当积极运用人工智能、区块链等技术,将治理对象从文字、图片扩展为音频、短视频、长视频、游戏、交互内容等内容,提升治理技术应用的覆盖度及精准度和智能化水平。

第三节　促进主体合作,形成"政府、协会、企业、网民"互动协作机制

中国互联网内容治理目前虽初步形成了"政府主导的多元主体协同"治理模式,但目前来看,这一政府主导的多元主体协同治理模式于2021—2023年才逐渐形成,而且模式中仍然存在着传统管理思路中政府主导管理的思想,其他主体与政府主体的互动和交流并不突出,尤其缺少其他主体对政府主体的影响作用。

如何处理政府和其他治理主体间的关系是网络内容治理完善的关键。现代化治理体系的形成绝不是单个主体通过"管理""监管"的思路来展开工作,而是多治理主体在互动合作中实现治理目的。社会治理理论强调党和政府、企业、协会、网民等多个社会主体参与到具体治理领域中,形成有效的治理主体互动模式。网络内容作为涉及多方利益主体的复杂系统,在各个主体协同基础上需要进一步进行主体之间的合作和互动,从单向治理模式转变为"多方合作"模式,强调政府、企业、协会、网民四个核心主体之间的合作交流。

多方合作治理模式中,各主体以不同治理手段实现治理目的:首先,党和政府依旧承担网络内容治理主导者的角色,通过"看得见的手"进行立法规范、强制约谈、惩罚处理;也要通过"看不见的手"引导内容产业发展、推动监管技术革新等;其次,行业协会、企业联盟等社会组织通过行业自律守则和行业规范,实现对行业内部企业的软性治理,也可通过教育培训等方式促进正面

网络内容繁荣,并且积极参与到政府主体的内容治理意见吸纳等环节,亦可对政府部门的互联网内容生产提供来自协会各成员的力量支持;最后,企业、网民等主体积极加入治理体系,企业和网民都需要增强社会责任感和自律意识、发挥监督管理作用,最终走上"多元主体广泛参与的合作治理之路,推动协同治理",尤其要加强企业、网民等主体对政府内容生产的监督作用,以及对内容治理总体情况的意见反馈,形成上下联动的治理模式。

第四节　明确内容环节治理,针对"生产、审核、传播、评估"落实举措

"网络治理从网上信息管理向规范网络行为转变",这是顺应网络发展和治理完善的应时之举。不过,当前网络内容治理举措多以事后治理为主,缺少事前、事中的相应举措,尤其政府主体高度依赖的行动式治理、约谈手段等均为事后环节治理。网络内容治理需要针对内容的"生产—审核—传播—评估"各环节完善治理,尤其要将事后出现问题进行治理的思路改变为事前、事中、事后多环节治理。

首先,内容的生产和发布常常在关键时刻推动事件发展,引导舆论走向。政府需要在法律政策规定下严格禁止用户生产、制作发布含有黄色、暴力、低俗等违法有害信息。要通过激励计划、优秀创作者计划等鼓励用户生产优质内容,将内容生产环节作为支点,主动、积极地优化互联网内容生态。

其次,内容的审核环节是内容从生产到传播过程中的关键一环。这一环节的治理工作要通过技术管控和人工审核相结合的方式,对文本、图片、音频、视频等多类型信息中的低俗不良信息、谣言信息、违规违纪信息进行快速筛选、及时处理,提升内容审核效率。

再次,网络内容传播速度极快,容易造成低俗信息、谣言信息的传播,造成负面社会效果。针对网络传播环节的治理,不仅要以提高政府和平台对违法违规信息的快速应对机制,更要加强对网民群体的培训教育,提升网民的媒介

素养,对违法违规信息、谣言信息要有辨识力,减少内容的谣传、误传。

最后,网络内容治理需要加强内容的评估环节,以及对网络内容发展及治理水平的效果评价。内容评估环节不仅仅需要政府、平台进行整体性的监督测量,以评估结果的呈现来推动不同类型内容生产者提升内容生产能力,提高内容治理效果,也需要重视网民群体的反馈意见。网民用户在网络传播过程中,有权利决定自己接收什么样的信息以及对信息作出什么样的评价。要把用户的实际内容感受、对内容质量评价等纳入网络内容治理的效果评估中,重视用户对违规内容的监督举报作用。

第五节　加强治理环境建设,完善互联网内容治理法律体系

和互联网领域治理相关的研究一般在评价治理情况时,多关注治理主体、治理手段、治理技术等因素,较少关注到治理环境这一因素。互联网内容生态是一个整体性的生态系统,对网络内容的治理也要关注治理环境要素所发挥出的效果和影响。在治理环境要素中,法律环境、文化环境、经济环境等都是决定治理水平的关键,其中法律环境是重中之重。

治理环境作为影响治理主体和行为的外部因素,关键是要进行法制、科学、规范、有效率的环境建设。在治理环境中,目前来看最为关键的是要实现法律环境的建设,尤其是要形成依法治网的基础。互联网内容并非法外之地,只有出台有效的法律体系才能真正实现治理有的放矢。当前互联网法律政策出台方面有待完善,尤其缺乏网络内容治理领域的高位阶法律,法律规定中也常常缺乏明确的惩治规定。

法律治理环境的建设需要进一步完善法律法规体系,并且出台针对互联网内容治理的高位阶法律规定。目前,《网络信息内容生态治理规定》的出台已经是网络内容法律规定完善中的重要一步,后续法律体系的完善可在这一规定基础上进一步明确具体规定,提升内容治理法律位阶。

　　治理法律环境的完善也鼓励各地区部门规章的创新实践和积极探索。互联网内容治理问题很多时候是在地区先出现,整体性法律制度出台往往经历漫长的时期,出现问题的纠偏代价也较大。相比之下,部门规章尤其是地区性的制度建设有着创新性、应对性、纠偏代价小等独特优势,法律环境的建设需要继续发挥规章制度在法律体系的优势之处,面临具体问题时积极应对,出台具有针对性的规章制度。

　　另外,在互联网内容法律体系建设和完善的过程中,不仅要强调出现问题后依法治理、及时治理、规范处理,也要在整个社会环境中形成对网络内容法律的重视,以及各个主体形成内容的规范和规则意识。这种在意识、理念和行为层面对于内容治理法律体系的尊重,能够让各个主体在内容生产、发布、传播、审核各个环节自律自省、互相监督,形成内容生产的正向引导。互联网内容领域中法律意识和规则意识的形成,是完善整体治理环境建设的重要目标。

附录　世界主要国家网络内容治理模式总结

　　网络内容治理已经成为了一个全球普遍面临的问题,网络内容治理的举措和模式也代表着不同的解决互联网内容负面问题的价值理念。联合国全球治理委员会指出"治理是各种各样的个体、团体——公共的或个人的——处理其共同事物的总和"①。治理概念中涉及多个不同主体对治理对象事务的处理和相应手段、举措。

　　在治理主体方面,国内外研究都开始关注和强调多元主体的力量。"治理"的主体越来越多地指向政府以及市场、社会组织、民众等非政府的力量。在新媒体环境下,有学者认为应当将用户看作主动的公民社会(Civil Society)的行动者,让他们参与到媒体治理的过程中,将分散的、具有不同属性的用户纳入正式或者非正式组织中,这也是帮助他们在公共领域表达自己、参与政治过程、达致民主社会的途径②。一些国内研究也认为,面对新的社会情况,提高治理效率、推动治理现代化绝不是单个"主体"通过"管理""监管"的思路来展开工作,而是多个治理主体,比如政府、企业、行业组织、网民等参与到具体治理领域中来。③

---

　　①　[瑞典]英瓦尔·卡尔松:《天涯成比邻——全球治理委员会的报告》,中国对外翻译出版公司1995年版,第2页。

　　②　参见 Hasebrink U.Giving the audience a voice:The role of researchin making media regulation more responsive to the needs if the audience.*Journal of Information Policy*.2011(1):321-336。

　　③　参见谢新洲、朱垚颖:《网络内容治理发展态势与应对策略研究》,《新闻与写作》2020年第4期。

不同国家和地区在进行网络内容治理时，会有着不同的治理理念、治理实践和治理模式。B.盖伊·彼得斯（B.Guy Peters）在谈及"政府治理模式"时，对四类政府治理模式特征进行如下归纳。四种治理模式的区分核心是对政府在治理中角色和作用的不同定位以及政府与其他主体的合作模式。

附表 1　四个新治理模式的主要特征①

	市场式政府	参与式政府	弹性化政府	解制式政府
主要的诊断	垄断	层级节制	永久性	内部管制
结构	分权	扁平组织	虚拟组织	没有特别的建议
管理	按劳取酬；运用其他私人部门的管理技术	全面质量管理；团队	管理临时雇员	更多的管理自由
决策	内部市场；市场刺激	协商；谈判	实验	企业型政府
公共利益	低成本	参与；协商	低成本；协调	创造力；能动性

除了政府之外，网络内容治理模式中的主体还包括一些"国家之上"和"国家之下"的政治行为体。国家"之上"的行为体包括各种超国家组织和行为体，也包括各种跨国组织和国际非政府组织。国家"之下"的行为体则包括企业、工会、政党、专业团体、教会等②。不同的政治行为体在网络内容治理模式中发挥了何种作用、承担了何种角色和责任，这是区分各个国家与地区网络内容治理模式的核心所在。

第一节　政府主导型治理模式

政府主导型网络内容治理模式，顾名思义，政府主导网络内容的治理理念和方向目标，政府在治理权威上拥有不可替代、毋庸置疑的治理权威。目前较具代表性的国家包括新加坡、越南等权威型政府。

---

① 参见[美]B.盖伊·彼得斯：《政府未来的治理模式》，吴爱明、夏宏图译，中国人民大学出版社 2017 年版，第 21 页。
② 参见[英]赫德利·布尔：《无政府社会：世界政治秩序研究》，张小明译，世界知识出版社 2003 年版，第 224 页。

一、典型国家及其运作配套机制

新加坡是世界上率先公开推行网络监管制度的国家,也是政府主导型网络治理模式的代表国家。新加坡在 2003 年成立媒体发展管理局(Media Development Authority,简称 MDA),针对广播、电视、电影、出版物等进行监管,同时随着互联网技术的日益发展,也对网络内容进行治理和监管,对传统媒体和新媒体融合趋势进行统领治理。2016 年 9 月 30 日,新加坡成立资讯通信媒体发展局(Info-communications Media Development Authority,简称 IMDA)。资讯通信媒体发展局结合了新加坡原资讯通信发展管理局(IDA)与原媒体发展管理局(MDA)的部分职能,除了建立强劲的资讯通讯媒体业、协助企业利用科技改善营运程序之外,该管理局扮演着监管资讯通信媒体业的角色,除了修订电信法令和影片法令,该局已着手把多项相关条例和执照申请要求融为一体,加强管制工作①。

而在互联网内容安全领域,新加坡政府于 2015 年 4 月建立了网络安全局(Cyber Security Agencyof Singapore,简称 CSA),并公布了一项国家网络安全战略,转向加强新加坡的安全态势。2017 年 7 月 10 日,新加坡通信和信息部(Ministryof Communications and Information,简称 MCI)和新加坡网络安全局(Cyber Security Agencyof Singapore,简称 CSA)公布了新加坡《网络安全法案》征求意见稿,该法案主要包括四个方面内容:一是建立关键信息基础设施的监管框架;二是授权网络安全局(CSA)管理和应对网络安全威胁和事件;三是建立网络安全信息共享基本框架;四是对于网络安全服务提供者建立许可准入制度②。该法案在 2018 年 2 月 5 日被证实通过并执行,有效增加了 CSA 在网络安全治理、管理方面的权力,并对新加坡国内信息隐私保护在内的诸多网络

①　参见李蕙心:《资讯通信媒体发展局正式成立　开创科技改善民生为主要任务》,《联合早报》2016 年 9 月 30 日,https://www.zaobao.com/realtime/singapore/story20160930-672494。

②　Public Consultation Paper on the Draft Cybersecurity Bill.2017.07.10.https://www.morgan-lewis.com/pubs/2017/07/singapore-consultation-exercise-on-draft-cybersecurity-bill.

内容治理进行了严格规定。

二、政府主导型特点：政府主控主导，机制体制明确

包括网络内容治理在内的网络空间治理方面，新加坡较为重视政府的主导作用，和西方发达国家的去中心化相比，是具有代表性的权威政府型治理模式。政府主导型治理往往会有几个鲜明特点：

首先，政府机构设置上会突出专门治理网络内容的机构，并有效确保该机构在执法、监管、治理上的权力，在机构层面确立稳定有效的行政架构和管理部门。网络内容治理是一个较为新的治理领域，原有的针对传统内容治理的组织机构模式很难完全适应新的治理对象、任务和需求，因此需要政府有关部门进行组织部门的新设或者调整，使得有一个独立的机构能够强有力地负责起网络内容领域的治理工作，尤其是网络内容安全这一国家政府层面不容忽视的治理领域，从而从机构根本上确立网络内容治理的制度体系。

其次，政府主导型网络内容治理模式往往也和相关立法的出台、法律体系的完善息息相关。新加坡《网络安全法案》的出台和执行，在立法层面是针对网络内容治理的一项针对性、全面性法律法规。除此之外，新加坡国内也有《国内安全法》《广播法》《互联网操作规则》《网络行为法》《垃圾邮件控制法》《个人信息保护法》《电子交易法》和《滥用电脑和网络安全法令》等法律，共同构成网络内容治理法律体系，在法律法规上为网络内容治理明确了治理规则、治理标准、惩处举措等，使得内容治理执法可依、行之有据。

再次，政府主导型内容治理模式还需要政府发挥其在政策导向、行为规范上的约束力和引导力。例如新加坡政府为了突出对人才的重视，政府为数据信息保护专员制定职业发展轨道，打造网络空间治理"人才摇篮"，以此来提升新加坡作为可靠数据中心的地位；确定企业和个人在网络空间治理上的集体责任，确保他们与时俱进地了解网络空间防护措施等[①]。新加坡也会对相

---

① 参见汪炜：《论新加坡网络空间治理及对中国的启示》，《太平洋学报》2018 年第 2 期。

关主体的内容发布权力等进行规范,规定自 2013 年 6 月 1 日起,连续两个月内,平均每月有至少 5 万个不同的 IP 地址访问且平均每周报道一则有关新加坡新闻的网站,须向当局申请个别执照,并缴付 5 万新元的履约保证金。当管理局认为网站有内容违反相关规定,执照持有者须在接到通知 24 小时内予以删除①。这种对于其他主体网络内容治理的强制规定和严格规范,能够有效增强政府主体对于其他主体内容生产和处理的约束力。

最后,政府主导型内容治理模式并非指仅由政府进行治理,而是强调政府的主导作用,其他主体的参与和加入治理体系也往往是受到政府的鼓励、动员而进行加入。例如,新加坡政府的李显龙总理在 2003 年曾领导研究、创新与创业理事会(Research Innovation and Enterprise Council,简称 RIEC)落地执行"全国网络安全研发计划"(National Cybersecurity R&D Program),推动政府机构与学术界、研究所、私人企业之间的合作,保障互联网内容领域的安全研发及创新实践。此外,为推动互联网的健康发展和科学管理,确保网络监管政策、管制规则、治理程序的科学性、合理性,新加坡政府还专门成立了国家互联网顾问委员会。该委员会是专业咨询机构,由来自政府机构、互联网服务提供商与内容提供商、法律界、教育界和科学研究机构等各方代表组成。其职责是研究新形势下新媒体对政府治理及法律法规体系的挑战,向政府提出互联网发展战略规划。2007 年 4 月,新加坡专门成立了网络与媒体咨询委员会,为媒体发展局提供公众教育、媒体认识能力、负责任使用网络与媒体方面的咨询意见。多年来,顾问委员会、申诉委员会、业界和公众对政府的网络监管立法、政策制定提出了诸多建议,促使政府部门及时了解公众对网络社会思潮、恐怖、暴力等敏感内容监管的态度,定期总结相关反馈意见,不断审查、评估和修正相关政策和法律②。

---

① Info-communications Media Development Authority.Broadcasting(Class Licence)Notification. 2019.03.06. https://www.imda.gov.sg/-/media/imda/files/regulation-licensing-and-consultations/content-and-standards-classification/broadcast-class-licence-notification.pdf? la=en.

② 参见刘恩东:《新加坡网络监管与治理的组织机制》,《学习日报》2016 年 8 月 25 日,http://www.cac.gov.cn/2016-08/25/c_1119454443.html。

第二节　行业协会调节型治理模式

尽管治理举措的规范和任务的执行往往最终都要落脚到政府这一主体之上。但我们也可看到一些国家和地区也十分重视其他治理主体的角色和作用,行业协会调节型网络内容治理模式也是互联网内容治理中的常见模式,在不同历史时期呈现出不同的特征。

一、典型国家及其运作配套机制

欧洲许多国家就是较为典型的网络内容行业协会调节型治理模式。早期英国网络内容治理模式是极具代表性的行业协会调节型网络内容治理模式。英国政府并不直接从事网络内容的日常监管,而是将大量的日常管理工作交给具有半官方色彩的行业自律组织(如英国的互联网监视基金会 IWF),由它间接控制网络内容,政府自己则居于"把关人"的地位,提供立法和执法方面的补充、保障、支持和指导①。早期英国的行业协会调节型模式亦被很多国家借鉴。

但近年来,英国等国开始出台法律进行严格规范。2019 年 4 月 8 日,英国政府正式发布《网络有害内容白皮书》。该白皮书的出台,标志着英国网络有害内容治理进入立法阶段。白皮书中提到的建议、措施、主张等,经过立法程序,通过法律形式确定下来②。英国以严格立法和政府执法的方式对互联网上的非法信息和有害信息进行处罚和治理。

相比之下,一些欧洲国家仍然是行业协会调节型治理模式的代表,以法国为例,仍然是基于行业自律准则在对互联网内容进行监管和治理。法国的网络内容治理也经历了从政府调控时期到自主调控,再到共同调控的发展阶段。

---

① 参见全国人大常委会办公厅研究室:《国外网络信息立法情况综述》,2012 年 11 月 16日,http://www.npc.gov.cn/npc/c16115/201211/a4fa87828d0444d7904a3372b1ad800e.shtml。

② 参见周丽娜:《英国互联网内容治理新动向及国际趋势》,《新闻记者》2019 年第 11 期。

在政府调控时期,法国政府主要是针对互联网本身技术建设等进行规范。而自主调控阶段,法国政府开始强调行业自律和网民自律,互联网内容治理在法律的框架内、以主体自律为核心进行落地,但完全自律的模式并不完全有效。于是共同调控阶段开始出现,共同调控同样也以行业、平台、企业等自律为核心,但政府也参与到了自律规范当中来。

法国是在 1999 年初提出并开始执行"共同调控"互联网管理政策,并在这种思想指导下拟定了《信息社会法案》,法国的"共同调控"是建立在以政府、网络技术开发商、服务商和用户三方经常不断的协商对话基础上的。为了使"共同调控"真正发挥作用,目前法国成立了一个由个人和政府机构人员组成的常设机构即互联网国家顾问委员会①。当然,法国互联网国家顾问委员会中虽然有政府机构的身影,但总体来说基于个人参与以及协会本身定位属性,该协会作为一个和互联网内容治理有关的行业协会,更多是基于自律原则和适度犯规、软性规范等原则在对互联网内容展开治理。时至今日,法国仍然以协会模式在对互联网内容进行治理,强调互联网内容相关行业的自律、内部规范和有效监管。

行业协会调节型治理模式也会被运用于跨国的总体性互联网内容治理当中,其中欧盟内部相关协会或中心的成立,会针对相应的互联网内容进行管理、治理。2019 年,欧盟成立欧洲数字媒体监测中心,专门负责管理网络谣言。中心成立后,一方面资助事实核查平台对网络平台内容进行审核;另一方面组织培训,学习识别网络谣言的技巧,提高民众的媒体素养②。该中心的成立一方面是具有欧盟委员会官方支持的,但另一方面主要还是以调节、协调作为主要手段,推动企业和用户进行自律为主要举措。

---

① 参见李春华:《国外网络信息立法情况综述》,全国人大常委会办公厅研究室,2012 年 11 月 16 日,http://www.npc.gov.cn/npc/c16115/201211/a4fa87828d0444d7904a3372b1ad800e.shtml。

② 参见张朋辉:《欧盟加大打击网络谣言力度》,《人民日报》(环球版)2020 年 5 月 8 日,http://paper.cnii.com.cn/article/rmydb_15648_291955.html。

二、行业协会调解型特点：行业协会中介连接，跨国家合作较多

结合法国国内和欧盟内部的相关行业协会，可以看到互联网内容治理中以行业协会作为重要的调节中心和治理枢纽，一方面离不开该地区互联网内容发展的成熟，另外也需要在较为完善的规范体系下展开。而就这一模式本身中各个主体的合作和互动，可以发现以下特点：

第一，行业协会调节型治理模式往往强调政府、平台、企业、个体等通过某一协会参与到互联网内容的治理当中。该协会的成立需要某一主体来推动落实，通常来说，政府部分是较为重要的推动主体，这也会使得行业协会本身就带有半官方属性的色彩和属性，这使得行业协会具有某种程度上的强制力。但该强制力和政府监管和法律惩处相比，力量较弱，后续惩罚力度、执行举措等也相对不足，较难实现对互联网非法内容的强制治理。

第二，行业协会调节型治理模式并非是一蹴而就的，如法国互联网内容治理经历了政府调控时期、自主调控时期、共同调控时期。换言之，协会调节治理的基础需要是政府主体确定了大致的互联网内容立法框架下，有关主体被纳入治理体系当中后的下一阶段。而英国治理模式从行业协会调节治理转向政府立法角色上升，也可看出行业协会治理模式往往会根据实际的治理情况和每个国家治理主体的变化而进行调整、转变。

第三，行业协会调节型治理模式既可以在一个国家内部进行有效落地，也可以实现"国家之上"的行业协会治理模式。当网络内容尤其网络空间安全逐渐成为跨国家事务，对网络空间和现实空间的影响力越来越大的时候，国家间针对互联网内容治理实现政策间的协调和合作就可能会和政府主导治理模式并重，成为未来跨国家间的互联网内容治理的重要模式。在跨国家间进行政策协调和平台治理调节中，行业协会能够更好地实现主权国家和政府之间的合作以及政策的通用，其优势也会逐渐凸显。

总体来看，行业协会调节型治理模式既是一个国家内部治理模式的发展

阶段之一,也是跨政府、跨国家、跨地区间互联网内容治理进行协调合作的重要模式基础。

第三节　参与者自律型治理模式

参与者自律模式较少被单独运用于某个国家的治理当中,但也可看出英国等国家或地区对参与者自律模式的运用较多。

一、典型国家及其运作配套机制

参与者自律型既包括用户这一参与者,如 2000 年英国政府在发布的《通信白皮书》中写道:"通过向网络用户提供过滤和分级软件工具,由用户自己控制他们及其子女在网上浏览的内容,这种处理用户和网络之间关系的方式,胜于任何第三方的管辖。"[①]美国计算机伦理协会制定的"摩西十诫"以及网络伦理八项要求,对普通用户参与互联网内容有关的行为进行了道德层面的规范,网络伦理八项要求中提到希望其成员支持一般的伦理道德和职业行为规范包括避免伤害他人、要公正并且不采取歧视性行为、尊重知识产权等内容。纽约的媒体道德联盟主张建立网上道德标准,在名为 www.moralityinmedia.org 的网站上提供了反色情邮件指南,建议网民如何应对,如何与 ISP 联系,判断对方是否触犯法律等方法[②]。

除了用户自律准则及伦理道德规范外,参与者自律型模式更多是指互联网企业、平台等实际营利机构或组织这类可以参与互联网内容商业行为、利用互联网内容进行盈利的主体。这类主体及其职责规范中,互联网服务提供商承接网络接入中转站、租用信道和电话线路等中介服务,对其通过自律进行监

---

① UK Government. Communication White Paper (2020). 2020. 11. 30. https://api. parliament. uk/historic-hansard/commons/2000/dec/12/communica-tions-white-paper.

② 参见中国日报网:《网络监管各国自有妙招》,2009 年 10 月 26 日,http://star.news.sohu. com/20091026/n267735208.shtml。

管能在源头上有效抑制不良信息的传播;内容提供商通过选择和编辑加工,在互联网上以网站的形式提供内容及信息,内容提供商的自律可以说是网站的自律,网站的社会责任意识强弱决定了它所提供信息的优劣①。

目前,通常认为美国互联网平台及企业较多在参与者自律型治理模式下展开对网络内容的治理,例如有学者认为美国强调给网络一个"宽松自由"的发展环境,强调行业自律,美国政府于 1997 年宣布对互联网采取"不干预政策",认为只有自由、不受干预和管制的环境才有利于互联网的发展②。美国在网络内容治理方面实行的是政府指导下的企业行业自律、多元共治模式。与长久以来的自由主义倾向相契合,美国在这方面也秉持着政府不直接干预,或者少干预的理念。美国政府虽然常常强调自身是主要寻求业界自律及通过技术手段对网络内容进行治理,但 21 世纪后美国政府的诸多法律出台,显示着美国的参与者自律主要是针对商业领域的互联网内容领域。在国家安全领域,美国在 2001 年通过了《爱国者法》,随后几年修订《联邦刑法》《刑事诉讼法》《1978 年外国情报法》《1934 年通信法》等,授权国家安全和司法部门对涉及化学武器或恐怖行为、计算机欺诈及滥用等行为进行电话、谈话和电子通信监听③,来实现美国政府对网络内容的强制监管。

2017 年 12 月,特朗普公布任内的首份《国家安全战略报告》,其中提出"信息治国战略"(information statecraft),认为媒体、互联网公司等私营部门应当承担责任,促进公民价值观的形成,抵御有害信息的传播。④ 这宣告网络自由不代表信息的无限制传播。2018 年 6 月,特朗普废止了 2010 年奥巴马时期通过的《开放互联网法令》(*Open Internet Order*),这也是"网络中立"原则的

---

① 参见金蕊:《中外互联网治理模式研究》,华东政法大学硕士学位论文,2016 年。
② 参见程昊琳:《我国互联网管理的现状及对策探讨——中外互联网管理模式比较及经验借鉴》,《视听》2018 年第 3 期。
③ 参见李春华:《国外网络信息立法情况综述》,全国人大常委会办公厅研究室,2012 年 11 月 16 日,http://www.npc.gov.cn/npc/c16115/201211/a4fa87828d0444d7904a3372b1ad800e.shtml。
④ US White House. National security strategy. 2021. 01. 15. https://trumpwhitehouse. archives. gov/wp-content/uploads/2017/12/NSS-Final-12-18-2017-0905.pdf.

法律基础。"网络中立"原则要求互联网中的信息应对一切内容、站点和平台保持中立,避免提供互联网接入服务的网络运营商在应用层和内容层施加影响,保护网民平等访问互联网、自由发表言论的权利。在奥巴马政府2015年通过的"网络中立化"提案中提出了三个"禁止":禁止封锁、屏蔽;禁止流量干预;禁止以付费名义给予某些网站优待。废止该法令则意味着运营商可以在利益的驱动和政府的监管下控制网络中不同信息的可见性和流动速度,变为一种变相审查。对"国家安全"的过分强调造成了滥用,安全部门可以"反恐""维护国家安全"为由不经法院同意监控互联网通信内容,任何侵犯个人权利的管控措施都可以贴上此类标签,甚至窃取他国情报、干预外国互联网运行、制造贸易壁垒等行为也可被纳入"防范威胁"的范围。这表明美国政府不断收紧对网络空间的控制,维护互联网领域的战略优势。

二、参与者自律型特点:强调市场调控,重视参与者自律

参与者自律模式往往非常重视用户和平台在网络内容生产、发布、传播、流转中的责任,重视个体自律和行业自律,还十分重视市场调控、内容产业调控的作用,往往会利用市场和资本这一"看不见的手"实现对网络内容的整体质量把控。例如美国会在市场多利益相关方的前提下,用市场的手实现对大互联网平台和企业的内容把控。例如,大型网络内容平台Facebook可采取系列措施对平台数据活动进行整改,比如,清查数据应用方式,对2014年平台数据政策变更之前获取用户数据的APP进行追溯调查,赋予用户更多的隐私控制权限等,这些手段会有效影响其股票市场,成为平台进行内容治理的重要动因。

此外,参与者自律型治理模式是较为容易随着治理对象和治理需求的转变而不断发展的,如美国互联网管理理念就经历了由依法自律向公权干预转变、管理力度由"软"约束向"硬"监管升级、管理内容由公民权利保护向国防与强化军事能力拓展、管理范围由本土行动向全球战略布局拓展、实现技术由被动监测向主动进攻和前瞻埋设转变;参与主体由官方主导向全民动员转变

的趋势①。政府主导的角色影响力也在逐渐扩大,尤其是当网络内容安全日益成为治理核心议题时,如何认清网络内容治理的强制性和自律性就成为这一模式讨论的关键话题。

第四节　多方协调型治理模式

多方协调型治理模式强调政府、行业协会、企业、网民等诸多参与主体的协同治理,较多以系统化的治理体系对网络内容空间的安全与发展进行维护。

一、典型国家及其运作配套机制

英国已经由行业协会调节型模式不断转变,尤其是 2019 年《网络有害内容白皮书》的发布,更是将政府主体在治理中的角色和作用扩大化,改变了传统行业协会主导的自律模式,重点关注了如何将违法和有害信息进行针对性的治理。英国在近几年逐渐从行业协会主导向多主体协作进行转变。

二、多方协调型特点:协同治理,强调合作

从英国和中国的治理模式案例可见,第一,多方协调型治理模式往往需要在之前的政府主导型、行业协会调节型或者自律型模式基础之上,进行一定历史阶段的演进和发展后,才能实现与到达的治理模式阶段。如英国是"行业协会—政府"主体中更偏重了政府的作用和角色,而中国则是更多偏重了除政府外的有关主体,使得各个主体在治理模式中形成了新的平衡及互动模式。换而言之,该模式极难一蹴而就,需要在不断模式演变、治理主体关系探索中,方可形成多方协调型治理模式。

第二,多方协调型治理模式强调各个主体之间的互动性,以实现有效的网络内容治理效果为最终的治理目标。多方协调的治理模式不仅重视政府和其

---

① 参见谢新洲:《美国互联网管理的新变化》,《新闻与写作》2013 年第 3 期。

他主体之间的单向关系,更为重要的是行业协会和用户、平台和用户、行业协会和企业等多个主体之间的互动模式,也会成为治理模式关注的重点。

第三,多方协调的根本仍然是法律体系的完善和立法规则的明确。无论哪国、哪个地区,网络内容治理领域中某一重要治理理念的调整往往都是伴随着一部重要法律的出台,对于英国来说是 2019 年 4 月 8 日《网络有害内容白皮书》的发布,而对于中国来说则是 2019 年 12 月 15 日发布的《网络信息内容生态治理规定》。白皮书和《网络信息内容生态治理规定》中都明确了不同主体需要在网络内容治理中承担的具体责任,如《网络信息内容生态治理规定》所称网络信息内容生态治理"是指政府、企业、社会、网民等主体,以培育和践行社会主义核心价值观为根本,以网络信息内容为主要治理对象,以建立健全网络综合治理体系、营造清朗的网络空间、建设良好的网络生态为目标,开展的弘扬正能量、处置违法和不良信息等相关活动"[1],这一规定中对政府、企业、社会、网民等主体均有涉及,虽然没有明确治理主体的职责,但已经通过法律法规将各个主体正式纳入模式之中。

第四,多方协调型治理模式关注新技术在网络内容中的具体运用,聚焦技术这一治理客体。当前,人工智能、区块链等新技术不断出现和发展。为规范人工智能技术在信息内容传播中的不良影响,英国政府于 2018 年年底设立了数据伦理与创新中心(CDEI),该中心 2019 年的工作重点是完成在线消息定位审核、偏见审查、机会和风险预测等,并负责对算法决策引发的社会偏见开展研究[2]。

在总结了政府主导型治理模式、行业协会型治理模式、参与者自律型治理模式以及多方协调型治理模式的一些特点和差异后,可以发现多方协调型治理模式往往是前三种模式发展了一定历史时期后的模式创新,也一定程度上吸纳了不同模式之间的优势。

---

[1] 国家互联网信息办公室令:《网络信息内容生态治理规定》,2019 年 12 月 20 日,http://www.cac.gov.cn/2019-12/20/c_1578375159509309.html。

[2] 参见戴丽娜:《2019 年全球网络空间内容治理动向分析》,《信息安全与通信保密》2020 年第 1 期。

附表 2 四种网络内容治理模式的对比

	核心主体	其他参与主体的主要角色	特点	代表国家或地区
政府主导型治理模式	政府	企业和网民（被治理者）	1. 政府内部会有专门治理网络内容的机构 2. 和法律出台有关 3. 政府需发挥其在政策导向和行为规范上的约束力和引导力 4. 其他主体往往是受到政府的鼓励和动员而加入	新加坡、越南、韩国等
行业协会型治理模式	行业协会、政府协会等	政府（立法者）	1. 协会为治理主体 2. 政府、平台、企业、个体等通过协会进行治理 3. 可实现"国家之上"的行业协会治理模式	法国
参与者自律型治理模式	行业主体、网民主体等	政府（立法者）	1. 用户自律准则及伦理道德规范 2. 互联网企业和平台进行自律治理 3. 重视市场调控作用 4. 政府主导力在逐渐扩大	美国
多方协调型治理模式	政府、行业协会、企业平台、网民等	/	1. 高度强调各个主体之间的互动及合作 2. 根本仍是法律体系的完善和立法规则的明确 3. 往往和法律出台有关 4. 关注新技术在网络内容中的具体运用	中国、英国

当然，学者也需要关注到，随着治理问题成为全球议题时，各个治理模式之间也并非完全割裂的，两种"国家内"和"国家间"的治理路径选择也在被不断讨论。如罗兹（Rhodes）就以英国政府"多重政体制"核心政治特点和威斯敏斯特式政府作为分析对象后，指出"治理"的核心是要从"单一制政府向通过并且由网络来治理的转变"①，治理所探讨的仍然是一国政府内部的治理问题。

---

① R.A.W.Rhodes.Understanding Governance:Ten Years On.*Organization Studies*.2007,28(8): 1243-1264.

　　美国学者肯尼思·W.阿伯特(Kenneth W.Abbott)以国际主体的多元性作为标准,将治理看作是一些发展中国家无法进行国内监管后,才转而寻求的其他治理形式,并提出了两种治理模式:高于国家的治理模式("above"thestate)是指寻求国际监管辅助;低于国家的治理模式("below"the state)是指非政府组织和企业加入国家治理模式中来。① 从这一角度出发,具有批判意识的学者会警惕"治理"体系会成为某些国家干涉另外欠发达国家管理体制的"借口"。另外则会担忧在全球化背景下探讨"治理"模式可能会进入一种幻想状态——"一种适合所有政府的模式"②。

---

　　①　Abbott, Kenneth W.; Duncan, Snidal. The governance triangle: Regulatory standards institutions and the shadow of the state. The politics of global regulation. Princeton: Princeton University Press. 2009. 44.

　　②　M.S.Griden.J.W.Thomas.Public Choices and Policy Change: The Political Economy of Reform in Developing Countries. Johns Hopkins University. 1991.

参 考 文 献

一、中文图书

1.[美]克莱·舍基:《人人时代:无组织的组织力量》,胡泳等译,浙江人民出版社2015年版。

2.赵子忠:《内容产业论——数字新媒体的核心》,中国传媒大学出版社2005年版。

3.胡锦涛:《在人民日报社考察工作时的讲话》,人民出版社2008年版。

4.习近平:《论党的宣传思想工作》,中央文献出版社2020年版。

5.中共中央党史和文献研究院编:《习近平关于网络强国论述摘编》,中央文献出版社2021年版。

6.全球治理委员会:《我们的全球伙伴关系》,牛津大学出版社1995年版。

7.[英]史蒂芬·P.奥斯:《新公共治理? 公共治理理论和实践方面的新观点》,科学出版社2017年版。

8.马骏、殷泰、李海英、朱阁:《中国的互联网治理》,中国发展出版社2011年版。

9.[美]凯斯·R.桑斯坦:《网络共和国——网络社会中的民主问题》,上海出版集团2003年版。

10.习近平:《习近平谈治国理政(第2卷)》,外文出版社2017年版。

11.[美]尼尔·波兹曼:《娱乐至死》,章艳译,中信出版社2015年版。

12.[加]麦克卢汉:《理解媒介:论人的延伸》,何道宽译,译林出版社2019年版。

13.杨东:《链金有法:区块链商业实践与法律指南》,北京航空航天大学出版社2017年版。

14.闵大洪:《传播科技纵横》,警官教育出版社1998年版。

15.闵大洪:《中国网络媒体 20 年:1994—2014》,电子工业出版社 2016 年版。

16.北京市互联网信息办公室编:《互联网信息安全与监管技术研究》,中国社会科学出版社 2014 年版。

17.袁方:《社会研究方法教程(重排本)》,北京大学出版社 2016 年版。

18.中共中央文献研究室:《习近平关于全面建成小康社会论述摘编》,中央文献出版社 2016 年版。

19.郭玉锦、王欢:《网络社会学》,中国人民大学出版社 2010 年版。

20.[美]诺内特、[美]塞尔兹尼克:《转变中的法律与社会》,季卫东、张志铭译,中国政法大学出版社 1994 年版。

21.钱俊生、余谋昌:《生态哲学》,中共中央党校出版社 2004 年版。

22.段永朝、姜奇平:《新物种起源——互联网的思想基石》,商务印书馆 2012 年版。

23.周滢:《内容平台:重构媒体运营的新力量》,中国传媒大学出版社 2012 年版。

24.俞可平:《治理与善治》,社会科学文献出版社 2000 年版。

25.[美]迈克尔·施密特:《网络行动国际法塔林手册 2.0 版》,黄志雄等译,社会科学文献出版社 2017 年版。

26.[瑞典]英瓦尔·卡尔松:《天涯成比邻——全球治理委员会的报告》,中国对外翻译出版公司 1995 年版。

27.[美]B·盖伊·彼得斯:《政府未来的治理模式》,吴爱明、夏宏图译,中国人民大学出版社 2017 年版。

28.[英]赫德利·布尔:《无政府社会:世界政治秩序研究》,张小明译,世界知识出版社 2003 年版。

二、中文期刊论文

29.周俊、毛湛文、任惟:《筑坝与通渠:中国互联网内容管理二十年(1994—2013)》,《新闻界》2014 年第 5 期。

30.唐绪军:《互联网内容建设的"四梁八柱"》,《新闻与写作》2018 年第 1 期。

31.王明明:《信息经济学的发展历程与研究成果》,《中国信息界》2011 年第 10 期。

32.熊澄宇:《整合传媒:新媒体进行时》,《国际新闻界》2006 年第 7 期。

33.喻国明、陈瑶、刘力铭、韩晓乔:《试论超越三种信息分发模式局限的行动图谱——游戏理论对于我们的启示》,《青年记者》2018 年第 9 期。

34.金兼斌、林成龙:《用户生成内容持续性产出的动力机制》,《出版发行研究》2017 年第 9 期。

35.钱毓蓓:《MCN 模式的本土化发展之路》,《新闻研究导刊》2018 年第 13 期。

36.黄平:《论 MCN 背景下传统媒体的融合之路》,《新闻研究导刊》2018 年第 14 期。

37.袁曦临:《超文本结构与超文本阅读》,《图书馆杂志》2015 年第 5 期。

38.袁诠:《超文本文学链接方式及其影响》,《文学教育(下)》2007 年第 5 期。

39.谢新洲、石林:《基于互联网技术的网络内容治理发展逻辑探究》,《北京大学学报(哲学社会科学版)》2020 年第 4 期。

40.谢新洲、宋琢:《平台化下网络舆论生态变化分析》,《新闻爱好者》2020 年第 5 期。

41.谢新洲:《网络舆情的形成、发展与预测研究》,《图书情报工作》2013 年第 15 期。

42.毛天婵、闻宇:《十年开放?十年筑墙?——平台治理视角下腾讯平台开放史研究(2010-2020)》,《新闻记者》2021 年第 6 期。

43.王世明:《技术·网络文化·文化变迁》,《情报杂志》2004 年第 4 期。

44.冯永泰:《网络文化释义》,《西华大学学报(哲学社会科学版)》2005 年第 2 期。

45.谢新洲、赵珞琳:《网络参与式文化研究进展综述》,《新闻与写作》2017 年第 5 期。

46.岳改玲:《小议新媒介时代的参与式文化研究》,《理论界》2013 年第 1 期。

47.李德刚、何玉:《新媒介素养:参与式文化背景下媒介素养教育的转向》,《中国广播电视学刊》2007 年第 12 期。

48.周荣庭、管华骥:《参与式文化:一种全新的媒介文化样式》,《新闻爱好者》2010 年第 12 期。

49.匡文波:《网络受众的定量研究》,《国际新闻界》2001 年第 6 期。

50.《全国科学技术名词审定委员会发布试用新词》,《科技术语研究》1999 年第 1 期。

51.何君臣:《对科技新词译名现状的思考》,《科技术语研究》1998 年第 1 期。

52.俞可平:《推进国家治理体系和治理能力现代化》,《前线》2014 年第 1 期。

53.何翔舟、金潇:《公共治理理论的发展及其中国定位》,《学术月刊》2014 年第

8 期。

54.谢新洲、李佳伦:《中国网络内容管理宏观政策与基本制度发展简史》,《信息资源管理学报》2019 年第 3 期。

55.李勇:《基于内容的智能网络多媒体信息过滤检索》,《情报理论与实践》2001年第 2 期。

56.彭昱忠、元昌安、王艳、覃晓:《基于内容理解的不良信息过滤技术研究》,《计算机应用研究》2009 年第 2 期。

57.杨君佐:《发达国家网络信息内容治理模式》,《法学家》2009 年第 4 期。

58.张晶莹:互联网上信息污染的治理,《佳木斯大学社会科学学报》2002 年第5 期。

59.钟瑛、张恒山:《论互联网的共同责任治理》,《华中科技大学学报(社会科学版)》2014 年第 6 期。

60.田丽:《互联网内容治理新趋势》,《新闻爱好者》2018 年第 7 期。

61.何明升:《互联网内容治理:基于负面清单的信息质量监管》,《新视野》2018 年第 4 期。

62.谢新洲、朱垚颖:《网络内容治理发展态势与应对策略研究》,《新闻与写作》2020 年第 4 期。

63.刘晗:《域名系统、网络主权与互联网治理历史反思及其当代启示》,《中外法学》2016 年第 2 期.

64.何明升:《网络内容治理的概念建构和形态细分》,《浙江社会科学》2020 年第9 期。

65.王建新:《综合治理:网络内容治理体系的现代化》,《电子政务》2021 年第 9 期。

66.周毅:《试论网络信息内容治理主体构成及其行动转型》,《电子政务》2020 年第 12 期。

67.谢新洲:《秩序与平衡:网络综合治理体系的制度逻辑研究》,《新闻与写作》2020 年第 3 期。

68.谢新洲、朱垚颖:《短视频火爆背后的问题分析》,《出版科学》2019 年第 1 期。

69.邵培仁:《论媒介生态的五大观念》,《新闻大学》2001 年第 4 期。

70.王四新:《互联网内容建设管理需协调的关系》,《青年记者》2018 年第 16 期。

71.冯哲:《互联网内容治理评价体系研究》,《信息通信技术与政策》2019 年第10 期。

72.应松年:《加快法治建设促进国家治理体系和治理能力现代化》,《中国法学》2014 年第 6 期。

73.胡鞍钢:《中国国家治理现代化的特征与方向》,《国家行政学院学报》2014 年第 3 期。

74.章国锋:《反思的现代化与风险社会——乌尔里希·贝克对西方现代化理论的研究》,《马克思主义与现实》2006 年第 1 期。

75.徐坤:《中国式现代化道路的科学内涵、基本特征与时代价》,《求索》2022 年第 1 期。

76.于维力、张瑞:《论新时代中国国家治理现代化的价值取向》,《学术交流》2018 年第 12 期。

77.习近平:《在庆祝中国共产党成立 100 周年大会上的讲话》,《求是》2021 年第 14 期。

78.朱垚颖、张博诚:《演进与调节:互联网内容治理中的政府主体研究》,《人民论坛·学术前沿》2021 年第 5 期。

79.蔡拓、曹亚斌:《新政治发展观与全球治理困境的超越》,《教学与研究》2012 年第 4 期。

80.谢新洲、宋琢:《构建网络内容治理主体协同机制的作用与优化路径》,《新闻与写作》2021 年第 1 期。

81.谢新洲、杜燕:《政治与经济:网络内容治理的价值矛盾》,《新闻与写作》2020 年第 9 期。

82.谢新洲、赵琳:《深刻理解网络群众路线的内涵》,《青年记者》2016 年第 16 期。

83.李佳伦:《属地管理:作为一种网络内容治理制度的逻辑》,《法律适用》2020 年第 21 期。

84.王虎华、张磊:《国家主权与互联网国际行为准则的制定》,《河北法学》2015 年第 12 期。

85.李佳伦,谢新洲:《互联网内容治理中的约谈制度评价》,《新闻爱好者》2020 年 12 月。

86.钞小静、廉园梅、罗鎏锴:《数字经济推动现代化产业体系建设的理论逻辑及实现路径》,《治理现代化研究》2022 年第 4 期。

87.余明桂、范蕊、钟慧洁:《中国产业政策与企业技术创新》,《中国工业经济》2016 年第 12 期。

88.庞金友:《当代欧美数字巨头权力崛起的逻辑与影响》,《人民论坛》2022 年第 15 期。

89.孙一得、刘义圣:《平台型企业垄断问题的内理分析与治理进路》,《经济问题》2023 年第 1 期。

90.黄德春、刘志彪:《环境规制与企业自主创新——基于波特假设的企业竞争优势构建》,《中国工业经济》2006 年第 3 期。

91.杨兴全、张可欣:《公平竞争审查制度能否促进企业创新?——基于规制行政垄断的视角》,《财经研究》2023 年第 1 期。

92.王宝珠、王朝科:《数据生产要素的政治经济学分析——兼论基于数据要素权利的共同富裕实现机制》,《南京大学学报(哲学·人文科学·社会科学)》2022 年第 5 期。

93.张枭:《互联网经济对反垄断法的挑战及制度重构——基于互联网平台垄断法经济学模型》,《浙江学刊》2021 年第 2 期。

94.董天策:《知情权与表达权对舆论监督的意义》,《西南民族大学学报(人文社科版)》2008 年第 8 期。

95.刘小年:《"孙志刚事件"背后的公共政策过程分析》,《理论探讨》2004 年第 3 期。

96.陈堂发:《网络舆论监督的困局:偏刑主义地方政策》,《当代传播》2011 年第 4 期。

97.张志安、曾励:《媒体融合再观察:媒体平台化和平台媒体化》,《新闻与写作》2018 年第 8 期。

98.于洋、马婷婷:《政企发包:双重约束下的互联网治理模式——基于互联网信息内容治理的研究》,《公共管理学报》2018 年第 3 期。

99.黄先蓉、程梦瑶:《我国网络内容政策法规的文本分析》,《图书情报工作》2019 年第 21 期。

100.罗豪才、宋功德:《认真对待软法——公域软法的一般理论及其中国实践》,《中国法学》2006 年第 2 期。

101.邢鸿飞、吉光:《行政约谈刍议》,《江海学刊》2014 年第 4 期。

102.杨志军:《运动式治理悖论:常态治理的非常规化——基于网络"扫黄打非"运动分析》,《公共行政评论》2015 年第 2 期。

103.魏小雨:《互联网平台信息管理主体责任的生态化治理模式》,《电子政务》

2021 年第 10 期。

104.陆世宏：《协同治理与和谐社会的构建》，《广西民族大学学报（哲学社会科学版）》2006 年第 6 期。

105.徐琳、袁光：《网络信息协同治理：内涵、特征及实践路径》，《当代经济管理》2022 年第 2 期。

106.罗楚湘：《网络空间的表达自由及其限制——兼论政府对互联网内容的管理》，《法学评论》2012 年第 4 期。

107.尹建国：《我国网络信息的政府治理机制研究》，《中国法学》2015 年第 1 期。

108.马忠、安着吉：《本土化视野下构建中国特色国家治理理论的深层思考》，《西安交通大学学报（社会科学版）》2020 年第 2 期。

109.翁士洪、周一帆：《多层次治理中的中国国家治理理论》，《甘肃行政学院学报》2017 年第 6 期。

110.陈荣昌：《网络信息内容治理法治化路径探析》，《云南行政学院学报》2020 年第 5 期。

111.陈荣昌：《互联网软法治理的生成逻辑、问题与路径》，《湖南行政学院学报》2020 年第 5 期。

112.陈道英：《我国互联网非法有害信息的法律治理体系及其完善》，《东南学术》2020 年第 1 期。

113.何波：《英国互联网内容监管研究及对我的启示》，《世界电信》2016 年第 4 期。

114.陈璐颖：《互联网内容治理中的平台责任研究》，《出版发行研究》2020 年第 6 期。

115.谢新洲、宋琢：《用户视角下的平台责任与政府控制——一个有调节的中介模型》，《新闻与写作》2021 年第 12 期。

116.姜明安：《软法的兴起与软法之治》，《中国法学》，2006 年第 2 期。

117.罗豪才、宋功德：《认真对待软法——公域软法的一般理论及其中国实践》，《中国法学》，2006 年第 2 期。

118.谢新洲、朱垚颖：《网络综合治理体系中的内容治理研究：地位、理念与趋势》，《新闻与写作》2021 年第 8 期。

119.张志安、吴涛：《国家治理视角下的互联网治理》，《新疆师范大学学报（哲学社会科学版）》2015 年第 5 期。

120.邓又溪、朱春阳:《县级融媒体中心参与基层社会治理的路径创新研究》,《新闻界》2022 年第 7 期。

121.薛澜、李宇环:《走向国家治理现代化的政府职能转变:系统思维与改革取向》,《政治学研究》2014 年第 5 期。

122.苏涛、彭兰:《热点与趋势:技术逻辑导向下的媒介生态变革——2019 年新媒体研究述评》,《国际新闻界》2020 年第 1 期。

123.匡文波:《5G:颠覆新闻内容生产形态的革命》,《新闻与写作》2019 年第 9 期。

124.赵睿、喻国明:《5G 大视频时代广电媒体未来发展的行动路线图》,《新闻界》2020 年第 1 期。

125.刘艳:《互动视频的传播效果研究——基于针对大学生的对比实验分析》,《新闻研究导刊》2020 年第 17 期。

126.喻国明:《5G 时代传媒发展的机遇和要义》,《新闻与写作》2019 年第 3 期。

127.匡文波、张一虹:《5G 时代传媒发展的机遇与挑战》,《网络传播》2019 年第 12 期。

128.常玲玲:《浅析 5G 给传媒业带来的机遇与挑战》,《新闻世界》2020 年第 1 期。

129.胡正荣:《技术、传播、价值:从 5G 等技术到来看社会重构与价值重塑》,《人民论坛》2019 年第 11 期。

130.方楠:《VR 视频"沉浸式传播"的视觉体验与文化隐喻》,《传媒》2016 年第 10 期。

131.刘德寰、王袁欣:《内部改革与跨界协作并重:5G 视域下 VR 出版媒体融合发展策略》,《编辑之友》2020 年第 12 期。

132.喻国明、王佳鑫、马子越:《5G 时代虚拟现实技术对传播与社会场景的全新构建——从场景效应、场景升维到场景的三维扩容》,《媒体融合新观察》2019 年第 5 期。

133.傅丕毅、陈毅华:《MGC 机器生产内容＋AI 人工智能的化学反应——"媒体大脑"在新闻智能生产领域的迭代探索》,《中国记者》2018 年第 7 期。

134.彭兰:《增强与克制:智媒时代的新生产力》,《湖南师范大学社会科学学报》2019 年第 4 期。

135.邓建国:《新闻＝真相? 区块链技术与新闻业的未来》,《新闻记者》2018 年第 5 期。

136.杨东:《后疫情时代数字经济理论和规制体系的重构——以竞争法为核心》,《人民论坛·学术前沿》2020 年第 17 期。

137.马特:《无隐私即无自由——现代情景下的个人隐私保护》,《法学杂志》2007年第5期。

138.王卫池、陈相雨:《虚拟空间的元宇宙转向:现实基础、演化逻辑与风险审视》,《传媒观察》2022年第7期。

139.王先明、谭杰:《当前区块链新闻发展面临的主要问题初探》,《新闻研究导刊》2020年第20期。

140.匡文波、杨梦圆、郭奕:《区块链技术如何为新闻业解困》,《新闻论坛》2020年第1期。

141.周汉华:《网络法治的强度、灰度与维度》,《法制与社会发展》2019年第6期。

142.邱泽奇:《技术化社会治理的异步困境》,《社会发展研究》2018年第4期。

143.谢新洲、杜燕:《互联网管理要在创新前提下定规则——访中国互联网协会副理事长高新民》,《新闻与写作》2018年第5期。

144.曹健、孙存照、孙善清:《反黄斗士"博客中国"被黑调查》,《IT时代周刊》2003年7月20日。

145.乌家培:《中国式信息化道路探讨》,《科技进步与对策》1995年第5期。

146.王梦瑶、胡泳:《中国互联网治理的历史演变》,《现代传播(中国传媒大学学报)》2016年第4期。

147.方晓恬:《走向现代化:"信息"在中国新闻界的转型与传播学的兴起(1978—1992)》,《国际新闻界》2019年第7期。

148.方兴东:《超级网络平台:人类治理第一难题》,《汕头大学学报(人文社会科学版)》2017年第3期。

149.陆首群:《中国互联网口述历史互联网在中国迈出的第一步》,《汕头大学学报(人文社会科学版)》2016年第4期。

150.薛虹:《论电子商务第三方交易平台——权力、责任和问责三重奏》,《上海师范大学学报(哲学社会科学版)》2014年第5期。

151.林江:《网络监管与内容技术控制》,《中国出版》2002年第4期。

152.田丽、张华麟:《中美互联网产业比较》,《新闻与写作》2016年第7期。

153.支振锋:《构建网络空间命运共同体要反对网络霸权》,《求是》2016年9月13日。

154.万志前、陈晨:《深度合成技术应用的法律风险与协同规制》,《科技与法律(中英文)》2021年第5期。

155.张毅、赖小乔:《我国政策文本分析的核心议题与分析方法》,《科技智囊》2023年第4期。

156.范梓腾、谭海波:《地方政府大数据发展政策的文献量化研究——基于政策"目标-工具"匹配的视角》,《中国行政管理》2017年第12期。

157.刘红波、林彬:《中国人工智能发展的价值取向、议题建构与路径选择——基于政策文本的量化研究》,《电子政务》2018年第11期。

158.何明升、白淑英:《网络治理:政策工具与推进逻辑》,《兰州大学学报(社会科学版)》2015年第3期。

159.尚海涛:《"深度伪造"法律规制的新范式与新体系》,《河北法学》2023年第1期。

160.孙逸啸:《网络信息内容政府治理:转型轨迹、实践困境及优化路径》,《电子政务》2023年第6期。

161.黄伯平:《行政手段参与宏观调控:实质、特征与原因》,《中国行政管理》2011年第10期。

162.孙涛:《从传统社会管理到现代社会治理转型——中国社会治理体制变迁的历史进程及演进路线》,《中共青岛市委党校.青岛行政学院学报》2015年第3期。

163.王积业:《行政手段和经济手段的辩证统一》,《中州学刊》1983年第2期。

164.于光远:《关于社会主义经济的几个理论问题》,《经济研究》1980年第12期。

165.戴园晨:《宏观经济间接管理的几个问题》,《中国经济问题》1986年第2期。

166.陈善彬:《宏观经济调控中不存在一个独立的"经济手段"——兼谈"三手段论"之理论与逻辑缺陷》,《学习论坛》1996年第6期。

167.王满船:《公共政策手段的类型及其比较分析》,《国家行政学院学报》2004年第5期。

168.陈鹏:《中国社会治理40年:回顾与前瞻》,《北京师范大学学报(社会科学版)》2018年第6期。

169.张洪:《论环境管理的经济手段及其应用》,《思想战线》2002年第1期。

170.王世进、张津:《论矿山环境治理中的政府环境责任及其实现机制》,《江西社会科学》2012年第12期。

171.赵阳、李宏涛:《以经济手段促进生物多样性保护》,《生物多样性》2022年第11期。

172.张立、尤瑜:《中国环境经济政策的演进过程与治理逻辑》,《华东经济管理》

2019 年第 7 期。

173.毛晖、郑晓芳:《环境经济手段减排效应的区域差异——排污费、环境类税收与环保投资的比较研究》,《会计之友》2016 年第 11 期。

174.曲昭仲,毛禹忠:《异地补偿性开发是水污染治理的重要经济手段》,《生态经济》2009 年第 12 期。

175.叶敏:《中国互联网治理:目标、方式与特征》,《新视野》2011 年第 1 期。

176.沈满洪,何灵巧:《环境经济手段的比较分析》,《浙江学刊》2001 年第 6 期。

177.王满船:《公共政策手段的类型及其比较分析》,《国家行政学院学报》2004 年第 5 期。

178.熊光清,蔡正道:《中国国家治理体系和治理能力现代化的内涵及目的——从现代化进程角度的考察》,《学习与探索》2022 年第 8 期。

179.张琴、易剑东:《问题·镜鉴·转向:体育治理手段研究》,《上海体育学院学报》2019 年第 4 期。

180.王虎华、张磊:《国家主权与互联网国际行为准则的制定》,《河北法学》2015 年第 12 期。

181.王锡锌:《网络交易监管的管辖权配置研究》,《东方法学》2018 年第 1 期。

182.崔明健:《网络侵权案件的侵权行为地管辖依据评析》,《河北法学》2010 年第 12 期。

183.陈大鹏:《移动互联背景下跨境网络诈骗法律制度研究》,《江西警察学院学报》2016 年第 3 期。

184.张华:《网络内容治理行政处罚实践难题及其制度破解》,《理论月刊》2022 年第 9 期。

185.唐延杰:《基于“网络直播元年”的批判性思考》,《青年记者》2017 年第 14 期。

186.陈凤娇、杨雪、马捷:《政务网络平台信息生态化程度测度、缺陷分析与优化》,《图书情报工作》2014 年第 15 期。

187.王晰巍、杨梦晴、邢云菲:《移动终端门户网站生态性评价指标构建及实证研究——基于信息生态视角的分析》,《情报理论与实践》2015 年第 6 期。

188.马捷、魏傲希、王艳东:《网络信息生态系统生态化程度测度模型研究》,《图书情报工作》2014 年第 15 期。

189.张海涛、张连峰、孙学帅、张丽、许孝君:《商务网站信息生态系统经营效益评价》,《图书情报工作》2012 年第 16 期。

190.娄策群、周承聪:《信息生态链:概念、本质和类型》,《图书情报工作》2007年第9期。

191.冷晓彦、马捷:《网络信息生态环境评价与优化研究》,《情报理论与实践》2011年第5期。

192.马捷、韩朝、侯昊辰:《社会公共服务网络信息环境生态化程度测度初探》,《情报科学》2013年第2期。

193.朱垚颖、谢新洲、张静怡:《安全与发展:网络内容审核标准体系的价值取向》,《新闻爱好者》2022年第11期。

194.周建青、张世政:《信息供需视域下网络空间内容风险及其治理》,《福建师范大学学报(哲学社会科学版)》2023年第3期。

195.张虹:《论平台内容的社会经济属性及逻辑机制》,《全球传媒学刊》2021年第4期。

196.史波:《网络舆情群体极化的动力机制与调控策略研究》,《情报杂志》2010年第7期。

197.马英娟:《监管的语义辨析》,《法学杂志》2005年第5期。

198.任昌辉、巢乃鹏、李永刚等:《中国网络内容监管与治理研究:图景与展望》,《中国网络传播研究》2017年第2期。

199.方兴东:《中国互联网治理模式的演进与创新——兼论"九龙治水"模式作为互联网治理制度的重要意义》,《人民论坛·学术前沿》2016年第6期。

200.王融:《中国互联网监管的历史发展、特征和重点趋势》,《信息安全与通信保密》2017年第1期。

201.王鸥:《重复建设的严峻现实与历史分析——以中国通信业为例》,《中国社会科学院研究生院学报》2011年第6期。

202.李杰伟、吴思栩:《互联网、人口规模与中国经济增长:来自城市的视角》,《当代财经》2020年第1期。

203.彭兰:《WEB2.0在中国的发展及其社会意义》,《国际新闻界》2007年第10期。

204.马费成、李小宇:《中国互联网内容监管主体结构与演化研究》,《情报学报》2014年第5期。

205.周汉华:《习近平互联网法治思想研究》,《中国法学》2017年第3期。

206.奚国华:《加强基础网络行业管理营造绿色文明网络环境》,《信息网络安全》

2010 年第 2 期。

207.孙尚鸿:《中国涉外网络侵权管辖权研究》,《法律科学》(西北政法大学学报)2015 年第 2 期。

208.唐仁志:《首席合规官更须合规》,《企业管理》2022 年第 11 期。

209.易南冰:《数据管理成为档案服务新领域》,《中国档案》2016 年第 8 期。

210.杨立新:《网络交易法律关系构造》,《中国社会科学》2016 年第 2 期。

211.刘德良:《网络实名制的利与弊》,《人民论坛》2016 年第 4 期。

212.胡平平:《试论网络实名制与网络政治参与的发展》,《牡丹江大学学报》2016 年第 3 期。

213.冯志峰:《中国运动式治理的定义及其特征》,《中共银川市委党校学报》2007 年第 2 期。

214.谢新洲、胡宏超:《社交媒体用户谣言修正行为及其影响路径研究——基于 S-O-R 模式与理性行为理论的拓展模型》,《新闻与写作》2022 年第 4 期。

215.谢新洲、石林:《国家治理现代化:互联网平台驱动下的新样态与关键问题》,《新闻与写作》2021 年第 4 期。

216.高庆昆、朱垚颖、宋琢:《网络内容治理中的行业协会:中介地位与协作治理》,《黑龙江社会科学》2022 年第 5 期。

217.张小劲、李春峰:《地方治理中新型社会组织的生成与意义——以 H 市平安协会为例》,《华中师范大学学报(人文社会科学版)》2012 年第 4 期。

218.李玉洁:《网络平台信息内容监管的边界》,《学习与实践》2022 年第 2 期。

219.李欢:《重思网络社交平台的内容监管责任》,《新闻界》2021 年第 3 期。

220.朱瑾、王兴元:《网络社区治理机制与治理方式探讨》,《山东社会科学》2012 年第 8 期。

221.汪炜:《论新加坡网络空间治理及对中国的启示》,《太平洋学报》2018 年第 2 期。

222.周丽娜:《英国互联网内容治理新动向及国际趋势》,《新闻记者》2019 年第 11 期。

223.程昊琳:《我国互联网管理的现状及对策探讨——中外互联网管理模式比较及经验借鉴》,《视听》2018 年第 3 期。

224.谢新洲:《美国互联网管理的新变化》,《新闻与写作》2013 年第 3 期。

225.戴丽娜:《2019 年全球网络空间内容治理动向分析》,《信息安全与通信保密》

2020 年第 1 期。

226.彭兰：《导致信息茧房的多重因素及"破茧"路径》，《新闻界》2020 年第 1 期。

227.刘智慧：《论大数据时代背景下我国网络数字遗产的可继承性》，《江淮论坛》2014 年第 6 期。

三、中文报纸、会议论文、学位论文、数据报告及网络资料

228.谢新洲：《发挥新媒体凝聚社会共识的重要作用》，《人民日报》2016 年 8 月 29 日。

229.习近平：《在网络安全和信息化工作座谈会上的讲话》，《人民日报》2016 年 4 月 26 日。

230.谢新洲：《建设互联网内容治理体系，守住网上舆论阵地》，《光明日报》2019 年 2 月 26 日。

231.人民日报评论员：《坚持网信事业正确政治方向——五论贯彻习近平总书记全国网信工作会议重要讲话》，《人民日报》2018 年 4 月 26 日。

232.张洋：《确保党始终成为中国特色社会主义事业坚强领导核心》，《人民日报》2022 年 8 月 16 日。

233.郝永平、黄相怀：《集中力量办大事的显著优势成就"中国之治"》，《人民日报》2020 年 3 月 13 日。

234.中央党校(国家行政学院)习近平新时代中国特色社会主义思想研究中心：《集中力量办大事的显著优势成就"中国之治"》，《人民日报》2020 年 3 月 13 日。

235.王晓晖：《牢牢掌握意识形态工作领导权(深入学习贯彻党的十九届六中全会精神)》，《人民日报》2021 年 12 月 8 日。

236.薛丰：《建设现代化产业体系》，《经济日报》2021 年 11 月 3 日。

237.《习近平在中共中央政治局第三十六次集体学习时强调:加快推进网络信息技术自主创新朝着建设网络强国目标不懈努力》，《人民日报》2016 年 10 月 10 日。

238.谢新洲：《加强网络内容建设营造风清气正的网络空间》，《光明日报》2019 年 2 月 26 日。

239.习近平：《在中国科学院第十九次院士大会、中国工程院第十四次院士大会上的讲话》，《人民日报》2018 年 5 月 29 日。

240.习近平：《在十八届中央政治局第三十六次集体学习时的讲话(2016 年 10 月 9

日）》,《人民日报》2016 年 10 月 10 日。

241.梁传运:《论经济办法与行政手段相结合》,《人民日报》1980 年 1 月 31 日。

242.《北京三区合力打造国家网络安全产业园区》,《北京日报》2019 年 12 月 12 日。

243.《坚持规范与发展并重以公正监管保障公平竞争》,《经济参考报》2022 年 1 月 5 日。

244.刁世峰:《"暗网"毒瘤,得全球联手铲》,《人民日报》（海外版）2019 年 7 月 22 日。

245.曾茜:《收缩与调适:中国的网络内容监管政策变迁分析（2002—2012）》,中国传媒大学第六届全国新闻学与传播学博士生学术研讨会论文集。

246.张德威:《5G 技术背景下互动视频的创新路径初探》,载 Remix 教育:《科教望潮·2020Remix 教育大会论文集》,北京小猸信息科技有限公司 2020 年版。

247.曹海涛:《从监管到治理——中国网络内容治理研究》,武汉大学博士学位论文,2013 年。

248.王甜:《邻避事件的社交媒体动员策略与结构研究》,南京大学硕士学位论文,2018 年。

249.韩建力:《政治沟通视域下中国网络舆情治理研究》,吉林大学博士学位论文,2019 年。

250.李小宇:《中国互联网内容监管机制研究》,武汉大学博士学位论文,2014 年。

251.曲晨竹:《企业信息生态系统的优化配置与评价研究》,吉林大学硕士学位论文,2011 年。

252.王翠翠:《基于信息生态学视角的企业信息化研究》,山东大学硕士学位论文,2009 年。

253.金蕊:《中外互联网治理模式研究》,华东政法大学硕士学位论文,2016 年。

254.《互联网用户账号信息管理规定》,2022 年 6 月 27 日国家互联网信息办公室发布。

255.《网络信息内容生态治理规定》,2019 年 12 月 20 日国家互联网信息办公室发布。

256.《中华人民共和国计算机信息系统保护条例》,1994 年 2 月 18 日国务院发布。

257.《中华人民共和国计算机信息网络国际联网管理暂行规定》,1996 年 2 月 1 日国务院发布。

258.《中国公用计算机互联网国际联网管理办法》,1996 年 4 月 9 日邮电部发布。

259.《计算机信息网络国际联网安全保护管理办法》,1997 年 12 月 30 日公安部发布。

260.《互联网信息服务管理办法》,2000 年 9 月 25 日国务院发布。

261.《广电总局关于加强互联网视听节目内容管理的通知》,2009 年广电总局发布。

262.《互联网新闻信息服务管理规定》,2005 年 9 月 25 日国务院发布。

263.《国务院办公厅关于加快电子商务发展的若干意见》,2005 年 1 月 8 日国务院发布。

264.《互联网新闻信息服务管理规定》,2017 年 5 月 2 日国家网信办发布。

265.《互联网信息服务算法推荐管理规定》,2022 年 3 月 1 日国家网信办发布。

266.《中共中央关于全面推进依法治国若干重大问题的决定》,2014 年 10 月 23 日中国共产党第十八届中央委员会第四次全体会议通过。

267.《互联网出版管理暂行规定》,2002 年 6 月 27 日国务院发布。

268.《信息网络传播权保护条例》,2006 年 5 月 18 日国务院发布。

269.《网络出版服务管理规定》,2016 年 2 月 4 日广电总局、工业和信息化部发布。

270.《中华人民共和国计算机信息网络国际联网管理暂行规定》,1996 年 2 月 1 日国务院发布。

271.《计算机信息网络国际联网安全保护管理办法》,1997 年 12 月 11 日公安部发布。

272.《中华人民共和国网络安全法》,2016 年 11 月 7 日第十二届全国人民代表大会常务委员会第二十四次会议通过。

273.《关键信息基础设施安全保护条例》,2021 年 8 月 17 日国务院发布。

274.《中华人民共和国国民经济和社会发展第十三个五年规划纲要》,2016 年 3 月 16 日第十二届全国人民代表大会第四次会议通过。

275.《国家网络空间安全战略》,2016 年 12 月 27 日国家互联网信息办公室发布。

276.《新闻出版许可证管理办法》,2015 年 12 月 30 日国家新闻出版广电总局发布,2017 年 12 月 11 日国家新闻出版广电总局修订。

277.《中华人民共和国行政处罚法》,1996 年 3 月 17 日第八届全国人民代表大会第四次会议通过,2021 年 1 月 22 日第十三届全国人民代表大会常务委员会第二十五次会议修订。

278.《互联网信息内容管理行政执法程序规定》,2017 年 5 月 2 日国家互联网信息办公室发布。

279.《互联网新闻信息服务单位约谈工作规定》,2015 年 4 月 28 日国家互联网信息办公室发布。

280.《网络短视频平台管理规范》,2019 年 1 月 9 日中国网络视听节目服务协会发布。

281.《互联网直播服务管理规定》,2016 年 11 月 4 日中华人民共和国国家互联网信息办公室发布。

282.《网络游戏管理暂行办法》,2010 年 6 月 3 日中华人民共和国文化部发布。

283.《中华人民共和国未成年人保护法》,2020 年 10 月 17 日全国人民代表大会常务委员会修订。

284.国家互联网信息办公室:《数字中国发展报告(2022 年)》,2023 年 4 月。

285.中国互联网络信息中心:《第 51 次中国互联网络发展状况统计报告》,2023 年 3 月 2 日,https://www.cnnic.net.cn/NMediaFile/2023/0322/MAIN16794576367190GBA2HA1KQ.pdf。

286.中国互联网络信息中心:《第 16 次中国互联网络发展状况调查统计报告》,2005 年 7 月 16 日,https://www.cnnic.net.cn/NMediaFile/old_attach/P020120612484931570013.pdf。

287.中国互联网络信息中心:《第 19 次中国互联网络发展状况调查统计报告》,2007 年 1 月 19 日,https://www.cnnic.net.cn/NMediaFile/2022/0830/MAIN1661849674865WR0NH7N05C.pdf。

288.中国互联网络信息中心:《第 11 次中国互联网络发展状况调查统计报告》,2003 年 1 月 16 日,https://www.cnnic.net.cn/NMediaFile/old_attach/P020120612484923865360.pdf。

289.中国互联网络信息中心:《第 22 次中国互联网络发展状况调查统计报告》,2008 年 7 月 19 日,https://www.cnnic.net.cn/NMediaFile/2022/0830/MAIN1661848787213RHRPZ27GU2.pdf。

290.《中共中央关于制定国民经济和社会发展第十四个五年规划和二〇三五年远景目标的建议》,中国政府网,2020 年 11 月 3 日,https://www.gov.cn/zhengce/2020-11/03/content_5556991.htm? eqid = bafe265a0017d77d0000000664576e65。

291.习近平:《高举中国特色社会主义伟大旗帜为全面建设社会主义现代化国家而团结奋斗——在中国共产党第二十次全国代表大会上的报告(2022 年 10 月 16 日)》,中国政府网,2022 年 10 月 25 日,https://www.gov.cn/xinwen/2022-10/25/content_5721685.htm。

292.注:统计范围为新浪网、腾讯网、人民网、新华网四家微博客网站。

293.《截至 2011 年底我国政务微博客总数达到 50561 个》,中国政府网,2012 年 2

月 8 日,https://www.gov.cn/jrzg/2012-02/08/content_2061596.htm。

294.《"互联网+"微信政务民生白皮书发布政务微信总量突破4万》,中国网信网,2015年4月23日,http://www.cac.gov.cn/2015-04/23/c_1115061461_2.htm。

295.中国互联网络信息中心:《第46次中国互联网络发展状况统计报告》,2020年9月29日,https://www.cnnic.net.cn/NMediaFile/old_attach/P020210205509651950014.pdf。

296.国务院新闻办公室:《互联网出版管理暂行规定》,2004年7月31日,http://www.scio.gov.cn/wlcb/zcfg/document/306985/306985.htm。

297.中央网信办:《加强党的领导切实维护网络意识形态安全》,央视新闻,2022年8月19日,,https://content-static.cctvnews.cctv.com/snow-book/index.html? item_id=8852182168957604622&toc_style_id=feeds_default。

298.《习近平出席中央政法工作会议并发表重要讲话》,新华网,2019年1月16日,http://www.xinhuanet.com/politics/2019-01/16/c_1123999899.htm。

299.习近平:《在网络安全和信息化工作座谈会上的讲话》,新华社,2016年4月25日,http://www.gov.cn/xinwen/2016-04/25/content_5067705.htm。

300.马德坤,张正茂:《以人民为中心推进社会治理现代化》,中国社会科学网,2022年3月15日,http://ex.cssn.cn/zx/bwyc/202203/t20220315_5398676.shtml。

301.中国网信网:《国家网信办有关负责人就〈互联网新闻信息服务单位约谈工作规定〉答记者问》,中国网信网,2015年4月28日,http://www.cac.gov.cn/2015-04/28/c_1115115699.htm。

302.《中央网信办:上半年依法约谈网站平台3491家罚款处罚283家》,人民网,2022年8月19日,https://baijiahao.baidu.com/s? id=1741566490188391056&wfr=spider&for=pc。

303.《中国这十年:从网络大国向网络强国阔步迈进》,人民网,2022年8月19日,https://baijiahao.baidu.com/s? id=1741558719778687711&wfr=spider&for=pc。

304.《2021年"清朗"系列专项行动处置账号13.4亿个》,央广网,2022年3月18日,https://baijiahao.baidu.com/s? id=1727593051603978711&wfr=spider&for=pc。

305.《习近平主持召开中央网络安全和信息化领导小组第一次会议强调总体布局统筹各方创新发展,努力把我国建设成为网络强国》,新华网,2014年2月27日,https://news.12371.cn/2014/02/27/ARTI1393505554377363.shtml。

306.杨东:《互联网平台企业的垄断会阻碍行业创新》,光明网,2021年1月25日,https://m.gmw.cn/baijia/2021-01/25/34569505.html。

307.《2022年"清朗"系列专项行动处置账号680余万个》,新华网,2023年3月28日,http://www.gov.cn/xinwen/2023-03/28/content_5748890.htm。

308.中国互联网络信息中心(CNNIC):《中国互联网第51次发展报告》,2023年3月2日,https://www.cnnic.net.cn/n4/2023/0303/c88-10757.html.

309.人民网:《三中全会〈决定〉:2020年形成系统完备、科学规范、运行有效的制度体系》,2013年11月15日,http://politics.people.com.cn/n/2013/1115/c1001-23559023.html。

310.新华社:《党的十九届四中全会〈决定〉全文发布》,2020年5月29日,http://www.dangjian.cn/shouye/zhuanti/zhuantiku/dangjianwenku/quanhui/202005/t20200529_5637941.shtml。

311.新华网:《中央网络安全和信息化领导小组第一次会议召开习近平发表重要讲话》,2014年2月27日,http://www.cac.gov.cn/2014-02/27/c_133148354.htm?from=groupmessage。

312.新华社:《习近平总书记在网络安全和信息化工作座谈会上的讲话》,2016年4月25日,http://www.cac.gov.cn/2016-04/25/c_1118731366.htm。

313.新华社:《习近平出席全国网络安全和信息化工作会议并发表重要讲话》,2018年4月21日,http://www.gov.cn/xinwen/2018-04/21/content_5284783.htm。

314.新华社:《习近平在省部级主要领导干部学习贯彻十八届三中全会精神全面深化改革专题研讨班开班式上发表重要讲话》,2014年2月17日,https://www.ccps.gov.cn/xxsxk/xldxgz/201908/t20190829_133857.shtml?ivk_sa=1026860c。

315.新华社:《习近平:决胜全面建成小康社会夺取新时代中国特色社会主义伟大胜利——在中国共产党第十九次全国代表大会上的报告》,2017年10月27日,http://www.gov.cn/zhuanti/2017-10/27/content_5234876.htm。

316.新华社:《习近平:紧密结合"不忘初心、牢记使命"主题教育推动改革补短板强弱项激活力抓落实》,2019年7月24日,http://cpc.people.com.cn/n1/2019/0724/c64094-31254351.html。

317.新华社:《中共中央关于坚持和完善中国特色社会主义制度推进国家治理体系和治理能力现代化若干重大问题的决定》,2019年11月5日,https://www.gov.cn/zhengce/2019-11/05/content_5449023.htm?eqid=87fe55b8000001d300000004648023aa。

318.谢永江:《〈网络安全法〉解读》,中国网信网.,2016年11月7日,http://www.cac.gov.cn/2016-11/07/c_1119866583.htm。

319.中国互联网协会：《中国互联网发展报告（2022）正式发布》，2022 年 9 月 14 日，https://www.isc.org.cn/article/13848794657714176.html。

320.苏晓：《网络安全产业发展进入快车道》，新华网，2022 年 2 月 15 日，http://www.xinhuanet.com/techpro/20220215/bbe81ec4910a424896a0725a6f2123b5/c.html。

321.国家计算机病毒应急处理中心：《西北工业大学遭美国 NSA 网络攻击事件调查报告（之二）》2022 年 9 月 27 日，https://www.cverc.org.cn/head/zhaiyao/news20220927 - NPU2.htm。

322.李士珍、曹渊清、杨丽君：《警惕西方对我国的文化渗透》，求是网，2018 年 3 月 8 日，http://www.qstheory.cn/dukan/hqwg/2018-03/08/c_1122505254.htm。

323.王建宙：《5G 终端将发生三大显著变化!》，2018 年 5 月 4 日，https://www.sohu.com/a/230482034_354877。

324.中国互联网络信息中心：《第 48 次中国互联网发展状况统计报告》，2021 年 8 月 27 日，http://www.cnnic.net.cn/hlwfzyj/hlwxzbg/hlwtjbg/202109/P020210915523670981527.pdf。

325.今日头条：《西瓜视频任利锋："中视频"不容错过，西瓜将拿 20 亿元补贴创作人》，2020 年 10 月 20 日，https://new.qq.com/rain/a/20201020A04S3900。

326.《苗圩：预计今年发放 5G 牌照 5G 全球标准中国专利占三成》，央视网，2019 年 3 月 29 日，http://news.cctv.com/2019/03/29/ARTIWwvLvSEhJEBmnCfyw7FW190329.shtml。

327.国家互联网应急中心：《2019 年中国互联网安全报告》，2020 年 8 月 11 日，https://www.cert.org.cn/publish/main/46/2020/20200811124544754595627/20200811124544754595627_.html。

328.网易科技：《快手 CEO 宿华发表道歉文章〈接受批评，重整前行〉》，2018 年 4 月 13 日，http://www.mnw.cn/keji/mi/1970097.html。

329.中国互联网络信息中心：《中国互联网络发展状况统计报告》（第 1-44 次），http://www.cnnic.net.cn/hlwfzyj/hlwxzbg/。

330.新华网：《2003 中国网络媒体论坛在京开幕》，海峡之声网，2003 年 10 月 11 日，http://www.vos.com.cn/2003/10/11_15557.htm。

331.中国新一代人工智能发展战略研究院等：《中国新一代人工智能科技产业发展报告（2019）》，2019 年 5 月 24 日，https://baijiahao.baidu.com/s? id = 1634413857327712463&wfr = spider&for=pc。

332.工业和信息化部信息中心：《2018 年中国区块链产业白皮书》，2018 年 5 月 20

日,http://www.miit.gov.cn/n1146290/n1146402/n1146445/c6180238/content.html。

333.中国信息通信研究院:《2019 年中国网络安全产业白皮书》,2019 年 9 月 18 日,http://www.199it.com/archives/944538.html。

334.工业和信息化部:《工业和信息化部关于贯彻落实〈推进互联网协议第六版(IPv6)规模部署行动计划〉的通知》,工业和信息化部门户网站,2018 年 4 月 25 日,http://www.miit.gov.cn/n1146295/n1652858/n1652930/n3757020/c6154756/content.html。

335.中国人工智能产业发展联盟:《2018 中国人工智能产业知识产权和数据相关权利白皮书》,2019 年 1 月 24 日,https://cloud.tencent.com/developer/news/390009。

336.网络传播杂志:《敏锐抓住信息化发展历史机遇自主创新推进网络强国建设》,2018 年 8 月 2 日,http://www.cac.gov.cn/2018-08/02/c_1123212082.htm? from = timeline。

337.上海市人民政府:《上海市推进新型基础设施建设行动方案(2020-2022年)》,上海市人民政府网,2020 年 5 月 8 日,https://www.shanghai.gov.cn/nw48504/20200825/0001-48504_64893.html。

338.李峥:《全球技术标准之战已打响! 中国应从这里下手》,参考消息百家号,2019 年 3 月 11 日,https://baijiahao.baidu.com/s? id = 1627635033333331283&wfr = spider&for = pc。

339.《中共中央印发〈法治社会建设实施纲要(2020-2025 年)〉》,中国政府网,2020 年 12 月 7 日,https://www.gov.cn/zhengce/2020-12/07/content_5567791.htm。

340.《环境经济政策是实现环境治理现代化重要手段》,中国环境报,2018 年 2 月18 日,http://www.ce.cn/cysc/newmain/yc/jsxw/201802/28/t20180228_28295147.shtml。

341.《全国政协委员、北京国家会计学院院长秦荣生:建议对东部科技互联网企业开征数字税,统筹中东西部发展》,中国经济周刊,2022 年 3 月 5 日,https://baijiahao.baidu.com/s? id=1726449662669495264&wfr=spider&for=pc。

342.新华网:《整治互联网低俗之风深入推进取得阶段性明显成效》,2009 年 6 月19 日,http://www.chinanews.com.cn/gn/news/2009/06-19/1741344.shtml。

343.中国新闻网:《官方启动 2010"剑网行动"直指网络侵权盗版》,2010 年 7 月 22日,https://news.sina.com.cn/o/2010-07-22/013217843451s.shtml。

344.新华网:《国家网信办:2015 年网上"扫黄打非"将开展五个专项行动》,2015年 4 月 23 日,http://news.cntv.cn/2015/04/23/ARTI1429772415213359.shtml。

345.澎湃新闻:《国家网信办启动专项行动,剑指 12 类违法违规互联网信息》,

2019 年 1 月 3 日,https://www.thepaper.cn/newsDetail_forward_2808136。

346.人民网:《国家网信办开展为期 2 个月专项整治行动严厉打击网络恶意营销账号》,2020 年 4 月 24 日,https://baijiahao.baidu.com/s? id = 1664869015560204361&wfr = spider&for=pc。

347.中国网信网:《国家网信办启动 2020"清朗"专项行动》,2020 年 5 月 22 日,http://www.cac.gov.cn/2020-05/22/c_1591689448656108.htm? from=groupmessage。

348.网信办:《国家网信办、全国"扫黄打非"办等 8 部门集中开展网络直播行业专项整治行动强化规范管理》,2020 年 6 月 8 日,http://www.gov.cn/xinwen/2020-06/08/content_5517892.htm。

349.新华网:《2021 年"清朗"系列行动亮剑网络乱象国家网信办重拳整治网络水军黑公关等痼疾》,2021 年 5 月 14 日,https://baijiahao.baidu.com/s? id = 1699689725342584690&wfr = spider&for=pc。

350.新华网:《工信部启动互联网行业专项整治行动》,2021 年 7 月 26 日,https://baijiahao.baidu.com/s? id = 1706323502355567961&wfr = spider&for=pc。

351.央视新闻:《深入整治网络乱象! 2022 年"清朗"系列专项行动来了》,2022 年 3 月 17 日,https://baijiahao.baidu.com/s? id = 1727540242882176428&wfr = spider&for=pc。

352.中华人民共和国公安部:《公安机关"净网 2022"专项行动成效显著侦办相关案件 8.3 万起,其中侵犯公民个人信息案件 1.6 万余起、"网络水军"案件 550 余起》,2023 年 1 月 9 日,https://www.mps.gov.cn/n2254098/n4904352/c8824457/content.html。

353.央视网:《2023 年"清朗"行动重拳整治 9 大网络生态突出问题》,2023 年 3 月 28 日,https://www.gov.cn/xinwen/2023-03/28/content_5748885.htm。

354.中国网信网:《专家解读|规范网信部门行政执法营造清朗网络空间》,2023 年 3 月 27 日,http://www.cac.gov.cn/2023-03/27/c_1681560621314665.htm。

355.《网信部门行政执法程序规定》,2023 年 2 月 3 日国家互联网信息办公室发布。

356.中国网信网:《哪些网站会被国家网信办点名约谈》,2015 年 4 月 14 日,http://www.cac.gov.cn/2015-04/14/c_1114957105.htm。

357.中央网信办(国家互联网信息办公室)违法和不良信息举报中心:《全国各地网信部门举报渠道》,https://new.12377.cn/allreportcentertel/allreportcentertel.html。

358.中国网信网:《2021 年全国受理网络违法和不良信息举报 1.66 亿件》,2022 年 1 月 29 日,http://www.cac.gov.cn/2022-01/29/c_1645059191950185.htm。

359.央视新闻:《工信部整合电信服务投诉和不良信息举报热线》,2020年9月9日,https://baijiahao.baidu.com/s?id=1677351577375790063&wfr=spider&for=pc。

360.中国网信网:《国家网信办针对网络传播秩序突出问题亮利剑出重拳集中整治商业网站平台和"自媒体"违法违规行为》,2020年7月23日,http://www.cac.gov.cn/2020-07/23/c_1597059158594380.htm。

361.中国网信网:《加强规范管理维护传播秩序——国家网信办会同五部门依法处置19款短视频平台》,2018年11月12日,http://www.cac.gov.cn/2018-11/12/c_1123700615.htm。

362.中国新闻网:《全国"扫黄打非"办公布网络直播平台专项整治典型案例》,2017年4月12日,https://www.chinanews.com.cn/sh/2017/04-12/8197498.shtml。

363.中国网信网:《河南省文化厅对重点网络游戏企业进行整改》,2018年9月13日,http://www.cac.gov.cn/2018-09/13/c_1123422089.htm。

364.中国网信网:《国家网信办深入推进"知识社区问答"行业规范管理》,2020年11月5日,http://www.cac.gov.cn/2020-11/05/c_1606140418499082.htm。

365.中国网信网:《国家网信办2020"清朗"专项行动暨网课平台专项整治依法查处第三批存在问题网站》,2020年10月14日,http://www.cac.gov.cn/2020-10/14/c_1604237734863301.htm。

366.中华人民共和国国家互联网信息办公室:《让互联网更好造福人民》,求是网,2021年4月21日,http://www.cac.gov.cn/2021-04/21/c_1620581588103014.htm。

367.习近平:《没有网络安全就没有国家安全》,求是网,2021年10月10日,http://www.qstheory.cn/zhuanqu/2021-10/10/c_1127943608.htm。

368.黎梦竹:《从"知网、懂网"到"善于用网",多方协同加强网络素养教育》,光明网,2019年9月23日,http://www.cac.gov.cn/2019-09/23/c_1570766800770710.htm。

369.澎湃新闻:《55位大V被邀参加上海市委统战部培训班,部长专家授课交流》,2016年7月9日,https://www.thepaper.cn/newsDetail_forward_1496158。

370.国家互联网信息办公室:《网络信息内容生态治理规定》,2019年12月20日,http://www.cac.gov.cn/2019-12/20/c_1578375159509309.htm。

371.国家互联网信息办公室:《关于进一步压实网站平台信息内容管理主体责任的意见》,2021年9月15日,http://www.cac.gov.cn/2021-09/15/c_1633296790051342.htm。

372.人民网:《人民来论:读懂最严网络内容信息治理规定》,2020年3月3日,http://opinion.people.com.cn/n1/2020/0303/c431649-31615402.html。

373.36氪:《在互联网行业做审核员,他见了太多人性的黑暗面》,2018 年 5 月 25 日,https://36kr.com/p/1722526253057。

374.每日人物.:《大厂审核员,走进残酷数字游戏》,2022 年 2 月 16 日,https://m.thepaper.cn/baijiahao_16721468。

375.投中网:《我,鉴黄师,做审核生意年入几千万》,2021 年 4 月 4 日,https://www.huxiu.com/article/419591.html。

376.国家互联网应急中心:《2019 年中国互联网网络安全报告》,2020 年 8 月 11 日,https://www.cert.org.cn/publish/main/46/2020/20200811124544754595627/20200811124544754595627_.html。

377.新华网:《2020 年 App 违法违规收集使用个人信息治理工作启动》,2020 年 7 月 25 日,https://baijiahao.baidu.com/s?id=1673172694476977560&wfr=spider&for=pc。

378.新华网:《国务院印发〈促进大数据发展行动纲要〉》,2015 年 9 月 25 日,http://www.xinhuanet.com//politics/2015-09/05/c_1116464516.htm。

379.国家版权局:《2020 中国网络版权产业发展报告》,2021 年 6 月 17 日,https://www.ncac.gov.cn/chinacopyright/upload/files/2021/6/9205f5df4b67ed4.pdf。

380.李蕙心:《资讯通信媒体发展局正式成立开创科技改善民生为主要任务》,《联合早报》,2016 年 9 月 30 日,https://www.zaobao.com/realtime/singapore/story20160930-672494。

381.刘恩东:《新加坡网络监管与治理的组织机制》,《学习日报》,2016 年 8 月 25 日,http://www.cac.gov.cn/2016-08/25/c_1119454443.htm。

382.全国人大常委会办公厅研究室:《国外网络信息立法情况综述》,2012 年 11 月 16 日,http://www.npc.gov.cn/npc/c16115/201211/a4fa87828d0444d7904a3372b1ad800e.shtml。

383.李春华:《国外网络信息立法情况综述》,全国人大常委会办公厅研究室,2012 年 11 月 16 日,http://www.npc.gov.cn/npc/c16115/201211/a4fa87828d0444d7904a3372b1ad800e.shtml。

384.张朋辉:《欧盟加大打击网络谣言力度》,《人民日报(环球版)》,2020 年 5 月 8 日,http://paper.cnii.com.cn/article/rmydb_15648_291955.html。

385.中国日报网:《网络监管各国自有妙招》,2009 年 10 月 26 日,http://star.news.sohu.com/20091026/n267735208.shtml。

386.李春华:《国外网络信息立法情况综述》,全国人大常委会办公厅研究室,2012 年 11 月 16 日,http://www.npc.gov.cn/npc/c16115/201211/a4fa87828d0444d7904a3372b1ad800e.

shtml。

387.新华社:《习近平对网络安全和信息化工作作出重要指示强调:深入贯彻党中央关于网络强国的重要思想大力推动网信事业高质量发展》,2023 年 7 月 15 日,https://www.gov.cn/yaowen/liebiao/202307/content_6892161.htm。

四、外文资料

388.Valtýsson B. Regulation, *Technology, and Civic Agency: The Case of Facebook. in Technologies of Labourand the Politics of Contradiction*, Springer, 2018.

389.Gillespie T, "The politics of 'platforms'", *New media & society*, 2010, 12(3).

390.Parker G G, Van Alstyne M W, Choudary S P, *Platform revolution: How networked markets are transforming the economy and how to make them work for you*, London: W. W. Norton & Company, 2016.

391. Jenkins H, Ford S, Green J, *Spreadable media*, NY: New York University Press, 2013.

392. Van Dijck J, Poell T, De Waal M, *The platform society: Public values in a connective world*, Oxford: Oxford University Press, 2018.

393.Nieborg D B, Poell T, "The platformization of cultural production: Theorizing the contingent cultural commodity", *New media & society*, 2018, 20(11).

394.Vlist F N, Helmond A, "How partners mediate platform power: Mapping business and data partnerships in the social media ecosystem", *Big Data & Society*, 2021, 8(1).

395. Harwit E, "WeChat: Social and political development of China's dominant messaging app", *Chinese Journal of Communication*, 2017, 10(3).

396.Plantin J C, De Seta G, "WeChat as infrastructure: The techno-nationalist shaping of Chinese digital platforms", *Chinese Journal of Communication*, 2019, 12(3).

397.Lin J, de Kloet J, "Platformization of the unlikely creative class: Kuaishou and Chinese digital cultural production", *Social Media+ Society*, 2019, 5(4).

398.Sun P. "Your order, their labor: An exploration of algorithms and laboring on food delivery platforms in China", *Chinese Journal of Communication*, 2019, 12(3).

399.Jenkins Henry, *Textual Poachers: Television Fans and Participatory Culture*, NY: Routledge, 1992.

400.Jenkins Henry, *Confronting the Challenges of Participatory Culture*: *Media Education for the 21st Century*, Cambridge: The MIT Press, 2009.

401.World Summit on the Information Society: Tunis Agenda for the Information society, 18November 2015, http://www.itu.int/net/wsis/docs2/tunis/off/6rev1.html.

402.Davenport T. H., Prusak L, *Information Ecology*: *Mastering the Information and Knowledge Environment*, Oxford: Oxford University, 1997.

403.David Levi-Faur, *From "Big Government" to "Big Governance"*. *Oxford Handbook of Governance*, Oxford: Oxford University Press, 2012.

404.Cui, D., and Wu, F, "Moral goodness and social orderliness: An analysis of the official discourse about Internet governance in China", *Telecommunications Policy*, 2016, 40 (02).

405.Dennis F. Thompson, "Responsibility for Failures of Government: The Problem of Many Hands", *American Review of Public Administration*, 2014, 44(3).

406.Bartoli A, Hernandez-Serrano J, Soriano M, et al. *On the ineffectiveness of today's privacy regulations for secure smart city networks*. Smart Cities Council, Washington, DC, 2012.

407.Shirley Siluke. Bitcoin networkout-muscle stop 500 supercomputers. 2013.05.13. https://www.coindesk.com/bitcoin-network-out-muscles-top-500-supercomputers.

408.Endeshaw A, "Internet regulation in China: The never-ending cat and mouse game", *Information & Communications Technology Law*, 2004, 13(1).

409.John Fletcher, "Deepfakes, Artificial Intelligence, and Some Kind of Dystopia: The New Faces of Online Post-Fact Performance", *Theatre Journal*, 2018, 70(4).

410.Howlett M, Ramesh M, "Patterns of policy instrument choice: Policy styles, policy learning and the privatization experience", *Review of Policy Research*, 1993, 12(1-2).

411.Yankoski M, Scheirer W, Weninger T, "Meme warfare: AI countermeasures to disinformation should focus on popular, not perfect, fakes", *Bulletin of the Atomic Scientists*, 2021, 77(03).

412.IanB, TrishB, *Sport governance*: *International casestudies*, London: Routledge, 2013.

413. V ROOM H D, "Organization for economic co-operation and development (OECD)", *Encyclopedia of Statistical Sciences*, 2003, 34(2).

414.Wu, W, "Great leap or long march: Some policy issues of the development of the Internet in China", *Telecommunications Policy*, 1996, 20(9).

415.World summit on the information society：Second Phase of the Wsis.Statement By Vice Premier Huang Ju The State Council of the People's Republic Of China,2005.11.17,https：//www.itu.int/net/wsis/tunis/statements/docs/g-china/1.html.

416.Hasebrink U，"Giving the audience a voice：The role of researchin making media regulation more responsive to the needs if the audience"，*Journal of Information Policy*,2011（1）.

417.Public Consultation Paper on the Draft Cybersecurity Bill.2017.07.10.https：//www.morganlewis. com/pubs/2017/07/singapore - consultation - exercise - on - draft - cybersecurity-bill.

418.Info-communications Media Development Authority.Broadcasting（Class Licence）Notification. 2019. 03. 06. https：//www. imda. gov. sg/-/media/imda/files/regulation - licensing - and - consultations/content - and - standards - classification/broadcast - class - licence-notification.pdf？la=en.

419.UKGovernment. Communication White Paper（2020）.2020.11.30.https：//api. parliament.uk/historic-hansard/commons/2000/dec/12/communica-tions-white-paper.

420.US White House.National security strategy.2021.01.15.https：//trumpwhitehouse.archives.gov/wp-content/uploads/2017/12/NSS-Final-12-18-2017-0905.pdf.

421.R.A.W.Rhodes，"Understanding Governance：Ten Years On"，*Organization Studies*,2007,28（8）.

422.Abbott,Kenneth W.；Duncan,Snidal,*The governance triangle：Regulatory standards institutions and the shadow of the state.The politics of global regulation*,Princeton：Princeton University Press,2009.

423.M.S.Griden.J.W.Thomas,*Public Choices and Policy Change：The Political Economy of Reform in Developing Countries*,Johns Hopkins University,1991.

后　记

　　网络内容治理从互联网发展伊始就是各界关注的重要话题,网络内容概念广泛,既包括狭义的新闻、视频等,也有广义的信息;互联网技术与用户生产内容(UGC)模式共同运作下,网络内容产业逐渐成形,不断吸收过去大众传播时代专业生产内容(PGC)模式与人工智能、大数据等新技术,发展出新的内容生产与分发机制。目前,学界对中国网络内容治理的研究多集中在具体平台、具体案例,以舆情事件作为研究用户内容的主要途径,整体较为散乱,缺乏对网络内容治理研究的顶层框架与勾连设计。因此,本书系统性、全面性、科学性地将治理层次、手段方法、相关主体、涉及事件、互动关系的发展脉络进行厘清,重在剖析中国网络内容治理与监管模式的必要性与必然性,研究中国网络内容治理体系与监管模式的形成原因、条件制约,探讨中国网络内容治理体系与监管模式应坚持的基本原则与独特优势,最终提出我国网络内容治理体系与监管模式的完善思路。

　　五年磨一剑,梅香苦寒来。作为国家社会科学基金重大项目"中国特色网络内容治理体系及监管模式研究"(项目编号:18ZDA317)的研究成果,项目自2018年正式启动。5年间,研究团队访谈了政府部门人员、媒体机构负责人及一线从业者、互联网平台负责人、网络内容审核人员以及相关领域的专家学者200余人,在全国范围内进行了两批次共计6套问卷的大规模问卷调查并回收18000余份有效问卷。与本项目相关的更多问卷调查结果,已转化为数十篇期刊论文,在SSCI、CSSCI来源期刊、北大核心期刊等平台发表。此外,本书中尚未呈现的其他实证研究成果后期也会以专著的形式出版。

本书由谢新洲、朱垚颖进行统筹并主导撰写,参与撰写的主要成员有:石林、宋琢、杜燕、胡宏超、韩天棋、张静怡、彭昊程,另有林彦君、韩潇涵参与了部分章节的资料整理工作。此外,金兼斌、漆亚林、张首映、宣兴章、杨谷、耿瑞林、李佳伦老师在阅读书稿初稿后给出了宝贵的建议,为书稿的后续修改指明方向。在此一并对上述老师和同学表示衷心的感谢!

互联网飞速发展,中国网络内容生态环境动态演变,网络内容治理的手段、举措、方式也将与时俱进,对中国特色的网络内容治理体系与监管模式研究也需要关注现实、更新迭代。"致知力行,继往开来。"期待更多学者能积极加入中国特色网络内容治理研究讨论中来,立足中国特色治理与监管实践,提出具有自主性、独创性的理论观点,最终构建中国特色学术体系、话语体系!

责任编辑:李之美   王若曦

图书在版编目(CIP)数据

中国特色网络内容治理体系与监管模式研究/谢新洲 等著. —北京:人民出版社,
　2024.6
ISBN 978－7－01－026274－1

Ⅰ.①中…   Ⅱ.①谢…   Ⅲ.①计算机网络管理-研究-中国   Ⅳ.①TP393.4

中国国家版本馆 CIP 数据核字(2023)第 253156 号

中国特色网络内容治理体系与监管模式研究
ZHONGGUO TESE WANGLUO NEIRONG ZHILI TIXI YU JIANGUAN MOSHI YANJIU

谢新洲   朱垚颖   石　林   田　丽   宋　琢   杜　燕
胡宏超   张静怡   韩天棋   彭昊程   著

人民出版社 出版发行
(100706   北京市东城区隆福寺街 99 号)

北京汇林印务有限公司印刷   新华书店经销

2024 年 6 月第 1 版   2024 年 6 月北京第 1 次印刷
开本:710 毫米×1000 毫米 1/16   印张:29
字数:427 千字

ISBN 978－7－01－026274－1   定价:98.00 元

邮购地址 100706   北京市东城区隆福寺街 99 号
人民东方图书销售中心   电话 (010)65250042   65289539